第二批国家级一流本科课程配套教材
河南省"十四五"普通高等教育规划教材
高等院校电气类专业"互联网+"创新规划教材

# 电机与拖动基础

主　编　姚玉钦　雷慧杰

副主编　李正斌　范秋凤　卢春华

　　　　陈彦涛　侯凡博

主　审　赵建周

## 内 容 简 介

本书主要介绍直流电机的结构和基本理论、直流电动机的电力拖动、变压器、三相异步电动机的结构和基本理论、三相异步电动机的电力拖动、同步电机、控制电机、电力拖动系统方案与电动机的选择等内容。本书体系完备、结构合理、层次分明、条理清晰，内容简明扼要，突出新材料、新技术、新成果，注重实践性和实用性。

本书在内容的选择和安排上突出了工程应用型人才培养的需要，可作为工程应用型普通高等院校自动化、电气工程及其自动化、电气工程与智能控制、农业电气化、新能源科学与工程等专业电机与拖动课程的教材，也可作为广大科技工作者，以及工矿企业从事相关电气类专业的工程技术人员的参考书。

**图书在版编目（CIP）数据**

电机与拖动基础/姚玉钦，雷慧杰主编. —北京：北京大学出版社，2023.4
高等院校电气类专业"互联网+"创新规划教材
ISBN 978-7-301-33869-8

Ⅰ. ①电… Ⅱ. ①姚… ②雷… Ⅲ. ①电机—高等学校—教材②电力传动—高等学校—教材 Ⅳ. ①TM3 ②TM921

中国国家版本馆 CIP 数据核字（2023）第 053971 号

| | |
|---|---|
| **书　　　名** | 电机与拖动基础<br>DIANJI YU TUODONG JICHU |
| **著作责任者** | 姚玉钦　雷慧杰　主编 |
| **策划编辑** | 郑　双 |
| **责任编辑** | 黄园园　郑　双 |
| **数字编辑** | 蒙俞材 |
| **标准书号** | ISBN 978-7-301-33869-8 |
| **出版发行** | 北京大学出版社 |
| **地　　　址** | 北京市海淀区成府路 205 号　100871 |
| **网　　　址** | http://www.pup.cn　新浪微博：@北京大学出版社 |
| **电子信箱** | pup_6@163.com |
| **电　　　话** | 邮购部 010-62752015　发行部 010-62750672　编辑部 010-62750667 |
| **印　刷　者** | 北京溢漾印刷有限公司 |
| **经　销　者** | 新华书店 |
| | 787 毫米×1092 毫米　16 开本　25.5 印张　612 千字 |
| **经　销　者** | 2023 年 4 月第 1 版　2023 年 4 月第 1 次印刷 |
| **定　　　价** | 69.00 元 |

未经许可，不得以任何方式复制或抄袭本书之部分或全部内容。
**版权所有，侵权必究**
举报电话：010-62752024　电子信箱：fd@pup.pku.edu.cn
图书如有印装质量问题，请与出版部联系，电话：010-62756370

# 前　言

本书在编写时结合了国家级一流本科课程、河南省精品在线开放课程、河南省一流本科课程"电机与拖动"的教学经验，考虑了新工科电气类专业的特点，力图使本书能深入浅出地阐明各类电机的原理、特性及电机拖动的基本理论，同时适量增加电机领域的新技术、新成果，以适应新工科电气类专业新时期课程体系的教学要求。本书按照工程应用型人才的培养目标，以电气类专业工作岗位的能力需求为依据进行编写，以电机的应用为主，够用为度，注重理论联系实际，内容简练，通俗易懂，突出针对性、实用性，强化实践能力的培养，为后续课程的学习和实际工作奠定基础。

党的二十大报告指出，教育、科技、人才是全面建设社会主义现代化国家的基础性、战略性支撑。根据国家关于教材建设的指导意见，本书做到专业与德育并行，紧扣专业对本课程知识目标、能力目标和素质目标的三维培养要求。书中每章都配有教学要求、思维导图、知识链接、特别提示、安全小贴士等内容，并通过二维码的形式为各知识点增加了一些视频、动画等拓展资源。书中还列举了丰富的例题，书末提供了大量的习题，便于读者巩固所学知识，以达到"教、学、练"于一体的目的。

本书共9章，包括绪论、直流电机的结构和基本理论、直流电动机的电力拖动、变压器、三相异步电动机的结构和基本理论、三相异步电动机的电力拖动、同步电机、控制电机、电力拖动系统方案与电动机的选择等。本书建议讲授56~64学时，教师可根据具体情况适当调整教学内容。

本书由安阳工学院姚玉钦、雷慧杰担任主编并负责全书统稿，李正斌、范秋凤、卢春华、陈彦涛、侯凡博担任副主编。本书绪论由姚玉钦编写，第1、8章由卢春华编写，第2章由侯凡博编写，第3章由雷慧杰编写，第4、6章由范秋凤编写，第5章由李正斌编写，第7章由陈彦涛编写。

本书由赵建周教授主审，其在审阅过程中提出了许多宝贵的意见和建议，编者在此表示衷心感谢。本书在编写过程中参考了很多相关文献资料，特此向这些资料的作者表示感谢。

由于编者水平有限，加之时间仓促，书中难免存在不足和疏漏之处，恳请读者批评指正。

编　者

资源索引

# 目 录

### 第 0 章 绪论 ... 1
0.1 电机及电力拖动系统在国民经济中的作用 ... 2
0.2 我国电机工业发展概况 ... 3
0.3 电机的分类 ... 5
0.4 电力拖动系统概述 ... 5
0.5 本课程的性质和目标 ... 7
0.6 本课程的内容和学习方法 ... 8
0.7 常用的电磁概念和基本定律 ... 9

### 第 1 章 直流电机 ... 13
1.1 直流电机的基本工作原理 ... 14
1.2 直流电机的基本结构 ... 17
1.3 直流电机的铭牌数据和主要系列 ... 22
1.4 直流电机的磁场 ... 25
1.5 电枢绕组的电动势和电磁转矩 ... 30
1.6 直流电动机 ... 31
1.7 直流发电机 ... 39
1.8 直流电机的换向 ... 44
本章小结 ... 46
习题 ... 47

### 第 2 章 直流电动机的电力拖动 ... 49
2.1 电力拖动系统的运动方程式 ... 50
2.2 电力拖动系统的负载特性 ... 51
2.3 他励直流电动机的机械特性 ... 53
2.4 他励直流电动机的启动 ... 62
2.5 他励直流电动机的制动 ... 67
2.6 他励直流电动机的调速 ... 82
2.7 直流电动机的应用 ... 91
本章小结 ... 93
习题 ... 95

### 第 3 章 变压器 ... 98
3.1 变压器的基本工作原理和结构 ... 100

3.2 单相变压器的空载运行 ... 112
3.3 单相变压器的负载运行 ... 120
3.4 用试验方法测定变压器的参数 ... 131
3.5 变压器的运行特性 ... 136
3.6 变压器的连接组别 ... 142
3.7 变压器的并联运行 ... 151
3.8 特种变压器 ... 156
3.9 变压器的应用和发展 ... 166
本章小结 ... 170
习题 ... 171

### 第 4 章 三相异步电动机 ... 175
4.1 三相异步电动机的工作原理和结构 ... 176
4.2 三相异步电动机的运行原理 ... 190
4.3 三相异步电动机的功率平衡和转矩平衡 ... 205
4.4 三相异步电动机的工作特性 ... 208
4.5 三相异步电动机的参数测定 ... 209
本章小结 ... 213
习题 ... 213

### 第 5 章 三相异步电动机的电力拖动 ... 216
5.1 三相异步电动机的机械特性 ... 217
5.2 三相异步电动机的启动 ... 227
5.3 三相异步电动机的调速 ... 246
5.4 三相异步电动机的制动 ... 265
5.5 变频器 ... 281
5.6 异步电动机的应用 ... 284
本章小结 ... 291
习题 ... 292

### 第 6 章 同步电机 ... 296
6.1 同步电机的基本结构与工作原理 ... 297

6.2 同步电动机的电磁关系 .................. 300
6.3 同步电动机的功率关系和
    转矩关系 ............................. 305
6.4 同步电动机的功角特性与
    矩角特性 ............................. 306
6.5 同步电动机的励磁调节和
    V 形曲线 ............................. 312
6.6 同步电动机的电力拖动 .................. 317
6.7 同步电机的应用 ....................... 321
本章小结 ................................. 328
习题 ..................................... 329

### 第 7 章 控制电机 ........................ 331
7.1 单相异步电动机 ....................... 332
7.2 伺服电动机 ........................... 341
7.3 测速发电机 ........................... 351
7.4 步进电动机 ........................... 359
7.5 其他微控电机 ......................... 365
本章小结 ................................. 382
习题 ..................................... 384

### 第 8 章 电力拖动系统方案与
### 电动机的选择 ........................... 385
8.1 电动机的一般选择 ..................... 386
8.2 电动机的发热与冷却 ................... 392
8.3 电动机的工作制 ....................... 395
8.4 电动机过载能力的选择 ................. 397
8.5 电动机额定功率的选择 ................. 398
本章小结 ................................. 400
习题 ..................................... 401

**参考文献** ............................... 402

# 第 0 章 绪 论

### 教学目标

1. 了解电机及电力拖动系统在国民经济中的作用。
2. 了解我国电机工业发展概况。
3. 掌握电机的分类,理解电力拖动系统的组成。
4. 了解本课程的性质和目标、内容和学习方法。
5. 掌握常用的电磁概念和定律。

### 推荐阅读资料

1. 戴庆忠,2016. 电机史话[M]. 北京:清华大学出版社.
2. 本书编写组,2011. 中国电机工业发展史:百年回顾与展望[M]. 北京:机械工业出版社.
3. 李志杰,房立民,2018. 钟兆琳传[M]. 西安:西安交通大学出版社.

绪论思维导图

## 0.1 电机及电力拖动系统在国民经济中的作用

在国民经济生产和生活中,电机和电力拖动有着广泛的应用。电机是以电磁感应定律为基本工作原理进行电能传递或机电能量转换的机械装置,是电能生产、传输、变换和使用的核心装备,在国民经济中起着重要的作用。

电机的发展又和电能的发展紧密地联系在一起。由于电能的生产、使用和控制较为方便,因此电能是现代工业、农业、交通运输、科学技术和日常生活等各方面最常用的一种能源。

电机与变压器是电力工业的主要设备。在发电厂,发电机将原始能源,如热能、水能、化学能、核能、风能和太阳能等转换为生产和生活中可使用的电能。变压器的作用是经济地传输和分配电能。在电能远距离输送前,为了减少远距离输电能量损失,升压变压器把大型发电机发出的低电压交流电转换成高电压交流电;而在供给用户使用前,必须把来自高压输电网的电能经过降压变压器降压后才能安全使用。简单电力系统示意图如图 0-1 所示。

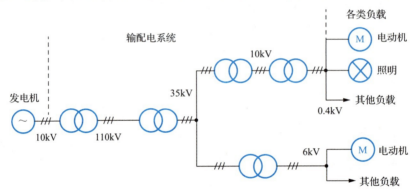

图 0-1 简单电力系统示意图

在工业企业中,电机主要实现能量转换。将电能转换为机械能,实现旋转或直线运动的电机称为电动机;将机械能转换为电能,给用电负荷供电的电机称为发电机;在各种自动控制系统中,完成控制信号的传递和转换的是控制电机。

用电动机作为原动机来拖动生产机械运行的系统称为电力拖动系统或电机拖动系统。在机械、纺织、冶金、石油和化工工业中,广泛使用电动机作为原动机来拖动各种生产机械和装备,如机床、电铲、轧钢机、起重机、风机、水泵、纺织机械、造纸机等,一个现代化的大型企业通常需要装备几百台甚至上万台各种不同的电动机;在交通运输中,需要各种专用电动机,如汽车电动机、船用电动机和航空电动机等,在电车、电气机车上需要具有优良启动性能和调速性能的牵引电动机,特别是近年来电动汽车和以直线电动机为动力的磁悬浮高速列车的开发,推动了新型电动机的发展;随着农业现代化发展,电力灌溉、谷物和农副产品的加工,都需要电动机驱动;医疗器械、家用电器等的驱动设备都采用各种交直流电动机。总之,在现代社会中,电机及电力拖动早已成为提高生产率和科学技术水平及提高生活质量的主要标志之一。

在各种自动控制系统中，完成控制信号的传递和转换的是控制电机或特种电机。随着科学技术的发展，各种各样的控制电机作为执行、检测、放大和解算元件，使得工农业和国防设施的自动化程度越来越高。这类电机一般功率较小，品种繁多，用途各异，准确度要求较高。例如，火炮和雷达的自动定位，人造卫星发射和飞行的控制，舰船方向的自动操纵，机床加工的自动控制和显示，以及计算机、自动记录仪、医疗设备、摄影和现代家用电器设备等的运行、控制、检测或记录显示等。

随着电机及电力拖动系统的不断完善，电力电子功率半导体器件的广泛应用，数控技术和微电子与计算机技术的快速发展，电力拖动系统的静态和动态品质得到了显著的提高，可以满足各种生产工艺要求。在生产生活中，电机与电力拖动系统对提高生产效率和产品质量、改善工业现场工人的劳动条件，有着十分重要的意义。

## 0.2 我国电机工业发展概况

1821年9月，法拉第发现通电的导线能绕永久磁铁旋转及磁体绕载流导体的运动，第一次实现了电磁运动向机械运动的转换，从而建立了电动机的实验室模型，被认为是世界上第一台电机。1833年，德裔工程师莫里茨·雅可比（Moritz Jacobi）设计并制作出实用直流电动机，标志着电机工业的诞生。蒸汽机启动了18世纪第一次产业革命以后，19世纪末到20世纪上半叶电机又引发了第二次产业革命，使人类进入了电气化时代。从此世界电机工业发展进入快速发展阶段。

电磁学之父法拉第

电机工业是指涵盖发电设备、输变电设备、配电设备和用电设备的电力装备制造业。我国的电机工业萌芽比西方国家晚七八十年，直到1905年才有自己制造的首台试验电机。虽然我国的电机生产和应用起步很晚，但是发展迅速。我国现代电机工业独立自主和完整的体系是从1949年以后建立的，这离不开一大批从事研究、制造电机的专家和工程技术人员，如恽震、褚应璜、丁舜年、孟庆元、张大奇、姚诵尧、沈从龙、孙瑞珩、蓝毓钟、冯勤为、汤明奇、刘隆士、钟兆琳等人的努力。

电机的发展历史

我国电机工业从小到大、从弱变强、从落后走向先进，不少产品进入"百万量级"，这是一个巨大的进步。在相当一段时期内，百万千瓦级超临界火电机组、百万千瓦级水轮发电机组、百万伏电压等级的特高压输变电设备、百万千瓦级核电设备已然处于世界先进水平。可以说，我国电机工业取得的成绩举世瞩目，已进入世界先进行列，发展速度在世界电机工业发展史上也是最快的。创新没有止境，党的二十大报告指出："坚持创新在我国现代化建设全局中的核心地位。"实践充分证明，自力更生是中华民族自立于世界民族之林的奋斗基点，自主创新是我们攀登世界科技高峰的必由之路。我们要发展和拥有电机工业及其他各种工业的新技术、新设备，赶超国际先进水平，必须以国家和区域产业发展需求为导向，坚定不移扩大

中国电机之父钟兆琳

对外开放,尽可能争取一切可以争取的国际技术合作,引进、消化、吸收国外先进技术和有益管理经验,立足国家长远发展需求和世界科技前沿,勇于提出创新性科研思路和实施方案,切实履行好国家战略科技力量使命职责,不断增强我们的自主创新能力。

目前我国电机工业主要有如下发展机遇。

### 1. 新能源汽车带动永磁同步电机发展

中国对国际社会关于碳中和的承诺

在 2030 碳达峰和 2060 碳中和工作目标背景下,随着政策端和车企端的加力,以及私人消费的不断挖掘,新能源汽车在全球市场的渗透正迎来新一轮提速。电机在新能源汽车领域中的应用技术越来越成熟。在目前新能源汽车领域,永磁同步电机被广泛使用,稀土永磁材料是驱动电机的首选材料,可以大幅减轻电机质量、缩小电机尺寸、提高工作效率。党的二十大报告指出:"立足我国能源资源禀赋,坚持先立后破,有计划分步骤实施碳达峰行动。"组建上下游合作机制,有利于打通新能源整车、驱动电机和稀土永磁材料等产业间发展梗阻,实现全产业链互利共赢。

### 2. 电机高效化、节能化

高效节能是整个电机行业的发展趋势,电机能效提升将助力实现碳中和。高效电机渗透率有望加速提升,节能型变频器需求持续增长。根据碳中和的政策目标,到 2030 年,我国单位 GDP 的碳排放相比 2005 年需要下降 65% 以上,这意味着在增大清洁能源占比的同时,工业领域的节能减排也是实现碳中和的重要措施。在工业领域,电机耗电量约占工业用电量的 75%,预计高效电机的渗透率在未来几年加速提升,有利于具有成熟产品和技术储备的龙头企业的发展。此外,冶金、电力、石化等行业将加大在节能改造方面的投入,对节能型高压变频器的需求有望持续上升。

### 3. 智能制造服务

"中国制造 2025"提出了十大发展方向,主要方向是推进智能化、精细化、绿色化、服务化、品牌化等,由此提升制造业的附加值。在促进传统产业转型升级的同时,新技术、新业态、新产品等方面的发展至关重要。中国在包括互联网、大数据、人工智能、共享经济等领域的发展潜力非常大,近些年发展也比较快。这是最近几年中国经济逐步回升的一个重要因素。

### 4. 智能电机

对传统电机来说,其控制中心根据需要控制电机的数目,由多个电机控制单元构成。每个电机控制单元包括了断路器、接触器、热继电器、电机启动器、变频器、监视器等设备。这些设备通过大量的硬件接线与检测仪表相连,由仪表工现场抄表,再由控制工作人员查看收集到的电机运行参数,决定下一步对电机的操作,最后将操作指令发送到电机控制单元中进行执行。

由于现代工业生产的信息化、自动化程度越来越高,传统的电机控制中心已经不能满足用户对电机的控制和保护要求。随着工业驱动控制领域与大数据平台的发展融合,产生了新型的电机系统,称之为智能电机。智能电机集成了电机的运动、诊断、保护、控制、通信等功能，可实现电机系统的自我诊断、自我保护、自我调速、远程控制等功能。进一步，如果将大数据技术和云计算技术相结合，可以实现对电机的故障和寿命的提前预测，对电机能效的自适应管理等，从而准确地契合高效节能和智能制造的发展方向。

## 0.3 电机的分类

电机是一种通过电磁感应原理实现能量转换、能量传递和信号转换的装置。电机的类型有很多，按其功能可分为以下几种。

（1）发电机，将机械能转换为电能的装置，包括直流发电机和交流发电机。
（2）电动机，将电能转换为机械能的装置，包括直流电动机和交流电动机。
（3）变压器，将一种电压等级的交流电转换为另一种电压等级的交流电的装置。
（4）控制电机，在自动控制系统中作为检测、校正及执行元件的特种电机，包括交直流伺服电动机、步进电动机、交直流测速发电机、旋转变压器等。

**特别提示**

发电机和电动机只不过是电机的两种运行方式，从基本原理上看，它们本身是可逆的，这种特性称为电机的可逆原理。

按电机的运动方式，可将电机分为静止电机、直线电机和旋转电机。变压器是一种静止电机。直线电机是把电能转换成直线运动的机械能的电机。旋转电机按电源性质分为直流电机和交流电机两种，其中交流电机按转速和电源频率的关系又分为异步电机和同步电机。综上可知，电机的分类归纳如下。

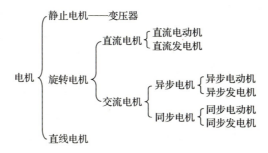

## 0.4 电力拖动系统概述

电力拖动系统由电动机、传动机构、生产机械、控制设备、反馈装置和电源等组成，如图0-2所示。

在图0-2中，电动机把电能转换为机械能，通过传动机构把电动机的运动经过中间变速或变换运动方式后，传给生产机械，从而驱动生产机械工作。生产机械是执行某一生产任务的机械设备，是电力拖动的对象。控制设备由各种控制电机、电器、电子元件及控制计算机等组成，用以控制电动机的运动，从而对生产机械的运动实现自动控制。为了向电动机及电气控制设备供电，电源是不可缺少的部分。在闭环系统中往往需要使用反馈装置，反馈装置可用测速发电机或光电旋转编码器检测电动机的转速，或用旋转变压器检测电动机的角位移，或用感应同步器检测生产机械的位移等。

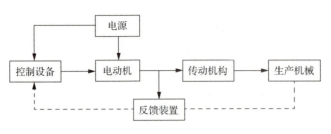

图 0-2 电力拖动系统示意图

**按照电机的种类不同，电力拖动系统分为直流电力拖动系统和交流电力拖动系统两大类。** 直流电力拖动系统具有良好的启动、制动性能，调速平滑；交流电力拖动系统随着电力电子技术和控制技术的发展，具有调速性能优良、维修费用低等优点，逐步取代直流电力拖动系统而成为电力拖动的主流，被广泛应用于各种工业电气自动化领域中。

目前，我国普通电力拖动的技术已经成熟，随着企业技术水平的提高，以及不断吸收国外先进的技术，未来电力拖动行业也将向着高效性、高可靠性、轻量化、小型化、智能化等更高目标发展。电力拖动系统的发展主要有如下趋势。

"十三五"中国创新成就

中国工业一分钟

### 1. 高效性

高效节能电机是指通用标准型、具有高效率的电机。从节约能源、保护环境出发，高效节能电机是目前的发展趋势。

国家加大高效节能电机的推广力度，参照国际电工委员会（International Electrotechnical Commission，IEC）标准制定电机能效等级标准，也陆续出台了许多政策，支持高效节能电机的应用及推广。2021 年 11 月 22 日，我国发布的《电机能效提升计划（2021—2023 年）》提出，到 2023 年高效节能电机年产量达到 1.7 亿 kW，在役高效节能电机占比达到 20%以上，实现年节电量 490 亿 kW·h，相当于年节约标准煤 1500 万 t，减排二氧化碳 2800 万 t。2022 年 6 月 23 日，工业和信息化部等六部委联合印发《工业能效提升行动计划》，提出实施电机能效提升行动。鼓励电机生产企业开展性能优化、铁心高效化、机壳轻量化等系统化创新设计，优化电机控制算法与控制性能，加快高性能电磁线、稀土永磁、高磁感低损耗冷轧硅钢片等关键材料创新升级。推行电机节能认证，推进电机高效再制造。2025 年新增高效节能电机占比达到 70%以上。随着高效电机的推广，很大一批中国本土的不具备生产高效电机的厂商将会被淘汰而退出市场，市场的集中度和竞争力得以提高。

### 2. 高可靠性

可靠性一直是用户选择电机的重要考虑因素。电机的寿命更长、结构更加紧凑是高可靠性的体现。电机寿命长短大多与温升有非常大的关系，提高电机效率，降低温升，可有效延长电机的使用寿命。

直接驱动系统的电机结构更加紧凑，可实现最高的动态性能、精度及成本效益。由于摒弃了机械传动部件（如减速器和皮带），从而简化了机械设计，显著提高了可用性，降低了运行成本。

但是永磁直驱电机的稀土永磁材料成本高，导致整机成本相对较高，永磁材料在高温、震动和过电流情况下，有可能永久退磁，致使电机整体报废，这是永磁直驱电机的重大缺陷。所以在一些对可靠性要求高的场所，直驱电机难以作为首选。

目前来看，直驱电机的技术成熟度还不高，在小功率应用领域发展较好，但是大功率领域的应用技术还不够成熟。针对高可靠性的技术要求，异步电机依然具有不可替代的优势。

### 3. 轻量化、小型化

电机的轻量化、小型化能够有效节约材料，节约空间，越来越受用户青睐。许多产品对电机的体积和质量也提出了很高的要求，这在石油、化工、煤炭等应用领域体现得较为明显。

为了实现轻型化、小型化的目标，在设计过程中，采用先进技术和优质材料，并坚持优化设计原则，在有效材料不变的条件下，单位功率的质量不断减轻，是未来的发展趋势。

另外，在一些特殊领域，如航空航天产品、电动车辆、数控机床、计算机、视听产品、医疗器械、便携式光机电一体化产品等，都对电机提出体积小、质量轻的严格要求。

### 4. 智能化

党的二十大报告指出："推动战略性新兴产业融合集群发展，构建新一代信息技术、人工智能、生物技术、新能源、新材料、高端装备、绿色环保等一批新的增长引擎。"随着科学技术的进步，机电一体化、智能化得到长足发展，同时，各种高新技术也为电机产品注入了新的活力，制造工艺和管理信息化技术通过微电子、计算机、网络技术的应用，国家政策的鼓励，各企业对科技的重视，使新产品开发的周期逐渐缩短，机电一体化、智能化电机应运而生，调速制造、虚拟制造等先进制造技术得到推广应用。随着我国装备制造业向高、精、尖方向发展，以及工业化、信息化两化融合，电力拖动系统智能化发展成为必然趋势。

## 0.5 本课程的性质和目标

电机与拖动是数字化背景下新工科电气类专业一门重要的专业必修基础课程。本课程既有基础性，又有专业性，在整个专业人才培养体系中起着承前启后的重要作用，具有难度大、多学科交叉、技术要求高、理论与实践结合强的特点。

通过本课程的学习，使学生对电机及其拖动的基本理论、分析方法和工程应用有比较完整的理解和掌握，掌握电力拖动系统的运行性能、分析计算和电机选择等，为后续课程学习准备必要的基础知识，同时为从事自动化及电气工程技术等相关工作和科学研究奠定基础。

本课程的主要任务是通过理论和实践教学，培养学生具备扎实的理论知识和实践应用技能，培养学生创新创业素养和综合素质，支撑专业学习成果中相应指标点的达成。

本课程旨在培养基础扎实、口径宽、能力强、素质高、能够适应地方经济社会发展和产业转型升级需要的德智体美劳全面发展的高素质应用型、技术技能型人才。通过本课程的理论和实践教学，使学生具备下列知识和能力。

**课程目标 1**：能够运用电磁感应原理，熟练分析各类电机工作时的电磁关系；掌握各类电机的基本结构、工作原理、基本方程式、等值电路、工作特性、机械特性等基本概念和基本原理。

**课程目标 2**：具有应用电机运行原理基本知识，对电力拖动系统的启动、制动、调速进行简单的分析和计算的能力。

**课程目标 3**：能够结合电力拖动实际工程问题，选择合适的电力拖动系统控制方案，并具备对电力拖动系统进行综合分析、设计、计算和应用实践的能力，为后续专业课程打下基础，同时为从事自动化和电气工程等工程技术工作和科学研究奠定基础。

## 0.6  本课程的内容和学习方法

本课程的内容主要分两大部分：第一部分是电机基础理论，系统阐述直流电机、变压器、三相异步电动机、同步电机、控制电机的基本结构、工作原理、电磁关系、基本方程式和等值电路等；第二部分是电力拖动，系统阐述直流电动机和三相异步电动机的启动、调速和制动等运行特性和相关计算。

本课程是一门理论性和实践性都很强的专业技术基础课程，涉及的基础理论和实践知识面广，是电磁学、动力学、热力学等学科的综合。用理论分析电机及其拖动的实际问题时，必须结合电机的具体结构，采用工程观点的分析方法，同时，在掌握基本理论的基础上还要注意培养实践操作技能和计算能力，逐步培养学生解决复杂工程问题的综合能力。

要学好本课程，必须注意以下几点。

### 1. 采用宏观分析法

电机本身是一种借助电磁感应原理实现机电能量转换的装置，涉及电、磁、热，以及结构、材料和制造工艺等多方面内容。分析各类电机时，可采用电路和磁路的宏观分析法，将电路和磁路复杂的问题统一折算到电路上，利用电路的分析方法求解电机的性能。

### 2. 要掌握重点，有的放矢

本着工科课程回归工程的新思路，本课程在内容的选择和安排上根据工程应用型人才培养的需要，突出"应用为主，够用为度，理论联系实际"。对于自动化、电气工程及其自动化等专业的学生来说，学习本课程的目的是正确地使用电机，为设计、研制或应用电力拖动系统服务。因此在学习的过程中，要从应用电机的角度出发，着眼于电机的运行特性上，要将重点放在电机的机械特性与负载转矩的配合上，以及电机的启动、调速和制动的原理和方法上，放在为电力拖动系统选择合适的电机上，为今后分析和使用电力拖动系统打下坚实的基础，而对电机的工作原理以够用为度，对电机内部复杂的结构和电磁关系只要一般了解即可，做到有的放矢。

### 3. 要掌握分析问题的方法

在本课程中，所涉及的电机类型很多，所有电机均以电磁感应原理为理论基础，如果在学习的过程中能够掌握研究问题的方法，找到各类电机及各种拖动系统的共性和特性，就可举一反三，触类旁通，起到事半功倍的效果。例如，三相异步电动机的原理和变压器的原理有很多相通的部分，最后的数学模型也相似，只要掌握了分析问题的方法，就可较容易地掌握这两部分的内容。

#### 4. 要理论联系实际

学习理论时，不能满足于记住公式，更重要的是通过数学关系去理解其物理本质。另外要重视实践环节，善于用所学理论、实验和仿真去分析生产实际中的问题。只有结合工程实际综合应用基础理论，才能真正学好本课程。

## 0.7 常用的电磁概念和基本定律

在电机与拖动中，机电能量转换的媒介是磁场，磁场的路径称为磁路，因此磁场或磁路是电机的重要内容。在学习本课程的过程中常用到一些磁场的物理量和基本电磁定律，如全电流定律、磁路欧姆定律、电磁力定律、电磁感应定律、基尔霍夫电流定律和电压定律等，现简述如下。

#### 1. 几个常用的磁场物理量

磁场通常比较抽象，不太容易掌握。在实际工程中，通常将磁场问题简化为磁路问题。例如，在永磁体及通电导线周围存在磁场，表征磁场的大小或强弱可以用以下物理量来表示。

（1）磁感应强度。

磁感应强度又称磁通密度，用 $B$ 表示，是表征磁场强弱及方向的物理量，单位为 $Wb/m^2$。磁感应强度描述的只是空间某一点的磁场，若要表示一个给定面积的磁场，则用磁通量。

（2）磁通量。

磁通量简称磁通，用 $\Phi$ 表示，指垂直穿过某截面积 $A$ 的磁感应强度总和，单位为 Wb，即

$$\Phi = BA$$

从上式可以看出，在均匀磁场中，单位面积内的磁通量称为磁感应强度。

（3）磁场强度。

磁场强度用 $H$ 表示，是计算磁场时引用的物理量，单位为 A/m，即

$$H = \frac{B}{\mu}$$

式中，$\mu$ 为磁导率，真空中的磁导率为

$$\mu_0 = 4\pi \times 10^{-7} H/m$$

其他导磁介质的磁导率为

$$\mu = \mu_r \mu_0$$

式中，$\mu_r$ 为其他导磁介质的相对磁导率。

铁磁材料的相对磁导率 $\mu_r$ 为 2000~6000，且不是常数；非铁磁材料的相对磁导率 $\mu_r=1$，且是常数。

（4）磁动势。

磁动势用 $F$ 表示，是电流流过导体所产生磁通量的势力，是用来度量磁场的物理量，

类似于电场中的电动势或电压。它被描述为线圈所能产生磁通量的势力，与磁场强度的关系为

$$F=Hl$$

式中，$l$ 为磁路长度。

### 2. 磁路

磁通所通过的路径称为磁路。以变压器为例，一个简单的磁路由采用高导磁材料的铁心和通电线圈组成，若忽略线圈漏磁通，由通电线圈产生的磁场将主要分布在铁心内部。

### 3. 电路定律

（1）电路欧姆定律。

流过电阻（$R$）的电流（$I$）的大小与电阻两端的电压（$U$）成正比，与电阻的大小成反比，即

$$I=\frac{U}{R}$$

（2）电路基尔霍夫第一定律。

电路中任意节点的电流的代数和等于零，即

$$\sum I=0$$

（3）电路基尔霍夫第二定律。

对电路中任一回路，电压降的代数和等于电动势（$E$）的代数和，即

$$\sum U = \sum E$$

### 4. 磁路定律

（1）安培环路定律（全电流定律）。

磁场中沿任一闭合回路的磁场强度的线积分等于该闭合回路所包围的所有导体电流的代数和，即

$$\oint Hdl = \sum NI \quad 或 \quad \sum Hl = \sum NI$$

式中，$H$ 为磁场强度（A/m）；$l$ 为各段磁路的长度（m）；$N$ 为线积分线路所包围的导体数；$I$ 为每根导体所流过的电流（A）。它描述的是电流产生磁场（电生磁）所遵循的基本定律，又称磁路基尔霍夫第二定律，在进行磁路分析和计算时常用。

若电流的正方向与闭合回路（$l$）的环行方向符合右手螺旋定则时（图0-3），$i$ 取"＋"号，否则取"－"号，即

$$\oint Hdl = -i_1 + i_2 - i_3$$

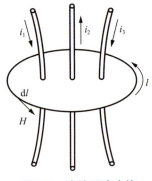

图0-3 安培环路定律

（2）磁路欧姆定律。

在无分支的磁路中，磁通（$\Phi$）与磁动势（$F$）的大小成正比，与磁路中的总磁阻（$R_m$）的大小成反比，即

$$\Phi = \frac{F}{R_m}$$

**(3) 磁路基尔霍夫第一定律。**

在磁路中根据磁通的连续性可得：穿入任一闭合面的磁通必等于穿出该闭合面的磁通，即磁路中通过任何闭合面上的磁通的代数和等于零，则有

$$\Sigma\Phi = 0$$

式中，一般将穿出闭合面的磁通取"＋"号，穿入闭合面的磁通取"－"号。

**(4) 电磁力定律。**

载流导体在磁场中受到电磁力的作用，当磁场与导体相互垂直作用时，作用在载流导体上的电磁力为

$$f = Bli$$

式中，$B$ 为磁场的磁感应强度（Wb/m$^2$）；$l$ 是导体的有效长度（m）；$i$ 是导体中的电流（A）。

电磁力的方向可由左手定则判定，如图 0-4 所示。

**(5) 电磁感应定律。**

① 变压器电动势。

一匝数为 $N$ 的线圈，在变化的磁场中产生的感应电动势（$e$）的大小与线圈匝数（$N$）和线圈所交链的磁通对时间的变化率（d$\Phi$/d$t$）成正比。感应电动势正方向与产生它的磁通正方向符合右手螺旋定则，即

$$e = -N \cdot \frac{d\Phi}{dt}$$

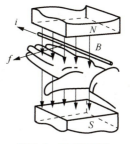

图 0-4 左手定则

左手定则与右手定则

感应电动势的方向可由右手螺旋定则判定，如图 0-5 所示。

② 切割电动势（速度感应电动势）。

运动导体在静止的磁场中切割磁力线会产生感应电动势，即

$$e = Blv$$

式中，$B$ 为磁场的磁感应强度（Wb/m$^2$）；$l$ 是导体的有效长度（m）；$v$ 是导体切割磁场的速度（m/s）。

感应电动势的方向可由右手定则判定，如图 0-6 所示。

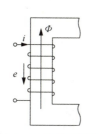

图 0-5 右手螺旋定则          图 0-6 右手定则

**5. 电路与磁路的比较**

现将电路与磁路常用的物理量和定律列于表 0-1。

表 0-1　电路与磁路常用的物理量和定律

| 电路 | | 磁路 | |
| --- | --- | --- | --- |
| 物理量名称和定律名称 | 物理量符号和定律表达式 | 物理量名称和定律名称 | 物理量符号和定律表达式 |
| 电导率 | $\gamma$ | 磁导率 | $\mu$ |
| 电流 | $I$ | 磁通 | $\Phi$ |
| 电动势 | $E$ | 磁动势 | $F$ |
| 电阻 | $R$ | 磁阻 | $R_m$ |
| 电压降 | $U$（$IR$） | 磁压降 | $HL$（$\Phi R_m$） |
| 电路欧姆定律 | $I = \dfrac{U}{R}$ | 磁路欧姆定律 | $\Phi = \dfrac{F}{R_m}$ |
| 电路基尔霍夫第一定律 | $\sum I = 0$ | 磁路基尔霍夫第一定律 | $\sum \Phi = 0$ |
| 电路基尔霍夫第二定律 | $\sum U = \sum E$ | 磁路基尔霍夫第二定律 | $\sum Hl = \sum NI$ |

**特别提示**

磁路和电路只是形式上的相似,并非物理本质的相似。其本质区别是电路中的电流是带电粒子的真实运动,而磁路中的磁通只是一种描述方法。

# 第 1 章 直流电机

### 教学目标

1. 理解并掌握直流电机的基本工作原理、基本结构和额定值。
2. 理解直流电机的励磁方式,了解电机磁场的形成和电枢反应。
3. 熟练掌握直流电机电枢电动势和电磁转矩的计算公式和性质。
4. 掌握直流电动机稳态运行时的基本方程式和工作特性。
5. 掌握他励直流发电机稳态运行时的基本方程式和运行特性,理解并励直流发电机的自励条件和运行特性。
6. 了解直流电机的换向过程和改善换向的方法。

### 推荐阅读资料

1. 许晓峰,2019. 电机与拖动[M]. 2 版. 北京:高等教育出版社.
2. 吕宗枢,2014. 电机学[M]. 北京:高等教育出版社.

第 1 章思维导图

电机与拖动基础

知识链接

  1831年，法拉第电磁感应原理的发现为人们研制发电机奠定了理论基础。社会的需要和科学理论的结合使发电机的研制工作在19世纪30年代后得到了较快发展。早期发电机是用作电解、电镀、电弧照明的直流电供电，也就是说，早期人们需要的发电机是直流发电机，即使根据法拉第电磁感应原理研制的发电机，产生的交流电也要用换向器转换成直流电。

  电池、电磁铁的发明和奥斯特电流磁效应的发现，又催生了电动机的诞生。19世纪三四十年代各种电动机的设计层出不穷、五花八门，到19世纪50年代后，电动机逐渐进入实用阶段。

  此外，19世纪上半叶，人们尚不清楚电机的可逆现象，电动机和发电机研制的理论基础也不尽相同，所以当时电动机和发电机是各自为政、并行发展的。直到19世纪60年代后，人们才逐渐将两者的研究结合起来，逐渐使电动机和发电机的结构趋于一致、统一起来。

  直流电机是利用电磁感应原理实现直流电能和机械能相互转换的设备，把直流电能转换为机械能的电机称为直流电动机；反之，把机械能转换为直流电能的电机称为直流发电机。直流电机具有可逆性，同一台直流电机，既可作为发电机运行，也可作为电动机运行。

  直流电动机主要用于对启动调速要求较高的生产设备，如电力机车、大型机床等；直流发电机主要为直流电动机、电解、电镀等设备提供所需的直流电能。

  本章主要介绍直流电机的基本工作原理和结构，电枢绕组的电动势和电磁转矩的大小和性质，简要介绍直流电机的电枢绕组、磁场分布和电枢反应，深入分析直流电机的电压、转矩和功率的平衡关系，详细分析直流电动机的工作特性和直流发电机的运行特性，最后介绍直流电机的换向。

## 1.1 直流电机的基本工作原理

  直流电机分为直流电动机和直流发电机两大类。电磁感应定律和电磁力定律是分析直流电机工作原理的理论基础。下面通过直流电机的模型来说明直流电机的基本工作原理。

### 1.1.1 直流电动机的工作原理

  图1-1是一台最简单的直流电动机模型。N和S是一对固定的磁极，磁极之间有一个可以转动的电枢线圈abcd，线圈用绝缘导体构成，线圈的两端分别接到相互绝缘的两个弧形铜片上，弧形铜片称为换向片，两个弧形铜片的组合体称为换向器。在换向器上放置固定不动而与换向片滑动接触的电刷A和B，线圈abcd通过换向器和电刷接通外电路。电枢线圈通常嵌在电枢铁心中。电枢铁心、电枢线圈和换向器构成的整体称为电枢。

  直流电动机的理论基础是电磁力定律。将直流电源的正极和负极分别加于电刷A和电刷B，则线圈abcd中将有电流$I_a$流过。如图1-1（a）所示，导体ab在N极下，导体cd在S极下。在导体ab中，电流方向为由a到b，在导体cd中，电流方向为由c到

d。载流导体 ab 和 cd 均处于 N 和 S 极之间的磁场中,受到电磁力的作用。电磁力的方向用左手定则确定,可知这一对电磁力形成一个转矩,称为电磁转矩 $T$,转矩的方向为逆时针方向,使整个线圈以转速 $n$ 逆时针旋转。当线圈旋转 180°,导体 cd 转到 N 极下,ab 转到 S 极下,如图 1-1(b)所示。由于电流 $I_a$ 仍从电刷 A 流入,使 cd 中的电流变为由 d 流向 c,而 ab 中的电流由 b 流向 a,从电刷 B 流出,由左手定则可知,电磁转矩 $T$ 的方向仍是逆时针方向。

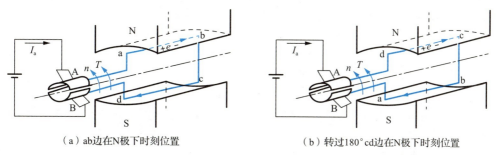

(a) ab 边在 N 极下时刻位置　　　　(b) 转过 180° cd 边在 N 极下时刻位置

图 1-1　直流电动机模型

由此可见,加在直流电动机的直流电流,借助于换向器和电刷的作用,变为电枢线圈中的交变电流。这种将直流电转换为交流电的作用称为逆变作用。但 N 极下导体的受力方向和 S 极下导体的受力方向并未发生变化,导体产生的转矩方向始终是不变的,因此电动机始终朝逆时针方向旋转。

同时可以看到,一旦线圈旋转,导体就会切割磁力线,产生感应电动势。在图 1-1(a)所示时刻,可以判断出 ab 导体中的感应电动势的方向由 b 指向 a,而此时的导体电流由 a 指向 b,因此直流电动机导体中的电动势与电流方向相反。

根据上述原理,可以看出直流电动机具有如下特点。

① 直流电动机将输入的电功率转换成机械功率输出。

② 电磁转矩 $T$ 起驱动作用。

在实际的直流电动机中,往往在电枢圆周上均匀地嵌放许多线圈,并且换向器也由许多换向片组成,使电枢线圈所产生总的电磁转矩足够大而比较均匀,电动机的转速也比较均匀。

当直流电机做电动机运行时,电枢线圈切割磁场,是否会在电枢线圈上产生感应电动势?如果产生,该电动势与通过线圈的电流方向关系如何?

### 1.1.2　直流发电机的工作原理

若去掉直流电动机模型中的外加直流电压,利用原动机拖动线圈以转速 $n$ 逆时针旋转,就是直流发电机模型,如图 1-2 所示。直流发电机的理论基础是电磁感应定律。在图 1-2(a)中,导体 ab 和 cd 分别切割 N 极和 S 极下的磁力线,产生感应电动势,感应电动势的方向用右手定则确定。导体 ab 中感应电动势的方向

直流发电机的工作原理

电机与拖动基础

由 b 指向 a，导体 cd 中感应电动势的方向由 d 指向 c，所以电刷 A 为正极性，电刷 B 为负极性。线圈旋转 180°后，导体 cd 转至 N 极下，感应电动势的方向由 c 指向 d；导体 ab 转至 S 极下，感应电动势的方向由 a 指向 b，如图 1-2（b）所示。此时，电刷 A 仍为正极性，电刷 B 仍为负极性。由此可见，直流发电机电枢线圈中的感应电动势的方向是交变的，而通过换向器的作用，在电刷 A 和 B 两端输出的电动势是方向不变的直流电动势。这种将交流电转换为直流电的作用称为整流作用。若在电刷 A 和 B 之间接上负载，发电机就能向负载提供直流电能。这就是直流发电机的基本工作原理。

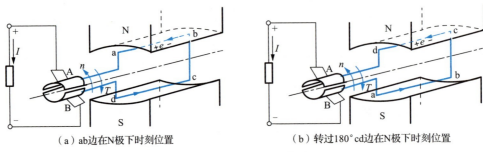

（a）ab 边在 N 极下时刻位置　　　　　　　（b）转过 180°cd 边在 N 极下时刻位置

图 1-2　直流发电机模型

同时应该注意到，带上负载以后，电枢导体成为载流导体，导体中的电流方向与电势方向相同，利用左手定则，还可以判断出由电磁力产生的电磁转矩 $T$ 的方向与运动方向相反，起制动作用。

根据上述原理，可以看出直流发电机具有如下特点。

① 直流发电机将输入的机械功率转换成电功率输出。
② 电磁转矩 $T$ 起制动作用。

想 一 想

当直流电机作发电机运行时，在电刷两端接上负载电阻，此时电枢线圈上有无电磁转矩？如果有，这是一个什么性质的转矩？该转矩与电枢线圈旋转方向的关系如何？

### 1.1.3　电机可逆性原理

发现的故事

电机可逆性原理是电机学的基本原理之一，也是现代发电机、电动机发展的基础之一。但是，这一原理在电机出现初期并不为人们所认识和接受，这也是造成早期发电机、电动机互不往来、并行发展的原因之一。

首先发现电机可逆性原理的是俄国科学家楞次。1838 年，楞次根据作用与反作用的概念，强调电现象和磁现象的可逆性，提出了电机既可作发电机运行，又可作电动机运行的可逆性原理。

法拉第也曾对发电机和电动机的可逆性原理进行过思考。1840 年，雅可比在《电动机原理》一书中论述了电机可逆性原理。1860 年，意大利比萨大学物理学教授巴辛诺特应用电机可逆性原理制成一台既可作发电机运行，又可作电动机运行的直流电机。1867 年，西门子兄弟也发现发电机可作电动机运行。1874 年，格拉姆已在他的巴黎工厂内，将照明用直流发电机作电动机运行，拖动多台机器工作。

　　无论直流发电机还是直流电动机，由于电磁的相互作用，电枢电动势和电磁转矩是同时存在的。从原理上说，直流发电机和直流电动机两者并无本质差别，只是外界条件不同而已。将直流电源外加于电刷，输入电能，电机就能将电能转换为机械能，拖动生产机械旋转，此时作电动机运行；如果用原动机拖动直流电机的电枢旋转，输入机械能，电机就能将机械能转换为直流电能，从电刷上引出直流电动势，作发电机运行。

　　同一台电机，既能作电动机运行，又能作发电机运行的原理，在电机理论中称为电机可逆性原理。实际的直流电动机和直流发电机，因为设计制造时考虑了长期作为电动机和发电机运行性能方面的不同要求，所以在结构上要有所区别。

## 1.2　直流电机的基本结构

　　直流电机是由静止的定子部分和转动的转子部分构成的，定子、转子之间有一定大小的间隙称为气隙。直流电机的结构如图 1-3 所示。

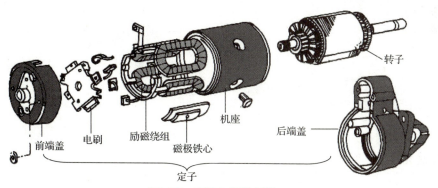

图 1-3　直流电机的结构

### 1.2.1　直流电机的定子

　　定子的主要作用是产生磁场和作为电机的固定和机械支撑，其主要构成部分有主磁极、换向极、机座、接线盒等。图 1-4 所示为直流电机的定子结构的剖面图和实物图。

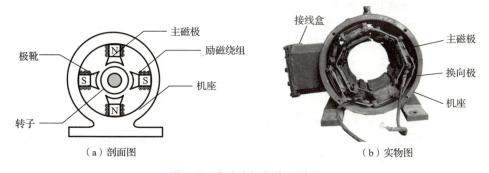

图 1-4　直流电机的定子结构

### 1. 主磁极

主磁极又称励磁磁极，用来产生恒定且按一定空间分布形状的气隙磁场。绝大多数直流电机的主磁极不使用永久磁铁，而是由励磁绕组通以直流电流来建立主磁场。主磁极由主磁极铁心和套装在铁心上的励磁绕组构成，如图 1-5 所示。主磁极铁心由极身和极靴两部分组成。为减小涡流损耗，极身一般用 0.5～1.5mm 厚的低碳钢板冲成。主磁极的数量一定是偶数，励磁绕组放置在主磁极上，用来产生主磁通。当励磁绕组通以直流电时，各个主磁极均产生一定磁性的磁通密度，相邻两个主磁极的极性是 N、S 交替出现的。

### 2. 换向极

换向极的作用是减小电机运行时电刷与换向器之间可能产生的火花，用来改善直流电机的换向性能。换向极由换向极铁心和换向极绕组组成，如图 1-6 所示。换向极铁心比主磁极铁心简单，一般用整块钢板制成，在其上放置换向极绕组，换向极安装在相邻的两个主磁极之间的几何中性线上。

图 1-5 主磁极结构　　　　　　　　图 1-6 换向极结构

换向极的数量一般与主磁极的数量相等，在小容量的直流电机中，可以不装换向极；一般容量在 1kW 以上的直流电机，均应加装换向极。

### 3. 机座

电机的外壳称为机座，由铸铁铸成或厚钢板焊接而成。机座分为整体机座和叠片机座。整体机座同时起导磁和机械支撑两方面的作用。整体机座由导磁效果较好的铸铁材料制成，成为主磁路的一部分，机座起导磁作用；主磁极、换向极及端盖均固定在机座上，机座起支撑作用。一般直流电机都用整体机座。叠片机座只起支撑作用。

### 4. 电刷装置

电刷装置是电枢电路的引出（或引入）装置，用来连接转动的电枢电路与静止的外部电路，它由电刷、刷握、刷杆等部分组成。电刷是由石墨或金属石墨组成的导电块，放在刷握内用压紧弹簧以一定的压力安放在换向器的表面，如图 1-7 所示。旋转时与换向器表面形成滑动接触。刷握用螺钉夹紧在刷杆上。每一个刷杆上的一排电刷组成一个电刷组，同极性的各刷杆用连线连接在一起，再引到出线盒。电刷顶部有细铜丝编织而成的引线，称为铜丝辫（刷辫），以便引出电流。刷杆安装在可移动的刷杆座上，以便调整电刷的位置。电刷装置与换向片一起完成整流或逆变，把电枢中的交变电流变成电刷上的直流电或把外部电路中的直流电变成电枢中的交流电。

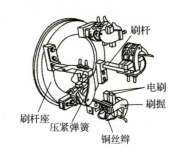

图 1-7 电刷结构

### 5. 端盖

端盖安装在机座两端并通过端盖中的轴承支撑转子，将定子和转子连接为一体，同时端盖对电机内部还具有防护作用。端盖的中心装有轴承，中小型电机一般用滚动轴承，大型电机用滑动轴承，且通常由轴承座直接支撑在底板上。

### 6. 接线盒

直流电机的电枢绕组和励磁绕组通过接线盒与外部连接，接线盒上的电枢绕组一般标记为"A"或"S"，励磁绕组标记为"F"或"L"。由于普通直流电机电枢回路电阻比励磁回路电阻小得多，因此使用时如果分不清两个绕组，可通过测量接线盒内的接线端子进行区分，电阻大的两端即是励磁绕组。

## 1.2.2 直流电机的转子

转子是电机中实现机电能量转换的枢纽，因此直流电机的转子也称电枢。直流电机的转子主要由电枢铁心、电枢绕组、换向器和转轴等构成，如图1-8所示。

### 1. 电枢铁心

电枢铁心是主磁路的一部分，同时用以嵌放电枢绕组。为减少铁损耗（包括磁滞损耗和涡流损耗），电枢铁心通常用 0.5mm 厚的冷轧硅钢片冲片叠压成型，每个硅钢片之间相互绝缘。冲制好的硅钢片叠装成电枢铁心，叠好的电枢铁心固定在转轴或转子支架上。电枢铁心的外圆开有转子槽，槽内嵌放电枢绕组。图 1-9 所示为小型直流电机的电枢铁心冲片形状图，图 1-10 所示为小型直流电机的电枢绕组装配图。

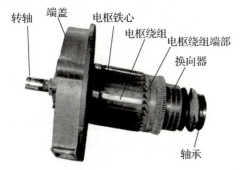

图 1-8 直流电机的转子结构

图 1-9 小型直流电机的电枢铁心冲片形状图

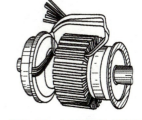

图 1-10 小型直流电机的电枢绕组装配图

### 2. 电枢绕组

电枢绕组是直流电机电路的主要部分，电机工作时电枢绕组产生感应电动势和电磁转矩，实现机电能量的转换。电枢绕组采用高强度漆包线或玻璃丝包扁铜线（或称线圈）绕制而成，按一定规律放置在电枢铁心的槽内，并与换向器连接。不同线圈的线圈边分上下两层嵌放在电枢槽中，线圈与电枢铁心之间及上下两层线圈边之间都必须妥善绝缘。为防止离心力将线圈边甩出槽外，槽口用槽楔固定。线圈伸出槽外的端接部分用热固性无纬玻璃带进行绑扎。图 1-11 所示为电枢绕组在槽内的放置示意图。

3. 换向器

换向器又称整流子。在直流发电机中，换向器的作用是将电枢绕组内的交变电动势转换为电刷端上的直流电动势；在直流电动机中，换向器的作用是将电刷上所通入的直流电流转换为电枢绕组内的交变电流。

换向器是直流电动机中的重要部件之一，它由许多上宽下窄的铜片（称为换向片）叠成圆筒形，换向片间用 0.6～0.16mm 厚的云母片作为绝缘层。换向器结构如图 1-12 所示。

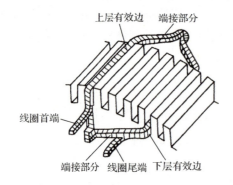

图 1-11　电枢绕组在槽内的放置示意图

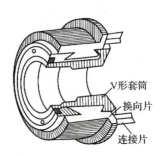

图 1-12　换向器结构

将换向片叠成圆筒形，以便于电刷接触良好，常用钢质套筒或塑料紧固，常见的有拱形塑料紧圈式和绑环式换向器。因换向器外径小于电枢外径，故换向器尾端有一升高部分（称为连接片），电枢绕组首、尾端即接至连接片上。

大、中型电动机常用套筒式的拱形换向器，换向片间以云母片作为绝缘层，下部为燕尾形，利用换向器套筒、V 形压圈及螺旋压圈将换向片和云母片紧固成一个整体。小型电动机多用云母板作为绝缘层，并将铜片热压在塑料基体上，制成一个整体。

4. 风扇、转轴

风扇是自冷式电动机中冷却气流的主要来源，它的作用是降低运行中电动机的温升。

转轴是电枢的主要支撑部件，并与原动机或生产机械相连接，需要有一定的机械强度和刚度，一般用合金钢锻压加工而成。

## 1.2.3　气隙

为使电机正常运转，定子与转子之间留有间隙，称为气隙。气隙的作用有两个：一是磁路的组成部分，二是有利于电机的通风。

 **特别提示**

为保证转子在旋转时不与定子发生摩擦,造成扫膛,烧坏电机,气隙的大小是有严格要求的:气隙过小,易发生扫膛,轻则使电机发热,重则烧坏电机;气隙过大,电机的效率降低。

### 1.2.4 直流电机的电枢绕组

构成绕组的线圈称为元件,两根引出线分别称为首端和末端。

一个磁极在电枢圆周上所跨的距离称为极距 τ,当用槽数表示时

$$\tau = \frac{Z}{2p} \tag{1-1}$$

式中,$Z$ 为电枢总槽数;$p$ 为直流电机的极对数;$\tau$ 不一定是整数。

同一元件的两个元件边在电枢圆周上所跨的距离,称为第一节距 $y_1$,$y_1$ 为整数。

为使每个元件的感应电动势最大,第一节距 $y_1$ 应尽量等于一个极距 $\tau$,为此,一般取第一节距

$$y_1 = \frac{Z}{2p} \pm \varepsilon = 整数 \tag{1-2}$$

式中,$\varepsilon$ 为小于 1 的数。

$y_1 = \tau$ 的绕组称为整距绕组;$y_1 < \tau$ 的绕组称为短距绕组;$y_1 > \tau$ 的绕组称为长距绕组。直流电机一般不用长距绕组,因为长距绕组耗铜多,不经济。

第一个元件的下层边与直接相连的第二个元件的上层边在电枢圆周上的距离,称为第二节距 $y_2$。

直接相连的两个元件的对应边在电枢圆周上的距离,称为合成节距 $y$。

每个元件的首、末两端所接的两片换向片在换向器圆周上所跨的距离,用换向片数表示,称为换向器节距 $y_k$。由图 1-13 可见,换向器节距 $y_k$ 与合成节距 $y$ 总是相等的,即

$$y_k = y \tag{1-3}$$

电枢绕组是由许多形状完全一样的绕组元件,以一定规律连接起来的。根据连接规律的不同,绕组可分为单叠绕组、单波绕组等多种形式。元件的上层边用实线表示,下层边用虚线表示。图 1-13 为直流电机绕组连接示意图。

单叠绕组连接的特点是同一元件的两个端子连接于相邻的两个换向片上,如图 1-13(a)所示。单叠绕组的所有相邻元件依次串联,即后一个元件的首端与前一个元件的末端连在一起,并接到同一个换向片上。最后一个元件的末端与第一个元件的首端连在一起,形成一个闭合的回路。由于这种绕组的任何两个紧相串联的后一个元件的端接部分紧"叠"在前一个元件的端接部分,同时元件两个端子所连接的换向片之间的距离等于一个换向片的宽度,因此这种绕组称为单叠绕组。单叠绕组常采用右行绕组。

单叠绕组的展开

对于单叠绕组,支路对数 $a$ 等于极对数 $p$,即 $a=p$,可以通过增加极对数来增加并联支路数,适用于低电压、大电流的电机。

单波绕组连接的特点是元件两出线端所连的换向片相隔较远,相串联的两个元件也相

隔较远。这样连接起来的元件的形式犹如波浪一样向前延伸，所以称为波绕组。又由于顺着串联元件绕电枢一周以后，元件的末端不能与起始元件上层元件边所连的换向片相连，而必须与其相邻的换向片相连［图 1-13（b）］，否则元件绕电枢一周以后就闭合，无法再把元件继续连接下去。这样起始换向片与绕电枢一周后所连换向片相距为一个换向片（即相邻的换向片）的距离，所以这种波绕组称为单波绕组。单波绕组常采用左行绕组。

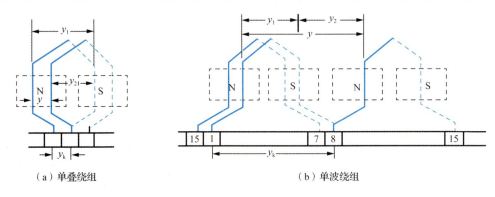

图 1-13　直流电机绕组连接示意图

对于单波绕组，支路对数永远为 1，即 $a=1$，与极对数 $p$ 无关，适用于高电压、小电流的电机。

## 1.3　直流电机的铭牌数据和主要系列

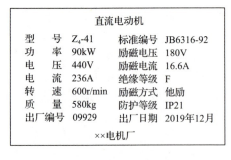

图 1-14　直流电动机的铭牌示例

电机的铭牌钉在机座的外表面，其上标明电机的主要额定数据及电机产品数据，它是正确选择和合理使用电机的依据。铭牌数据主要包括电机型号、电机额定功率（$P_N$）、额定电压（$U_N$）、额定电流（$I_N$）、额定转速（$n_N$）和质量等，另外还有电机的出厂数据，如出厂编号、出厂日期等。图 1-14 所示为直流电动机的铭牌示例。

### 1.3.1　直流电机的额定值

根据国家标准，直流电机的额定值有以下几个。

**1. 额定电压（$U_N$，单位为 V）**

额定电压指在额定工况条件下，直流电机出线端的平均电压。对于直流发电机是指输出的额定电压；对于直流电动机是指输入的额定电压。

**2. 额定电流（$I_N$，单位为 A）**

额定电流指直流电机在额定电压情况下，运行于额定功率时对应的出线端电流值。对于直流发电机是指负载电流的额定值；对于直流电动机是指电源电流的额定值。

## 3. 额定功率（$P_N$，单位为 kW）

额定功率指在额定条件下直流电机所能供给的输出功率。

直流发电机的额定功率是指电刷间输出电功率的额定值，与额定电压、额定电流的关系式为

$$P_N = U_N I_N \times 10^{-3} \text{ kW} \tag{1-4}$$

直流电动机的额定功率是指电动机轴上输出的机械功率的额定值，与额定电压、额定电流的关系式为

$$P_N = U_N I_N \eta_N \times 10^{-3} \text{ kW} \tag{1-5}$$

## 4. 额定效率（$\eta_N$）

额定效率指直流电机的输出功率与输入功率之比。

对直流电动机来说，额定效率为电动机额定运行时输出机械功率（$P_{输出}$）与输入电功率（$P_{输入}$）之比，即

$$\eta_N = \frac{P_{输出}}{P_{输入}} = \frac{P_N}{U_N I_N} \tag{1-6}$$

## 5. 额定转速（$n_N$，单位为 r/min）

额定转速指直流电机在额定电压、额定电流情况下，运行于额定功率时对应的转速。

## 6. 额定励磁电流（$I_{fN}$，单位为 A）

额定励磁电流指直流电机在额定电压、额定电流、额定转速和额定功率时的励磁电流。

## 7. 额定输出转矩（$T_{2N}$，单位为 N·m）

额定输出转矩指直流电动机轴上输出的额定转矩，等于额定功率除以转子角速度的额定值 $\Omega_N$，即

$$T_{2N} = \frac{P_N}{\Omega_N} = \frac{P_N}{\dfrac{2\pi n_N}{60}} = 9.55 \times \frac{P_N}{n_N} \tag{1-7}$$

式（1-7）中，$P_N$ 的单位为 W，若 $P_N$ 的单位为 kW，则系数 9.55 便改为 9550。此式不仅适用于直流电动机，还适用于交流电动机。

直流电机运行时，若各个物理量都与其额定值一样，就称为额定状态或额定工况。在额定状态下，电机能可靠地工作，并具有良好的性能。但实际应用中，电机不是总能运行在额定状态。如果电机的运行电流小于额定电流，称为欠载运行；如果电机的运行电流大于额定电流，称为过载运行。长期欠载运行，使电机的额定功率不能全部发挥作用，造成浪费；长期过载运行，有可能因过热而损坏电机。因此长期过载和欠载都不好。在选择电机时，应根据负载的要求，尽量让电机工作在额定状态或额定状态附近，此时电机的运行效率、工作性能等均较好。

【例 1-1】某台直流电动机的额定值为：$P_N$=160kW，$U_N$=220V，$n_N$=1500r/min，$\eta_N$=90%。试求该电动机的额定输入功率 $P_1$、额定电流 $I_N$ 和额定输出转矩 $T_{2N}$。

解：额定输入功率为

$$P_1 = \frac{P_N}{\eta_N} = \frac{160}{0.9} \approx 177.78 \text{kW}$$

额定电流为

$$I_N = \frac{P_N}{U_N \eta_N} = \frac{160 \times 10^3}{220 \times 0.9} \approx 808.08 \text{A}$$

额定输出转矩为

$$T_{2N} = 9.55 \times \frac{P_N}{n_N} = 9.55 \times \frac{160 \times 10^3}{1500} \approx 1018.67 \text{N} \cdot \text{m}$$

【例 1-2】某台他励直流发电机的额定值为：$P_N$=180kW，$U_N$=230V，$n_N$=1450r/min，$\eta_N$=89.5%。试求该发电机的额定输入功率 $P_1$ 和额定电流 $I_N$。

解：额定输入功率为

$$P_1 = \frac{P_N}{\eta_N} = \frac{180}{0.895} \approx 201.12 \text{kW}$$

额定电流为

$$I_N = \frac{P_N}{U_N} = \frac{180 \times 10^3}{230} \approx 782.61 \text{A}$$

### 1.3.2 直流电机的型号和系列

#### 1. 直流电机的型号

电机的型号表示电机的结构和使用特点。国产电机的型号一般由四部分构成，采用大写字母和阿拉伯数字表示。

第一部分用大写字母表示产品代号。

第二部分在下标处用阿拉伯数字表示设计序号，不标数字的为初次设计。

第三部分用阿拉伯数字表示机座代号，表示直流电机电枢铁心外直径的大小，机座代号为 1~9，机座代号越大，直径越大。

第四部分用阿拉伯数字表示电枢铁心长度代号，电枢铁心分为短铁心和长铁心两种，1 表示短铁心，2 表示长铁心。

例如，$Z_2$-51 表示一台机座代号为 5、电枢铁心为短铁心的第 2 次改型设计的一般中小型直流电机。

#### 2. 直流电机的主要系列

直流电机的应用很广泛，型号很多，在此仅介绍部分常用系列。

Z 系列是一般中小型直流电机系列。该系列直流电机有发电机、调压发电机、电动机等，其工作方式为连续工作制。电机仅用于正常的使用条件，即非湿热地区，非多尘或无有害气体场所，非严重过载或无冲击性过载要求的情况下。该系列容量范围为 0.4~220kW，采用 E 级和 B 级绝缘。新设计的 $Z_4$ 系列直流电机，可以取代 $Z_2$、$Z_3$ 系列直流电机。

ZD 和 ZF 系列是一般大中型直流电机系列。ZD 是直流电动机系列，ZF 是直流发电机系列。该系列容量范围为 55～1450kW。

ZZJ 系列是起重、冶金专用直流电动机，适用于轧钢机、起重机、升降机、电铲等。该系列电动机的传动惯量低、过载能力强、速度反应快，因而能经受快速而频繁的启动、制动与反转。

ZJD 和 ZJF 系列是一般大型直流电机系列，适用于大型轧钢机、卷扬机和重型机械设备。该系列容量范围为 1000～5350kW。

ZT 系列是用于恒功率且调速范围比较大的拖动系统里的广调速直流电动机。

ZQ 系列是用于电力机车、工矿电机车和蓄电池供电电车的直流牵引电动机。

ZH 系列是用于船舶上各种辅助机械的船用直流电动机。

ZU 系列是用于龙门刨床的直流电动机。

ZJ 系列是用于精密机床的直流电动机。

ZA 系列是用于矿井和有易爆气体场所的防爆安全型直流电动机。

ZKJ 系列是用于冶金、矿山挖掘机的直流电动机。

## 1.4 直流电机的磁场

直流电机中除主磁极磁场外，当在电枢绕组中通以直流电时，还将产生电枢磁场。电枢磁场与主磁场的合成形成了电机中的气隙磁场，它的分布形状和大小直接影响电枢电动势和电磁转矩的大小。

### 1.4.1 直流电机的励磁方式

主磁极励磁绕组中通以直流励磁电流产生的磁动势称为励磁磁动势，励磁磁动势产生的磁场称为励磁磁场，又称主磁场。励磁绕组的供电方式称为励磁方式。直流电机的励磁方式分为永磁式和普通励磁式两种。永磁式是由永久磁铁提供主磁场，适用于小功率电机。大部分直流电机采用普通励磁式，普通励磁式又分为他励和自励两大类。自励方式根据励磁绕组和电枢绕组的连接方式又分为并励、串励和复励三种。直流电动机的励磁方式如图 1-15 所示，其中 M 表示电动机；直流发电机的励磁方式如图 1-16 所示，其中 G 表示发电机。永磁直流电机也可看作他励直流电机。

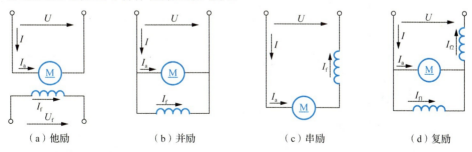

(a) 他励　　(b) 并励　　(c) 串励　　(d) 复励

图 1-15 直流电动机的励磁方式

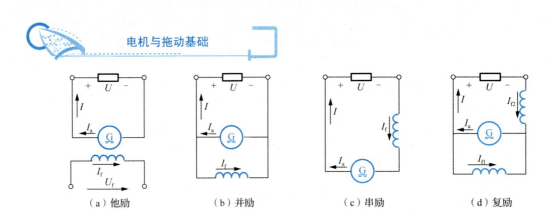

图 1-16 直流发电机的励磁方式

### 1. 他励直流电机

励磁绕组与电枢绕组无连接关系，由其他直流电源对励磁绕组单独供电的直流电机称为他励直流电机，接线方式如图 1-15（a）、图 1-16（a）所示，两图中均满足 $I=I_a$。

### 2. 并励直流电机

并励直流电机的励磁绕组与电枢绕组并联。

对并励直流电动机来说，其接线方式如图 1-15（b）所示，电流关系为 $I=I_a+I_f$，励磁绕组与电枢绕组共用同一电源，性能上与他励直流电动机相同。

对并励直流发电机来说，其接线方式如图 1-16（b）所示，电流关系为 $I=I_a-I_f$，由电机发出来的电压为励磁绕组供电。

### 3. 串励直流电机

串励直流电机的励磁绕组与电枢绕组串联，接线方式如图 1-15（c）、图 1-16（c）所示。串励直流电机的励磁电流与电枢电流相等，即 $I=I_a=I_f$。

### 4. 复励直流电机

复励直流电机是并励和串励两种励磁方式相结合，接线方式不唯一。图 1-15（d）、图 1-16（d）所示是励磁绕组与电枢绕组并联后，又与另一励磁绕组串联，称为积复励。复励方式也可以是励磁绕组与电枢绕组串联后，再与另一励磁绕组并联，称为差复励。

不同励磁方式的直流电机有着不同的特性。一般电力拖动系统中所用的直流电动机主要是他励直流电动机。这主要是因为当改变他励直流电动机的电枢电压进行调速时，不影响其磁场，使其具有良好的控制特性。

 想 一 想

若分别改变他励、并励、串励直流电动机的电枢电源极性，其转向是否改变？

### 1.4.2 直流电机的磁场

#### 1. 直流电机的空载磁场

直流电机的空载是指电机的电枢电流等于零或者很小，可以不计其影响，此时电机无负载。所以直流电机空载时的气隙磁场就是主磁场，即由励磁磁动势单独建立的磁场。

当励磁绕组通入励磁电流，各主磁极极性依次呈现为 N 极和 S 极，由于电机磁路结构对称，不论极数多少，每对磁极的磁路是相同的，因此只要分析一对磁极的磁路情况就可以了。

（1）主磁通和漏磁通。

一台四极直流电机空载时的磁场分布示意图如图 1-17 所示。大部分磁通的路径为：从 N 极出发，历经气隙、电枢齿、电枢铁轭、电枢齿、气隙进入 S 极，再经过定子铁轭回到原来出发的 N 极，成为闭合回路。这部分磁通同时交链励磁绕组和电枢绕组，称为主磁通。在电枢旋转时，主磁通能在电枢绕组中感应电动势，从而产生电磁转矩。此外还有一小部分磁通不进入电枢铁心，而直接经过相邻的磁极或定子铁轭形成闭合回路，这部分磁通仅交链励磁绕组，称为漏磁通。在这两个磁回路中作用的磁动势都是励磁磁动势，漏磁通在数量上比主磁通要小得多，大约是主磁通的 20%。

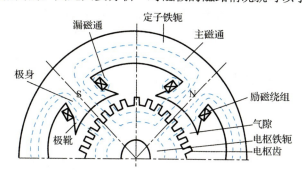

图 1-17 四极直流电机空载时的磁场分布示意图

（2）空载磁场气隙磁密分布。

由于主磁极极靴宽度总是小于一个极距 $\tau$，且极靴下的气隙不均匀，因此主磁通的每条磁力线所通过的磁回路都不相同。极靴下，在磁极轴线附近的磁回路中气隙较小，气隙中沿电枢表面上各点磁密较大，其幅值为 $B_x$；接近极尖处的磁回路中气隙较大，磁密略有减小；在极靴范围外，气隙增加很多，磁密显著减小，至两极间的几何中性线处磁密为零。电机空载时，每极下磁场的气隙磁密分布呈一平顶波形状，如图 1-18（a）所示；主磁通与漏磁通分布如图 1-18（b）所示。

（3）空载磁化曲线。

在直流电机中，为了得到感应电动势和电磁转矩，气隙里必须要有一定数量的主磁通 $\Phi_0$。把空载时主磁通 $\Phi_0$ 与空载励磁磁动势 $F_{f0}$ 或空载励磁电流 $I_{f0}$ 的关系，称为直流电机的空载磁化曲线，如图 1-19 所示，它表明了电机磁路的特性。

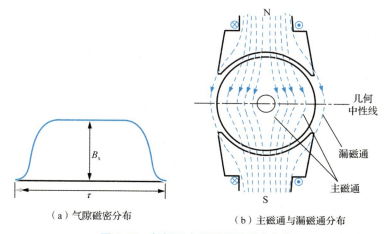

图 1-18 每极下空载磁场的磁密分布

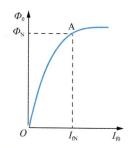

图 1-19 直流电机的空载磁化曲线

当主磁通 $\Phi_0$ 很小时，铁心没有饱和，此时铁心的磁阻比气隙的磁阻小得多，主磁通的大小决定于气隙磁阻。由于气隙磁阻是常量，因此在主磁通较小时磁化曲线接近于直线，随着磁动势的增加。磁通 $\Phi_0$ 的增加逐渐减缓，因而磁化曲线逐渐弯曲。在铁心逐渐饱和之后，磁阻很大，磁化曲线平缓上升，此时为了增加很小的磁通就必须增加很大的励磁电流。

考虑到电机的运行性能和经济性，直流电机额定运行的磁通额定值 $\Phi_N$ 的大小取在磁化曲线的膝点，即图1-19中的A点，该点之后进入饱和区。

### 2. 无励磁直流电机负载时的磁场

对一台两极直流电机，励磁绕组里不通入励磁电流，只在电枢绕组里通入电枢电流，这时电机磁路中也有一个磁动势，这个磁动势称为电枢磁动势。此时的气隙磁通仅由电枢磁动势单独产生，如图1-20所示。

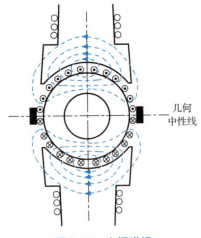

图1-20 电枢磁场

为了分析方便，把电机的气隙圆周展开成直线，把直角坐标系放在电枢的表面，横坐标表示沿气隙圆周方向的空间距离，坐标原点放在电刷所在的位置，纵坐标表示气隙消耗磁动势的大小，并规定以磁动势出电枢、进定子的方向作为磁动势的正方向。设流过元件的电流为 $i_a$，元件匝数为 $N_y$，则元件产生的磁动势为 $N_y i_a$，每段气隙消耗的磁动势为 $\frac{1}{2}N_y i_a$，画出单个电枢元件的磁动势分布，如图1-21（a）所示。如果在电枢上依次放置无穷多个整距元件，每个整距元件的串联匝数为 $N_y$，每个元件中流过的电流为 $i_a$，则合成总磁动势 $F_{ax}$ 是三角波，如图1-21（b）中 $F_{ax}$ 所示。三角波磁动势最大值所在的位置是元件里电流改变方向的地方。这个呈三角波分布的电枢磁动势作用在磁路上，就要产生气隙磁通密度。气隙磁通密度和磁动势的关系为

$$B_{ax} = \mu_0 \cdot \frac{F_{ax}}{\delta_x} \tag{1-8}$$

式中，$B_{ax}$ 是在 $x$ 处的气隙磁通密度；$\mu_0$ 是真空的磁导率；$\delta_x$ 为气隙长度。

由于在主磁极下气隙长度基本不变，因此电枢磁动势产生的气隙磁通密度与磁动势成正比。在两个主磁极之间，虽然磁动势在增大，但气隙长度增加得更快，气隙磁阻急剧增加，因此气隙磁通密度在两主磁极间减小，波形对称呈马鞍形，如图1-21（b）中 $B_{ax}$ 所示。

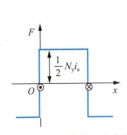

（a）单个电枢元件的磁动势分布

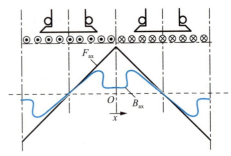

（b）多个电枢元件的磁动势分布

图1-21 电枢元件产生的磁动势分布

### 3. 电枢反应

若励磁绕组有励磁电流，会产生励磁磁动势，并且电机带上负载，这时电枢绕组中就有电流流过，产生电枢磁动势，此时的气隙磁场将由励磁磁动势和电枢磁动势的共同作用所建立。电枢磁动势的出现，必然会影响空载时只有励磁磁动势单独建立的磁场，有可能改变气隙磁密分布及每极磁通量的大小。通常把负载时电枢磁动势对主磁场的影响称为电枢反应。电刷在几何中性线时的电枢反应如图 1-22 所示。

直流电动机的电枢反应磁场分布图

直流发电机的电枢反应磁场分布图

将空载磁场和电枢电动势单独产生的气隙磁通密度叠加，得到电机负载时的磁通密度波形分布如图 1-23 中的 $b_\delta$ 曲线所示，虚线为考虑磁路饱和时的 $b_\delta$ 曲线。

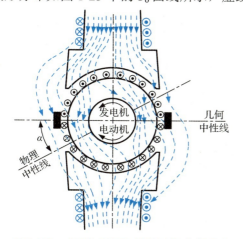

图 1-22 电刷在几何中性线时的电枢反应

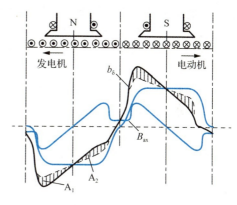

图 1-23 电机负载时的磁通密度波形分布

把合成磁场与空载磁场比较，便可看出电枢反应对直流电机的运行性能影响很大，具体表现如下。

（1）使气隙磁场发生畸变。

空载时电机的物理中性线与几何中性线重合。负载时由于电枢反应的影响，每一磁极下，电枢磁场使主磁场一半被削弱，另一半被加强，物理中性线偏离几何中性线。对发电机而言，电枢要进入的主磁极磁场的一端磁场被削弱，而另一端磁场被加强；电动机则正好相反，电枢要进入的主磁极磁场的一端磁场被加强，而另一端磁场被削弱。

（2）对主磁场起去磁作用。

在磁路不饱和时，主磁场被削弱的数量恰好等于被加强的数量，因此负载时每极下的合成磁通量与空载时相同。但在实际电机中，磁路总是饱和的。因为在主磁极两边磁场变化情况不同，一边是增磁的，另一边是去磁的。主磁极的增磁作用会使饱和程度提高，铁心磁阻增大，与不饱和时相比，实际增加的磁通要少些；主磁极的去磁作用会使饱和程度降低，铁心磁阻减小，与不饱和时相比，实际减少的磁通要少些。由于磁阻变化的非线性，磁阻的增大比磁阻的减小要大些，增加的磁通就会小于减少的磁通（图 1-23 中的面积 $A_1>A_2$），因此负载时合成磁场每极磁通比空载时每极磁通略有减少，这就是电枢反应的去磁作用。

总体来说，电枢反应的作用不仅使电机内气隙磁场发生畸变，而且还会起去磁作用。消除或减小电枢反应的措施为：装设换向极或补偿绕组，具体原理参见 1.8.3 节。

## 1.5 电枢绕组的电动势和电磁转矩

直流电机的电枢是实现机电能量转换的核心,一台直流电机运行时,无论是作为发电机还是作为电动机,电枢绕组中都要感应电动势,同时载流的电枢导体与气隙磁场相互作用产生电磁转矩。因此,电枢绕组的电动势和电磁转矩是建立直流电机基本方程式和研究运行性能的前提,这两个最基本的物理量体现了直流电机通过电磁感应作用实现机电能量转换的关系。

### 1.5.1 电枢绕组的电动势

电枢绕组的电动势是指直流电机正、负电刷之间的感应电动势,也就是电枢绕组一条并联支路的电动势。电枢绕组元件边内的导体切割气隙合成磁场,产生感应电动势。由于气隙磁通密度(尤其是负载时气隙合成磁通密度)在一个磁极下的分布不均匀,为分析推导方便起见,可把磁通密度看成均匀分布的,取一个磁极下气隙磁通密度的平均值为 $B_{av}$。

$$B_{av} = \frac{\Phi}{\tau l} \tag{1-9}$$

式中,$\Phi$ 为每极磁通;$l$ 为电枢导体的有效长度(槽内部分)。

设电枢表面的线速度为 $v$,可得一根导体在一个极距范围内切割气隙磁通密度产生的电动势的平均值($e_{av}$),其表达式为

$$e_{av} = B_{av} l v = \frac{\Phi}{\tau l} \cdot l \cdot \frac{2p\tau n}{60} = \frac{2p\Phi n}{60} \tag{1-10}$$

设电枢绕组总的导体数为 $N$,则每一条并联支路的串联导体数为 $N/2a$,因而电枢绕组的电动势($E_a$)为

$$E_a = \frac{N}{2a} e_{av} = \frac{N}{2a} \cdot \frac{2p}{60} \Phi n = \frac{pN}{60a} \Phi n = C_e \Phi n \tag{1-11}$$

其中,$C_e = \frac{pN}{60a}$ 为电动势常数,其大小仅与电机结构有关,当电机制造好以后,其值不再变化。可见,电枢电动势与气隙磁通和转速的乘积成正比,改变转速或气隙磁通均可改变电枢电动势的大小。

【例 1-3】已知一台 10kW,4 极,2850r/min 的直流发电机,电枢绕组是单叠绕组,整个电枢总导体数为 360。当发电机发出的电动势为 230V 时,气隙每极磁通量是多少?

解:已知极数是 4,极对数 $p=2$,单叠绕组 $a=p=2$,于是电动势常数为

$$C_e = \frac{pN}{60a} = \frac{2 \times 360}{60 \times 2} = 6$$

根据电枢绕组的电动势公式,气隙每极磁通为

$$\Phi = \frac{E_a}{C_e n} = \frac{230}{6 \times 2850} \approx 1.35 \times 10^{-2} \text{Wb}$$

### 1.5.2 电枢绕组的电磁转矩

电枢绕组中流过电枢电流($I_a$)时,元件的导体中流过支路电流($i_a$),成为载流导体,

在磁场中受到电磁力的作用,其方向由左手定则判定。如果仍把气隙合成磁场看成均匀的,气隙磁通密度用平均值 $B_{av}$ 表示,则每根导体所受电磁力的平均值($f_{av}$)为

$$f_{av} = B_{av} li_a \tag{1-12}$$

一根导体所受电磁力形成的电磁转矩($T_{av}$)为

$$T_{av} = f_{av} \cdot \frac{D}{2} \tag{1-13}$$

式中,$D$ 为电枢直径。

虽然不同极性磁极下的电枢导体中电流的方向不同,但电枢所有导体产生的电磁转矩方向都是一致的,因而电枢绕组的电磁转矩($T$)等于一根导体电磁转矩的平均值($T_{av}$)乘以电枢绕组总的导体数($N$),即

$$T = NT_{av} = NB_{av}li_a \cdot \frac{D}{2} = N \cdot \frac{\Phi}{\tau l} \cdot l \cdot \frac{I_a}{2a} \cdot \frac{1}{2} \cdot \frac{2p\tau}{\pi} = \frac{pN}{2\pi a}\Phi I_a = C_T \Phi I_a \tag{1-14}$$

其中,$C_T = \dfrac{pN}{2\pi a}$ 为转矩常数,其大小仅与电机结构有关,当电机制造好以后,其值不再变化。可见,电磁转矩与气隙磁通和电枢电流的乘积成正比,改变电枢电流或气隙磁通均可改变电磁转矩的大小。

### 1.5.3 $C_e$ 与 $C_T$ 的关系

电枢电动势 $E_a = C_e \Phi n$ 和电磁转矩 $T = C_T \Phi I_a$ 是直流电机两个非常重要的公式。对于同一台直流电机,电动势常数($C_e$)和转矩常数($C_T$)之间具有确定的关系。

$$C_T = \frac{60a}{2\pi a} C_e = 9.55 C_e \tag{1-15}$$

【例 1-4】已知一台四极他励直流电动机,额定功率 $P_N=100$kW,额定电压 $U_N=220$V,额定转速 $n_N=730$r/min,额定效率 $\eta_N=90\%$,单波绕组,电枢总导体数为 180,额定每极磁通为 $6.88 \times 10^{-2}$Wb。试求额定电磁转矩。

解:已知极数是 4,极对数 $p=2$,单波绕组 $a=1$,转矩常数为

$$C_T = \frac{pN}{2\pi a} = \frac{2 \times 180}{2 \times 3.14 \times 1} \approx 57.32$$

额定电流为

$$I_N = \frac{P_N}{U_N \eta_N} = \frac{100 \times 10^3}{220 \times 0.9} \approx 505.05 \text{A}$$

额定电磁转矩为

$$T_N = C_T \Phi_N I_N = 57.32 \times 6.88 \times 10^{-2} \times 505.05 \approx 1991.72 \text{N} \cdot \text{m}$$

## 1.6 直流电动机

在学习了直流电机的工作原理和结构,并具备了关于直流电机磁场的一些知识,以及初步了解机电能量转换过程的基础上,本节以并励直流电动机为研究对象,分析直流电机负载时的电磁过程、基本方程式、工作特性等,为学习后续内容提供必要的基础知识。

需要指出的是，当额定励磁电压与电枢电压相等时，他励直流电动机和并励直流电动机就无实质性区别。因此，本节所分析的并励直流电动机有关结论同样适用于他励直流电动机。

### 1.6.1 直流电动机的基本方程式

并励直流电动机原理图如图 1-24 所示。外部提供直流电源时，励磁绕组中流过励磁电流（$I_f$），建立主磁场；同时直流电源在电枢绕组流过电枢电流（$I_a$），产生电枢磁动势（$F_a$），通过电枢反应使主磁场变为气隙合成磁场。电枢元件导体中流过支路电流（$i_a$），在磁场作用下产生电磁转矩（$T$），使电枢朝 $T$ 的方向以转速 $n$ 旋转。电枢旋转时，电枢导体又切割气隙合成磁场，产生电枢电动势（$E_a$），在电动机中，此电动势的方向与电枢电流（$I_a$）的方向相反，称为反电动势。当电动机稳态运行时，有电压、转矩和功率平衡关系，分别用相应的方程式表示。

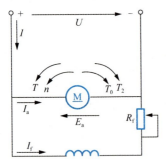

图 1-24 并励直流电动机原理图

**1. 电压平衡方程式**

根据电动机惯例所设各量的正方向，可以列出电压平衡方程式和电流平衡方程式为

$$\begin{cases} U = E_a + I_a R_a \\ I = I_a + I_f \end{cases} \tag{1-16}$$

式中，$R_a$ 为电枢回路电阻，其中包括电刷和换向器之间的接触电阻。

此式表明，直流电动机在运行状态下的电枢电动势 $E_a$ 总小于端电压 $U$。

**2. 转矩平衡方程式**

稳态运行时，作用在电动机轴上的转矩有三个。

（1）电磁转矩（$T$），方向与转速 $n$ 的方向相同，为拖动性质转矩。

（2）空载转矩（$T_0$），是电动机空载运行时的阻转矩，方向总与转速 $n$ 的方向相反，为制动性质转矩。

（3）负载转矩（$T_2$），是电动机轴上的输出转矩，为制动性质转矩。

直流电动机稳态运行时的转矩平衡方程式为拖动转矩等于总的制动转矩，即

$$T = T_2 + T_0 \tag{1-17}$$

**3. 功率平衡方程式**

并励直流电动机输入功率（$P_1$）为

$$\begin{aligned} P_1 &= UI = U(I_a + I_f) = UI_a + UI_f = (E_a + I_a R_a)I_a + UI_f \\ &= E_a I_a + I_a^2 R_a + UI_f = P_M + P_{Cua} + P_{Cuf} \end{aligned} \tag{1-18}$$

式中，$P_M$ 为电磁功率；$P_{Cua}$ 为电枢回路的铜损耗；$P_{Cuf}$ 为励磁绕组的铜损耗，在他励直流电动机中不计此项损耗。

电磁功率为

$$P_M = E_a I_a = C_e \Phi n I_a = \frac{pN}{60a}\Phi n I_a = \frac{pN}{2\pi a}\Phi I_a \frac{2\pi n}{60} = T\Omega \qquad (1-19)$$

式中，$\Omega = \dfrac{2\pi n}{60}$ 为电动机的机械角速度，单位为 rad/s。

由式（1-19）可知 $P_M = E_a I_a = T\Omega$，说明电磁功率同时具有电功率性质和机械功率性质，体现了电磁功率是电动机由电能转换为机械能的那一部分功率。

将转矩平衡方程式（1-17）两边乘以机械角速度 $\Omega$，得

$$T\Omega = T_2\Omega + T_0\Omega \qquad (1-20)$$

可写成

$$P_M = P_2 + P_0 = P_2 + P_{mec} + P_{Fe} + P_{ad} \qquad (1-21)$$

式中，$P_2 = T_2\Omega$ 为轴上输出的机械功率；$P_0 = T_0\Omega$ 为空载损耗，包括机械损耗（$P_{mec}$）、铁损耗（$P_{Fe}$）和附加损耗（$P_{ad}$），即 $P_0 = P_{mec} + P_{Fe} + P_{ad}$。

因此，并励直流电动机的功率平衡方程式为

$$P_1 = P_2 + P_{Cuf} + P_{Cua} + P_{mec} + P_{Fe} + P_{ad} = P_2 + \sum P \qquad (1-22)$$

式中，$\sum P$ 为并励直流电动机的总损耗，$\sum P = P_{Cuf} + P_{Cua} + P_{mec} + P_{Fe} + P_{ad}$。

并励直流电动机的效率为

$$\eta = \frac{P_2}{P_1} \times 100\% \qquad (1-23)$$

综上，可画出并励直流电动机的功率流程图，如图 1-25 所示；他励直流电动机的功率流程图如图 1-26 所示。

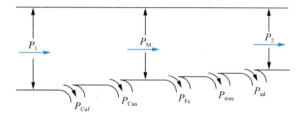

图 1-25 并励直流电动机的功率流程图

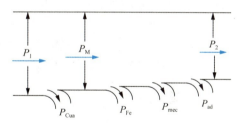

图 1-26 他励直流电动机的功率流程图

知识链接

1950 年起，美国麻省理工学院的一批教授建立了电机的机电能量转换理论，他们中有的以能量守恒和虚功原理研究电机的机电运动方程，有的则采用拉格朗日方程导出机电系统运动方程。机电能量转换理论的建立将电机的电磁理论、电机的稳态和动态性能、电机和系统更紧密地联系起来，从而使整个电机理论建立在一个比较严密和坚实的基础上。

【例 1-5】已知一台他励直流电动机的额定功率 $P_N = 100$kW，额定电压 $U_N = 400$V，额定电流 $I_N = 270$A，额定转速 $n_N = 1450$r/min，电枢回路电阻 $R_a = 0.081\Omega$，忽略磁饱和影响。当电动机额定运行时，试求：

(1) 电磁转矩（$T$）；
(2) 输出转矩（$T_2$）；
(3) 输入功率（$P_1$）；
(4) 额定效率（$\eta_N$）。

解：电枢电动势为

$$E_a = U_N - I_N R_a = 400 - 270 \times 0.081 = 378.13 \text{V}$$

电磁功率为

$$P_M = E_a I_N = 378.13 \times 270 \approx 102.10 \text{kW}$$

(1) 电磁转矩为

$$T = 9.55 \times \frac{P_M}{n_N} = 9.55 \times \frac{102.10 \times 10^3}{1450} \approx 672.45 \text{N} \cdot \text{m}$$

(2) 输出转矩为

$$T_2 = 9.55 \times \frac{P_N}{n_N} = 9.55 \times \frac{100 \times 10^3}{1450} \approx 658.62 \text{N} \cdot \text{m}$$

(3) 输入功率为

$$P_1 = U_N I_N = 400 \times 270 = 108 \text{kW}$$

(4) 额定效率为

$$\eta_N = \frac{P_N}{P_1} \times 100\% = \frac{100}{108} \times 100\% \approx 92.59\%$$

【例1-6】已知一台他励直流电动机的额定功率 $P_N=40\text{kW}$，额定电压 $U_N=220\text{V}$，额定电流 $I_N=210\text{A}$，额定转速 $n_N=1000\text{r/min}$，电枢回路电阻 $R_a=0.075\Omega$，$P_{Fe}=1300\text{W}$，$P_{ad}=380\text{W}$，忽略磁饱和影响。当电动机额定运行时，试求：
(1) 输入功率（$P_1$）和额定效率（$\eta_N$）；
(2) 电枢铜损耗（$P_{Cua}$）、电磁功率（$P_M$）和机械损耗（$P_{mec}$）；
(3) 电磁转矩（$T$）、输出转矩（$T_2$）和空载转矩（$T_0$）。

解：(1) 输入功率为

$$P_1 = U_N I_N = 220 \times 210 = 46200 \text{W}$$

额定效率为

$$\eta_N = \frac{P_N}{P_1} \times 100\% = \frac{40 \times 10^3}{46200} \times 100\% \approx 86.6\%$$

(2) 电枢铜损耗为

$$P_{Cua} = I_N^2 R_a = 210^2 \times 0.075 = 3307.5 \text{W}$$

电磁功率为

$$P_M = P_1 - P_{Cua} = 46200 - 3307.5 = 42892.5 \text{W}$$

或

$$P_M = E_a I_N = (U_N - I_N R_a) I_N = (220 - 210 \times 0.075) \times 210 = 42892.5 \text{W}$$

机械损耗为

$$P_{mec} = P_M - P_N - P_{Fe} - P_{ad} = 42892.5 - 40 \times 10^3 - 1300 - 380 = 1212.5 \text{W}$$

（3）电磁转矩为

$$T = 9.55 \times \frac{P_M}{n_N} = 9.55 \times \frac{42892.5}{1000} \approx 409.6 \text{N} \cdot \text{m}$$

输出转矩为

$$T_2 = 9.55 \times \frac{P_N}{n_N} = 9.55 \times \frac{40 \times 10^3}{1000} = 382 \text{N} \cdot \text{m}$$

空载转矩为

$$T_0 = T - T_2 = 409.6 - 382 = 27.6 \text{N} \cdot \text{m}$$

或

$$T_0 = \frac{P_0}{\Omega_N} = 9.55 \times \frac{P_{Fe} + P_{mec} + P_{ad}}{n_N} = 9.55 \times \frac{1300 + 1212.5 + 380}{1000} \approx 27.6 \text{N} \cdot \text{m}$$

【例 1-7】已知一台并励直流电动机的额定电压 $U_N$=220V，额定电枢电流 $I_{aN}$=80A，额定转速 $n_N$=1000r/min，电枢回路电阻 $R_a$=0.26Ω，励磁回路总电阻 $R_f$=91Ω，额定负载时，$P_{Fe}$=400W，$P_{mec}$=680W，忽略附加损耗。试求：

（1）电动机在额定负载时的输出转矩（$T_2$）；

（2）额定效率（$\eta_N$）。

解：（1）额定负载时电枢电动势为

$$E_a = U_N - I_{aN} R_a = 220 - 80 \times 0.26 = 199.2 \text{V}$$

额定负载时电磁功率为

$$P_M = E_a I_{aN} = 199.2 \times 80 = 15936 \text{W}$$

额定负载时输出功率为

$$P_2 = P_M - P_0 = P_M - P_{Fe} - P_{mec} = 15936 - 400 - 680 = 14856 \text{W}$$

额定负载时输出转矩为

$$T_2 = 9.55 \times \frac{P_2}{n_N} = 9.55 \times \frac{14856}{1000} \approx 141.87 \text{N} \cdot \text{m}$$

（2）励磁电流为

$$I_{fN} = \frac{U_N}{R_f} = \frac{220}{91} \approx 2.42 \text{A}$$

输入功率为

$$P_1 = U_N (I_{aN} + I_{fN}) = 220 \times (80 + 2.42) = 18132.4 \text{W}$$

额定效率为

$$\eta_N = \frac{P_2}{P_1} \times 100\% = \frac{14856}{18132.4} \times 100\% \approx 81.93\%$$

## 1.6.2 并励直流电动机的工作特性

并励直流电动机的工作特性是电动机工作在额定电压（$U_N$）、额定励磁电流（$I_{fN}$）且电枢回路无外串电阻时，转速（$n$）、电磁转矩（$T$）、效率（$\eta$）与输出功率（$P_2$）之间的关系，即 $n,T,\eta=f(P_2)$。在实际应用中，由于电枢电流（$I_a$）较易测量，且 $I_a$ 随 $P_2$ 增大而增大，故也可将工作特性表示为 $n,T,\eta=f(I_a)$。

### 1. 转速特性

当 $U=U_N$、$I_f=I_{fN}$ 且电枢回路无外串电阻时,转速($n$)与电枢电流($I_a$)之间的关系 $n=f(I_a)$ 称为转速特性。

将电动势公式 $E_a=C_e\Phi n$ 代入电压平衡方程式 $U=E_a+I_aR_a$,可得转速特性公式为

$$n=\frac{U_N}{C_e\Phi_N}-\frac{R_a}{C_e\Phi_N}I_a \tag{1-24}$$

由此可见,如果忽略电枢反应的影响,$\Phi=\Phi_N$ 保持不变,则 $I_a$ 增加时,$n$ 下降,但因为 $R_a$ 一般很小,所以 $n$ 下降不多,转速特性为一条稍稍向下倾斜的直线;如果考虑负载较重、$I_a$ 较大时电枢反应去磁作用的影响,则随着 $I_a$ 的增大,$\Phi$ 将减小,因而使转速特性出现上翘现象,如图 1-27 中的曲线 1 所示。

### 2. 转矩特性

当 $U=U_N$、$I_f=I_{fN}$ 且电枢回路无外串电阻时,电磁转矩($T$)与电枢电流($I_a$)之间的关系 $T=f(I_a)$ 称为转矩特性。

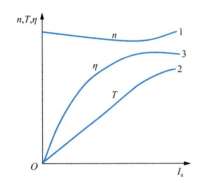

图 1-27 并励直流电动机的工作特性

由 $T=C_T\Phi I_a$ 可知,不考虑电枢反应影响时,$\Phi=\Phi_N$ 保持不变,$T$ 与 $I_a$ 成正比,转矩特性为过原点的直线;如果考虑电枢反应的去磁作用,则当 $I_a$ 增大时,转矩特性略微向下弯曲,如图 1-27 中的曲线 2 所示。

### 3. 效率特性

当 $U=U_N$、$I_f=I_{fN}$ 且电枢回路无外串电阻时,效率($\eta$)与电枢电流($I_a$)之间的关系 $\eta=f(I_a)$ 称为效率特性。

并励直流电动机的效率为

$$\eta=\frac{P_2}{P_1}\times100\%=\frac{P_1-\Sigma P}{P_1}\times100\%=\left[1-\frac{P_0+I_a^2R_a+I_f^2R_f}{U(I_a+I_f)}\right]\times100\% \tag{1-25}$$

当 $U=U_N$、$I_f=I_{fN}$ 时,直流电动机的气隙磁通和转速随负载电流变化而变化很小,若忽略附加损耗,可以认为空载损耗($P_0$)和励磁回路的铜损耗($P_{Cuf}$)不随负载电流变化,为不变损耗;电枢回路的铜损耗($P_{Cua}=I_a^2R_a$)随着负载电流($I_a$)的变化而变化,为可变损耗。

若忽略式(1-25)中的 $I_f$($I_f<<I_a$)时,可以看出,效率($\eta$)是电枢电流($I_a$)的二次函数,如果对式(1-25)求导,并令 $d\eta/dI_a=0$,则可得到直流电动机出现最高效率的条件,即

$$P_{Cuf}+P_0=I_a^2R_a$$

由此可见,当随电枢电流变化的可变损耗等于不变损耗时,直流电动机的效率最高。$I_a$ 再进一步增加时,可变损耗在总损耗中的比例增加,$\eta$ 反而略有下降。这一结论具有普遍意义,对其他电机也同样适用。最高效率一般出现在 75% 额定功率左右。在额定功率时,一般中小型直流电机的效率为 75%~85%,大型直流电机的效率为 85%~94%。

### 想一想

他励直流电动机在正常运行时，某种原因使得励磁回路断开，试分析电动机将发生什么现象。

#### 1.6.3 串励直流电动机的工作特性

串励直流电动机的励磁绕组与电枢绕组相串联，电枢电流等于励磁电流，即 $I_a=I_f$。串励直流电动机的工作特性与并励直流电动机的工作特性有很大区别。当负载电流较小时，磁路不饱和，主磁通与电枢电流按线性关系变化；而当负载电流较大时，磁路趋于饱和，主磁通基本不随电枢电流变化。因此，讨论串励直流电动机的转速特性、转矩特性和效率特性时必须分段讨论。

1. **转速特性**

串励直流电动机的电压平衡方程式可写为

$$U = E_a + I_a R_a + I_a R_f = E_a + I_a(R_a + R_f) = E_a + I_a R \tag{1-26}$$

式中，$R_f$ 为串励绕组的电阻；$R=R_a+R_f$ 为串励直流电动机电枢回路的总电阻。

当负载电流较小时，电动机的磁路没有饱和，每极磁通（$\Phi$）与励磁电流成线性关系，即

$$\Phi = k_f I_f = k_f I_a \tag{1-27}$$

式中，$k_f$ 为比例系数。

根据式（1-26）和式（1-27），串励直流电动机的转速特性可写为

$$n = \frac{U}{C_e \Phi} - \frac{R I_a}{C_e \Phi} = \frac{U}{C_e k_f I_a} - \frac{R}{C_e k_f} \tag{1-28}$$

由上述可知，当电枢电流不大时，串励直流电动机的转速特性具有双曲线性质，转速随电枢电流的增大而迅速降低；当电枢电流较大时，由于磁路趋于饱和，磁通近似为常数，转速特性为向下倾斜的线条，如图1-28中的曲线1所示。

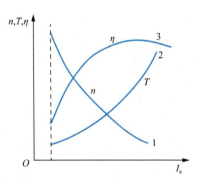

图1-28 串励直流电动机的工作特性

### 安全小贴士

需要注意的是，当电枢电流趋于零时，转速将趋于无穷大，将导致转子损坏，这种现象称为"飞车"，所以串励直流电动机不允许在空载或轻载下运行。

## 2. 转矩特性

串励直流电动机的转矩公式为

$$T = C_T \Phi I_a = C_T k_f I_a^2 \qquad (1-29)$$

对于已经制成的电动机，当磁路不饱和时，$C_T k_f$ 为常数。

根据电动机的转矩公式和串励直流电动机的特点，当电枢电流较小时，电磁转矩与电枢电流的平方成正比；当电枢电流较大时，磁通近似为常数，电磁转矩与电枢电流本身成正比，如图 1-28 中的曲线 2 所示。由此可见，随着负载增大，电枢电流增加，电磁转矩将以电枢电流的二次方的比例增加。这一特性很有价值，使串励直流电动机在同样电流限制（一般为额定电流的 3 倍左右）下，具有比并励直流电动机大得多的启动转矩和最大转矩，因此适用于启动能力或过载能力要求较高的场合，如拖动闸门、电力机车等负载。

## 3. 效率特性

串励直流电动机的效率特性与并励直流电动机相似，如图 1-28 中的曲线 3 所示。

并励直流电动机与串励直流电动机的性能比较如表 1-1 所示。

表 1-1 并励直流电动机与串励直流电动机的性能比较

| 比较项目 | 并励直流电动机 | 串励直流电动机 |
| --- | --- | --- |
| 电枢绕组和励磁绕组接线方法 | 两个绕组并联 | 两个绕组串联 |
| 励磁绕组特点 | 绕组匝数较多，导线线径较细，绕组的电阻较大 | 绕组匝数较少，导线线径较粗，绕组的电阻较小 |
| 转速特性 | 具有硬的机械特性，负载增大时，转速下降不多，具有恒转速特性 | 具有软的机械特性，负载较小时，转速较高，当负载增大时，转速迅速下降，具有恒功率特性 |
| 应用范围 | 适用于负载变化大但要求转速比较稳定的场合 | 适用于恒功率且负载速度变化大的场合 |
| 使用时注意事项 | 可以轻载或空载运行，主磁通很小时有可能造成"飞车"，励磁绕组不允许开路 | 轻载或空载时转速很高，会造成换向困难或离心力过大而使电枢绕组损坏，不允许空载启动及传动带传动 |

### 1.6.4 复励直流电动机的工作特性

复励直流电动机通常接成积复励，工作特性介于并励直流电动机与串励直流电动机特性之间。如果并励绕组的磁动势起主要作用，工作特性就接近并励直流电动机。但和并励直流电动机相比，复励直流电动机具有如下优点：当负载转矩突然增大时，由于串励绕组中的电流突然加大，磁通增大，使电磁转矩很快增大，这就使电动机能迅速适应负载的变化；由于串励绕组的存在，即使当电枢反应的去磁作用较强时，仍能使电动机具有下降的

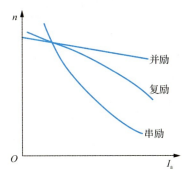

图 1-29 复励直流电动机的转速特性

转速调整特性,从而保证电动机能稳定运行。如果是串励绕组的磁动势起主要作用,工作特性就接近于串励直流电动机,但这时因为有并励磁动势存在,电动机空载时不会发生"飞车"的危险。复励直流电动机的转速特性如图 1-29 所示,图中还画出了并励直流电动机和串励直流电动机的转速特性,以便比较。复励直流电动机广泛应用在起重装置、电力牵引机车、轧钢机及冶金辅助机械等设备上。

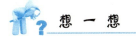 想 一 想

要改变他励、并励、串励、复励直流电动机的转向,应采取什么措施?

## 1.7 直流发电机

由直流电机的原理可知,当用原动机拖动直流电机运行并满足一定的发电条件时,直流电机便可以发出直流电,供给直流负载使用,此时电机运行在发电机状态,成为直流发电机。

根据励磁方式的不同,直流发电机可分为他励直流发电机、并励直流发电机、串励直流发电机和复励直流发电机。励磁方式不同,发电机的特性就不同。本节首先介绍他励直流发电机的基本方程式和运行特性,然后介绍并励直流发电机的自励条件及其运行特性。

### 1.7.1 他励直流发电机的基本方程式

他励直流发电机原理图如图 1-30 所示。电枢旋转时,电枢绕组产生电枢电动势 $E_a$,如果外电路接上负载,则电枢中流过电流 $I_a$,按发电机惯例,$I_a$ 的正方向与 $E_a$ 相同,$E_a$ 称为电源电动势。

#### 1. 电压平衡方程式

根据发电机惯例标定的各物理量的正方向,列出电压平衡方程式为

$$U = E_a - I_a R_a \quad (1\text{-}30)$$

由式(1-30)可见,直流发电机的端电压($U$)等于电枢电动势($E_a$)减去电枢回路内部的电阻压降($I_a R_a$),即 $E_a$ 应大于 $U$。

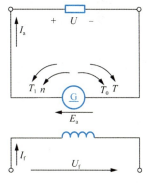

图 1-30 他励直流发电机原理图

 想 一 想

如何判断一台电机是运行于电动机状态还是发电机状态?它们的 $E_a$、$U_a$、$I_a$、$T$ 和 $n$ 有何不同?

## 2. 转矩平衡方程式

直流发电机以转速 $n$ 稳态运行时，作用在发电机轴上的转矩有三个。

（1）原动机的拖动转矩（$T_1$），方向与转速 $n$ 的方向相同。

（2）电磁转矩（$T$），方向与转速 $n$ 的方向相反，$T$ 为制动性质转矩。

（3）空载转矩（$T_0$），由发电机的机械损耗及铁损耗引起，$T_0$ 为制动性质转矩。

因此，可以列出稳态运行时的转矩平衡方程式为

$$T_1 = T + T_0 \tag{1-31}$$

## 3. 功率平衡方程式

将式（1-31）乘以发电机的机械角速度（$\Omega$），得

$$T_1\Omega = T\Omega + T_0\Omega$$

上式可以写成

$$P_1 = P_M + P_0 \tag{1-32}$$

式中，$P_1=T_1\Omega$ 为原动机送给发电机的机械功率，即输入功率。

将式（1-30）两边乘以电枢电流（$I_a$），整理得

$$E_a I_a = UI_a + I_a^2 R_a$$

即

$$P_M = P_2 + P_{Cua} \tag{1-33}$$

式中，$P_2=UI_a$ 为发电机输出的电功率。

由式（1-33）可见，他励直流发电机的电磁功率（$P_M$）包括输出功率（$P_2$）和电枢回路的铜损耗（$P_{Cua}$）两部分；如果是并励直流发电机，电磁功率（$P_M$）包括输出功率（$P_2$）、电枢回路的铜损耗（$P_{Cua}$）和励磁回路的铜损耗（$P_{Cuf}$）三部分。**直流发电机的电磁功率也是同时具有机械功率的性质和电功率的性质，所以直流发电机的电磁功率是机械能转换为电能的那一部分功率。**他励直流发电机的空载损耗（$P_0$）也包括机械损耗（$P_{mec}$）、铁损耗（$P_{Fe}$）和附加损耗（$P_{ad}$）三部分。

综合以上功率关系，可得他励直流发电机的功率平衡方程式为

$$P_1 = P_2 + P_{Cua} + P_{mec} + P_{Fe} + P_{ad} = P_2 + \sum P \tag{1-34}$$

为了更清楚地表示他励直流发电机的功率关系，绘制其功率流程图，如图1-31所示。

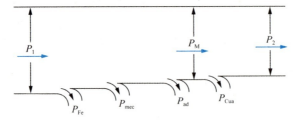

图 1-31 他励直流发电机的功率流程图

他励直流发电机的效率为

$$\eta = \frac{P_2}{P_1} \times 100\% = \left(1 - \frac{\sum P}{P_2 + \sum P}\right) \times 100\% \tag{1-35}$$

**【例 1-8】** 一台并励直流发电机的额定功率 $P_N$=22kW，额定电压 $U_N$=220V，额定转速 $n_N$=1500r/min，电枢回路电阻 $R_a$=0.15Ω，励磁回路总电阻 $R_f$=75Ω，机械损耗 $P_{mec}$=700W，铁损耗 $P_{Fe}$=300W，附加损耗 $P_{ad}$=200W。试求额定负载情况下的电枢回路铜损耗、励磁回路铜损耗、电磁功率、总损耗、输入功率和效率。

解：额定电流为

$$I_N = \frac{P_N}{U_N} = \frac{22 \times 10^3}{220} = 100\text{A}$$

励磁电流为

$$I_f = \frac{U_N}{R_f} = \frac{220}{75} \approx 2.93\text{A}$$

电枢电流为

$$I_a = I_N + I_f = 100 + 2.93 = 102.93\text{A}$$

电枢回路铜损耗为

$$P_{Cua} = I_a^2 R_a = 102.93^2 \times 0.15 \approx 1589.19\text{W}$$

励磁回路铜损耗为

$$P_{Cuf} = I_f^2 R_f = 2.93^2 \times 75 \approx 634.87\text{W}$$

电磁功率为

$$P_M = P_2 + P_{Cua} + P_{Cuf} = 22 \times 10^3 + 1589.19 + 634.87 = 24224.06\text{W}$$

总损耗为

$$\Sigma P = P_{Cua} + P_{Cuf} + P_{mec} + P_{Fe} + P_{ad} = 1589.19 + 634.87 + 700 + 300 + 200 = 3424.06\text{W}$$

输入功率为

$$P_1 = P_2 + \Sigma P = 22 \times 10^3 + 3424.06 = 25424.06\text{W}$$

效率为

$$\eta = \frac{P_2}{P_1} \times 100\% = \frac{22 \times 10^3}{25424.06} \times 100\% \approx 86.53\%$$

## 1.7.2 他励直流发电机的运行特性

直流发电机运行时，有四个主要物理量，即电枢端电压（$U$）、励磁电流（$I_f$）、负载电流（$I$，他励时 $I=I_a$）和转速（$n$）。其中 $n$ 由原动机确定，一般保持为额定值不变。因此，运行特性就是 $U$、$I$、$I_f$ 三个物理量保持其中一个不变时，另外两个物理量之间的关系。一般比较关注发电机的以下三种特性。

（1）负载特性，当 $n$ 和 $I$ 为常数时，$U$ 与 $I_f$ 之间的关系。当 $I=0$ 时，称其为空载特性。

（2）外特性，当 $n$ 和 $I_f$ 为常数时，$U$ 与 $I$ 之间的关系。

（3）调节特性，当 $n$ 为常数，保持 $U$ 不变时，$I_f$ 与 $I$ 之间的关系。

**1. 他励直流发电机的空载特性**

空载时，他励直流发电机的端电压 $U_0=E_a=C_e\Phi n$，$n$ 为常数时，$U_0$ 与 $\Phi$ 成正比，所以空载特性与空载磁化特性相似，都是一条饱和曲线，如图 1-32 所示。由于铁磁性材料的磁滞现象，因此特性的上升分支（虚线 1）和下降分支（虚线 2）不重合，一般取其平均值作为该发电机的空载特性，称为平均空载特性，如图 1-32 中实线所示。$I_f=0$ 时，$U_0=E_r$，为剩磁电压，为额定电压的 2%～4%。

空载特性是直流发电机最基本的特性，空载特性表明直流发电机空载运行时，端电压与励磁电流之间的关系，实质上表明直流发电机的磁路性质。

### 2. 他励直流发电机的外特性

他励直流发电机的负载电流（$I$，即 $I_a$）增大时，端电压（$U$）有所下降，如图 1-33 所示。通过分析电动势方程式 $U=E_a-I_aR_a=C_e\Phi n-I_aR_a$ 可知，使 $U$ 下降的原因有以下两个。

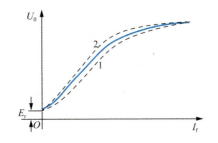

图 1-32 他励直流发电机的空载特性　　　图 1-33 他励直流发电机的外特性

（1）当 $I_a$ 增大时，电枢回路电阻上的压降 $I_aR_a$ 增大，引起 $U$ 下降。

（2）当 $I_a$ 增大时，电枢磁动势增大，电枢反应的去磁作用使每极磁通 $\Phi$ 减小，$E_a$ 减小，从而引起 $U$ 下降。

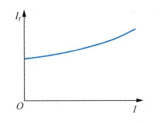

图 1-34 他励直流发电机的调节特性

### 3. 他励直流发电机的调节特性

他励直流发电机的励磁电流（$I_f$）是随负载电流增大而（$I$）增大的，如图 1-34 所示。这是因为随着负载电流的增大，电压有下降趋势，为维持电压不变，就必须增大励磁电流，以补偿电阻压降和电枢反应去磁作用的增加。由于电枢反应的去磁作用与负载电流的关系是非线性的，因此调节特性也不是直线。

## 1.7.3 并励直流发电机的自励条件和运行特性

### 1. 并励直流发电机的自励条件

并励直流发电机不需要额外的直流电源来进行励磁，使用方便，应用广泛。并励直流发电机的励磁由发电机自身的端电压提供，而端电压是在励磁电流的作用下建立的。在电压建立前，励磁电流为零。下面分析如何将电压一步一步地建立起来。

并励直流发电机建立电压的过程称为自励过程。并励直流发电机不是在任何条件下都能建立电压的，满足并励直流发电机建立电压的条件称为自励条件。

并励直流发电机空载时的自励建压过程如图 1-35 所示。其中，曲线 1 是发电机的空载特性，即 $U_0=f(I_f)$；曲线 2 是励磁回路的伏安特性 $U_f=f(I_f)$，当励磁回路总电阻为常数时，此特性是一条直线。

如果电机磁路有剩磁,当原动机拖动发电机电枢朝规定的方向旋转时,电枢绕组切割剩磁产生剩磁电动势 $E_r$,其数值一般较小,$E_r$ 作用在励磁回路,产生一个很小的励磁电流 $I_{f1}$。如果励磁绕组并联到电枢绕组的极性正确,则 $I_{f1}$ 产生的励磁磁通将与剩磁磁通方向一致,使总磁通增加,感应电动势增大为 $E_1$,励磁电流随之增大为 $I_{f2}$。如此互相促进,使电压和励磁电流不断增长。当并励直流发电机的自励过程结束,进入稳态运行时,要同时满足空载特性和励磁回路的伏安特性,因此最后必然稳定在这两条特性的交点,图 1-35 中 A 点所对应的电压即为并励直流发电机自励建立起来的空载电压。

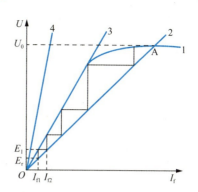

图 1-35 并励直流发电机空载时的自励建压过程

在自励建压开始,如果并励绕组与电枢两端的连接不正确,使励磁磁通与剩磁磁通方向相反,剩磁被削弱,电压就建立不起来,并励直流发电机将无法自励。

另外,如果励磁回路中的电阻增大,励磁回路伏安特性的斜率将变大,使得空载特性和伏安特性的交点沿空载特性下移,空载电压降低。当励磁回路总电阻增加到 $R_{cf}$ 时,伏安特性如图 1-35 中的曲线 3 所示,其与空载特性的直线部分相切,有无数个交点,空载电压没有稳定值,并励直流发电机无法正常工作,这时励磁回路的电阻值 $R_{cf}$ 称为临界电阻。如果励磁回路总电阻大于 $R_{cf}$,伏安特性如图 1-35 中的曲线 4 所示,这时 $U_0 \approx E_r$,空载电压就建立不起来。

综上所述,并励直流发电机自励建压必须满足以下三个条件。

(1) 电机磁路中要有剩磁。如果电机磁路中没有剩磁或太弱时,则原动机拖动发电机电枢旋转时,电枢绕组即使切割磁力线,也没有电动势产生,自励建压将不可能。因此当电机磁路中没有剩磁时,必须用其他直流电源先励磁一次,以恢复剩磁。剩磁是发电机自励的首要条件。

(2) 励磁绕组与电枢的连接要正确,即并联在电枢绕组两端的励磁绕组极性要正确,使励磁电流产生的磁通与剩磁磁通的方向相同。如果并联极性不正确,可将并励绕组并到电枢绕组的两个端头对调或将发电机的旋转方向反向。

(3) 励磁回路的总电阻必须小于该转速下的临界电阻。因为当励磁电阻高于临界电阻时,交点电压与剩磁电压差不多,发电机的输出电压无法增大。

2. 并励直流发电机的运行特性

(1) 并励直流发电机的空载特性。

并励直流发电机的空载特性与他励直流发电机的空载特性基本相同,因为并励直流发电机的空载特性一般是在他励方式下测得的。

(2) 并励直流发电机的外特性。

保持发电机的转速 $n=n_N$,$R_f$ 为常数时,端电压($U$)与负载电流($I$)之间的关系称为并励直流发电机的外特性。图 1-36 中的曲线 1 和曲线 2 分别是并励和他励直流发电机的外特性。比较二者,并励直流发电机的负载增大时,和他励直流发电机一样,电枢回路电阻压降和电枢反应去磁作用使端电压下降；另外，由于并励直流发电机端电压下降时必将引起励磁电流减小，使每极磁通和感应电动势减小，从而使端电压进一步降低。因此，并励直流发电机的电压变化率比他励直流发电机的电压变化率大，一般为10%～15%，有时可达30%。

（3）并励直流发电机的调节特性。

由于并励直流发电机负载电流增大时电压下降较多，为维持电压恒定所需要的励磁电流也就较大，因此调节特性上翘程度超过他励直流发电机。如图1-37所示，曲线1是并励直流发电机的调节特性，曲线2是他励直流发电机的调节特性。

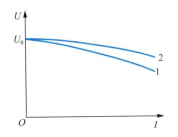
图1-36 并励和他励直流发电机的外特性

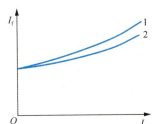
图1-37 并励和他励直流发电机的调节特性

## 1.8 直流电机的换向

换向问题是带有换向器电机的一个关键技术问题，是关系直流电机安全可靠运行的主要问题。换向不良，将会在电刷下产生有害的火花，当火花超过一定程度时，就会烧坏电刷和换向器，使电机不能继续运行。换向的好坏直接影响直流电机的运行性能，下面仅对换向过程和改善换向的方法进行简单的介绍。

### 1.8.1 换向过程

直流电机每个支路里所含元件的总数是相等的，但是就某一个元件来说，它一会儿在这个支路里，一会儿又在另一个支路里，一个元件从一个支路换到另一个支路时，要经过电刷。当电机带负载后，电枢元件中有电流流过，同一支路里各元件的电流大小与方向都是一样的。相邻支路里的电流大小虽然一样，但方向却是相反的。由此可见，某一元件经过电刷，从一个支路换到另一个支路时，元件里的电流必然改变方向，这一电流方向改变的过程称为换向。

元件从开始换向到换向结束所经历的时间称为换向周期。换向周期通常只有几毫秒。直流电机在运行时，电枢绕组每个元件在经过电刷时都要经历换向过程。

### 1.8.2 换向不良产生的后果

直流电机的换向过程很复杂，它不仅是电磁的变化过程，同时还受到机械、化学、电离等各种因素的影响。电流换向时，通常在换向结束瞬间出现火花。换向不良将会出现强烈的有害的火花，当火花超过一定程度，将引起换向器表面和电刷的损坏，从而使电机不能正常运行，甚至引起事故。直流电机的火花等级如表1-2所示。

表 1-2 直流电机的火花等级

| 火花等级 | 电刷下的火花程度 | 换向器与电刷状态 |
|---|---|---|
| 1 | 无火花 | |
| $1\frac{1}{4}$ | 电刷边缘仅有微弱的点状火花 | 换向器上没有黑痕；电刷上没有灼痕 |
| $1\frac{1}{2}$ | 电刷边缘大部分或全部有轻微火花 | 换向器上没有黑痕；电刷上有轻微灼痕 |
| 2 | 电刷边缘大部分或全部有较强烈的火花 | 换向器上有黑痕但不扩大，用汽油可擦除；电刷上有灼痕。如果短时出现该级别火花则换向器上不会出现灼痕，电刷不会被烧焦或损坏 |
| 3 | 电刷整个边缘有强烈的火花，同时有大火花飞出 | 换向器上的黑痕相当严重，不可擦除；电刷上有灼痕。如果出现该级别火花，则换向器上将出现灼痕，电刷将被烧焦或损坏 |

### 1.8.3 改善换向的方法

改善换向的目的是消除或削弱电刷下的火花。改善换向一般采用以下几种方法。

#### 1. 装设换向极

目前改善电机换向的最有效方法是装设换向极。换向极应装在两个相邻的主磁极之间的几何中性线上，换向极绕组应与电枢绕组串联，使换向极产生的磁场强度随电枢电流的增大而增强；同时换向极的极性应使所产生的磁场方向与此处出现的电枢磁场方向相反。这样，就可以使任何工况下换向极产生的磁场，总是起到抵消电枢反应影响的作用，使换向元件有较好的换向条件。1kW 以上的直流电机，几乎都装有换向极。

#### 2. 选用合适的电刷，增加电刷与换向片之间的接触电阻

直流电机如果选用接触电阻大的电刷，有利于换向，但接触压降较大，电能损耗大，发热大。同时由于这种电刷允许电流密度较小，电刷接触面积、换向器尺寸及电刷的摩擦都将增大。设计制造电机时应综合考虑两方面的因素，选择恰当的电刷牌号。因此，在电机的使用和维护中，欲更换电刷时，必须选用与原来相同牌号的电刷，如果实在配不到相同牌号的电刷，那就尽量选择特性与原来相接近的电刷，并全部更换。

#### 3. 装设补偿绕组

由 1.4.2 节中对电枢反应的分析可知，由于电枢反应的影响，使主磁极下气隙磁通密度曲线发生畸变，这样就增大了某几个换向片之间的电压。在负载变化剧烈的大型直流电机内，有可能出现环火现象，即正负电刷间出现电弧。电机出现环火，可以在很短的时间内损坏电机。防止环火出现的办法是在主磁极上安装补偿绕组，从而抵消电枢反应的影响。补偿绕组与电枢绕组串联，它产生的磁动势恰恰能抵消电枢反应磁动势。这样，当电机带负载后，电枢反应磁动势被抵消，不会使气隙磁通密度曲线发生畸变，从而避免出现环火现象。因此，对于中、大型容量的直流电机，为了改善换向，除了采用换向极，还应同时安装补偿绕组。

**想一想**

直流电机的换向极的作用是什么？换向极装在什么地方？换向极绕组与电枢绕组如何连接？

## 本 章 小 结

本章主要介绍了直流电机的基本工作原理和结构、电枢反应、电枢电动势、电磁转矩、电磁功率，直流电动机和直流发电机的基本方程式和工作特性等内容，主要知识点如下：

（1）直流电机是一种机械能和直流电能相互转换的设备。直流发电机将机械能转换为电能，直流电动机则将电能转换为机械能。电磁感应定律和电磁力定律是分析直流电机工作原理的理论基础，气隙磁场是电机实现机电能量转换的媒介。从电机外部看，它的电压、电流和电动势都是直流，但每个绕组元件中的电压、电流和电动势却都是交流，这一转换过程是通过电刷与换向器的配合来实现的。

（2）直流电机由定子和转子两大部分组成，在这两部分之间存在着一定大小的气隙。直流电机的主要结构部件除了定子部分的主磁极和转子部分的电枢，还有一些其他主要的部件，如换向器和电刷。

（3）额定值是保证电机可靠工作并具有良好性能的依据。尤其是技术人员，要充分理解额定值的含义，以便合理地选择和使用电机。直流电机的额定值有额定功率、额定电压、额定电流、额定转速和额定励磁电流等。

（4）电枢绕组是直流电机的主要电路部分，是实现机电能量转换的枢纽。直流电机的电枢绕组常用的有单叠绕组和单波绕组两种基本形式。单叠绕组的支路对数就等于极对数，即 $a=p$；而单波绕组的支路对数与极对数无关，且 $a=1$。

（5）直流电机的磁场是由励磁磁动势和电枢磁动势共同作用产生的，电枢磁动势对励磁磁动势的影响称为电枢反应。电枢反应不仅使气隙磁场发生畸变，而且会产生附加去磁作用。

（6）直流电机的电枢电动势表达式为 $E_a=C_e\Phi n$。在发电机中，$E_a>U$，$E_a$ 与 $I_a$ 同方向，称 $E_a$ 为电源电动势；在电动机中，$E_a<U$，$E_a$ 与 $I_a$ 反方向，称 $E_a$ 为反电动势。

（7）直流电机的电磁转矩表达式为 $T=C_T\Phi I_a$。在发电机中，$T$ 与 $n$ 转向相反，$T$ 为制动性质转矩；在电动机中，$T$ 与 $n$ 转向相同，$T$ 为驱动性质转矩。

（8）直流电机的励磁方式分为他励和自励两大类，自励又分为并励、串励和复励三种。

（9）基本方程式是分析直流电机的理论依据，其主要包括电压平衡方程式、转矩平衡方程式、功率平衡方程式。对于不同励磁方式的直流电动机和直流发电机，其方程式是不同的，应注意其不同点。

（10）在不同的条件下，同一台直流电机既可作为发电机运行，也可作为电动机运行，这是直流电机的可逆原理。判断一台直流电机运行于何种状态，除了用能量转换关系判定，还可以比较 $E_a$ 和 $U$ 的大小。若 $E_a>U$，是发电机；若 $E_a<U$，是电动机。

（11）直流发电机的运行特性主要有空载特性、外特性和调节特性三种。直流电动机的工作特性主要有转速特性、转矩特性和效率特性三种。

（12）并励直流发电机能够自励建压的条件是：电机磁路有剩磁；并励绕组极性正确；励磁回路总电阻小于临界值。

（13）换向问题是直流电机制造和运行时必须重视的问题。改善换向的主要方法有：装设换向极；选用合适的电刷，增加电刷与换向片之间的接触电阻；装设补偿绕组等。

## 习 题

1．简述直流发电机和直流电动机的基本工作原理。

2．在直流电机中，为什么每根导体中的感应电动势为交流，而由电刷引出的电动势却为直流？电刷与换向器的作用是什么？

3．试判断下列情况下电刷两端电压的性质：

（1）磁极固定，电刷与电枢同时旋转；

（2）电枢固定，电刷与磁极同时旋转；

（3）电枢固定，电刷与磁极以不同速度旋转。

4．简述直流电机的主要结构部件及作用。

5．直流电机的励磁方式有几种？各有什么特点？

6．直流电动机额定功率是如何定义的？

7．电磁转矩与什么因素有关？如何确定电磁转矩的实际方向？

8．什么是电枢反应？电枢反应对气隙磁场有什么影响？

9．怎样判断一台直流电机是运行在发电机状态还是电动机状态？它们的 $T$ 与 $n$、$E_a$、$I_a$ 的方向有何不同？能量转换关系有何不同？

10．直流电机中的电磁转矩是怎样产生的？它与哪些量有关？电磁转矩在发电机和电动机中各起什么作用？

11．并励直流发电机正转时如能自励，则反转时是否还能自励？如果把并励绕组两端对调，且电枢反转，此时是否能自励？

12．如果并励直流发电机不能自励建压，可能有哪些原因？应如何处理？

13．直流电机中有哪些损耗？是由什么原因引起的？

14．串励直流电动机为何不能空载运行？

15．一台直流发电机的额定数据为：$P_N$=12kW，$U_N$=220V，$n_N$=2850r/min，$\eta_N$=87%。试求该发电机的额定电流和额定负载时的输入功率。

16．一台直流电动机的额定数据为：$P_N$=18kW，$U_N$=220V，$n_N$=1500r/min，$\eta_N$=85%。试求该电动机的额定电流和额定负载时的输入功率。

17．一台直流发电机的额定功率 $P_N$=17kW，额定电压 $U_N$=230V，额定转速 $n_N$=1500r/min，极对数 $p$=2，电枢总导体数 $N$=468，单波绕组，气隙每极磁通 $\Phi$=1.03×10$^{-2}$Wb。试求：

（1）额定电流；

(2) 电枢电动势。

18．一台直流电机，单叠绕组，极对数 $p=2$，电枢总元件 $N=400$，电枢电流 $I_a=10A$，气隙每极磁通 $\Phi=2.1\times10^{-2}$Wb。试求转速 $n=1000$r/min 时的电枢电动势和电磁转矩。

19．一台他励直流电动机的额定数据为：$U_N=220$V，$R_a=0.2\Omega$，$n_N=1200$r/min，$C_e\Phi_N=0.175$。试求该电动机的电枢电动势、电枢电流和电磁转矩。

20．一台并励直流发电机的额定数据为：$P_N=10$kW，$U_N=230$V，$n_N=1450$r/min，$R_f=215\Omega$，$R_a=0.49\Omega$，额定负载时 $P_{Fe}=442$W，$P_{mec}=104$W，忽略附加损耗。试求：

（1）励磁电流和电枢电流；

（2）电磁功率和电磁转矩；

（3）电机的总损耗和效率。

21．一台并励直流电动机的额定数据为：$P_N=96$kW，$U_N=440$V，$I_N=255$A，$I_{fN}=5$A，$n_N=500$r/min，$R_a=0.078\Omega$。试求该电动机在额定负载运行时的输出转矩、电磁转矩和空载转矩。

# 第 2 章 直流电动机的电力拖动

**教学目标**

1. 掌握电力拖动系统的运动方程式及各物理量正方向的规定；理解典型负载的转矩特性及其特点。
2. 掌握他励直流电动机的固有机械特性和人为机械特性及其有关计算；掌握电力拖动系统稳定运行的条件，会分析判断系统的稳定性。
3. 熟练掌握他励直流电动机的启动方法及其特点。
4. 熟练掌握能耗制动、反接制动、回馈制动的方法、特点、能量关系，制动过程中工作点的变化情况；熟练掌握各种制动状态下的机械特性、制动电流和制动电阻的计算。
5. 熟练掌握调速性能指标的含义、调速范围与静差率之间的关系及有关调速方面的计算问题。熟练掌握采用不同调速方法时，他励直流电动机在调速过程中机械特性及工作点的变化情况、调速前后电枢电流及电磁转矩的变化，了解各种调速方法的优缺点。
6. 理解恒转矩调速与恒功率调速的概念、调速方法与负载类型合理配合的意义。
7. 了解直流电动机的应用。

**推荐阅读资料**

1. 汤蕴璆，2014. 电机学[M]. 5 版. 北京：机械工业出版社.
2. 刘锦波，张承慧，2015. 电机与拖动[M]. 2 版. 北京：清华大学出版社.

第 2 章思维导图

直流电动机是人类历史上最早发明、最早获得实际应用的电动机,为推动世界工业化进程和电气工业的发展做出了重大贡献,也为电机理论和电机工业的发展做出了开拓性贡献。说到早期直流电动机的应用,不能不提到被誉为"电气牵引之父"的美国科学家斯普拉克。1884—1886 年,斯普拉克完成了多项发明,其中最主要的有两项:一是发明了带固定电刷的恒速无火花直流电动机,解决了当时直流电动机在变负荷时转速不稳的问题;二是发明电能可以回收反馈的直流电动机驱动系统,它为直流电动机在电气机车、电梯上应用时回收电能创造了条件,也推动了直流电动机在电气牵引、电梯等领域的应用。1887—1888 年,斯普拉克将他的诸多发明成果应用于世界上第一条大规模无轨电车线路上。

由电动机作为原动机拖动各类生产机械,完成一定的生产工艺要求的系统称为电力拖动系统。根据电源和电动机种类的不同,电力拖动系统分为直流电力拖动系统和交流电力拖动系统。直流电力拖动系统启动转矩大,能在大范围内平滑地进行速度调节,且控制简便,因此,对于调速性能要求较高或要求重载启动的设备,如高精度车床、电力机车、大型轧钢机等,一般都用直流电动机进行拖动。当然,换向器问题、结构复杂、维护检修不方便等实际情况也给直流电动机的使用带来了不少限制,另外换向器还限制了电动机向高速、大容量方面的发展。尽管如此,由于在启动性能和调速性能上的优势,以及直流电源携带方便的优点,直流电动机至今仍在工农业生产等领域中发挥着重要的作用。本章首先介绍电力拖动系统的运动方程式和负载特性,然后介绍他励直流电动机的机械特性和电力拖动系统稳定运行条件,详细介绍他励直流电动机的启动、制动和调速方法,最后简要介绍直流电动机的应用。

## 2.1 电力拖动系统的运动方程式

电力拖动系统一般由电动机、传动机构、生产机械、电源和控制装置五部分组成。其中,电动机将电能转换为机械能,拖动生产机械;生产机械通过传动机构来传递机械能;电源是电动机和控制装置的能源;控制装置则保证电动机按生产机械的工艺要求完成生产任务。通常把生产机械的传动机构与工作机构称为电动机的机械负载。工业生产中最典型的电力拖动系统有精密机床、重型铣床、高速冷轧机、高速造纸机、风机、水泵等。

电力拖动系统的运动规律可以用动力学中的运动方程式来描述。为了抓住本质,本章用最简单的单轴电力拖动系统来进行分析。图 2-1 所示的单轴电力拖动系统就是电动机转子直接拖动生产机械运转的系统。

电动机在电力拖动系统中作旋转运动时,必须遵循基本的运动方程式。旋转运动的方程式为

$$T - T_\mathrm{L} = J \cdot \frac{\mathrm{d}\varOmega}{\mathrm{d}t} \qquad (2\text{-}1)$$

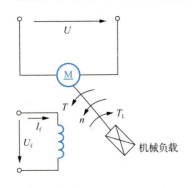

图 2-1 单轴电力拖动系统

式中，$T$ 为电动机产生的拖动转矩，单位为 N·m；$T_L$ 为负载转矩，单位为 N·m；$J \cdot \dfrac{d\Omega}{dt}$ 为惯性转矩（或称动转矩），$J$ 为转动惯量。$J$ 可用下式表示

$$J = m\rho^2 = \frac{G}{g} \cdot \frac{D^2}{4} = \frac{GD^2}{4g} \tag{2-2}$$

式中，$m$、$G$ 分别为旋转部分的质量与重量，单位分别为 kg 与 N；$\rho$、$D$ 分别为转动惯性半径与直径，单位为 m；$g$ 为重力加速度，$g=9.8 m/s^2$；$GD^2$ 为飞轮矩，单位为 N·m²，为一个整体的物理量，反映了转动体的惯性大小；$J$ 的单位为 kg·m²。

在实际计算中常将角速度 $\Omega = 2\pi n/60$ 代入式（2-1），得到运动方程式的实用形式为

$$T - T_L = \frac{GD^2}{375} \cdot \frac{dn}{dt} \tag{2-3}$$

式中，系数 375 是具有加速度量纲的系数，单位为 m/s²。

由式（2-3）可知，系统的运动状态可分为三种。

（1）当 $T - T_L = 0$，$\dfrac{dn}{dt} = 0$，则 $n=0$ 或常数，电力拖动系统处于静止或恒转速运行状态，即处于稳态过程。

（2）当 $T - T_L > 0$，$\dfrac{dn}{dt} > 0$，电力拖动系统处于加速过渡状态，即处于动态过程。

（3）当 $T - T_L < 0$，$\dfrac{dn}{dt} < 0$，电力拖动系统处于减速过渡状态，即处于动态过程。

**特别提示**

在电力拖动系统中，随着生产机械负载类型和工作状况的不同，电动机的运行状态有可能会发生变化，即作用在电动机转轴上的电磁转矩（拖动转矩）$T$ 和负载转矩（阻转矩）$T_L$ 的大小和方向都有可能发生变化。因此运动方程式中的转矩 $T$ 和 $T_L$ 是带有正、负号的代数量。在应用运动方程式时，必须注意转矩的正、负号。首先选定电动机处于电动运行状态时的旋转方向为转速 $n$ 的正方向，然后按照下列规则确定转矩的正、负号。

（1）电磁转矩 $T$ 与规定正方向相同时取正号，相反时取负号。

（2）负载转矩 $T_L$ 与规定正方向相同时取负号，相反时取正号。

在今后的分析中，还会涉及电动机的输出转矩 $T_2$ 与空载转矩 $T_0$ 的正方向问题，一般规定 $T_2$ 与 $T$ 的正方向相同，$T_0$ 与 $T_L$ 的正方向相同。

## 2.2 电力拖动系统的负载特性

电力拖动系统的运动方程式，集电动机的电磁转矩、生产机械的负载转矩及系统的转速之间的关系于一体，定量地描述了拖动系统的运动规律。因为电动机转轴上的电磁转矩（拖动转矩）$T$ 和负载转矩（阻转矩）$T_L$ 的大小和方向都有可能发生变化，这将导致电

动机的速度发生变化。要想知道某一时刻电动机的运行状态，首先必须知道电动机的机械特性 $n=f(T)$ 及负载的机械特性 $n=f(T_L)$。负载的机械特性也称负载转矩特性，简称负载特性。

### 2.2.1 电力拖动系统的负载类型

负载转矩 $T_L$ 的大小和多种因素有关。以车床主轴为例，当车床切削工件时切削速度、切削量大小、工件直径、工件材料及刀具类型等都有密切关系。生产机械品种繁多，其工作机构的负载特性也各不相同。但经过统计分析，可归纳为三种类型：恒转矩负载特性、风机和泵类负载特性、恒功率负载特性。

### 2.2.2 恒转矩负载特性

所谓恒转矩负载特性，是指负载转矩 $T_L$ 与转速 $n$ 无关的特性，当转速变化时，转矩 $T_L$ 保持常值。恒转矩负载特性又分为反抗性和位能性两种。

**1. 反抗性恒转矩负载特性**

反抗性恒转矩负载特性的特点是，负载转矩的大小恒定不变，而负载转矩的方向总是与转速的方向相反，即负载转矩的性质总是起反抗运动作用的阻转矩性质。显然，反抗性恒转矩负载特性在第Ⅰ象限与第Ⅲ象限内，如图 2-2 所示。在第Ⅰ象限，$n$ 为正，$T_L$ 也为正；在第Ⅲ象限，$n$ 为负，$T_L$ 也为负。

皮带运输机、轧钢机、机床（刀架平移）、电车（在平道上行驶）等由摩擦力产生转矩的机械都属于反抗性恒转矩负载。

**2. 位能性恒转矩负载特性**

位能性恒转矩负载特性由拖动系统中某些具有位能的部件（如起重类型负载中的重物）产生，其特点是不仅负载转矩的大小恒定不变，而且负载转矩的方向也不变。位能性恒转矩负载特性在第Ⅰ象限与第Ⅳ象限内，如图 2-3 所示。在第Ⅰ象限，$n$ 为正，$T_L$ 也为正；在第Ⅳ象限，$n$ 为负，$T_L$ 还为正。

起重机、电梯等都属于位能性恒转矩负载。

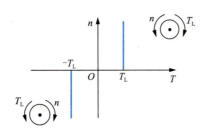
图 2-2　反抗性恒转矩负载特性

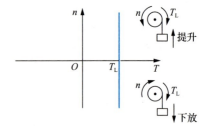
图 2-3　位能性恒转矩负载特性

### 2.2.3 风机和泵类负载特性

属于风机和泵类负载的生产机械有通风机、水泵、油泵等，其中空气、水、油等介质对机器叶片的阻力基本上和转速的平方成正比,所以,理论上风机和泵类负载转矩基本上与转速的平方成正比,其特性如图 2-4 中的曲线 1 所示。

实际通风机除了有风机和泵类负载特性,由于其轴承上还有一定的空载转矩 $T_0$,实际通风机负载特性如图 2-4 中的曲线 2 所示。

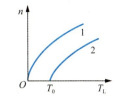

图 2-4 风机和泵类负载特性

### 2.2.4 恒功率负载特性

某些生产工艺过程,要求具有恒功率负载特性。例如,车床的切削,在粗加工时,切削量大,切削阻力大,此时开低速;在精加工时,切削量小,切削阻力小,往往开高速。又如,轧钢机轧制钢板时,小工件需要高速度低转矩,大工件需要低速度高转矩。这些工艺要求都是恒功率负载特性。

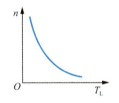

图 2-5 恒功率负载特性

在不同转速下,负载转矩基本上与转速成反比,负载功率基本不变,即

$$P_L = T_L \Omega = T_L \cdot \frac{2\pi n}{60} = \frac{2\pi}{60} T_L n \tag{2-4}$$

式中,$P_L$ 为负载功率。

由此可见,负载转矩 $T_L$ 与转速 $n$ 成反比,负载功率基本不变。恒功率负载特性是一条双曲线,如图 2-5 所示。

## 2.3 他励直流电动机的机械特性

直流电动机的机械特性是指在电动机的电枢电压、励磁电流、电枢回路电阻为恒值的条件下,电动机的转速 $n$ 与电磁转矩 $T$ 之间的关系,即 $n=f(T)$。由于转速和转矩都是机械量,因此把它称为机械特性。机械特性是电动机机械性能的主要表现,它是分析电动机启动、调速、制动等问题的重要工具。

### 2.3.1 机械特性方程式

他励直流电动机的电路原理图如图 2-6 所示,$R_{st}$ 为电枢回路串电阻。

他励直流电动机的机械特性方程式可从电动机的基本方程式导出。根据图 2-6 可以列出电动机的基本方程式为

$$U = E_a + I_a R \tag{2-5}$$

式中,$R = R_a + R_{st}$ 为电枢回路总电阻。

将 $E_a$ 和 $T$ 的表达式代入电压平衡方程式,可得机械特性方程式的一般表达式为

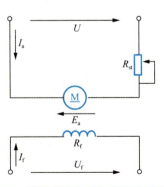

图 2-6 他励直流电动机的电路原理图

$$n = \frac{U}{C_e \Phi} - \frac{R}{C_e C_T \Phi^2} T = n_0 - \beta T = n_0 - \Delta n \tag{2-6}$$

式中，$n_0 = \frac{U}{C_e \Phi}$ 为电磁转矩 $T=0$ 时的转速，称为理想空载转速；$\beta = \frac{R}{C_e C_T \Phi^2}$ 为机械特性的斜率；$\Delta n = \beta T$ 为转速降，额定负载时，$\Delta n_N = \beta T_N = n_0 - n_N$，称为额定转速降。

式（2-6）说明，当 $U$、$R$ 和 $\Phi$ 为常数时，他励直流电动机的机械特性是一条以 $\beta$ 为斜率向下倾斜的直线。转速 $n$ 随电磁转矩 $T$ 的增大而降低，这说明电动机带负载时，转速会随负载的增加而降低。

$\beta$ 表示机械特性的硬度。在同样的理想空载转速下，$\beta$ 越小，$\Delta n$ 越小，即转速随电磁转矩的变化越小，机械特性就越"硬"，常称 $\beta$ 小的机械特性为硬特性；$\beta$ 越大，$\Delta n$ 越大，即转速随电磁转矩的变化越大，机械特性就越"软"，常称 $\beta$ 大的机械特性为软特性。

### 2.3.2 固有机械特性

当他励直流电动机的电枢电压 $U=U_N$、磁通 $\Phi=\Phi_N$、电枢回路中没有附加电阻，即 $R_{st}=0$ 时，电动机的机械特性称为固有机械特性。固有机械特性的方程式为

$$n = \frac{U_N}{C_e \Phi_N} - \frac{R_a}{C_e C_T \Phi_N^2} T \tag{2-7}$$

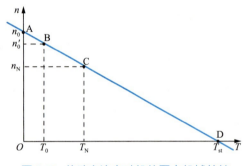

图 2-7 他励直流电动机的固有机械特性

由于 $R_a$ 较小，$\Phi=\Phi_N$ 数值最大，因此固有机械特性的斜率 $\beta$ 最小，他励直流电动机的固有机械特性都较硬，如图 2-7 所示。

下面分析固有机械特性中几个重要的点。

**1. 理想空载转速点 A（0，$n_0$）**

$T=0$ 时，对应的转速为理想空载转速，即 $n = n_0 = \frac{U_N}{C_e \Phi_N}$，如图 2-7 中 A 点所示。此时 $I_a=0$，$E_a=U_N$，即电动机不带负载且自身也没有空载转矩时的转速，是一种理想工作状态。

调节电枢电压 $U$ 或磁通 $\Phi$，可以改变理想空载转速 $n_0$ 的大小。

**2. 实际空载转速点 B（$T_0$，$n_0'$）**

实际中电动机在空载运行时，必须克服空载阻转矩 $T_0$，即 $T=T_0$，电动机的实际空载转速 $n_0'$ 比 $n_0$ 略低，如图 2-7 中 B 点所示。

**3. 额定工作点 C（$T_N$，$n_N$）**

$T=T_N$ 时，对应的转速为额定转速 $n=n_N$，如图 2-7 中 C 点所示。一般地，$n_N \approx 0.95 n_0$，而 $\Delta n_N \approx 0.05 n_0$，这是固有机械特性硬特性的数量体现。

**4. 堵转点或启动点 D（$T_{st}$，0）**

机械特性与横轴的交点为堵转点或启动点，如图 2-7 中 D 点所示。堵转点对应的电枢

电流 $I_{st}=U_N/R_a$ 称为堵转电流或启动电流,与堵转电流相对应的电磁转矩 $T_{st}=C_T\Phi_N I_{st}$ 称为堵转转矩或启动转矩。由于电枢回路电阻 $R_a$ 很小,启动电流 $I_{st}$ 和启动转矩 $T_{st}$ 都很大,因此直流电动机在启动时,必须采取有效措施,限制启动电流,使电动机能够顺利启动。

他励直流电动机固有机械特性是一条斜直线,跨三个象限,特性较硬。机械特性只是表征电动机电磁转矩和转速之间的函数关系,是电动机本身的能力,至于电动机具体运行状态还要看拖动负载的类型。固有机械特性是电动机最重要的特性,在它的基础上,很容易得到电动机的人为机械特性。

### 2.3.3 人为机械特性

改变固有机械特性方程式中的电枢电压 $U$、气隙磁通 $\Phi$ 或电枢回路串电阻 $R_{st}$ 这三个参数中的任意一个,所得到的机械特性是人为机械特性。

**1. 电枢回路串电阻 $R_{st}$ 时的人为机械特性**

此时 $U=U_N$,$\Phi=\Phi_N$,$R=R_a+R_{st}$,电枢回路串电阻 $R_{st}$ 时的人为机械特性方程为

$$n = \frac{U_N}{C_e\Phi_N} - \frac{R_a+R_{st}}{C_e C_T \Phi_N^2} T \quad (2-8)$$

图 2-8 所示是电枢回路串不同电阻 $R_{st}$ 时的一组人为机械特性,它是从理想空载点 $n_0$ 发出的一组射线。

与固有机械特性相比,电枢回路串电阻 $R_{st}$ 时的人为机械特性的特点如下。

图 2-8 电枢回路串不同电阻 $R_{st}$ 时的一组人为机械特性

(1) 理想空载点 $n_0$ 保持不变。
(2) 斜率 $\beta$ 随 $R_{st}$ 的增大而增大,使转速降 $\Delta n$ 增大,机械特性变软。
(3) 对于相同的电磁转矩,转速 $n$ 随 $R_{st}$ 的增大而减小。

由此可见,当负载转矩不变时,只要改变所串电阻的大小,就可改变电动机的转速。因此,电枢回路串电阻的方法,可用于他励直流电动机的调速。

**2. 改变电枢电压 $U$ 时的人为机械特性**

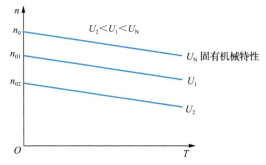

图 2-9 改变电枢电压 $U$ 时的一组人为机械特性

当 $\Phi=\Phi_N$,电枢回路不串电阻($R_{st}=0$),改变电枢电压 $U$ 时的人为机械特性方程式为

$$n = \frac{U}{C_e\Phi_N} - \frac{R_a}{C_e C_T \Phi_N^2} T \quad (2-9)$$

图 2-9 所示是改变电枢电压 $U$ 时的一组人为机械特性,不同电枢电压的人为机械特性为一组平行直线。

**特别提示**

由于电动机的工作电压以额定电压为上限,因此改变电压时,只能从额定值 $U_N$ 向下调节。

与固有机械特性相比,改变电枢电压 $U$ 时的人为机械特性的特点如下。

（1）理想空载转速 $n_0$ 随电枢电压 $U$ 的降低而成比例降低。

（2）斜率 $\beta$ 保持不变,机械特性硬度不变。

（3）对于相同的电磁转矩,转速 $n$ 随 $U$ 的减小而减小。

由此可见,当负载转矩不变时,只要改变电枢电压的大小,就可改变电动机的转速。因此,改变电枢电压的方法,也可用于他励直流电动机的调速。

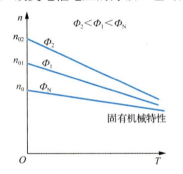

图 2-10 改变磁通 $\Phi$ 时的一组人为机械特性

**3. 改变磁通 $\Phi$ 时的人为机械特性**

当 $U=U_N$,电枢回路不串电阻（$R_{st}=0$）时,改变磁通 $\Phi$ 时的人为机械特性方程式为

$$n = \frac{U_N}{C_e \Phi} - \frac{R_a}{C_e C_T \Phi^2} T \qquad (2\text{-}10)$$

图 2-10 所示是改变磁通 $\Phi$ 时的一组人为机械特性。

 **特别提示**

一般他励直流电动机在额定磁通 $\Phi=\Phi_N$ 下运行时,电机磁路已接近饱和,因此改变磁通只能在额定磁通以下进行调节。

与固有机械特性相比,减弱磁通 $\Phi$ 时的人为机械特性的特点如下。

（1）理想空载点 $n_0$ 随磁通 $\Phi$ 减弱而升高。

（2）斜率 $\beta$ 与磁通 $\Phi$ 成反比,减弱磁通 $\Phi$,使斜率 $\beta$ 增大,机械特性变软。

（3）对于相同的电磁转矩,转速 $n$ 随 $\Phi$ 的减小而增大。

由此可见,当负载转矩不变时,只要改变磁通的大小,就可改变电动机的转速。因此,改变磁通的方法,也可用于他励直流电动机的调速。

 **想 一 想**

他励直流电动机稳定运行时,其电枢电流由什么决定?当电动机带恒转矩负载时,改变电枢电压、电枢电阻和磁通时,电枢电流的稳定值是否发生变化?为什么?

## 2.3.4 机械特性的求取

在设计电力拖动系统时,首先应知道所选择电动机的机械特性,但通常电动机的产品目录或铭牌中都未给出机械特性的数据,因此需根据产品目录或铭牌给出的已知数据,如额定功率($P_N$)、额定电压($U_N$)、额定电流($I_N$)、额定转速($n_N$)等来计算,或者是通过试验来求取机械特性。

### 1. 固有机械特性的求取

他励直流电动机的固有机械特性曲线是一条直线,所以只要求出直线上任意两点的数据就可以画出这条直线。一般计算理想空载点($T=0$,$n=n_0$)和额定运行点($T=T_N$,$n=n_N$)的数据,具体步骤如下。

(1)估算 $R_a$。

电枢回路电阻 $R_a$ 可用实测方法求得,也可进行估算,估算公式为

$$R_a = \left(\frac{1}{2} \sim \frac{2}{3}\right)\frac{U_N I_N - P_N}{I_N^2} \tag{2-11}$$

此公式认为在电动机额定运行时,电枢铜损耗占总损耗的 $\frac{1}{2} \sim \frac{2}{3}$,这是符合实际情况的。

(2)计算 $C_e\Phi_N$、$C_T\Phi_N$。

$$C_e\Phi_N = \frac{U_N - I_N R_a}{n_N}$$

$$C_T\Phi_N = 9.55 C_e\Phi_N$$

(3)计算理想空载点数据。

$$\begin{cases} T = 0 \\ n = n_0 = \dfrac{U_N}{C_e\Phi_N} \end{cases}$$

(4)计算额定工作点数据。

$$\begin{cases} T = C_T\Phi_N I_N \\ n = n_N \end{cases}$$

根据计算所得的理想空载点$(0,n_0)$和额定工作点$(T_N,n_N)$,就可以画出电动机的固有机械特性曲线;通过 $\beta = \dfrac{R}{C_e C_T \Phi_N^2}$ 求出 $\beta$ 值后,就可以得到电动机固有机械特性方程式 $n=n_0-\beta T$。

### 2. 人为机械特性的求取

在固有机械特性方程式 $n=n_0-\beta T$($n_0$ 和 $\beta$ 为已知)的基础上,根据人为机械特性所对应的参数($U$、$\Phi$ 或 $R_{st}$)变化,重新计算 $n_0$ 和 $\beta$ 值,便可以求得人为机械特性方程式。若要画出人为机械特性,还需计算出某一负载点数据,如$(T_N,n)$,然后连接$(0,n_0)$和$(T_N,n)$两点,便可以得到人为机械特性曲线。

【例 2-1】已知一台他励直流电动机的额定数据为:额定功率 $P_N=75$kW,额定电压

$U_N$=220V，额定电流 $I_N$=380A，额定转速 $n_N$=1450r/min，电枢回路电阻 $R_a$=0.019Ω，忽略磁饱和影响。当电动机额定运行时，试求：

（1）理想空载转速；

（2）固有机械特性的斜率；

（3）额定转速降；

（4）若电动机拖动恒转矩负载 $T_L$=0.82$T_N$ 运行，则电动机的转速、电枢电流及电枢电动势各为多少？

解：$$C_e\Phi_N = \frac{U_N - I_N R_a}{n_N} = \frac{220 - 380 \times 0.019}{1450} \approx 0.1467$$

（1）理想空载转速为
$$n_0 = \frac{U_N}{C_e\Phi_N} = \frac{220}{0.1467} \approx 1500\text{r/min}$$

（2）固有机械特性的斜率为
$$\beta = \frac{R_a}{C_e C_T \Phi_N^2} = \frac{0.019}{9.55 \times 0.1467^2} \approx 0.0924$$

（3）额定转速降为
$$\Delta n_N = n_0 - n_N = 1500 - 1450 = 50\text{r/min}$$

（4）负载时的转速降为
$$\Delta n = \beta T_L = \beta \times 0.82 T_N = 0.82 \times \Delta n_N = 0.82 \times 50 = 41\text{r/min}$$

电动机的转速为
$$n = n_0 - \Delta n = 1500 - 41 = 1459\text{r/min}$$

电枢电流为
$$I_a = \frac{T_L}{C_T\Phi_N} = \frac{0.82 T_N}{C_T\Phi_N} = 0.82 I_N = 0.82 \times 380 = 311.6\text{A}$$

电枢电动势为
$$E_a = C_e\Phi_N n = 0.1467 \times 1459 \approx 214.04\text{V}$$

【例 2-2】他励直流电动机的铭牌数据为 $P_N$=22kW，$U_N$=220V，$I_N$=115A，$n_N$=1500r/min。试求：

（1）固有机械特性方程式；

（2）电枢回路串电阻 $R_{st}$=0.75Ω 时的人为机械特性方程式；

（3）电枢电压降至 110V 时的人为机械特性方程式；

（4）磁通减弱至 0.5$\Phi_N$ 时的人为机械特性方程式；

（5）当负载转矩为额定时，要求电动机以 $n$=1000r/min 的速度运转，则有几种可能的方案，并分别求出它们的参数。

解：（1）电枢回路电阻 $R_a$ 可由式（2-11）取系数 1/2 得出
$$R_a = \frac{1}{2} \cdot \frac{U_N I_N - P_N}{I_N^2} = \frac{1}{2} \times \frac{220 \times 115 - 22 \times 10^3}{115^2} \approx 0.125\Omega$$

$$C_e\Phi_N = \frac{U_N - I_N R_a}{n_N} = \frac{220 - 115 \times 0.125}{1500} \approx 0.137$$

理想空载转速为

$$n_0 = \frac{U_N}{C_e\Phi_N} = \frac{220}{0.137} \approx 1606\text{r/min}$$

固有机械特性的斜率为

$$\beta = \frac{R_a}{C_e C_T \Phi_N^2} = \frac{0.125}{9.55 \times 0.137^2} \approx 0.697$$

固有机械特性方程式为

$$n = n_0 - \beta T = (1606 - 0.697T)\text{r/min}$$

（2）电枢回路串电阻 $R_{st}=0.75\Omega$ 时，理想空载转速不变，机械特性斜率变大，则

$$\beta' = \frac{R_a + R_{st}}{C_e C_T \Phi_N^2} = \frac{0.125 + 0.75}{9.55 \times 0.137^2} \approx 4.88$$

人为机械特性方程式为

$$n = (1606 - 4.88T)\text{r/min}$$

（3）电枢电压降至 110V 时，与固有机械特性相比，斜率不变，理想空载转速降低，则

$$n_0' = \frac{0.5U_N}{C_e\Phi_N} = 0.5 \times 1606 = 803\text{r/min}$$

人为机械特性方程式为

$$n = (803 - 0.697T)\text{r/min}$$

（4）磁通减弱至 $0.5\Phi_N$ 时，空载转速和斜率均发生变化，则

$$n_0'' = \frac{U_N}{0.5C_e\Phi_N} = 2 \times 1606 = 3212\text{r/min}$$

$$\beta'' = \frac{R_a}{C_e C_T (0.5\Phi_N)^2} = \frac{0.125}{9.55 \times (0.5 \times 0.137)^2} \approx 2.79$$

人为机械特性方程式为

$$n = (3212 - 2.79T)\text{r/min}$$

（5）当负载转矩为额定时，要求电动机以 $n=1000\text{r/min}$ 的速度运转，其小于额定转速 $n_N=1500\text{r/min}$，可以采用电枢回路串电阻或降低电枢电压的方法来实现。

额定转矩为

$$T = T_N = 9.55C_e\Phi_N I_N = 9.55 \times 0.137 \times 115 \approx 150.46\text{N}\cdot\text{m}$$

当电枢回路串电阻时，理想空载转速不变，将 $n=1000\text{r/min}$ 代入机械特性方程式，得

$$1000 = 1606 - \beta''' \times 150.46$$
$$\beta''' \approx 4.03$$

由

$$\beta''' = \frac{R_a + R_{st}'}{C_e C_T \Phi_N^2} = \frac{0.125 + R_{st}'}{9.55 \times 0.137^2} = 4.03$$

解得应串入电阻值为

$$R'_{st} \approx 0.547\Omega$$

当电枢电压下降时,斜率不变

$$1000 = \frac{U'}{0.137} - 0.697 \times 150.46$$

解得电压应降至

$$U' \approx 151.37V$$

### 2.3.5 电力拖动系统稳定运行条件

原来处于某一转速下运行的电力拖动系统,由于受到外界扰动,如负载的突然变化或电网电压的波动等,会导致系统的转速发生变化而离开原来的平衡状态,若系统能在新的条件下达到新的平衡状态,或者当外界扰动消失后能自动恢复到原来的转速下继续运行,则称该系统是稳定的;如果当外界扰动消失后,系统的转速或是无限制地上升,或是一直下降至零,则称该系统是不稳定的。

一个电力系统能否稳定运行,是由电动机机械特性和负载特性的配合情况决定的。当把实际系统简化为单轴系统后,电动机的机械特性与生产机械的负载特性可以画在同一坐标系中。由拖动系统的运动方程式 $T - T_L = J \cdot \frac{d\Omega}{dt}$ 可知,当 $T = T_L$,且作用方向相反时,$J \cdot \frac{d\Omega}{dt} = 0$,系统恒速运转。所以稳定运行的必要条件是:机械特性与负载特性必须有交点,即 $T = T_L$,如图2-11中A点和B点所示。

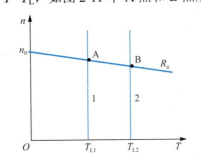

图2-11 他励直流电动机带恒转矩负载稳定运行的必要条件

以A点为例,虽然A点已满足稳定运行的必要条件,但交点A是否为电力拖动系统的某一稳定运行点,还要看其是否满足稳定运行的充分条件,即电力拖动系统在稳定运行时,如受到某种干扰作用,电力拖动系统应能移到新的工作点稳定运行,并且当干扰消失后,系统仍应能回到原工作点稳定运行。

在图2-11中,拖动系统原在A点稳定运行。如果负载 $T_{L1}$ 增大为 $T_{L2}$,负载特性曲线由直线1变为直线2。负载增大瞬间,由于惯性,转速不能突变仍为 $n_A$,则电磁转矩 $T$ 不变。因此,$T = T_{L1} < T_{L2}$,拖动转矩小于阻转矩,拖动系统进入减速过程。在减速过程中,$T$ 与 $T_{L2}$ 分别按各自的特性变化。由图2-11可见,随着转速 $n$ 的下降,$T_L = T_{L2}$ 不变,$T$ 不断增大。当 $T$ 增大到 $T = T_{L2}$ 时,减速过程结束,系统移到新的工作点B稳定运行。由此还可得到一个结论:电动机稳定运行时,电磁转矩的大小由负载转矩的大小所决定。

当干扰消失后,如果负载 $T_{L2}$ 又恢复为 $T_{L1}$,由于转速不能突变仍为 $n_B$,则电磁转矩 $T$ 不变。因此,$T = T_{L2} > T_{L1}$,拖动转矩大于阻转矩,拖动系统进入加速过程。在加速过程中,

$T_L = T_{L1}$ 不变，$T$ 不断减小。当 $T$ 减小到 $T=T_{L1}$ 时，加速过程结束，系统移到新的工作点 A 稳定运行。因此，在 A 点能够满足系统稳定运行的充分条件。同理，B 点也是系统的稳定运行点。

通过以上分析可见，电力拖动系统的工作点在电动机机械特性与负载特性的交点上，但是并非所有的交点都是稳定运行点。要实现稳定运行，还需要电动机机械特性与负载特性在交点处配合得好，即满足电力拖动系统稳定运行的充分条件：$\dfrac{dT}{dn} < \dfrac{dT_L}{dn}$。

因此，电力拖动系统稳定运行的充分必要条件为：

① 电动机的机械特性与负载特性必须存在交点，即 $T=T_L$；

② 在该交点处，满足 $\dfrac{dT}{dn} < \dfrac{dT_L}{dn}$，或者说，在交点的转速以上存在 $T<T_L$，而在交点的转速以下存在 $T>T_L$。

为满足上述条件，对于恒转矩负载，要求直流电动机应具有略向下倾斜的机械特性。因为电枢反应去磁效应可能导致直流电动机的机械特性出现上翘，上翘的机械特性使系统不能稳定运行，所以在直流电动机拖动系统中，应尽量减弱甚至消除电枢反应。

特别提示

上述电力拖动系统的稳定运行条件，无论对直流电动机还是交流电动机都是适用的，具有普遍意义。

【例 2-3】判断图 2-12 中各点是否为稳定运行点。图中曲线 1 为电动机的机械特性，曲线 2 为生产机械的负载特性。

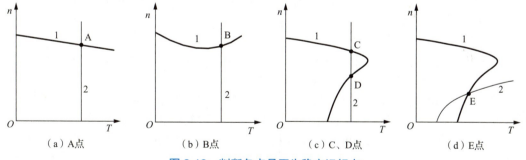

图 2-12 判断各点是否为稳定运行点

解：依据电力拖动系统稳定运行的充分必要条件，图 2-12 中各点都满足条件 1，而满足条件 2 的只有 A、C、E 三点，故此三点为稳定运行点；B、D 点不满足条件 2，为非稳定运行点。

想一想

一般来说，若电动机的机械特性是向下倾斜的，则系统便能稳定运行，这是为什么？

## 2.4　他励直流电动机的启动

电动机从接入电源开始转动，转速由 $n=0$ 到达稳定运行转速的全部过程称为启动过程或启动。虽然直流电动机的启动过程持续的时间很短，但正确的启动方法是安全合理使用直流电动机的重要条件之一，因此对直流电动机的启动过程和启动方法要进行分析研究。

电动机在启动的瞬间，转速为零，此时的电枢电流称为启动电流，用 $I_{st}$ 表示；对应的电磁转矩称为启动转矩，用 $T_{st}$ 表示。直流电动机启动时，必须满足下列要求。

（1） $T_{st}$ 足够大（$T_{st}>T_N$），以保证电动机正常启动。

（2） $I_{st}$ 不可太大，否则电动机电刷、换向器将会产生难以承受的火花，大大缩短电动机的使用寿命，一般限制在一定的允许范围之内，一般为 $(1.5\sim2)I_N$。

（3）启动时间短，符合生产机械的要求。

（4）启动设备简单、经济、可靠、操作简便。

他励直流电动机的启动方法有三种。

（1）直接启动，电枢两端直接加额定电压启动，又称全压启动。

（2）降压启动。

（3）电枢回路串电阻启动。

### 2.4.1　直接启动

直接启动是指在接通励磁电压后，不采取任何限制启动电流的措施，把他励直流电动机的电枢直接接到额定电压的电源上启动。他励直流电动机启动时，必须先保证有磁场，然后加电枢电压，当 $T_{st}$ 大于拖动系统的总阻转矩时，电动机开始转动并加速。如果他励直流电动机在额定电压下直接启动，启动瞬间，转速 $n=0$，电枢电动势 $E_a=0$，则启动电流为

$$I_{st}=\frac{U_N}{R_a} \tag{2-12}$$

因为电枢回路电阻 $R_a$ 数值很小，所以直接启动电流将达到很大的数值，通常可以达到额定电流的 10～20 倍，启动转矩将达到额定转矩的 10～20 倍。

过大的启动电流将引起电网电压的下降，影响其他用电设备的正常工作，对电机自身会造成换向恶化、绕组发热严重的后果，同时很大的启动转矩将损坏拖动系统的传动机构。所以除个别容量在几百瓦以下的直流电动机外，一般容量较大的直流电动机是不允许直接启动的。

**想 一 想**

他励直流电动机直接启动时，是先接通励磁电源后接通电枢电源，还是先接通电枢电源后接通励磁电源？停止时又如何处理？

### 2.4.2　降压启动

降压启动，即启动前将施加在电动机电枢两端的电压降低，以限制启动电流。为了获

得足够大的启动转矩,启动电流通常限制在$(1.5\sim2)I_N$,则启动电压应为

$$U_{st} = I_{st}R_a = (1.5\sim2)I_N R_a \quad (2\text{-}13)$$

当他励直流电动机的电枢回路由专用可调压直流电源供电时,可以限制启动过程中电枢电流在$(1.5\sim2)I_N$范围内变化。启动前先调好励磁电流,然后将电枢电压由低向高调节,最低电压 $U_1$ 所对应的人为机械特性上的启动转矩 $T_{st}=T_1>T_L$,电动机开始启动,随着转速的上升,提高电压,以获得需要的加速转矩,随着电压的升高,电动机的转速不断提高,最后稳定运行在 A 点,启动过程结束。降压启动过程的机械特性如图 2-13 所示。

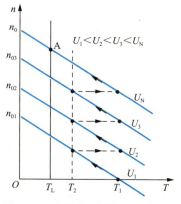

图 2-13 降压启动过程的机械特性

降压启动的优点是在启动过程中能量损耗小,启动平稳,便于实现自动化,若电压可连续调节,则启动过程更快更稳。所以,降压启动非常适用于对启动性能要求较高的场合,如需要频繁启动的大、中型直流电动机;但缺点是需要一套可调节电压的直流电源,启动设备复杂,初期设备投资成本高。

### 2.4.3 电枢回路串电阻启动

电枢回路串电阻启动时,电枢电压为额定值且恒定不变,在电枢回路中串启动电阻 $R_{st}$,达到限制启动电流的目的。电枢回路串电阻启动时的启动电流为

$$I_{st} = \frac{U_N}{R_a + R_{st}} \quad (2\text{-}14)$$

在电枢回路串电阻启动的过程中,应相应地将启动电阻逐级切除,这种启动方法称为电枢回路串电阻分级启动。因为在启动过程中,如果不切除电阻,随着转速的增加,电枢电动势 $E_a$ 增大,使启动电流下降,相应的启动转矩也减小,转速上升缓慢,使启动时间延长,且启动后转速较低。如果把启动电阻一次全部切除,则会引起过大的电流冲击。

下面以三级启动为例,说明电枢回路串电阻分级启动的过程。他励直流电动机串电阻分三级启动时的电路图和机械特性如图 2-14 所示。

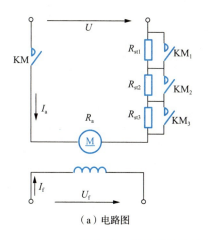
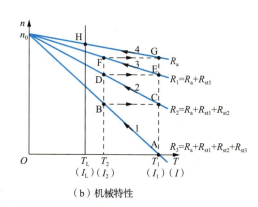

(a) 电路图　　　　　　　　　(b) 机械特性

图 2-14 他励直流电动机串电阻分三级启动时的电路图和机械特性

图 2-14（b）中，$I_1$ 为限定的起始启动电流，是启动过程中的最大电流，通常取 $I_1=2I_N$，相应的最大转矩 $T_1=2T_N$；$I_2$ 是启动过程中电流的切换值，通常取 $I_2=(1.1\sim1.2)I_N$，相应的转矩 $T_2$ 称为切换转矩，显然，$T_2=(1.1\sim1.2)T_N$。假定启动过程中，负载转矩大小不变，电枢回路总电阻为 $R_1=R_a+R_{st1}$，$R_2=R_a+R_{st1}+R_{st2}$，$R_3=R_a+R_{st1}+R_{st2}+R_{st3}$。

启动时，先接通励磁电源，再合上 KM 开关，接通电枢电源。其他接触器（$KM_1$、$KM_2$、$KM_3$）断开，此时电枢和三段电阻 $R_{st1}$、$R_{st2}$ 及 $R_{st3}$ 串联接上额定电压，启动电流为

$$I_1 = \frac{U_N}{R_a+R_{st1}+R_{st2}+R_{st3}} = \frac{U_N}{R_3} \tag{2-15}$$

由启动电流 $I_1$ 产生启动转矩 $T_1$，机械特性为曲线 1。由于 $T_1>T_L$，电动机开始启动，转速上升，转矩下降，电动机的工作点从 A 点沿曲线 1 上移，加速逐步变小。为了得到较大的加速，到 B 点 $KM_3$ 闭合，电阻 $R_{st3}$ 被切除，机械特性变成曲线 2。电阻切除瞬间，由于机械惯性，转速不能突变，电枢电动势也保持不变，因而电流将随 $R_{st3}$ 的切除而突增，转矩也按比例增加，电动机的工作点从 B 点过渡到曲线 2 上的 C 点。如果电阻设计恰当，既可以保证 C 点的电流与 $I_1$ 相等，又可以保证产生的转矩 $T_1$ 使电动机获得较大的加速度。电动机由 C 点加速到 D 点时，再闭合 $KM_2$，切除 $R_{st2}$，机械特性变成曲线 3。运行点由 D 点过渡到曲线 3 上的 E 点，电动机的电流又从 $I_2$ 回升到 $I_1$，转矩由 $T_2$ 增至 $T_1$。电动机由 E 点加速到 F 点时，$KM_1$ 闭合，切除电阻 $R_{st1}$，机械特性变成曲线 4。运行点由 F 点过渡到固有机械特性曲线 4 上的 G 点，电动机的电流再一次从 $I_2$ 回升到 $I_1$，转矩由 $T_2$ 增至 $T_1$，拖动系统继续加速到 H 点稳定运行，启动过程结束。

电枢回路串电阻启动的优点是能有效地限制启动电流，启动设备简单且操作简便，广泛应用于各种中、小型直流电动机；缺点是在启动过程中能量消耗大，不适用频繁启动的大、中型直流电动机。

下面计算分级启动电阻。设图 2-14 中对应于转速为 $n_B$、$n_D$、$n_F$ 时的电枢电动势分别为 $E_{a1}$、$E_{a2}$、$E_{a3}$，则图 2-14 中各点的电压平衡方程式如下

$$\begin{cases} B: R_3 I_2 = U_N - E_{a1} \\ C: R_2 I_1 = U_N - E_{a1} \\ D: R_2 I_2 = U_N - E_{a2} \\ E: R_1 I_1 = U_N - E_{a2} \\ F: R_1 I_2 = U_N - E_{a3} \\ G: R_a I_1 = U_N - E_{a3} \end{cases} \tag{2-16}$$

比较式（2-16）中的 6 个方程式，可得

$$\frac{R_3}{R_2} = \frac{R_2}{R_1} = \frac{R_1}{R_a} = \frac{I_1}{I_2} = \beta \tag{2-17}$$

将启动过程中的最大电流 $I_1$ 与切换电流 $I_2$ 之比定义为启动电流比 $\beta$，则在已知 $\beta$ 和电枢回路电阻 $R_a$ 的前提下，各级启动总电阻值可按以下各式计算

$$\begin{cases} R_1 = R_a + R_{st1} = \beta R_a \\ R_2 = R_a + R_{st1} + R_{st2} = \beta R_1 = \beta^2 R_a \\ R_3 = R_a + R_{st1} + R_{st2} + R_{st3} = \beta R_2 = \beta^3 R_a \end{cases} \tag{2-18}$$

当启动电阻为 $m$ 级时，其总电阻为

$$R_m = R_a + R_{st1} + R_{st2} + \cdots + R_{stm} = \beta R_{m-1} = \beta^m R_a \tag{2-19}$$

综上可得各级串联电阻的计算公式为

$$\begin{cases} R_{st1} = (\beta-1)R_a \\ R_{st2} = \beta R_{st1} = (\beta-1)\beta R_a \\ R_{st3} = \beta R_{st2} = (\beta-1)\beta^2 R_a \\ \quad \vdots \\ R_{stm} = \beta R_{st(m-1)} = (\beta-1)\beta^{m-1} R_a \end{cases} \tag{2-20}$$

对于 $m$ 级电阻启动时，式（2-19）表示的电枢回路总电阻值也可用额定电压 $U_N$ 和最大启动电流 $I_1$ 表示为

$$\beta^m R_a = \frac{U_N}{I_1} \tag{2-21}$$

于是，电流比 $\beta$ 可写成

$$\beta = \sqrt[m]{\frac{U_N}{I_1 R_a}} \tag{2-22}$$

式中，$m$ 为整数。

利用式（2-22），可以在已知 $m$、$U_N$、$R_a$、$I_1$ 的条件下求出启动电流比 $\beta$，再根据式（2-20）求出各级启动电阻值。也可以在已知启动电流比 $\beta$ 的条件下，利用式（2-22）求出启动级数 $m$，必要时应修改数值使 $m$ 为整数。

综上所述，计算各级启动电阻的步骤如下。

(1) 启动级数 $m$ 已知的情况。

① 按式（2-11）估算或查出电枢回路电阻 $R_a$。

② 由 $I_1=(1.5\sim2)I_N$，选定 $I_1$。

③ 计算最大启动电阻 $R_m = \dfrac{U_N}{I_1}$。

④ 根据式（2-22）计算启动电流比 $\beta$。

⑤ 计算转矩 $T_2=T_1/\beta$，校验 $T_2 \geq (1.1\sim1.2)T_L$，如果不满足条件，应另选 $T_1$ 或 $m$ 值，并重新计算，直至满足该条件为止。

⑥ 按式（2-19）和式（2-20）求出各级启动电阻。

(2) 启动级数 $m$ 未知的情况。

① 按式（2-11）估算或查出电枢回路电阻 $R_a$。

② 由 $I_1=(1.5\sim2)I_N$ 和 $I_2=(1.1\sim1.2)I_N$，选定 $I_1$ 和 $I_2$。

③ 按式（2-17）计算启动电流比 $\beta$。

④ 按式（2-19）计算启动级数 $m$（取整数）。

⑤ 将整数 $m$ 代入式（2-22）重新计算 $\beta$，对 $I_2$ 进行修正，修正后 $I_2$ 应满足要求，否则，应另选级数，再重新计算 $\beta$ 和 $I_2$ 的值。

⑥ 按式（2-20）求出各级启动电阻。

【例 2-4】一台他励直流电动机的铭牌数据为：$P_N$=10kW，$U_N$=220V，$I_N$=52.6A，$n_N$=

1500r/min，现拖动 $T_L=0.8T_N$ 的恒转矩负载，启动级数 $m=3$，最大启动电流限制为 $2I_N$。试求各级启动电阻。

解：（1）估算 $R_a$，由式（2-11）取系数 1/2 得出

$$R_a \approx \frac{1}{2} \cdot \frac{U_N I_N - P_N}{I_N^2} = \frac{1}{2} \times \frac{220 \times 52.6 - 10 \times 10^3}{52.6^2} \approx 0.284\Omega$$

（2）确定最大启动电流为

$$I_1 = 2I_N = 2 \times 52.6 = 105.2\text{A}$$

（3）计算最大启动电阻为

$$R_m = \frac{U_N}{I_1} = \frac{220}{105.2} \approx 2.09\Omega$$

（4）计算启动电流比为

$$\beta = \sqrt[m]{\frac{U_N}{I_1 R_a}} = \sqrt[3]{\frac{220}{105.2 \times 0.284}} \approx 1.945$$

（5）计算切换电流为

$$I_2 = \frac{I_1}{\beta} = \frac{105.2}{1.945} \approx 54.09\text{A}$$

因 $T_L=0.8T_N$，故

$$I_L = 0.8I_N = 0.8 \times 52.6 = 42.08\text{A}$$

而

$$I_2 = 54.09\text{A} > 1.1I_L = 1.1 \times 42.08 = 46.288\text{A}$$

由上述计算可见，满足启动要求。

（6）各级启动电阻为

$$R_{st1} = (\beta - 1)R_a = (1.945 - 1) \times 0.284 \approx 0.268\Omega$$

$$R_{st2} = \beta R_{st1} = 1.945 \times 0.268 \approx 0.521\Omega$$

$$R_{st3} = \beta R_{st2} = 1.945 \times 0.521 \approx 1.010\Omega$$

【例 2-5】一台他励直流电动机的铭牌数据为：$P_N=96\text{kW}$，$U_N=440\text{V}$，$I_N=250\text{A}$，$n_N=500\text{r/min}$，$R_a=0.078\Omega$，现拖动额定的恒转矩负载运行，忽略空载转矩。试求：

（1）若采用电枢回路串电阻启动且启动电流 $I_{st}=2I_N$，计算应串电阻值及启动转矩；

（2）若采用降压启动且启动电流 $I_{st}=2I_N$，计算启动电压及启动转矩。

解：（1）电枢回路串电阻启动时，应串电阻为

$$R = \frac{U_N}{I_{st}} - R_a = \frac{440}{2 \times 250} - 0.078 = 0.802\Omega$$

额定转矩为

$$T_N \approx 9.55 \times \frac{P_N}{n_N} = 9.55 \times \frac{96 \times 10^3}{500} = 1833.6\text{N} \cdot \text{m}$$

启动转矩为

$$T_{st} = 2T_N = 2 \times 1833.6 = 3667.2\text{N} \cdot \text{m}$$

（2）降压启动时，启动电压为

$$U_{st} = I_{st}R_a = 2 \times 250 \times 0.078 = 39\text{V}$$

启动转矩为
$$T_{st} = 2T_N = 2 \times 1833.6 = 3667.2 \text{N} \cdot \text{m}$$

## 2.5 他励直流电动机的制动

从前面的分析中可知，电动机会在四个象限内运行，即处于不同的运行状态。本节将具体分析他励直流电动机在各个象限内不同的运行状态。

### 2.5.1 电动运行

他励直流电动机电动运行特性如图2-15所示。由图2-15可见，电动机运行时的电磁转矩 $T$ 与转速 $n$ 方向一致，这种运行状态称为电动运行状态。电动运行时，特性曲线在第Ⅰ象限或在第Ⅲ象限。

#### 1. 正向电动运行

他励直流电动机工作点在第Ⅰ象限时，如图2-15中A点所示，如果进行降压调速，电动机会稳定运行在B点。不管是A点还是B点，电动机电磁转矩 $T>0$，转速 $n>0$，该运行状态称为正向电动运行。由于 $T$ 与 $n$ 同方向，$T$ 为拖动性质转矩。

正向电动运行时，电动机从电源吸收电功率通过电磁作用转换为机械功率，再从轴上输出给负载。在这个过程中，电枢回路中存在铜损耗和空载损耗。

#### 2. 反向电动运行

若拖动反抗性恒转矩负载，正转时电动机工作点在第Ⅰ象限，反转时电动机工作点则在第Ⅲ象限，如图2-15中C点所示，此时电动机电枢电压为负值。在第Ⅲ象限运行时，电磁转矩 $T<0$，转速 $n<0$，$T$ 与 $n$ 仍同方向，$T$ 仍为拖动性质转矩，其功率关系与正向电动运行完全相同，该运行状态称为反向电动运行。

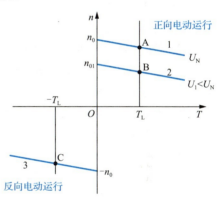

图2-15 他励直流电动机电动运行特性

#### 3. 他励直流电动机的反转

实际生产中经常需要改变电动机转动方向，即在第Ⅲ象限反向电动运行，为此需要改变电动机产生的电磁转矩方向。而电磁转矩是由主磁通和电枢电流相互作用产生的，因此改变电动机转向有两种方法。

（1）反接电枢绕组来改变电枢电流方向。

（2）反接励磁绕组来改变主磁通方向，由于反向磁场建立过程较慢，该方法适用于不需要频繁正反转控制的场合。

正向电动运行与反向电动运行是电动机运行的最基本运行状态。除此之外，实际运行的电动机还会运行在 $T$ 与 $n$ 反方向的运行状态，即电磁转矩不是拖动转矩而是制动转矩的状态，其特性曲线显然处于第Ⅱ象限或第Ⅳ象限，这就是下面要介绍的他励直流电动机的制动。

### 2.5.2 电气制动

对于一个拖动系统，制动的目的是使电力拖动系统减速或停车（制停）；有时是使位能性恒转矩负载稳定匀速下放，如起重机匀速下放重物、列车匀速下坡运行等。制动在日常生产生活中非常重要。常用的制动方法有 自由停车、机械制动、电气制动。

自由停车是指切断电源，系统就会在摩擦转矩的作用下逐渐降低转速，最后停车。自由停车是最简单的制动方法，但自由停车一般较慢，特别是空载自由停车，更需要较长的时间。如果希望制动过程加快，使生产机械能快速减速或停车，或使位能性恒转矩负载稳定匀速下放，这就需要拖动系统产生一个与旋转方向相反的转矩，这个转矩起着反抗运动的作用，所以称为制动转矩。

机械制动是指靠机械装置所产生的机械摩擦转矩进行制动，如常见的抱闸装置。这种制动方法虽然可以加快制动过程，但机械磨损严重，增加了维修工作量。

电气制动是指使电动机的电磁转矩与旋转方向相反而成为制动转矩的制动方法。与机械制动相比，电气制动没有机械磨损，容易实现自动控制。对需要频繁快速制动和反转的生产机械，一般采用电气制动。

电动机电气制动的目的有以下两个。

（1）使电力拖动系统迅速减速或停车，缩短停车时间，提高生产效率。

（2）限制位能性恒转矩负载的下放速度。因为在下放重物时，若传递装置轴上仅有重物，则系统在重物的重力作用下下放速度会越来越快，必将超过允许的安全速度，这是非常危险的。采用电气制动，电动机会产生一个与下放速度相反的转矩，可以很快抑制转速的升高，最后使系统在设定的安全速度下匀速下放重物。

他励直流电动机常用的电气制动方法有能耗制动、反接制动和回馈制动。

下面分别讨论三种电气制动方法的实现方法、制动过程、制动电阻的计算、能量关系和特点等。

#### 1. 能耗制动

（1）实现方法。

能耗制动是把正在做电动运行的他励直流电动机的电枢从电网上切除，并接到一个外加的制动电阻 $R_B$ 上构成闭合回路。图 2-16 所示为他励直流电动机能耗制动的电路原理图。当接触器 $KM_1$ 闭合，而制动接触器 $KM_2$ 断开时，直流电动机工作在电动状态。制动时，保持励磁电流不变，使接触器 $KM_1$ 断开，接触器 $KM_2$ 迅速闭合，此时直流电动机电枢脱离电网，电枢两端接到一个外加电阻 $R_B$ 上，由于系统存储的动能使转速 $n$ 不能突变，因此直流电动机感应电动势 $E_a$ 大小与方向未变，在 $E_a$ 作用下，电枢电流由 $I_a$ 变为 $I_{aB}$ 并改变方向变为负值，电磁

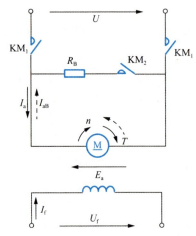

图 2-16 他励直流电动机能耗制动的电路原理图

转矩 $T$ 也随之反向变为负值，成为制动转矩，这时电动机在其作用下迅速减速。

（2）制动过程。

能耗制动时，$U=0$，$R=R_a+R_B$，其机械特性方程式为

$$n = -\frac{R_a + R_B}{C_e C_T \Phi_N^2}T = -\beta T \qquad (2\text{-}23)$$

式中，$\beta$ 为能耗制动时的机械特性斜率，$\beta = \dfrac{R_a + R_B}{C_e C_T \Phi_N^2}$。

由式（2-23）可知，能耗制动时，电磁转矩 $T$ 与转速 $n$ 方向相反，当 $T=0$ 时，$n=0$，其机械特性曲线是一条通过原点的直线，位于第Ⅱ、Ⅳ象限，斜率由 $\beta$ 决定，如图2-17和图2-18中的曲线2所示。

① 拖动反抗性恒转矩负载时。

设电动机拖动反抗性恒转矩负载原来工作在固有机械特性曲线1上的A点（图2-17），此时 $T_A=T_L>0$，$n>0$，电动机处于正向电动状态。现串入制动电阻 $R_{B1}$ 进行能耗制动，接触器瞬间动作，电动机的机械特性曲线也瞬间发生了变化，但是电动机的转速不能发生突变，故工作点从固有机械特性曲线1上的A点突变到能耗制动机械特性曲线2上的B点。

在B点，$n>0$，电磁转矩 $T_B<0$ 为制动转矩，负载转矩 $T_L$ 也为制动转矩，故电动机的转速在总制动转矩 $T_B+T_L$ 的作用下开始沿曲线2迅速减小。整个制动过程电动机处于正向减速过程，直到原点。

到达原点时，$n=0$，电磁转矩 $T=0$，由反抗性恒转矩负载特性可知，负载转矩 $T_L=0$，系统停车，制动过程结束。

他励直流电动机拖动反抗性恒转矩负载时能耗制动过程的工作点是从 A→B→O。图2-17中曲线2上的 BO 段是能耗制动过程，此过程又称能耗制动停车。

若要加快制动过程，可减小电枢所串制动电阻值，如图2-17中的曲线3所示。他励直流电动机拖动反抗性恒转矩负载时，能耗制动过程的工作点是从 A→B′→O。

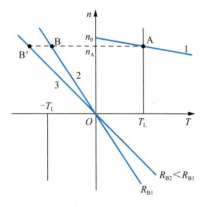

图2-17 拖动反抗性恒转矩负载能耗制动机械特性

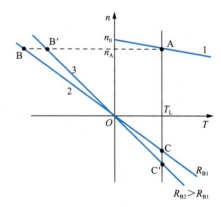

图2-18 拖动位能性恒转矩负载能耗制动机械特性

制动瞬间最大制动电流为

$$I_{aB} = -\frac{C_e \Phi_N}{R_a + R_B} n_A \tag{2-24}$$

若取 $U_N \approx E_{aA} = C_e \Phi_N n_A$，则制动电流近似为

$$I_{aB} = -\frac{U_N}{R_a + R_B} \tag{2-25}$$

② **拖动位能性恒转矩负载时。**

设电动机拖动位能性恒转矩负载原来工作在固有机械特性曲线 1 上的 A 点（图 2-18），匀速向上提升重物。现串入制动电阻 $R_{B1}$ 进行能耗制动，能耗制动瞬间，转速不能发生突变，故工作点从固有机械特性曲线 1 上的 A 点突变到能耗制动机械特性曲线 2 上的 B 点，并迅速下移到原点。

到达原点时，$n=0$，电磁转矩 $T=0$，由负载特性可知负载转矩 $T_L>0$，电动机在重力的作用下反向启动，即重物拖动电动机反转，开始下放重物。在机械特性曲线上的表现是电动机沿曲线 2 继续下移，进入第Ⅳ象限。

在第Ⅳ象限，$n<0$、电磁转矩 $T>0$ 为制动转矩，但 $|T|<|T_L|$，故电动机开始反向加速，工作点沿曲线 2 继续下降。同时，在下降的过程中电磁转矩不断增大，直到 C 点。

到达 C 点时，$n<0$，电动机电磁转矩与负载转矩大小相等，即 $|T_C|=|T_L|$，达到新的平衡条件，电动机重新稳定运行，以 $n=n_C$ 稳速下放重物。

直流电动机拖动位能性恒转矩负载时，能耗制动过程的工作点是从 A→B→O→C。图 2-18 中曲线 2 上的 OC 段是能耗制动过程。

如果能耗制动时，增大电枢所串制动电阻，则最终运行点由机械特性曲线 2 上的 C 点变成曲线 3 上的 C′点，即拖动位能性恒转矩负载时能耗制动过程的工作点是从 A→B→O→C′，下放速度增大。

能耗制动运行的下放速度为

$$n_C = -\frac{R_a + R_B}{C_e \Phi_N} I_L \tag{2-26}$$

或改写成

$$n_C = -\frac{R_a + R_B}{C_e C_T \Phi_N^2} T_L \tag{2-27}$$

综上，能耗制动时，电动机如果拖动反抗性恒转矩负载可以可靠停车；如果拖动位能性恒转矩负载，当转速过零时，若要停车必须立即用机械抱闸将电动机轴刹住，并切断电源，否则电动机将在负载转矩的倒拉下反转，直到稳定运行于第Ⅳ象限中的 C 点。

**（3）制动电阻。**

改变制动电阻 $R_B$ 的大小，可以改变能耗制动时电动机机械特性曲线的斜率，从而可以改变起始制动转矩的大小，以及下放位能性恒转矩负载时的稳定速度。$R_B$ 越小，特性曲线斜率越小，起始制动转矩越大，而下放位能性恒转矩负载的速度越小。减小制动电阻，可以增大制动转矩，缩短制动时间，提高工作效率。但制动电阻太小，将会

造成制动电流过大,通常限制最大制动电流不超过 2～2.5 倍的额定电流。选择制动电阻的原则是

$$I_{aB} = \frac{E_a}{R_a + R_B} \leq I_{max} = (2 \sim 2.5) I_N \qquad (2\text{-}28)$$

即

$$R_B \geq \frac{E_a}{(2 \sim 2.5) I_N} - R_a \qquad (2\text{-}29)$$

式中,$E_a$ 为制动瞬间的电枢电动势。

(4)能量关系。

他励直流电动机能耗制动过程的能量关系如表 2-1 所示。

表 2-1 他励直流电动机能耗制动过程的能量关系

| 输入电功率 $P_1$ | 电枢回路铜损耗 $P_{Cua}$ | 电磁功率 $P_M$ | 空载损耗 $P_0$ | 输出机械功率 $P_2$ |
|---|---|---|---|---|
| $UI_a$ = | $I_a^2(R_a+R_B)$ + | $E_a I_a$ | | |
| | | $T\Omega$ = | $T_0\Omega$ + | $T_2\Omega$ |
| 0 | + | − | + | − |

由表 2-1 可知,电动机输入的电功率为 0,没有输出机械功率,而是输入机械功率,其机械能靠的是系统转速从高到低制动时所释放出来的动能或位能性恒转矩负载的位能。输入的机械功率,扣除了空载损耗 $P_0$ 后,全部消耗在电枢回路的总电阻($R_a+R_B$)上。

(5)特点。

能耗制动操作简单,制动时电动机脱离电网,不需要吸收电功率,比较经济、安全。常用于反抗性恒转矩负载准确停车和位能性恒转矩负载的稳速下放。

**特别提示**

制动过程中,随着转速的下降,电动势减小,制动电流和制动转矩也随之减小,制动效果变差。若为了使电动机能更快更好地停转,可以在转速降到一定程度时,切除一部分制动电阻,使制动转矩增大,从而加强制动作用。

【例 2-6】 一台他励直流电动机的额定数据为:$P_N$=22kW,$U_N$=220V,$I_N$=116A,$n_N$=1500r/min,$R_a$=0.174Ω,用这台电动机来拖动起重机。试求:

(1)额定负载下进行能耗制动,如果电枢直接短接,制动电流应为多大?

(2)额定负载下进行能耗制动,欲使制动电流等于 $2I_N$,电枢回路中应串多大的制动电阻?

(3)当电动机轴上带有一半额定负载时,要求在能耗制动中以 800r/min 低速下放重物,求电枢回路中应串多大的制动电阻?

解：额定负载时，制动前电动机的电动势为

$$E_a = U_N - I_N R_a = 220 - 116 \times 0.174 \approx 199.8\text{V}$$

（1）如果电枢直接短接，即 $R_B=0$，则制动电流为

$$I_a = \frac{0 - E_a}{R_a} = -\frac{199.8}{0.174} \approx -1148.4\text{A}$$

此电流约为额定电流的 10 倍，由此可见，能耗制动时，不许直接将电枢短接，必须接入一定数值的制动电阻。

（2）能耗制动时，电枢回路中应串入的制动电阻为

$$R_B = \frac{E_a}{2I_N} - R_a = \frac{199.8}{2 \times 116} - 0.174 \approx 0.687\Omega$$

（3）因为励磁保持不变，则

$$C_e \Phi_N = \frac{E_a}{n_N} = \frac{199.8}{1500} \approx 0.133$$

因负载为额定负载的一半，则稳定运行时的电枢电流为 $I_a = 0.5 I_N$，能耗制动时，$U=0$，把已知条件代入直流电动机能耗制动时的电势方程式，得

$$0 = E_a + I_a(R_a + R_B) = C_e \Phi_N n + (0.5 I_N) \times (R_a + R_B)$$
$$= 0.133 \times (-800) + (0.5 \times 116) \times (0.174 + R_B)$$

解得制动电阻为

$$R_B \approx 1.66\Omega$$

#### 2. 反接制动

反接制动分为电压反接制动和倒拉反转反接制动两种。

（1）电压反接制动。

① 实现方法。

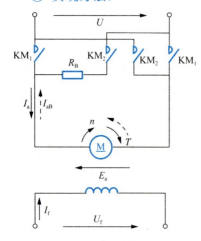

图 2-19 电压反接制动的电路原理图

电压反接制动就是将正向运行的他励直流电动机的电枢电压突然反接，同时电枢回路串入制动电阻 $R_B$ 来实现，图 2-19 为电压反接制动的电路原理图。当接触器 $KM_1$ 闭合，$KM_2$ 断开时，电动机运行在电动状态，各物理量正方向如图 2-19 中实线所示。电压反接制动时，保持励磁电流大小和方向不变，接触器 $KM_1$ 断开，$KM_2$ 闭合，使电枢两端的电压反向接通，同时为了限制制动电流，在电枢回路中外串附加制动电阻 $R_B$。制动瞬间，由于机械惯性，转速来不及突变，反电动势也不能突变，但电压方向改变了，电枢电流反向，则电磁转矩也反向，变成制动转矩，使电动机工作在制动状态。

② 制动过程。

电压反接制动时，$U = -U_N$，$R = R_a + R_B$，由此可得反接制动时他励直流电动机的机械特

性方程式为

$$n = -\frac{U_N}{C_e\Phi_N} - \frac{R_a + R_B}{C_e C_T \Phi_N^2}T = -n_0 - \beta T \qquad (2\text{-}30)$$

式中，$\beta$ 为电压反接制动时的机械特性斜率，$\beta = \dfrac{R_a + R_B}{C_e C_T \Phi_N^2}$；$n_0$ 为电动状态时固有机械特性的理想空载转速。

由式（2-30）可知，当 $T=0$ 时，$n=-n_0$，电压反接制动机械特性曲线是一条通过 $(0,-n_0)$ 的直线，位于第Ⅱ、Ⅲ、Ⅳ象限，斜率由 $\beta$ 决定，如图 2-20 和图 2-21 中的曲线 2 所示。

A．拖动反抗性恒转矩负载时。

设电动机原来拖动反抗性恒转矩负载工作在固有机械特性曲线 1 上的 A 点（图 2-20），此时 $T_A=T_L>0$，$n>0$，电动机处在正向电动状态。反接制动瞬间，接触器瞬间动作，电动机的机械特性也瞬间发生了变化，但是电动机的转速不能发生突变，故工作点从固有机械特性曲线 1 上的 A 点突变到反接制动机械特性曲线 2 上的 B 点。

在 B 点，$n>0$，电磁转矩 $T_B<0$ 为制动转矩，负载转矩 $T_L$ 也为制动转矩，故电动机在总制动转矩 $T_B+T_L$ 的作用下开始减速，工作点沿曲线 2 下降。故整个制动过程电动机处于正向减速过程，直到 C 点。

直流电动机正反转控制

到达 C 点时，$n=0$，此时 C 点的转矩就是电动机的反向启动转矩，为了停车不使系统反向启动，应立即切断电源。如果不切断电源，当 $|-T_C|>|-T_L|$ 时，电动机开始反向启动，工作点沿曲线 2 进入第Ⅲ象限，直到 D 点，电动机在反向电动状态下稳定运行，电动机反转。

直流电动机拖动反抗性恒转矩负载时，电压反接制动过程的工作点是从 A→B→C→D。图 2-20 中曲线 2 上的 BC 段是反接制动过程，CD 段是反向启动过程。

如果反接制动时，增大电枢所串制动电阻，反接制动机械特性变为曲线 3，若转速降低到 $n=0$ 时 $|-T_{C'}|<|-T_L|$，则电动机可靠停车。这时电压反接制动过程的工作点是从 A→B′→C′。

B．拖动位能性恒转矩负载时。

设电动机原来拖动位能性恒转矩负载工作在固有机械特性曲线 1 上的 A 点（图 2-21），匀速向上提升重物。反接制动瞬间，转速不能发生突变，故工作点从固有机械特性曲线 1 上的 A 点突变到反接制动机械特性曲线 2 上的 B 点，并迅速下移到 C 点。

到达 C 点时，$n=0$，电动机在负载重力的作用下反向启动，进入第Ⅲ象限。之后反转的速度越来越快，到达 E 点，进入第Ⅳ象限。

在第Ⅳ象限，$n<0$、电磁转矩 $T>0$ 为制动转矩，但 $|T|<|T_L|$，故电动机继续反向加速，同时，电磁转矩不断增大，直到 F 点。

到达 F 点时，$n<0$，电动机电磁转矩与负载转矩大小相等，即 $|T_F|=|T_L|$，达到新的平衡条件，电动机重新稳定运行，稳速下放重物。此时电动机的转速高于同步转速，电磁转矩与转速反向，这是后面要介绍的反向回馈制动状态。故带位能性恒转矩负载时电动机也不能自然停车，要想可靠停车，同样需要在 C 点时切断电源并使用机械抱闸制动。

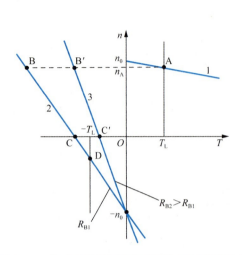

图 2-20 拖动反抗性恒转矩负载电压反接制动的机械特性

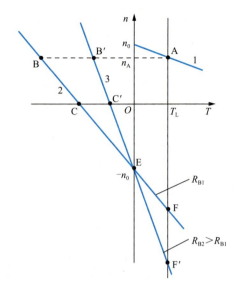

图 2-21 拖动位能性恒转矩负载电压反接制动的机械特性

直流电动机拖动位能性恒转矩负载时，反接制动过程的工作点是从 A→B→C→E→F。图 2-21 中曲线 2 上的 BC 段是电压反接制动过程，CE 段是反向启动过程，EF 段是反向回馈制动过程。

如果反接制动时，增大电枢所串制动电阻，则最终运行点由机械特性曲线 2 上的 F 点变成曲线 3 上的 F′ 点，即直流电动机拖动位能性恒转矩负载时电压反接制动过程的工作点是从 A→B′→C′→E→F′，电动机下放速度加快。

③ 制动电阻。

制动瞬间电流为

$$I_{aB} = \frac{-U_N - E_{aA}}{R_a + R_B} = -\frac{U_N + E_{aA}}{R_a + R_B} \qquad (2\text{-}31)$$

由式（2-31）可知，电压反接制动时 $I_{aB}$ 为负值，说明制动时电枢电流与制动前相反，电磁转矩也相反（负值）。由于制动时转速未变，电磁转矩与转速方向亦相反，起制动作用。电动机在电磁转矩和负载转矩的共同作用下，电机转速迅速下降。电动状态时，电枢电流的大小由 $U_N$ 和 $E_a$ 之差决定，而反接制动时，电枢电流的大小由 $U_N$ 和 $E_a$ 之和决定，因此反接制动时，电枢电流是非常大的。为了限制过大的电枢电流，反接制动时必须在电枢回路中串入制动电阻 $R_B$。$R_B$ 的大小应使反接制动时电枢电流不超过电动机的最大允许电流 $I_{max}$，通常 $I_{max}=(2\sim 2.5)I_N$，因此应串入的制动电阻为

$$R_B \geqslant \frac{U_N + E_a}{(2\sim 2.5)I_N} - R_a \qquad (2\text{-}32)$$

比较式（2-29）与式（2-32）可知，电压反接制动串入的制动电阻大约是能耗制动时串入的制动电阻的2倍。

④ 能量关系。

他励直流电动机电压反接制动过程的能量关系如表 2-2 所示。

## 第2章 直流电动机的电力拖动

表 2-2　他励直流电动机电压反接制动过程的能量关系

| 输入电功率 $P_1$ | 电枢回路铜损耗 $P_{Cua}$ | 电磁功率 $P_M$ | 空载损耗 $P_0$ | 输出机械功率 $P_2$ |
|---|---|---|---|---|
| $UI_a$ = | $I_a^2(R_a+R_B)$ + | $E_aI_a$ | | |
| | | $T\Omega$ = | $T_0\Omega$ + | $T_2\Omega$ |
| + | + | − | + | − |

由表 2-2 可知，电动机一方面从电网吸取电能，另一方面将系统的动能或位能转换成电能，扣除了空载损耗 $P_0$ 后，这些电能全部消耗在电枢回路的总电阻（$R_a+R_B$）上。

⑤ 特点。

从电压反接制动的机械特性看，机械特性位于第Ⅱ象限，制动转矩大，因此制动效果好。从能量关系看，电能全部消耗在电枢回路的总电阻上，很不经济。电压反接制动适用于快速停车或要求快速正、反转的生产机械。

**想 一 想**

当他励直流电动机的电枢回路外接电源电压为额定电压时，电枢回路外串电阻拖动重物匀速上升时，突然将外接电源电压的极性反接，电动机最终稳定运行在什么状态？重物是提升还是下放？速度如何？电动机在此期间经历了哪几种运行状态？

【**例 2-7**】 一台他励直流电动机的额定数据为：$P_N$=4kW，$U_N$=220V，$I_N$=22.3A，$n_N$=1000r/min，$R_a$=0.91Ω。带反抗性恒转矩负载运行于额定状态，为使电动机停车，现采用电压反接制动，串入电枢回路的电阻为 $R_B$=9Ω。试求：

（1）制动开始瞬间电动机的电磁转矩；
（2）$n$=0 时电动机的电磁转矩；
（3）若在制动到 $n$=0 时不切断电源，电动机能否反转？为什么？

解：机械特性如图 2-20 所示。

（1）
$$C_e\Phi_N = \frac{U_N - I_N R_a}{n_N} = \frac{220 - 22.3 \times 0.91}{1000} \approx 0.2$$

根据
$$n = \frac{-U_N}{C_e\Phi_N} - \frac{R_a + R_B}{C_e C_T \Phi_N^2}T$$

代入已知数据
$$1000 = \frac{-220}{0.2} - \frac{0.91+9}{9.55 \times 0.2^2}T_B$$

得制动瞬间电磁转矩为
$$T_B \approx -81 \text{N} \cdot \text{m}$$

（2）由
$$0 = \frac{-220}{0.2} - \frac{0.91+9}{9.55 \times 0.2^2}T_C$$

得 $n$=0 时的电磁转矩为
$$T_C \approx -42.4 \text{N} \cdot \text{m}$$

(3) 额定转矩为

$$T_N = C_T \Phi_N I_N = 9.55 C_e \Phi_N I_N = 9.55 \times 0.2 \times 22.3 \approx 42.6 \text{N} \cdot \text{m}$$

因为 $|T_C| < |T_N|$，所以不能反转。

(2) 倒拉反转反接制动。

① 实现方法和制动过程。

倒拉反转反接制动又称转速反向反接制动或倒拉反转制动运行，适用于直流电动机拖动位能性恒转矩负载的情况，其电路图如图 2-22（a）所示。制动前，接触器 KM 闭合，外串制动电阻 $R_B$ 被短接，各物理量正方向用实线表示，电动机拖动位能性恒转矩负载运行在固有机械特性曲线上的 A 点，以转速 $n_A$ 匀速向上提升重物。

倒拉反转反接制动时，$U=U_N$，$R=R_a+R_B$，即在电枢回路串入一个大电阻，其机械特性方程式为

$$n = \frac{U_N}{C_e \Phi_N} - \frac{R_a + R_B}{C_e C_T \Phi_N^2} T = n_0 - \frac{R_a + R_B}{C_e C_T \Phi_N^2} T = n_0 - \beta I_a \tag{2-33}$$

式中，$\beta$ 为反接制动时的机械特性斜率，$\beta = \dfrac{R_a + R_B}{C_e C_T \Phi_N^2}$；$n_0$ 为电动状态时固有机械特性的理想空载转速。

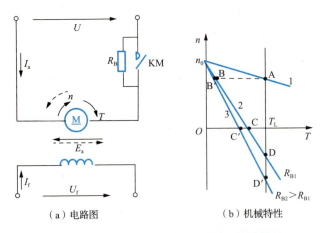

（a）电路图　　（b）机械特性

图 2-22　倒拉反转反接制动电路图和机械特性

由式（2-33）可知，当 $T=0$ 时，$n=n_0$，倒拉反转反接制动机械特性曲线是一条通过 $(0, n_0)$ 的直线，位于第 Ⅰ、Ⅳ 象限，斜率由 $\beta$ 决定，如图 2-22（b）所示。

制动时，接触器 KM 断开，电枢回路串入足够大的制动电阻 $R_B$，电动机的工作点便从固有机械特性曲线 1 上的 A 点平移到机械特性曲线 2 上的 B 点。

在 B 点，$n>0$，电磁转矩 $T_B>0$，且 $T_B<T_L$，故电动机开始减速，工作点沿曲线 2 下降，直到 C 点，$n=n_C=0$，负载停止上升。

到达 C 点时，$n=0$，仍有 $T_C<T_L$，重物将倒拉电动机反向旋转，电动机在负载重力的作用下开始反转进入第Ⅳ象限。在第Ⅳ象限，$n<0$，$T>0$ 为制动转矩，电动机反向加速，但电磁转矩 $T$ 随着电动机的反向加速不断增加，工作点从 C 点沿曲线 2 下移直到 D 点，$T_D=T_L$，电动机以 $n=n_D$ 速度匀速下放重物。

直流电动机拖动位能性恒转矩负载时倒拉反转反接制动过程的工作点是从 A→B→C→D。图 2-22 中曲线 2 上的 CD 段是倒拉反转制动过程。

如果倒拉反转制动时，增大电枢所串制动电阻，则最终运行点由曲线 2 上的 D 点变成

曲线 3 上的 D′ 点，即直流电动机拖动位能性恒转矩负载时倒拉反转反接制动过程的工作点是从 A→B′→C′→D′，电动机下放速度加快。

③ 制动电阻。

由图 2-22 可见，要实现倒拉反转反接制动，电枢回路必须串足够大的电阻，才能使工作点位于第Ⅳ象限，这种制动方式的目的主要是限制重物的下放速度。所串电阻越大，下放速度也越大。

若下放速度 $n_D$ 已知，则制动电阻为

$$R_B = \frac{U_N - E_{aD}}{I_L} - R_a \qquad (2\text{-}34)$$

式（2-34）中，$E_{aD} = C_e \Phi_N n_D$ 中的转速 $n_D$ 代入的是负值。

④ 能量关系。

倒拉反转反接制动的能量关系与电压反接制动过程的能量关系一样。二者之间的区别仅在于机械能的来源不同，倒拉反转运行中的机械能是位能性恒转矩负载减少的位能提供的，或者说是位能性恒转矩负载倒拉着电动机运行，因此称为倒拉反转制动运行。

他励直流电动机的倒拉反转反接制动与电压反接制动有何异同？

【例 2-8】 一台他励直流电动机的额定数据为：$P_N=10\text{kW}$，$U_N=220\text{V}$，$I_N=50\text{A}$，$n_N=1000\text{r/min}$，$R_a=0.3\Omega$。用此电动机拖动起重机，轴上带额定负载，忽略空载转矩，电动机运行在倒拉反转反接制动状态，欲以 400r/min 的速度稳定下放重物。试求：

（1）电枢回路应串电阻 $R_B$；

（2）从电源输入的电功率 $P_1$；

（3）从轴上输入的机械功率 $P_2$ 及电枢回路电阻消耗的功率。

解：（1）制动前电动势为

$$E_a = U_N - I_N R_a = 220 - 50 \times 0.3 = 205\text{V}$$

因为励磁保持不变，则

$$C_e \Phi_N = \frac{E_a}{n_N} = \frac{205}{1000} = 0.205$$

将已知数据代入

$$n = \frac{U_N}{C_e \Phi_N} - \frac{R_a + R_B}{C_e \Phi_N} I_a$$

得

$$-400 = \frac{220}{0.205} - \frac{0.3 + R_B}{0.205} \times 50$$

解得
$$R_B \approx 5.74\Omega$$

（2）从电源输入的电功率为
$$P_1 = U_N I_N = 220 \times 50 = 11\text{kW}$$

（3）从轴上输入的机械功率近似于电磁功率，即
$$P_2 \approx P_M = E_a I_a = C_e \Phi_N n I_a = 0.205 \times 400 \times 50 = 4.1\text{kW}$$

电枢回路电阻消耗的功率为
$$P_{Cua} = I_N^2(R_a + R_B) = 50^2 \times (0.3 + 5.74) = 15.1\text{kW}$$

由此可见，从电源输入的电功率与从轴上输入的机械功率之和大约等于电枢回路电阻消耗的功率，其能量损耗是很大的，很不经济。下面讲到的回馈制动将是一种较经济的制动方法。

### 3. 回馈制动

若直流电动机在电动状态运行时，由于某种原因，使电动机的转速超过了理想空载转速 $n_0$，这时电动机便处于回馈制动状态。回馈制动又称再生制动，电动机将系统的动能转换为电能回馈给电网。在机械特性上有两种表现：$-n > -n_1 > 0$，其机械特性是第Ⅲ象限反向电动状态特性曲线在第Ⅳ象限的延伸，称为反向回馈制动，如图 2-23（a）中曲线 2 所示；或是 $n > n_1 > 0$，$T$ 与 $n$ 反方向，其机械特性是第Ⅰ象限正向电动状态特性曲线在第Ⅱ象限的延伸，称为正向回馈制动，如图 2-23（b）所示。

在生产实践中，有以下两种情况直流电动机可能出现回馈制动：一种是反向回馈制动，出现在位能性恒转矩负载下放时；另一种是正向回馈制动，出现在电车下坡和电动机调速时的过程中。

（1）反向回馈制动。

他励直流电动机带位能性恒转矩负载稳定运行于正向电动状态的 A 点，突然改变电枢电压极性，电动机机械特性由曲线 1 变为曲线 2，如图 2-23（a）所示。运行点从 A 点跳变到 B 点，电磁转矩 $T_B$ 变为负值，与转速 $n$ 方向相反，为制动转矩。在 $T_B$ 与 $T_L$ 共同作用下，转速沿曲线 2 迅速下降到 $n=0$ 的 C 点。在 $n=0$ 时，如不切除电源，电动机便在电磁转矩和位能性恒转矩负载转矩的作用下迅速反向加速，最后稳定运行在 D 点，系统以 $n=n_D$ 速度匀速下放重物。当 $|n_D| > |-n_0|$ 时，电动机进入反向回馈制动状态。电枢回路所串电阻越大，下放速度越快。反向回馈制动状态在高速下放重物的系统中应用较多。

（2）正向回馈制动。

正向回馈制动是指直流电动机在正向电动状态时，因电车下坡、电动机调速等原因，转速超过理想空载转速而进入回馈制动状态。

① 电车下坡时的回馈制动。

电车在平路上行驶时，摩擦力产生的阻转矩为 $T_{L1}$，电车稳定运行于 A 点，此时 $T=T_{L1}$，是正向电动状态，如图 2-23（b）所示。当电车下坡时，轴上新出现了位能性的拖动转矩 $T_{L3}$，其方向与前进方向相同，与 $T_{L1}$ 方向相反，且数值上要大于 $T_{L1}$。设下坡时外部作用在电车上的总转矩为 $T_{L2}$，则 $T_{L2}=T_{L3}-T_{L1}$，这时的 $T_{L2}$ 为拖动转矩，其对应的负载特性曲线为曲线 2，在 $(T+T_{L2})$ 的作用下，系统运行点会从电动状态的 A 点逐步加速到理想空载点，

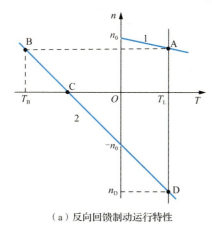
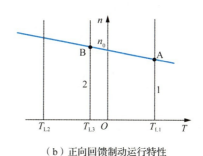

(a) 反向回馈制动运行特性　　　　　　(b) 正向回馈制动运行特性

图 2-23　回馈制动机械特性

过理想空载点后电磁转矩 $T$ 变为制动转矩，由于 $|T_{L2}|>|T|$，系统会继续加速，直至运行点到达第Ⅱ象限的 B 点，在 B 点 $T_B=T_{L3}$，系统以 $n_B>n_0$ 的速度稳定运行。当 $n>n_0$ 时，电动机进入正向回馈制动状态。

② 降压调速时的回馈制动。

在降低电压的降速过程中，也会出现回馈制动。当突然降低电枢电压，转速和感应电动势还来不及变化时，就会发生 $E_a>U$ 的情况，即出现了回馈制动状态。

图 2-24 绘出了电动机降压调速时的回馈制动特性。电动机原稳定运行于 A 点，当电压从 $U_N$ 降到 $U_1$ 时，理想空载转速由 $n_0$ 降到 $n_{01}$，工作点由 A 点跳变到降压后机械特性上的 B 点。由于转速 $n$ 不能突变，$n>n_{01}$，将产生回馈制动，它起到了加快电动机减速的作用。工作点从 B 点降到 $n_{01}$ 点的过程为正向回馈制动过程。当转速降到 $n_{01}$ 时，制动过程结束。工作点从 $n_{01}$ 降到 C 点的过程为电动状态减速过程。

③ 增磁调速时的回馈制动。

回馈制动同样会出现在直流电动机增加磁通 $\Phi$ 的调速过程中，其机械特性如图 2-25 所示。磁通由 $\Phi_1$ 增大到 $\Phi_2$ 时，工作点的变化与图 2-24 相同，工作点由 B 点到 $n_{02}$ 点的变化也为正向回馈制动过程。

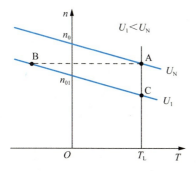
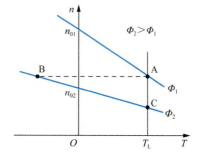

图 2-24　降压调速时的回馈制动　　　　图 2-25　增磁调速时的回馈制动

（3）能量关系。

他励直流电动机回馈制动的能量关系如表 2-3 所示。

表 2-3 他励直流电动机回馈制动的能量关系

| 输入电功率 $P_1$ | 电枢回路铜损耗 $P_{Cua}$ | 电磁功率 $P_M$ | 空载损耗 $P_0$ | 输出机械功率 $P_2$ |
|---|---|---|---|---|
| $UI_a$ = | $I_a^2(R_a+R_B)$ + | $E_aI_a$ | | |
| | | $T\Omega$ = | $T_0\Omega$ + | $T_2\Omega$ |
| − | + | − | + | − |

由表 2-3 可以看出，在回馈制动过程中，电动机将系统储存的机械能转换为电能回馈给电网。因此与能耗制动及反接制动相比，从电能消耗来看，回馈制动是较经济的。

图 2-26 是他励直流电动机各种运行状态下的功率流程图。

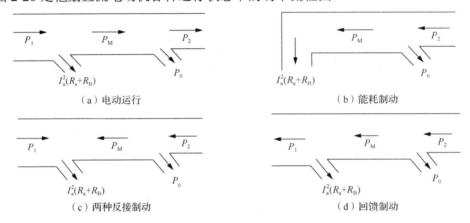

图 2-26 他励直流电动机各种运行状态下的功率流程图

### 想一想

（1）要使他励直流电动机慢速（低于理想空载转速）下放重物，应采用什么制动方法？

（2）要使他励直流电动机快速（高于理想空载转速）下放重物，应采用什么制动方法？

【例 2-9】一台他励直流电动机的额定数据为：$U_N$=220V，$I_N$=40A，$n_N$=1000r/min，$R_a$=0.5Ω，在额定负载下，工作在回馈制动状态，匀速下放重物，电枢回路不串电阻。试求电动机的转速。

解：根据题意，可画出该电动机的机械特性，如图 2-27 所示。提升重物时电动机处于正向电动运行状态，运行于固有机械特性曲线 1 上的 A 点，下放重物时电动机处于反向回馈制动状态，运行于反向回馈制动机械特性曲线 2 上的 D 点。因为电枢回路未串制动电阻，所以机械特性 1 与机械特性 2 的硬度相同，即相互平行。由于磁通不变，故

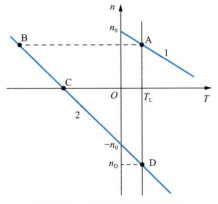

图 2-27 电动机的机械特性

$$C_e\Phi_N = \frac{U_N - I_N R_a}{n_N} = \frac{220 - 40 \times 0.5}{1000} = 0.2$$

根据反向回馈制动机械特性可求得转速为

$$n_D = -\frac{U_N}{C_e\Phi_N} - \frac{R_a}{C_e\Phi_N}I_N = -\frac{220}{0.2} - \frac{0.5}{0.2} \times 40 = -1200\text{r/min}$$

转速为负值，表示下放重物。

### 2.5.3 直流电动机的四象限运行

某些生产机械由于加工的需要，要求电动机不断地改变运行状态。电动机的运行状态按照电磁转矩与转速的方向是否相同可分为电动状态和制动状态两大类。电动机的稳定运行状态是指电动机机械特性曲线和负载特性曲线的交点所对应的工作状态。

以电动机的转速为纵坐标轴，以转矩为横坐标轴建立的直角坐标系，把平面分为四个象限，用来描述电动机的不同运行状态，即正向电动状态、制动（能耗制动、回馈制动和反接制动）状态、反向电动状态等。

直流电动机各种稳定运行状态的机械特性如图 2-28 所示。

#### 1. 电动状态

电动状态的特点是电动机的电磁转矩和转速的方向相同，电磁转矩是拖动性转矩。此时电动机从电源吸收电能，并把电能转换为机械能。因为 $T$ 与 $n$ 的方向相同，电动机的机械特性和稳定运行点都在第 I 象限或第 III 象限。

若 $U>0$，$n>0$，且 $n<n_0$，则 $I_a>0$，$T>0$，工作点在第 I 象限，如图 2-28 中的 A、B 点，电动机运行于正向电动状态。若 $U<0$，$n<0$，且 $|n|<|n_0|$，则 $I_a<0$，$T<0$，工作点在第 III 象限，如图 2-28 中的 C、D 点，电动机运行于反向电动状态。

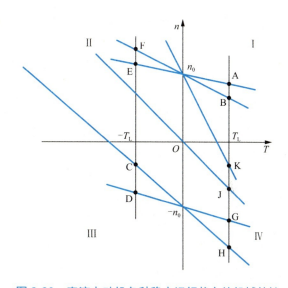

图 2-28 直流电动机各种稳定运行状态的机械特性

电枢回路串电阻、改变电枢电压和减弱励磁磁通都能得到不同的人为机械特性，从而改变运行工作点的位置，只要工作点在第 I 象限或第 III 象限内，电动机就运行于电动状态。

#### 2. 制动状态

制动状态的特点是电动机的电磁转矩和转速的方向相反，电磁转矩是制动转矩。此时电动机把机械能转换为电能。因为 $T$ 与 $n$ 的方向相反，电动机的机械特性和稳定运行点都在第 II 象限或第 IV 象限。

若 $U>0$，$n>0$，且 $n>n_0$，则 $I_a<0$，$T<0$，工作点在第 II 象限，如图 2-28 中的 E、F 点，

电动机运行于正向回馈制动状态,电动机把机械能转换为电能并回馈到电源。若 $U<0$,$n<0$,且$|n|>|n_0|$,则 $I_a>0$,$T>0$,工作点在第Ⅳ象限,如图 2-28 中的 G、H 点,电动机运行于反向回馈制动状态,电动机把机械能转换为电能并回馈到电源。

若 $U=0$,电枢回路串入电阻 $R_B$,电动机在位能性恒转矩负载转矩作用下反转($n<0$),则 $I_a>0$,$T>0$,工作点在第Ⅳ象限,如图 2-28 中的 J 点。电动机运行于能耗制行状态,电动机把机械能转换为电能,并消耗在电枢回路的总电阻($R_a+R_B$)上。

若 $U>0$,电枢回路串入足够大的电阻 $R_B$,电动机在位能性恒转矩负载转矩作用下反转($n<0$),则 $I_a>0$,$T>0$,工作点在第Ⅳ象限,如图 2-28 中的 K 点。电动机运行于倒拉反转反接制动状态。此时,电动机既从电源吸收电能,又把机械能转换为电能,两种来源的电能都消耗在电枢回路的总电阻($R_a+R_B$)上。

从以上分析可以看出,通过电枢回路串电阻、改变电枢电压、减弱励磁磁通或各种制动方法,都能使直流电动机作"四象限"运行。

对实际的电力拖动系统,生产机械的生产工艺要求电动机一般都在两种以上的状态下运行。例如,经常需要正、反转的反抗性恒转矩负载,拖动它的电动机就应该运行在下面各种状态:正向启动→正向电动运行→反接制动→反向启动→反向电动运行→反方向的反接制动→正向启动→正向电动运行→……→能耗制动停车。因此,要想掌握他励直流电动机实际上是怎样拖动各种负载工作的,就必须先掌握电动机的各种运行状态,以及怎样从一种稳定运行状态变到另一种稳定运行状态。

## 2.6　他励直流电动机的调速

在电力拖动系统中,为了提高生产效率或满足生产工艺的要求,许多生产机械在工作过程中都需要调速。例如,车床切削工件时,粗加工用低转速,精加工用高转速;轧钢机在轧制不同品种和不同厚度的钢材时,也必须有不同的工作速度;起重机、电梯或其他要求稳速运行或准确停车的生产机械,要求在启动和制动过程中,速度应缓慢变化,或者在停车前降低运行速度以达到准确停车的目的。

电力拖动系统的调速方法大致有三种。

1. 机械调速

通过改变传动机构的速度比来实现。其特点是:电动机控制方法简单,但机械变速机构复杂,无法自动调速,且调速为有级的。

2. 电气调速

通过改变电动机的有关电气参数以改变拖动系统的转速。其特点是:简化机械传动与变速机构,调速时不需停机;可实现无级调速,易于实现电气控制自动化,在技术、经济各项指标上都优越得多。

3. 电气与机械配合起来调速

在电气调速中,改变电动机的参数就是人为地改变电动机的机械特性,从而使负载工作点发生变化,转速随之变化。可见,在调速前后,电动机必然运行在不同的机械特性上。

如果机械特性不变,因负载变化而引起电动机转速的改变,不能称为调速,而称为速度变化,其负载工作点在同一机械特性上。

需要注意的是,速度变化与调速这两个概念的区分。速度变化是指生产机械的负载转矩受到扰动时,系统将在电动机的同一条机械特性曲线上的另一位置达到新的平衡,因而使系统的转速也随之变化,如图 2-29 的 A 点和 B 点。调速是在负载不变的情况下,指电动机配合拖动系统负载特性的要求,人为地改变他励直流电动机的有关参数,使电动机运行在另一条机械特性曲线上,因而使系统的转速发生相应的变化,如图 2-29 的 A 点和 C 点。

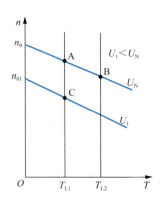

图 2-29 速度变化与调速的机械特性

### 2.6.1 调速指标

他励直流电动机的转速公式为

$$n = \frac{U - I_a(R_a + R_{st})}{C_e \Phi} \tag{2-35}$$

由式(2-35)可知,当电枢电流 $I_a$ 不变时(即在一定的负载下),只要改变电枢电压 $U$、电枢回路串电阻 $R_{st}$ 及励磁磁通 $\Phi$ 三者之中的任意一个,就可改变转速 $n$。因此,他励直流电动机的调速方法有三种,分别是降压调速、电枢回路串电阻调速和弱磁调速。为了评价各种调速方法的优缺点,对调速方法提出了一定的技术经济指标,称为调速指标。

**1. 调速范围**

在额定负载下,电动机可能运行的最高转速 $n_{max}$ 与最低转速 $n_{min}$ 之比称为调速范围,用 $D$ 表示,即

$$D = \frac{n_{max}}{n_{min}} \tag{2-36}$$

式中,$n_{max}$ 受电动机换向及机械强度的限制,$n_{min}$ 受生产机械对转速相对稳定性要求的限制。不同的生产机械要求的调速范围是不同的,如车床为 20~120,龙门刨床为 10~40,造纸机为 3~20,轧钢机为 3~120 等。

**2. 静差率(转速相对稳定性)**

转速的相对稳定性是指负载变化时转速的变化程度。转速变化小,其相对稳定性好。转速的相对稳定性用静差率 $\delta$ 表示。当电动机在某一机械特性上运行时,由理想空载转速增加到额定负载时,电动机的转速降 $\Delta n_N = n_0 - n_N$ 与理想空载转速 $n_0$ 之比,称为静差率,用百分数表示,即

$$\delta = \frac{n_0 - n_N}{n_0} \times 100\% = \frac{\Delta n_N}{n_0} \times 100\% \tag{2-37}$$

一般生产机械对机械特性相对稳定性的程度是有要求的。调速时,为保持一定的稳定程度,总是要求静差率 $\delta$ 小于某一允许值。不同的生产机械对静差率的要求是不同的,如

龙门刨床可允许 $\delta \leq 10\%$，普通车床可允许 $\delta \leq 30\%$，甚至有些设备上允许 $\delta \leq 50\%$，而对精度要求较高的造纸机械则要求 $\delta \leq 0.1\%$。

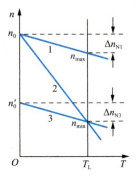

图 2-30 机械特性与静差率

显然，<u>电动机的机械特性越硬，其静差率越小，转速的相对稳定性就越高</u>。但是静差率的大小不仅是由机械特性的硬度决定的，还与理想空载转速的大小有关。两条互相平行的机械特性曲线，机械特性硬度相同，但静差率不同。图 2-30 中机械特性曲线 1 与机械特性曲线 3 平行，虽然 $\Delta n_{N1} = \Delta n_{N3}$，但理想空载转速不同，$n_0 > n_0'$，则 $\delta_1 < \delta_3$。即同样硬度的机械特性，$n_0$ 越小，静差率越大；而 $n_0$ 相同时，机械特性越软，静差率越大。图 2-30 中机械特性曲线 1 与机械特性曲线 2 的理想空载转速 $n_0$ 相同，由于机械特性曲线 2 的机械特性较软，因此 $\delta_1 < \delta_2$。

### 想一想

静差率与哪些因素有关？为什么低速时静差率较大？

静差率和调速范围是相互联系又相互制约的一对指标，由于最低转速决定于低速时的静差率，因此调速范围必然受到低速特性静差率的制约。以降压调速为例，设图 2-30 中曲线 1 和曲线 3 为电动机最高转速和最低转速时的机械特性曲线，令 $\Delta n_{N3} = \Delta n_N$，$n_0'$ 是与最低转速 $n_{\min}$ 相对应的理想空载转速，则电动机的调速范围 $D$ 与最低转速时的静差率 $\delta$ 的关系为

$$D = \frac{n_{\max}}{n_{\min}} = \frac{n_{\max}}{n_0' - \Delta n_N} = \frac{n_N}{n_0'\left(1 - \dfrac{\Delta n_N}{n_0'}\right)} = \frac{n_N}{\dfrac{\Delta n_N}{\delta}(1-\delta)} = \frac{n_N \delta}{\Delta n_N (1-\delta)} \quad (2-38)$$

由式（2-38）可见，<u>若对静差率这一指标要求过高，即 $\delta$ 值越小，则调速范围 $D$ 就越小；反之若要求调速范围 $D$ 越大，则生产机械最低转速时的静差率 $\delta$ 越大，转速的相对稳定性越差。所以调速范围 $D$ 只有在对静差率 $\delta$ 有一定要求的前提下才有意义。调速范围 $D$ 与静差率 $\delta$ 是不能同时兼顾的</u>，必须根据系统的实际需要，有所侧重，统筹考虑。

【例 2-10】某直流调速系统，直流电动机的额定转速 $n_N = 1430$r/min，额定转速降 $\Delta n_N = 115$r/min。试求：

（1）如果要求静差率为 30% 时，调速范围是多少？

（2）如果要求静差率为 20% 时，调速范围是多少？

（3）如果希望调速范围达到 10，所能满足的静差率是多少？

解：（1）如果要求 $\delta = 30\%$ 时，调速范围为

$$D = \frac{n_N \delta}{\Delta n_N (1-\delta)} = \frac{1430 \times 0.3}{115 \times (1-0.3)} \approx 5.3$$

（2）如果要求 $\delta = 20\%$ 时，调速范围为

$$D = \frac{1430 \times 0.2}{115 \times (1-0.2)} \approx 3.1$$

（3）如果调速范围达到 10，静差率为

$$\delta = \frac{D\Delta n_N}{n_N + D\Delta n_N} = \frac{10 \times 115}{1430 + 10 \times 115} \approx 0.446 = 44.6\%$$

**3. 调速的平滑性**

在一定的调速范围内，调速的级数越多，调速越平滑，平滑程度用平滑系数 $\varphi$ 来衡量。$\varphi$ 的定义是相邻两级转速之比，即

$$\varphi = \frac{n_i}{n_{i-1}} \tag{2-39}$$

显然，调速的级数越多，$\varphi$ 越接近于 1，调速的平滑性越好。当 $\varphi=1$ 时，称为无级调速，平滑性最好。

**4. 调速时的允许输出**

电动机的允许输出是指保持额定电流条件下调速时，电动机允许输出的最大转矩或最大功率与转速的关系。为了合理使用电动机，既使它充分发挥作用，又保证它的使用寿命，应使电动机在不同转速下长期工作时，电枢电流等于额定值不变。电动机调速时的允许输出有两种情况。

（1）当转速变化时，允许输出的最大转矩与转速无关的调速方式称为恒转矩调速方式。

（2）当转速变化时，允许输出的最大功率不变的称为恒功率调速方式。

**5. 调速的经济指标**

调速的经济指标是指调速系统的性能价格比。在性能相同的情况下，应考虑以下三点。

（1）调速设备初始投资的大小，包括设备本身及辅助设备的投资，初始投资越小越好。

（2）运行过程中能量损耗的多少，能量损耗越少越好。

（3）维护费用的高低，维护费用越低越好。

### 2.6.2 调速方法

**1. 降压调速**

（1）调速原理。

他励直流电动机的降压调速原理可用图 2-31 说明。设电动机拖动恒转矩负载 $T_L$，在额定电压 $U_N$ 下运行于机械特性曲线 1 上的 A 点，转速为 $n_A$。现将电枢电压降为 $U_1$，忽略电磁惯性，电动机的机械特性如图 2-31 中曲线 2 所示。由于电动机的转速不能突变，机械特性向下平移，因此电动机的运行点由 A 点跳到 B 点。在 B 点，电磁转矩 $T_B$ 小于负载转矩 $T_L$，电动机将减速。随着转速的下降，最后到达 C 点，电动机进入新的稳态，调速过程结束。

电枢电压越低，稳定运行的转速也越低。通常

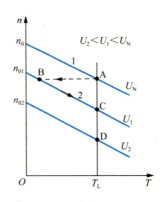

图 2-31 他励直流电动机的降压调速原理

把运行于固有机械特性上的额定转速称为基速，那么，降压调速是从基速向下调。

降压调速时，如果拖动恒转矩负载，电动机运行于不同的转速上，电动机电枢电流 $I_a$ 是不变的，这是因为：电磁转矩 $T=C_T\Phi_N I_a$，稳定运行时 $T=T_L$，电枢电流 $I_a=I_L$。因此，$T_L=$ 常数时，$I_a=$ 常数，如果 $T_L=T_N$，则 $I_a=I_N$，$I_a$ 与电动机转速无关。

（2）调速性能。

① 调节电枢电压时，不允许超过 $U_N$，因此只能从基速向下调速。

② 电源电压能平滑调节，调速平滑性好，可实现无级调速。

③ 调速前后机械特性曲线的斜率不变，硬度较高，调速稳定性好。

④ 无论轻载还是满载，调速范围 $D$ 相同，一般可达 2.5～12。

⑤ 降压调速是通过减小输入功率来降低转速的，低速时，电能损耗较小，效率高，故调速经济性好。

⑥ 需要一套电压可连续调节的直流电源，设备较复杂，初始投资较大。但是这套电源可兼做启动装置。

降压调速多用于对调速性能要求较高的生产机械上，如机床、轧钢机、造纸机等。

### 2．电枢回路串电阻调速

（1）调速原理。

他励直流电动机的电枢回路串电阻调速原理可用图 2-32 说明。设电动机拖动恒转矩负载，运行于 A 点，当电枢回路串入电阻 $R_{st1}$，电动机的机械特性由曲线 1 变为曲线 2。由于电动机的转速不能突变，因此电动机的运行点由 A 点变为 B 点，在 B 点，电磁转矩 $T_B$ 小于负载转矩 $T_L$，电动机将减速，直至 C 点，电动机进入新的稳态，调速过程结束。

电枢回路所串电阻越大，稳定运行的转速就越低，调速方向是从基速向下调。

电枢回路串电阻调速时，如果拖动恒转矩负载，电动机运行于不同的转速，电动机电枢电流 $I_a$ 是不变的，这是因为：电磁转矩 $T=C_T\Phi_N I_a$，稳定运行时 $T=T_L$，电枢电流 $I_a=I_L$。因此，$T_L=$ 常数时，$I_a=$ 常数，如果 $T_L=T_N$，则 $I_a=I_N$，$I_a$ 与电动机转速无关。

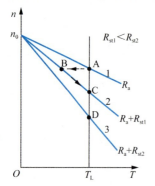

图 2-32 他励直流电动机的电枢回路串电阻调速原理

（2）调速性能。

① 电枢回路串电阻调速设备简单，操作方便，初始投资少。

② 由于电阻只能分段调节，因此调速的平滑性差，是有级调速。

③ 低速时机械特性曲线斜率大，静差率大，所以转速的相对稳定性差。

④ 空载或轻载时调速范围小，额定负载时调速范围一般 $D\leq2$。

⑤ 损耗大，效率低，不经济。对于恒转矩负载，调速前、后因磁通不变而使 $T$ 和 $I_a$ 不变，输入功率不变，输出功率却随转速的下降而下降，减少的部分被串联电阻消耗了。

电枢回路串电阻调速适用于对调速性能要求不高的中小电动机上；而起重机、电车等大容量电动机一般不采用这种方法。

### 3. 弱磁调速

（1）调速原理。

他励直流电动机的弱磁调速原理可用图 2-33 说明。设电动机带恒转矩负载 $T_L$，运行于固有机械特性曲线 1 上的 A 点。弱磁后，机械特性曲线 2 斜率变大，因转速不能突变，电动机的运行点由 A 点变为 B 点。由于磁通减小，反电动势也减小，导致电枢电流增大。尽管磁通减小，但由于电枢电流增加很多，使电磁转矩大于负载转矩，电动机将加速，一直加速到新的稳定运行点 C 点，调速过程结束。

磁通减少得越多，转速升高得越大。弱磁调速是从基速向上调的调速方法。

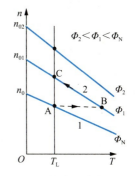

图 2-33　他励直流电动机的弱磁调速原理

（2）调速性能。

① 由于在电流较小的励磁回路中进行调节，因而控制方便，能量损耗小，效率高，设备简单，可实现无级调速，调速平滑性好。

② 弱磁升速后电枢电流增大，电动机的输入功率增大，但由于转速升高，输出功率也增大，电动机的效率基本不变，因此经济性比较好。

③ 弱磁升速后机械特性曲线的斜率变大，机械特性变软。

④ 转速的升高受到电动机换向能力和机械强度的限制，调速范围不可能很大，一般 $D \leq 2$。特殊设计的弱磁调速电动机，调速范围 $D$ 可为 3～4。

⑤ 为了扩大调速范围，弱磁调速经常和调压调速配合，在基速以下采用降压调速，基速以上采用弱磁调速。

 **安全小贴士**

必须指出，他励直流电动机或并励直流电动机在运行过程中，如果励磁回路突然断线，可能使电动机"飞车"或"停车"，电枢电流增大，绕组过热而烧坏电动机。因此电动机在正常运行时，绝对不允许励磁回路断开。

综上所述，对他励直流电动机的三种调速方法进行比较，如表 2-4 所示。

表 2-4　他励直流电动机的三种调速方法的比较

| 调速方法 | 降压调速 | 电枢回路串电阻调速 | 弱磁调速 |
| --- | --- | --- | --- |
| 调速方向 | 向下调 | 向下调 | 向上调 |
| $\delta \leq 50\%$ 时的调速范围 $D$ | 10～12 | 2 | 1.2～2 或 3～4 |
| 一定调速范围内的转速稳定性 | 好 | 差 | 较好 |
| 负载匹配 | 恒转矩 | 恒转矩 | 恒功率 |
| 调速平滑性 | 无级调速 | 有级调速 | 无级调速 |
| 设备初始投资 | 多 | 少 | 较多 |
| 电能损耗 | 较小 | 大 | 小 |

【例2-11】某直流调速系统,直流电动机的额定转速 $n_N$=900r/min,其固有机械特性的理想空载转速 $n_0$=1000r/min,生产机械要求的静差率为20%。试求:

(1) 采用电枢回路串电阻调速时的调速范围;

(2) 采用降压调速时的调速范围。

解:(1) 电枢回路串电阻调速时,$n_0$=1000r/min,最低转速时的转速降为

$$\Delta n_N = \delta n_0 = 0.2 \times 1000 = 200 \text{r/min}$$

最低转速为

$$n_{\min} = n_0 - \Delta n_N = 1000 - 200 = 800 \text{r/min}$$

调速范围为

$$D = \frac{n_{\max}}{n_{\min}} = \frac{900}{800} = 1.125$$

或

$$D = \frac{n_{\max}\delta}{\Delta n_N(1-\delta)} = \frac{900 \times 0.2}{200 \times (1-0.2)} = 1.125$$

(2) 降压调速时,转速降为

$$\Delta n_N = n_0 - n_N = 1000 - 900 = 100 \text{r/min}$$

最低转速时的理想空载转速为

$$n_0' = \frac{\Delta n_N}{\delta} = \frac{100}{0.2} = 500 \text{r/min}$$

最低转速为

$$n_{\min} = n_0' - \Delta n_N = 500 - 100 = 400 \text{r/min}$$

调速范围为

$$D = \frac{n_{\max}}{n_{\min}} = \frac{900}{400} = 2.25$$

或

$$D = \frac{n_{\max}\delta}{\Delta n_N(1-\delta)} = \frac{900 \times 0.2}{100 \times (1-0.2)} = 2.25$$

【例2-12】一台他励直流电动机的额定数据为:$U_N$=220V,$I_N$=40A,$n_N$=1000r/min,$R_a$=0.5Ω,拖动额定恒转矩负载不变。试求:

(1) 电枢回路串入 $R_{st}$=1.6Ω 电阻后的稳态转速;

(2) 电枢电压降低到110V时的稳态转速;

(3) 磁通减弱为 $\Phi_N$ 的90%时的稳态转速。

解:

$$C_e\Phi_N = \frac{U_N - I_N R_a}{n_N} = \frac{220 - 40 \times 0.5}{1000} = 0.2$$

(1) 因为负载转矩不变,且磁通不变,所以 $I_a$=$I_N$ 不变,则

$$n = \frac{U_N - I_a(R_a + R_{st})}{C_e\Phi_N} = \frac{220 - 40 \times (0.5 + 1.6)}{0.2} = 680 \text{r/min}$$

（2）与（1）相同，$I_a=I_N$ 不变，则

$$n = \frac{U - I_a R_a}{C_e \Phi_N} = \frac{110 - 40 \times 0.5}{0.2} = 450 \text{r/min}$$

（3）因为负载转矩不变，则

$$T = C_T \Phi_N I_N = C_T \Phi' I_a' \quad \text{为常数}$$

所以

$$I_a' = \frac{\Phi_N}{\Phi'} I_N = \frac{1}{0.9} \times 40 \approx 44.44 \text{A}$$

$$n = \frac{U_N - I_a' R_a}{C_e \Phi'} = \frac{220 - 44.44 \times 0.5}{0.9 \times 0.2} \approx 1099 \text{r/min}$$

【例 2-13】一台他励直流电动机的额定数据为：$P_N=22\text{kW}$，$U_N=220\text{V}$，$I_N=115\text{A}$，$n_N=1500\text{r/min}$，$R_a=0.1\Omega$，忽略空载转矩 $T_0$，电动机带额定恒转矩负载运行时，要求把转速降到 1000r/min。试求：

（1）采用电枢回路串电阻调速时需串入多大的电阻？
（2）采用降压调速时需把电枢电压降到多少？

解：（1）

$$C_e \Phi_N = \frac{U_N - I_N R_a}{n_N} = \frac{220 - 115 \times 0.1}{1500} = 0.139$$

理想空载转速为

$$n_0 = \frac{U_N}{C_e \Phi_N} = \frac{220}{0.139} \approx 1582.7 \text{r/min}$$

额定转速降为

$$\Delta n_N = n_0 - n_N = 1582.7 - 1500 = 82.7 \text{r/min}$$

电枢回路串电阻后转速降为

$$\Delta n = n_0 - n = 1582.7 - 1000 = 582.7 \text{r/min}$$

设电枢回路串电阻为 $R$，则有

$$\frac{R_a + R}{R_a} = \frac{\Delta n}{\Delta n_N}$$

得

$$R = R_a \left( \frac{\Delta n}{\Delta n_N} - 1 \right) = 0.1 \times \left( \frac{582.7}{82.7} - 1 \right) \approx 0.605 \Omega$$

（2）降低电枢电压后的理想空载转速为

$$n_{01} = n + \Delta n_N = 1000 + 82.7 = 1082.7 \text{r/min}$$

设降低后的电枢电压为 $U_1$，则有

$$\frac{U_1}{U_N} = \frac{n_{01}}{n_0}$$

得

$$U_1 = \frac{n_{01}}{n_0} U_N = \frac{1082.7}{1582.7} \times 220 \approx 150.5 \text{V}$$

### 2.6.3 调速方式与负载类型的配合

电动机的充分利用,是指在一定的转速下,电动机的电枢电流达到了额定值。正确地使用电动机,应使电动机既满足负载的要求,又使其得到充分利用。若实际电枢电流大于额定电流,电动机将会因过热而烧坏;若实际电枢电流小于额定电流,电动机因未能得到充分利用而造成浪费。对于不调速的电动机,通常都工作在额定状态,电枢电流为额定值,所以恒转速运行的电动机一般都能得到充分利用。但是,当电动机调速时,在不同的转速下,电枢电流能否总保持额定值,即电动机能否在不同的转速下都得到充分利用,这就需要研究电动机的调速方式与负载类型的配合问题。

他励直流电动机有电枢回路串电阻调速、降压调速和弱磁调速三种调速方法,可归纳为两种调速方式,即恒转矩调速方式和恒功率调速方式。在调速过程中,如保持电流 $I_a=I_N$ 不变,电动机的输出转矩保持不变,这种调速方式称为恒转矩调速方式;在调速过程中,如保持电流 $I_a=I_N$ 不变,电动机的输出功率保持不变,这种调速方式称为恒功率调速方式。

电枢回路串电阻调速和降压调速时,磁通保持不变,如果在不同转速下保持电流 $I_a=I_N$ 不变,即电动机得到充分利用,则电动机的输出转矩和功率分别为

$$T \approx T_N = C_T \Phi_N I_N = 常数 \tag{2-40}$$

$$P = \frac{Tn}{9550} = C_1 n \tag{2-41}$$

式中,$C_1$ 为常数。由此可见,电枢回路串电阻调速和降压调速时,电动机的输出功率与转速成正比,而输出转矩为恒值,因此属于恒转矩调速方式。

弱磁调速时,磁通 $\Phi$ 是变化的,在不同转速下,若保持 $I_a=I_N$ 不变,则电动机的输出转矩和功率分别为

$$T \approx T_N = C_T \Phi I_N = C_T \cdot \frac{U_N - I_N R_a}{C_e n} \cdot I_N = \frac{C_2}{n} \tag{2-42}$$

$$P = \frac{Tn}{9550} = \frac{C_2}{9550} = 常数 \tag{2-43}$$

式中,$C_2$ 为常数。由此可见,弱磁调速时,电动机的输出转矩与转速成反比,而输出功率为恒值,因此属于恒功率调速方式。

恒转矩调速和恒功率调速的功率和转矩变化规律如图 2-34 所示。

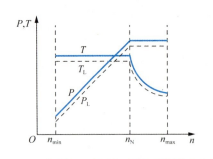

图 2-34 恒转矩调速和恒功率调速的功率和转矩变化规律

图 2-34 中,$P$、$T$ 曲线表示在 $I_a=I_N$ 前提下,即电动机得到充分利用条件下,允许输出的功率和转矩,但并不表征电动机实际输出的功率和转矩。电动机实际输出取决于轴上所带负载。由图 2-34 可以看出,电动机在 $n_{min} \sim n_N$ 速度段时采用恒转矩调速方式,若配上恒转矩负载运行,且负载转矩 $T_L$ 略小于电动机的 $T_N$,则系统在此速度段的任何速度下运行时,电动机的 $I_a \approx I_N$ 不变,电动机可得到充分利用;电动机在 $n_N \sim n_{max}$ 速度段时采用恒功率调速方

式，若配上恒功率负载运行，则系统在此速度段的任何速度下运行时，电动机的 $I_a \approx I_N$ 不变，电动机也可得到充分利用。因此称恒转矩调速方式拖动恒转矩负载与恒功率调速方式拖动恒功率负载这两种调速方式与对应负载的恰当配合为匹配。

如果电动机在采用恒功率调速方式的速度段配以恒转矩负载（图2-35），则在高速时 $T_L=T_N$，也只有在高速这一点时，电动机才能得到充分利用，电动机的输出转矩等于额定转矩。在其他速度时，电动机实际输出的转矩 $T_L$ 都比电动机所允许的额定输出转矩小，电动机不能得到充分利用。

如果电动机在采用恒转矩调速方式的速度段配以恒功率负载（图2-36），则在低速时 $T_L=T_N$，也仅在低速这一点时，$T=T_N$，$I_a=I_N$，电动机才能得到充分利用，由于负载是恒功率性质的，其转矩会随速度的升高而减小。在其他速度下，电动机实际输出的转矩 $T_L$ 都比电动机所允许的额定输出转矩小，电动机不能得到充分利用。

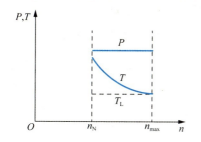
图 2-35　恒功率调速方式与恒转矩负载配合

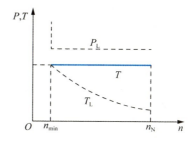
图 2-36　恒转矩调速方式与恒功率负载配合

以上两种情况都是由于电动机采用的调速方式与负载类型不匹配，造成电动机允许输出的浪费，因此必须依据负载性质合理选择电动机的调速方式。

由上述分析可知，为了使电动机得到充分利用，在拖动恒转矩负载时，应采用电枢回路串电阻调速或降压调速，即恒转矩调速方式；在拖动恒功率负载时，应采用弱磁调速，即恒功率调速方式。

对于风机和泵类负载，三种调速方法都不太合适，但采用电枢回路串电阻调速或降压调速相对比弱磁调速合适一些。

想一想

有人说："只要他励直流电动机的负载转矩不超过额定值，不论采用何种调速方法，电动机都能长期运行而不致过热损坏。"你认为这句话对吗？为什么？

## 2.7　直流电动机的应用

直流电动机启动和调速性能好，过载能力大，易于控制，但结构复杂，维护困难。随着电力电子技术的发展，在很多领域，虽然直流发电机可能被晶闸管整流电源所取代，直流电动机可能被交流电动机所取代，但在许多场合直流电动机仍发挥着重要的作用。

### 2.7.1 直流电动机的特点

直流电动机的主要优点是：启动和调速性能好，过载能力大，易于控制；具有宽广的调速范围，平滑的无级调速特性，可实现频繁的快速启动、制动和反转。但直流电动机也有其显著的缺点：一是制造工艺复杂，消耗有色金属较多，生产成本高；二是运行时由于电刷与换向器之间容易产生火花，因而可靠性较差，维护比较困难。但是在某些要求调速范围大、快速启动要求高、精密度好、控制性能优异的场合，直流电动机的应用仍占有较大的比重。

### 2.7.2 直流电动机的应用

直流电动机具有良好的启动性能和优越的调速性能，广泛应用于对启动和调速要求较高的生产机械上，如龙门刨床、大型立式车床、电铲、矿井卷扬机、高速电梯、电力机车、内燃机车、城市电车、地铁列车、电动自行车、造纸和印刷机械、船舶机械、大型精密机床、大型起重机和大型可逆式轧钢机等。

图 2-37 所示为某钢厂热轧机主轧辊直流电动机驱动系统原理图。轧机的轧辊由两台直流电动机分别驱动。根据工艺要求，轧机工作时，应使两台电动机的转速一致，以保证钢材质量。为使两台电动机转速一致，需采用转速电流双闭环控制，通过调节电枢电压，使两台电动机转速同步。

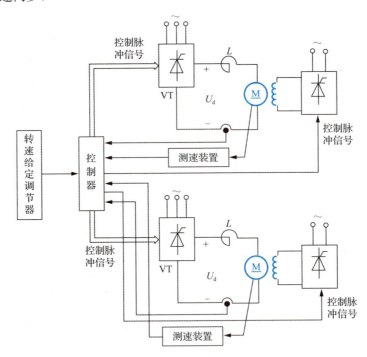

**图 2-37 某钢厂热轧机主轧辊直流电动机驱动系统原理图**

图 2-37 中，来自转速给定调节器的速度指令信号送给直流驱动系统控制器，直流驱动系统控制器根据转速偏差改变晶闸管整流装置 VT 的触发脉冲角度，以调节直流电动机的

电枢电压，达到控制转速的目的。为了使电枢电流连续且平滑，在主回路中串入了平波电抗器 $L$。所有的控制、调节、监控及附加功能都由控制器来实现，系统结构可软件组态，可以对电流调节器、速度调节器、励磁电流调节器、电动机磁化曲线等进行自动优化，从而实现系统的最佳控制。传动装置本身还具有完善的故障诊断、报警、显示和保护功能。

鉴于热轧机主轧辊的直流电动机驱动系统是一个复杂的控制系统，牵涉电力电子、控制理论和电力传动控制等相关知识，在此不一一展开。

### 2.7.3 直流电动机的发展

19 世纪后半叶是直流电动机的萌芽和发展时期，也是直流电动机在电机、电力领域独领风骚的时期。在此期间，直流电动机在理论、结构、应用等方面都取得了重大进展，不但推动了直流电动机工业的发展，还极大地丰富了电工学和电机学理论，并为交流电动机的问世和发展打下了基础。

20 世纪上半叶是直流电动机发展的黄金时期，理论上渐臻完善、成熟，结构不断改进，技术经济性能不断优化。在与交流电动机的博弈中，直流电动机仍在许多领域（如冶金起重、电气牵引等）占有较大优势并取得了较大发展。

20 世纪 60 年代后，由于晶闸管电源的发展，直流发电机的应用领域逐渐缩小，直流发电机逐渐衰落，趋于淘汰。20 世纪 70 年代后，磁场定向控制技术和变频调节技术的不断发展，使交流电动机可以实现等效直流电动机的控制，从而不断蚕食和挤占传统直流电动机的应用领域，使直流电动机同样面临衰落局面。

进入 21 世纪，直流电动机仍有某些优势，在某些场合仍有应用市场和发展空间。今后，直流电动机一方面要进一步完善自身性能，凸显自身优势；另一方面应与现代电子技术、计算机技术、测量信号技术相结合，发展新型直流电动机（如无刷直流电动机），求得生存和发展。

无刷直流电动机是近几年来随着微处理器技术的发展，高开关频率、低功耗新型电力电子器件的应用，以及控制方法的优化而发展起来的一种新型直流电动机。无刷直流电动机既保持了传统直流电动机良好的调速性能，又具有无滑动接触和换向火花、可靠性高、使用寿命长及噪声低等优点，因而在航空航天、数控机床、机器人、电动汽车、计算机外围设备和家用电器等方面获得了广泛应用。

## 本 章 小 结

本章在研究电力拖动系统的运动方程式和负载特性的基础上，介绍了他励直流电动机的机械特性和电力拖动系统的稳定运行条件，以及启动、制动和调速方法。本章的主要知识点如下。

（1）负载特性。

负载的机械特性简称负载特性，有如下典型形式：反抗性恒转矩负载、位能性恒转矩负载、恒功率负载、风机和泵类负载。实际的生产机械往往是以某种类型负载为主，同时兼有其他类型的负载。

(2) 机械特性。

电动机的机械特性是指稳定运行时转速与电磁转矩的关系,它反映了稳态转速随转矩的变化规律。

固有机械特性是当电动机的电压和磁通为额定值且电枢回路不串电阻时的机械特性。固有机械特性方程式为

$$n = \frac{U_N}{C_e \Phi_N} - \frac{R_a}{C_e C_T \Phi_N^2} T = n_0 - \beta T$$

人为机械特性是改变电动机电气参数后得到的机械特性。人为机械特性有降压的人为机械特性、电枢回路串电阻的人为机械特性和减少磁通的人为机械特性。

(3) 稳定运行条件。

电力拖动系统稳定运行的含义是指其具有抗干扰能力,即当外界干扰出现及消失后,系统都能继续保持稳定运行。稳定运行的充分必要条件是在 $T=T_L$ 处,$\frac{dT}{dn} < \frac{dT_L}{dn}$。

当 $T>T_L$ 时,系统加速运行;当 $T<T_L$ 时,系统减速运行。加速和减速运行都属于动态过程。

利用机械特性和负载特性可以确定电动机的稳定工作点,即根据负载转矩确定稳态转速,或根据稳态转速计算负载转矩;也可以根据要求的稳定工作点计算电动机的外接电阻、外加电压和磁通等参数。

(4) 他励直流电动机的启动。

他励直流电动机的电枢电阻很小,直接启动电流很大,因此直接启动只限用于容量很小的直流电动机。为了减小启动电流,一般直流电动机可以采用降低电枢电压或电枢回路串电阻的启动方法。

(5) 他励直流电动机的制动。

他励直流电动机有三种电气制动方法:能耗制动、反接制动(电压反接和倒拉反转反接)和回馈制动。当电磁转矩与转速方向相反时,处于制动状态。制动时,电动机将机械能转换为电能,其机械特性曲线位于第 Ⅱ、Ⅳ 象限。

机械特性方程式在不同制动方法下的改变如下。

① 能耗制动时,$U=0$,电枢回路串入制动电阻 $R_B$。

② 电压反接制动时,电压 $U$ 变为 $-U$,电枢回路串入制动电阻 $R_B$。

③ 倒拉反转反接制动时,电压仍为 $U$,只是在电枢回路串入数值较大的制动电阻 $R_B$。

制动用来实现快速停车或匀速下放位能性恒转矩负载。用于快速停车时,电压反接制动的作用比能耗制动的作用明显,但断电不及时,有可能引起反转。用于匀速下放位能性恒转矩负载时,能耗制动和倒拉反转反接制动可以实现在低于理想空载转速下下放位能性恒转矩负载,而回馈制动只能在高于理想空载转速下下放位能性恒转矩负载。

(6) 他励直流电动机的调速。

他励直流电动机的电力拖动被广泛应用的主要原因是其具有良好的调速性能。他励直流电动机的调速方法有:降压调速、电枢回路串电阻调速和弱磁调速。

① 降压调速可实现转速的无级调节,调速时机械特性的硬度不变,速度的稳定性好,调速范围宽。

② 电枢回路串电阻调速的平滑性差，低速时静差率大且损耗大，调速范围较小。

③ 弱磁调速也属于无级调速，能量损耗小，但调速范围较小。

降压调速和电枢回路串电阻调速属于恒转矩调速方式，适合于拖动恒转矩负载；弱磁调速属于恒功率调速方式，适合于拖动恒功率负载。只有调速方式与负载类型相匹配才能使电动机得到充分利用。

## 习  题

1．什么是电力拖动系统？其主要组成部分有哪些？

2．写出电力拖动系统的运动方程式，并说明方程式中转矩正、负号的确定。

3．怎样判断运动系统是否处于稳定运行状态？

4．生产机械的负载特性常见的有哪几类？何谓反抗性恒转矩负载？何谓位能性恒转矩负载？

5．电动机的理想空载转速与实际空载转速有何区别？

6．什么是固有机械特性？什么是人为机械特性？他励直流电动机的固有机械特性和人为机械特性各有什么特点？

7．什么是机械特性上的额定工作点？什么是额定转速降？

8．电力拖动系统稳定运行的条件是什么？一般来说，若电动机的机械特性是向下倾斜的，则系统便能稳定运行，这是为什么？

9．他励直流电动机稳定运行时，其电枢电流与哪些因素有关？如果负载转矩不变，改变电枢回路电阻，或改变电源电压，或改变励磁电流，对电枢电流有何影响？

10．直流电动机为什么一般不能直接启动？如果直接启动会引起什么后果？

11．怎么实现他励直流电动机的能耗制动？

12．采用能耗制动和电压反接制动进行系统停车时，为什么要在电枢回路中串入制动电阻？哪一种情况下串入的电阻大？为什么？

13．实现倒拉反转反接制动和回馈制动的条件是什么？

14．当提升机下放重物时，要使他励直流电动机在低于理想空载转速下运行，应采用什么制动方法？若在高于理想空载转速下运行，又应采用什么制动方法？

15．试说明电动状态、能耗制动状态、回馈制动状态及反接状态下的能量关系。

16．直流电动机有哪几种调速方法？各有何特点？

17．什么是静差率？它与哪些因素有关？为什么低速时的静差率较大？

18．什么是恒转矩调速方式及恒功率调速方式？他励直流电动机的三种调速方法各属于什么调速方式？

19．为什么要考虑调速方式与负载类型的配合？怎样配合才合理？

20．何谓电动机的充分利用？

21．一台他励直流电动机的额定数据为：$P_N$=10kW，$U_N$=220V，$I_N$=53.4A，$n_N$=1500r/min，$R_a$=0.4Ω。试求：

（1）额定运行时的电磁转矩、输出转矩及空载转矩；

（2）理想空载转速和实际空载转速；

（3）半载时的转速；

（4）$n=1550$r/min 时的电枢电流。

22．一台他励直流电动机的额定数据为：$P_N=10$kW，$U_N=220$V，$I_N=53.4$A，$n_N=1500$r/min，$R_a=0.4\Omega$。试求下列情况时电动机的机械特性方程式。

（1）固有机械特性；

（2）电枢回路串入 $1.6\Omega$ 的电阻；

（3）电源电压降至原来的一半；

（4）磁通减少 30%。

23．一台他励直流电动机的额定数据为：$U_N=220$V，$I_N=207.5$A，$R_a=0.067\Omega$。试求：

（1）直接启动时的启动电流是额定电流的多少倍？

（2）如果采用电枢回路串电阻启动，限制启动电流为 $1.5I_N$，应串入多大的电阻？

（3）如果采用降压启动，限制启动电流为 $1.5I_N$，此时电压应降到多少？

24．一台他励直流电动机的额定数据为：$P_N=7.5$kW，$U_N=110$V，$I_N=85.2$A，$n_N=750$r/min，$R_a=0.13\Omega$。如果采用三级启动，最大启动电流限制为 $2I_N$。试求各段启动电阻。

25．一台他励直流电动机的额定数据为：$P_N=2.5$kW，$U_N=220$V，$I_N=12.5$A，$n_N=1500$r/min，$R_a=0.8\Omega$。试求：

（1）当电动机以 1200r/min 的转速运行时，采用能耗制动停车，若限制最大制动电流为 $2I_N$，则电枢回路中应串入多大的电阻？

（2）若负载为位能性恒转矩负载，负载转矩为 $T_L=0.9T_N$，采用能耗制动使负载以 120r/min 的转速稳速下降，电枢回路中应串入多大的电阻？

26．一台他励直流电动机的额定数据为：$P_N=10$kW，$U_N=220$V，$I_N=53.4$A，$n_N=1500$r/min，$R_a=0.41\Omega$，该电动机用于提升和下放重物。试求：

（1）当 $I_a=I_N$ 时，电枢回路分别串入 $2.1\Omega$ 和 $6.2\Omega$ 的电阻时，稳态转速各为多少？各处于何种运行状态？

（2）保持电压不变，$I_a=I_N$，要使重物停在空中，电枢回路中应串入多大的电阻？

（3）将电压反接，电枢回路不串电阻，$I_a=0.3I_N$，稳态转速为多少？处于何种运行状态？

（4）采用能耗制动下放重物，$I_a=I_N$，电枢回路串入 $2.1\Omega$ 的电阻，稳态转速是多少？

（5）采用能耗制动下放重物，$I_a=I_N$，何种情况下获得最慢的下放速度？此时电动机的转速为多少？

27．一台他励直流电动机的额定数据为：$P_N=30$kW，$U_N=220$V，$I_N=158.5$A，$n_N=1000$r/min，$R_a=0.1\Omega$，拖动 $T_L=0.8T_N$ 的恒转矩负载。试求：

（1）此时电动机的转速；

（2）电枢回路串入 $0.3\Omega$ 电阻时的稳态转速；

（3）电压降至 188V 时，降压瞬间的电枢电流和降压后的稳态转速；

（4）将磁通减弱至 $0.8\Phi_N$ 时的稳态转速。

28．一台他励直流电动机的额定数据为：$P_N$=4kW，$U_N$=110V，$I_N$=44.8A，$n_N$=1500r/min，$R_a$=0.23Ω，电动机带额定负载运行，若使转速下降为 800r/min，不计空载损耗。试求：

（1）采用电枢回路串电阻方法时，应串入多大的电阻？此时电动机的输入功率、输出功率及效率各为多少？

（2）采用降压方法时，则电压应为多少？此时电动机的输入功率、输出功率及效率各为多少？

29．某生产机械采用他励直流电动机拖动，其额定数据为：$P_N$=18.5kW，$U_N$=220V，$I_N$=103A，$n_N$=500r/min，最高转速 $n_{\max}$=1500r/min，$R_a$=0.18Ω，电动机采用弱磁调速。试求：

（1）在恒转矩负载下，$T_L=T_N$，且 $\Phi=\dfrac{1}{3}\Phi_N$ 条件下，电动机的电枢电流及转速是多少？此时电动机能否长期运行？为什么？

（2）在恒功率负载下，$P_L=P_N$，且 $\Phi=\dfrac{1}{3}\Phi_N$ 条件下，电动机的电枢电流及转速是多少？此时电动机能否长期运行？为什么？

# 第 3 章 变压器

## 教学目标

1. 掌握变压器的基本工作原理、结构和额定值。
2. 理解变压器空载运行和负载运行的电磁物理现象；通过对变压器空载运行和负载运行的分析，掌握变压器的电磁关系、基本方程式、等值电路；理解标幺值的概念和特点。
3. 通过试验，掌握变压器参数的测定方法。
4. 熟练掌握变压器的运行性能和计算方法。
5. 熟练掌握变压器连接组别的判定方法。
6. 理解并掌握变压器并联运行的理想条件。
7. 了解自耦变压器和仪用互感器的基本原理、特点及使用注意事项。

## 推荐阅读资料

1. 唐介，2011. 电机拖动及应用[M]. 北京：高等教育出版社.
2. 王秀和，2019. 电机学[M]. 3版. 北京：机械工业出版社.

第3章思维导图

# 第3章 变压器

## 知识链接

变压器是建立在电磁感应原理上的静止电机,它实际上是人们在研究电磁感应现象、自感现象等活动中不经意间发明的一种设备,所以相当长一段时间内人们并没有认识到它的实用价值,仅把它作为一种实验器具。1876 年,交流"电烛"出现后,变压器(当时称为感应线圈)才找到了实际用途,但应用范围很小。

1885 年 5 月 1 日,布达佩斯博览会开幕,岗茨公司的 12 台 5kV·A 的 Z-D-B 变压器(100Hz,1350V)使 1067 盏白炽灯大放光明,轰动世界,同时也使变压器名扬天下,极大地推动了变压器的推广应用和技术发展。因此,人们将 1885 年 5 月 1 日作为现代变压器诞生之日加以纪念。1885—1900 年,变压器技术得到了长足发展,变压器开始推广应用于交流输电系统。

1831—1900 年,变压器从感应线圈发展到二次发电机,再发展到类似现代结构的齐伯诺夫斯基—德里—布拉希(Z-D-B)变压器;从单相变压器到 1890 年出现的三相变压器;从开路铁心、原边串联变压器发展至目前通用的闭路铁心、原边并联变压器;从空气冷却变压器发展到 1886 年出现的油冷变压器;从经验设计制造发展到变压器基本理论形成。总之,在这一时期,变压器技术走过了探索、初创阶段。

1901—1950 年,变压器得到了长足发展,变压器技术日臻成熟,这为 20 世纪 50 年代起开始的变压器技术的高速发展奠定了基础。

1951—1980 年,变压器单机容量迅速增大,连创新高;变压器最高电压节节攀升,连破纪录;变压器产量猛增;变压器技术经济性能继续改善。这一时期是变压器技术发展的黄金时期。

20 世纪 80 年代后,世界变压器技术与电机技术一样,进入平稳发展阶段。国外变压器厂商的兼并、合并步伐加快;我国变压器厂商异军突起,成为世界变压器产量最高、技术水平迅速攀升的国家。

变压器是电力系统中重要的电气设备,它利用电磁感应原理将一种电压等级的交流电能转换为同频率的另一种电压等级的交流电能。众所周知,输送一定电能,输电线路的电压越高,线路中电阻损耗越小。虽然大型交流发电机的输出电压目前已经超过 10kV,但由于受到绝缘结构的限制,发出的电压不能太高,不能满足远距离输电的需要。因此,需要用升压变压器把交流发电机发出的电压升高到输电电压(10kV、35kV、110kV、220kV、330kV、500kV、750kV 等),输电距离越远,输送功率越大,要求的输电电压就越高。然后通过一次输电线路将电能经济地输送到用电地区,再用降压变压器将电能从输电电压逐步下降到配电电压(380V/220V、6kV、10kV 等),其输电过程如图 3-1 所示。

除电力系统外,变压器还广泛应用于电力装置、焊接设备、电炉以及测量和控制系统中,用以实现交流电源供给、电路隔离、阻抗变换、高电压和大电流测量等功能。之所以把变压器相关内容放在本书,是因为从电磁原理上讲变压器和交流电动机非常相似,可以近似地认为"变压器是静止的交流电动机,交流电动机是旋转的变压器",从后续内容的分析中可以深刻地体会到这一点。

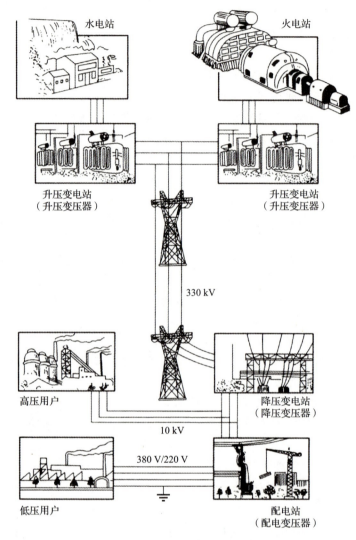

图 3-1 电力变压器输电过程

高压输电的原理

本章主要研究一般用途电力变压器的结构、工作原理、运行特性、连接组别和并联运行，然后概略地介绍自耦变压器、仪用互感器的工作原理和结构特点。

## 3.1 变压器的基本工作原理和结构

变压器的基本工作原理

变压器是利用电磁感应原理工作的静止式电气设备，本节以双绕组电力变压器为研究对象介绍变压器的基本工作原理和基本结构。

### 3.1.1 变压器的基本工作原理

变压器是由磁路部分（铁心）和电路部分（绕组）组成的，单相双绕组理想变压器工作原理示意图与电气符号如图 3-2 所示。图 3-2 中与交流电源相连接的绕组称为一次绕组，也称原边绕组或初级绕组,其匝数为 $N_1$;与负载阻抗相连接的绕组称为二次绕组,也称副边绕组或次级绕组,其匝数为 $N_2$。

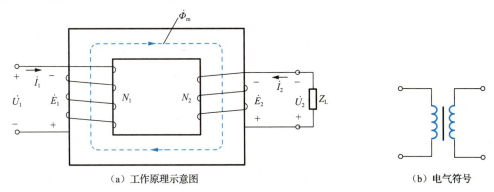

图 3-2　单相双绕组理想变压器工作原理示意图与电气符号

为了说明变压器的工作原理,先假设如下的一个理想变压器模型。

(1) 一次绕组和二次绕组为完全耦合,即交链一次绕组和二次绕组的磁通为同一个磁通,但是一、二次绕组没有直接电的联系。

(2) 铁心磁路的磁阻为零,铁损耗(包括涡流损耗和磁滞损耗)也等于零。

(3) 一、二次绕组的电阻也等于零。

(4) 设一次绕组的所有物理量用下标 1 来表示,二次绕组的所有物理量用下标 2 来表示。

下面分析理想变压器的一次绕组和二次绕组中电压、电流的关系。

当一次绕组外加交流电压 $\dot{U}_1$ 时,一次绕组就会有交流电流 $\dot{I}_1$ 流过,并在铁心中产生与 $\dot{U}_1$ 同频率的交变主磁通 $\dot{\Phi}_m$,主磁通同时交链一、二次绕组。根据电磁感应定律和图 3-2 所示一、二次绕组的绕向和所规定的正方向,可知一次绕组和二次绕组产生的感应电动势 $\dot{E}_1$ 和 $\dot{E}_2$ 分别为

$$\begin{cases} \dot{E}_1 = -N_1 \cdot \dfrac{\mathrm{d}\dot{\Phi}_m}{\mathrm{d}t} \\ \dot{E}_2 = -N_2 \cdot \dfrac{\mathrm{d}\dot{\Phi}_m}{\mathrm{d}t} \end{cases} \quad (3\text{-}1)$$

式中,$N_1$ 和 $N_2$ 分别是一次绕组和二次绕组的匝数,"-"号由楞次定律确定。

若二次侧与负载接通,在 $\dot{E}_2$ 的作用下,形成二次侧电流 $\dot{I}_2$,从而实现了电能的传输。特别要注意的是图 3-2 中所规定的 $\dot{U}_2$ 和 $\dot{I}_2$ 的方向。

若忽略一、二次绕组的漏阻抗压降,则一次绕组和二次绕组的端电压 $\dot{U}_1$ 和 $\dot{U}_2$ 可近似表示为

$$\begin{cases} \dot{U}_1 \approx -\dot{E}_1 = N_1 \cdot \dfrac{\mathrm{d}\dot{\Phi}_m}{\mathrm{d}t} \\ \dot{U}_2 \approx \dot{E}_2 = -N_2 \cdot \dfrac{\mathrm{d}\dot{\Phi}_m}{\mathrm{d}t} \end{cases} \quad (3\text{-}2)$$

由式（3-1）和式（3-2）可知

$$\frac{U_1}{U_2} \approx \frac{E_1}{E_2} = \frac{N_1}{N_2} = k \tag{3-3}$$

式中，$k$ 称为变比（也称为电压比）。

由式（3-2）和式（3-3）可知，对于理想变压器，就数值而言，一、二次绕组中的感应电动势比等于一、二次绕组的变比，也等于一、二次绕组的匝数比。可见，变压器具有电压变换的作用。

### 特别提示

要使一次绕组和二次绕组具有不同的电压，只要使它们具有不同的匝数即可。若"原高副低"（一次绕组匝数多，二次绕组匝数少，即 $N_1>N_2$）为降压变压器；"原低副高"（一次绕组匝数少，二次绕组匝数多，即 $N_1<N_2$）为升压变压器。这就是变压器的基本工作原理。

若不计铁心中由磁通交变所引起的各种损耗，根据能量守恒定律可得

$$U_1 I_1 = U_2 I_2 \tag{3-4}$$

由式（3-3）和式（3-4）可得出一、二次侧电流的关系为

$$\frac{I_1}{I_2} = \frac{N_2}{N_1} = \frac{1}{k} \tag{3-5}$$

由式（3-5）可知，对于理想变压器，一、二次侧的电流比等于一、二次绕组匝数比的倒数。可见，变压器还具有电流变换的作用。

### 想一想

变压器能变换直流电吗？为什么？

### 3.1.2 变压器的结构

目前用途最广的变压器是油浸式电力变压器，在此主要介绍油浸式电力变压器的结构。油浸式电力变压器的铁心和绕组均放在盛满变压器油的油箱中，各绕组通过绝缘套管引至油箱外，以便与外电路连接。图3-3所示为一台油浸式电力变压器结构示意图。

变压器的主要结构部件有铁心、绕组、变压器油、油箱、绝缘套管等。铁心和绕组称为器身，是变压器的主要部件；油箱作为变压器的外壳，起冷却、散热和保护作用；变压器油有冷却和绝缘的作用；绝缘套管主要起绝缘作用。下面对变压器各主要部件进行详细介绍。

**1. 铁心**

铁心是变压器的主磁路，也是套装绕组的机械骨架。由于变压器铁心中的磁通是交变磁通，为了提高磁路的导磁性能，以及减小铁心内的磁滞损耗和涡流损耗，目前变压器铁心大多由含硅量较高、表面涂有绝缘漆、厚度为 0.23～0.35mm 的软磁硅钢片冷轧或热轧叠压而成。

变压器铁心全自动叠装

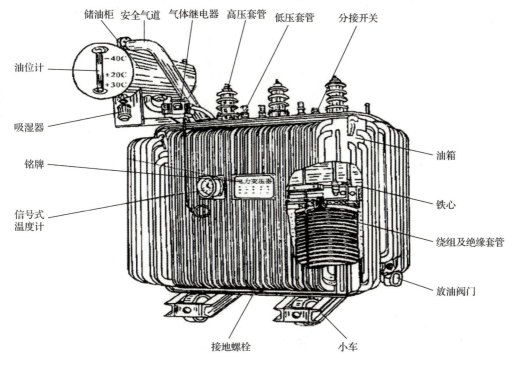

图 3-3 油浸式电力变压器结构示意图

铁心由铁心柱和铁轭两部分组成。其中，套装绕组的部分称为铁心柱，铁轭用以连接铁心柱，构成闭合磁路。

按照铁心的结构，变压器有心式和壳式两种。

心式变压器结构如图 3-4 所示，其铁心柱被绕组包围（以铁心为心）。单相变压器有两个铁心柱，三相变压器有三个铁心柱。心式铁心结构简单，绕组的装配和绝缘较容易，因此国产电力变压器大多采用心式结构。

壳式变压器结构如图 3-5 所示，铁心包围着绕组的顶面、底面和侧面（以铁心为壳）。壳式铁心结构机械强度好，但制造工艺复杂，使用材料较多，一般用于特种变压器或低压、大电流的变压器及小容量的电力变压器。

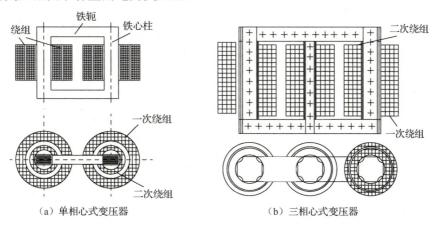

（a）单相心式变压器　　　　（b）三相心式变压器

图 3-4　心式变压器

（c）三相心式变压器实物图

图 3-4（续）

变压器装配

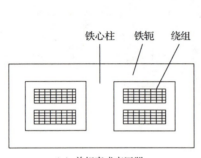

（a）单相壳式变压器

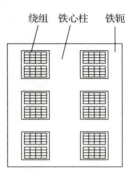

（b）三相壳式变压器

（c）单相壳式变压器实物图

图 3-5　壳式变压器

变压器的铁心，一般是先将硅钢片裁成条形，称为冲片，然后进行叠装而成。在叠片时，为减少接缝间隙从而减小励磁电流，采用叠接式，即将上下层叠片的接缝错开，如图 3-6 所示。图 3-6（a）是直接缝铁心，每层六片交叠组合，相邻两层磁路接缝处相互错开，采用热轧电工钢片，无方向性。目前，由于冷轧电工钢片取代热轧电工钢片，故不再采用直接缝铁心，而采用图 3-6（b）所示的斜接缝铁心，每层七片，采用冷轧硅钢片交叠组合，磁通顺着轧制方向，可以较好利用取向钢片的特点。为减少接缝间隙和

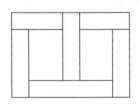

（a）直接缝铁心

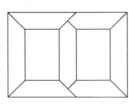

（b）斜接缝铁心

图 3-6　变压器铁心的交叠装配

励磁电流,还可由冷轧钢片卷成卷片式铁心。叠装好的铁心其铁轭用槽钢及螺杆固定,铁心柱则用环氧树脂浸渍玻璃纤维绑扎带绑扎。

近年来,出现了一种用新型节能材料(即非晶合金)制作的铁心,其厚度仅 0.025mm,磁导率高,铁心损耗很小,其空载电流、空载损耗平均下降 70%~80%甚至更多。

变压器的铁心为什么要用硅钢片叠成而不用整块钢制成?

### 2. 绕组

单相变压器的绕组

绕组是变压器的电路部分,常用包有绝缘材料的铜或铝导线绕制成一、二次绕组。因为它们具有不同的匝数、电压和电流,故一次绕组匝数多、导线细,而二次绕组匝数少、导线粗。为了便于制造,并且具有良好的机械性能,一般把绕组做成圆筒形。

按照一、二次绕组布置方式的不同,绕组可分为同心式和交叠式两种。心式变压器的绕组一般采用同心式结构,如图 3-7 所示。将一、二次绕组同心套装在铁心柱上,为了绝缘方便,二次绕组靠近铁心柱,一次绕组套装在二次侧绕组外面,一、二次绕组之间以及绕组与铁心之间要可靠绝缘。同心式绕组结构简单、制造方便,国产电力变压器均采用这种结构。交叠式绕组主要用于特种变压器中,如电炉用变压器,交叠式结构可以加强对绕组的机械支撑,使其能够承受电炉工作时由于巨大电流流过绕组产生的电磁力。

图 3-7 三相心式变压器的绕组

### 3. 变压器油

变压器油的作用主要是绝缘和冷却。由于油浸式电力变压器的铁心和绕组都浸在变压器油中,而变压器油有较大的介质常数,因此它可以增强绝缘。同时,铁心和绕组中由于损耗会发出热量,变压器油的对流作用可以把热量传送到油箱表面,再由油箱表面散逸到四周。

### 4. 油箱

电力变压器的油箱一般做成椭圆形,油箱的结构与变压器的容量、发热情况等密切相关。容量很小(200kV·A 及以下)的变压器可以用平板式油箱;容量较大(200~300kV·A)的变压器,在油箱壁上焊有散热油管以增大散热面积,称为管式油箱;对容量为 300~10000kV·A 的变压器,油管先做成散热器,再把散热器安装在油箱上,称为散热器式油箱;对容量为 10000~50000kV·A 的变压器,需采用带有风扇冷却的散热器,称为油浸风冷式;对于 50000kV·A 及以上的大容量变压器,采用强迫油循环的冷却方式(图 3-8)。

图 3-8　大型变压器散热方式示意图

### 5. 绝缘套管

变压器的引出线从油箱内部引到油箱外时，必须穿过瓷质的绝缘套管（图 3-9），保证导线与油箱绝缘。绝缘套管由中心导电铜杆与瓷套等组成，其具体结构取决于电压等级。较低电压（1kV 以下）采用实心瓷套管；10～35kV 采用空心充气或充油式套管；电压在 110kV 及以上时采用电容式套管。绝缘套管做成多级伞形，电压越高，级数越多。

图 3-9　绝缘套管

### 6. 气体继电器

气体继电器又称瓦斯继电器，是利用变压器内故障时产生的热油流和热气流推动继电器动作的元件，是变压器的保护元件，如图 3-10 所示。气体继电器装在变压器油枕和油箱之间的管道内。如果充油的变压器内部发生放电故障，放电电弧使变压器油发生分解，产生甲烷、乙炔、氢气、一氧化碳、二氧化碳、乙烯、乙烷等多种气体，故障越严重，气体的量越大，这些气体产生后从变压器内部上升到上部的油枕的过程中，流经气体继电器。若气体量较少，则气体在气体继电器内聚积，使浮子下降，继电器的常开接点闭合，作用于轻瓦斯保护发出警告信号；若气体量很大，油气通过气体继电器快速冲出，推动气体继电器内挡板动作，使另一组常开接点闭合，重瓦斯则直接启动继电保护跳闸，断开断路器，切除故障变压器。

变压器瓦斯保护装置的结构

### 7. 储油柜

油箱上安装有储油柜（也称膨胀器或油枕）。储油柜为圆筒形容器，横装在油箱盖上，用管道与变压器的油箱接通，如图 3-11 所示。储油柜内油面高度随着油箱内变压器油的热胀冷缩而变化。

图 3-10　气体继电器

储油柜油面上部的空气由一通气管道与外部大气相通。通气管道中放置干燥剂，以减少空气中的水分进入储油柜。储油柜的底部设有沉积器，用以沉聚侵入储油柜的水分和污物，定期加以排除。在储油柜的一端还装有油位表以观测油面的高低，当由于渗漏等原因造成油量不足时，应及时注油加以补充。

8. 吸湿器

吸湿器又称呼吸器，其作用为吸附空气中进入油枕胶袋、隔膜中的潮气，清除和干燥由于变压器油温的变化而进入变压器储油柜的空气中的杂物和潮气，以免变压器受潮，以保证变压器油的绝缘强度。吸湿器通常使用吊式结构，它的内部放置有吸附剂硅胶，如图 3-12 所示。很多时候为了可以直观地观察到硅胶的受潮程度，会选用可以变色的硅胶。其原理就是利用二氯化钴（$CoCL_2$）所含结晶水数量不同而呈现不同颜色做成。二氯化钴含六个分子结晶水时，呈粉红色；含两个分子结晶水时呈紫红色；不含结晶水时呈蓝色。

吸湿器

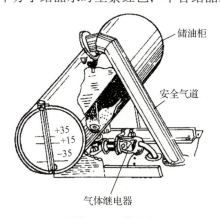

图 3-11　储油柜　　　　　　　　　　图 3-12　吸湿器

9. 安全气道

安全气道又称防爆管，防止出现故障时损坏油箱。装设在变压器顶盖上部油枕侧，下端与油箱连通，上端用 3~5mm 厚的玻璃板（安全膜）密封，内径为 150~250mm，视变压器的容量大小而定。当变压器发生故障而产生大量气体时，油箱内的压强增大，气体和油将冲破安全膜向外喷出，避免油箱爆裂。800kV·A 及以上带储油柜的油浸电力变压器应装有安全气道。

### 10. 分接开关

分接开关是通过改变一次绕组的匝数，从而调节变压器的输出电压，分为无载（也称无励磁）调压分接开关和有载调压分接开关两大类，如图 3-13 所示。

无载调压分接开关是在变压器停电情况下进行分接头的调节，因而不具备开断负荷的能力。一般变压器均为无载调压，需停电进行，常分Ⅰ、Ⅱ、Ⅲ三挡，即+5%、0%、-5%，出厂时一般置于Ⅱ挡。以 10kV/400V 电力变压器为例：Ⅰ档（最高档）为 10.5kV（一次绕组匝数最多）；Ⅱ档（额定档）为 10kV；Ⅲ档（最低档）为 9.5kV（一次绕组匝数最少）。在工程中，常用"低往低调，高往高调"的口诀调整分接开关。

(a) 无载调压分接开关　　　　　(b) 有载调压分接开关

图 3-13　分接开关

有载调压分接开关可在不中断供电的情况下，带负荷调节分接开关，使其分接头处于合适的分接位置。由于需带负荷调节，故分接开关触头（或部分触头）需具备开断负荷的能力。

## 想一想

如果一工厂电气设备运行时电源电压太低，需要提高电压，那么如何调节该厂配电变压器的分接开关？高压绕组匝数应增大还是减少？

### 3.1.3　变压器的分类

变压器的分类方法很多，通常可按用途、绕组数、相数、调压方式、铁心结构、冷却方式等进行分类，如表 3-1 所示。常见的变压器实物图如图 3-14 所示。

表 3-1　变压器的分类

| 分类方法 | 变压器种类 |
| --- | --- |
| 用途 | 电力变压器：用于输配电系统中，有升压变压器、降压变压器、配电变压器、联络变压器等 |
| | 特种变压器：用于特殊用途，有试验用变压器、仪用变压器（电流互感器、电压互感器）、电炉变压器、电焊变压器、整流变压器等 |
| 绕组数 | 单绕组变压器：即自耦变压器，仅有一个绕组，全部绕组为一次绕组，通过抽头引出部分绕组作为二次绕组 |
| | 双绕组变压器：每相有两个相互绝缘的高、低压绕组 |
| | 三绕组变压器：每相有三个相互绝缘的高、中、低压绕组 |
| 相数 | 单相变压器 |
| | 三相变压器 |
| | 多相变压器 |

续表

| 分类方法 | 变压器种类 |
| --- | --- |
| 调压方式 | 无载调压：即切断负荷进行调压 |
| | 有载调压：即带负荷进行调压 |
| 铁心结构 | 心式变压器 |
| | 壳式变压器 |
| 冷却方式 | 干式变压器：变压器的器身（绕组和铁心）在空气中直接冷却，冷却介质为空气，通常小型变压器都做成干式 |
| | 油浸式变压器：变压器的器身浸泡在变压器油中，冷却介质为变压器油，多数电力变压器都采用这种方法冷却 |
| | 充气式变压器：变压器的器身放在惰性气体的密封箱体中，借助气体流动进行冷却，冷却介质为特种气体 |

(a) 环氧树脂浇注干式变压器

(b) 油浸式电力变压器

(c) 充气式轻型试验变压器

(d) 控制变压器

(e) 调压变压器

(f) 环形变压器

图 3-14 常见的变压器实物图

### 3.1.4 变压器的额定值和型号

**1. 变压器的额定值**

额定值是制造工厂在设计变压器时，根据所选用的导体截面、铁心尺寸、绝缘材料及冷却方式等条件，规定了变压器在额定状态和指定的工作条件下运行的一些量值。在额定状态下运行时，可以保证变压器长期可靠的工作，并具有优良的性能。额定值也是产品设计和试验的依据，额定值通常标注在变压器的铭牌上，因此也称铭牌值，主要用来说明变压器的工作能力和工作条件，如图 3-15 所示。

变压器的额定值主要有以下几个。

(1) 额定容量（$S_N$，单位为 kV·A 或 MV·A）。

额定容量是变压器在额定状态下输出的额定视在功率。由于变压器的效率很高，因此设计时规定双绕组变压器的一、二次绕组额定容量相等。

单相变压器的额定容量为

$$S_N = U_{1N}I_{1N} = U_{2N}I_{2N} \tag{3-6}$$

三相变压器的额定容量为

$$S_N = \sqrt{3}U_{1N}I_{1N} = \sqrt{3}U_{2N}I_{2N} \tag{3-7}$$

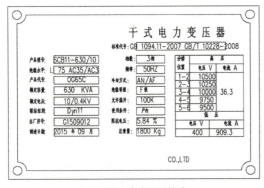
(a) 干式电力变压器铭牌

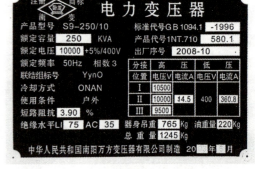
(b) 油浸式电力变压器铭牌

图 3-15 变压器铭牌

我国现在变压器的额定容量是按照 R10 优先数系，即按 10 的开 10 次方（$\sqrt[10]{10} \approx 1.26$）的倍数来计算，即 50kV·A、63kV·A、80kV·A、100kV·A、125kV·A、160kV·A、200kV·A、250kV·A、315kV·A、400kV·A、500kV·A、630kV·A、800kV·A、1000kV·A、1250kV·A、1600kV·A、2000kV·A、2500kV·A、3150kV·A、4000kV·A、5000kV·A、6300kV·A、8000kV·A、10000kV·A、12500kV·A、16000kV·A、20000kV·A、25000kV·A、31500kV·A、40000kV·A、50000kV·A、63000kV·A、90000kV·A、120000kV·A、150000kV·A、180000kV·A、260000kV·A、360000kV·A、400000 kV·A。一般容量在 630kV·A 以下的是小型电力变压器；容量在 800～6300kV·A 的是中型电力变压器；容量在 8000～63000kV·A 的是大型电力变压器；容量在 90000kV·A 及以上的是特大型电力变压器。

(2) 额定电压（$U_{1N}$ 和 $U_{2N}$，单位为 V 或 kV）。

三相变压器一次绕组的额定电压（$U_{1N}$）是变压器运行时在一次绕组施额定电压的有效值；二次绕组的额定电压（$U_{2N}$）是当变压器空载运行时，在一次绕组施额定电压时二次绕组的空载电压。

**特别提示**

对于三相变压器，额定电压指线电压。

(3) 额定电流（$I_{1N}$ 和 $I_{2N}$，单位为 A）。

额定电流是指变压器在额定运行条件下，根据额定容量和额定电压算出的电流有效值。实际电流若超过额定值称为过载，长期过载，变压器的温度会超过允许值。

**特别提示**

对于三相变压器，额定电流指线电流。

对于单相变压器，一次侧额定电流（$I_{1N}$）和二次侧额定电流（$I_{2N}$）分别为

$$\begin{cases} I_{1N} = \dfrac{S_N}{U_{1N}} \\ I_{2N} = \dfrac{S_N}{U_{2N}} \end{cases} \quad (3\text{-}8)$$

对于三相变压器，一次侧额定电流（$I_{1N}$）和二次侧额定电流（$I_{2N}$）分别为

$$\begin{cases} I_{1N} = \dfrac{S_N}{\sqrt{3}U_{1N}} \\ I_{2N} = \dfrac{S_N}{\sqrt{3}U_{2N}} \end{cases} \quad (3\text{-}9)$$

在工程中，常用"高压乘以点零六，低压乘以一倍半"的口诀速算变压器的额定电流。

（4）额定频率（$f_N$，单位为 Hz）。

额定频率是指变压器一次侧的电源频率。我国的标准工频频率规定为 50Hz。

（5）温升（$T$，单位为℃）。

温升是变压器某一部位的温度与冷却介质温度之差。例如，油浸式变压器的线圈温升取决于所用绝缘材料的等级，油浸式变压器中采用的绝缘材料是 A 级绝缘，A 级绝缘的允许最高温度为 105℃，考虑最高环境温度为 40℃，则 105℃-40℃=65℃，就是该变压器线圈的允许温升。

此外，在变压器的铭牌上还标注有相数、接线图、额定运行效率、短路电压的标幺值、阻抗压降、变压器的运行方式和冷却方式等信息。对于三相变压器还标有连接组标号等，对于特大型变压器还标注有变压器的总质量、铁心和绕组的质量、储油量和外形尺寸等信息，供安装和检修时参考。

【例 3-1】一台三相油浸式铝线变压器，额定容量 $S_N$=200kV·A，一、二次侧额定电压 $U_{1N}$、$U_{2N}$ 分别为 6000V、400V。试求一、二次侧额定电流。

解：根据式（3-9），一次侧额定电流为

$$I_{1N} = \frac{S_N}{\sqrt{3}U_{1N}} = \frac{200 \times 10^3}{\sqrt{3} \times 6000} \approx 19.26\text{A}$$

二次侧额定电流为

$$I_{2N} = \frac{S_N}{\sqrt{3}U_{2N}} = \frac{200 \times 10^3}{\sqrt{3} \times 400} \approx 288.68\text{A}$$

**2. 变压器的型号**

目前我国生产的各种系列变压器产品主要有 S11 系列普通三相油浸式电力变压器，以及 S13 系列和 S15 系列节能型三相油浸式电力变压器等，基本上满足了国民经济部门发展的需求，在特种变压器方面我国也有很大的发展。

S13 系列在 S11 系列的基础上，空载损耗平均降低 30%，空载电流降低 70%~85%，更加环保，更加节能。

变压器的型号由字母和数字两部分组成，字母表示变压器的基本结构特点，包括变压器的相数、冷却方式、调压方式、绕组芯线材料等，数字表示额定容量和一次侧的额定电压。

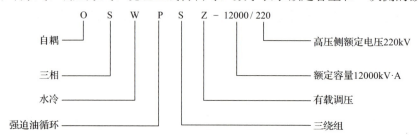

其他符号含义如表 3-2 所示。

表 3-2 变压器型号的符号含义

| 分类 | 类别 | 代表符号 | 分类 | 类别 | 代表符号 |
|---|---|---|---|---|---|
| 相数 | 单相 | D | 调压方式 | 无励磁调压 | — |
|  | 三相 | S |  | 有载调压 | Z |
| 线圈外冷却介质 | 矿物油 | — | 循环方式 | 自然循环 | — |
|  | 不燃性油 | B |  | 强迫油循环 | P |
|  | 气体 | Q |  | 强迫导向 | D |
|  | 空气 | K |  | 导体内冷 | N |
|  | 成形固体 | C |  | 蒸发冷却 | H |
| 箱壳外冷却介质 | 空气自冷 | — | 绕组数 | 双绕组 | — |
|  | 风冷 | F |  | 三绕组 | S |
|  | 水冷 | W |  | 自耦 | O |
| 绕组材料 | 铜线 | — |  |  |  |
|  | 铝线 | L |  |  |  |

举例如下。

OSFPSZ-250000/220 表示自耦三相风冷强迫油循环三绕组铜线有载调压，额定容量 250000kV·A，一次侧额定电压 220kV 的电力变压器。

S9-500/10 表示额定容量 500kV·A，一次侧额定电压 10kV 的三相油浸式自冷双绕组铜线电力变压器，其中，9 表示设计序号。

SL11-MR-630/10 表示密封式结构，卷绕式铁心，额定容量 630kV·A，一次侧额定电压 10kV 的第 11 次改型设计的三相油浸式自冷双绕组铝线电力变压器。

## 3.2 单相变压器的空载运行

实际变压器中，绕组的电阻不等于零，铁心的磁阻和铁心损耗也不等于零，一次绕组和二次绕组也不可能完全耦合，所以实际变压器要比理想变压器复杂得多。为便于理解，本节以单相变压器为例,研究空载运行时实际变压器的情况,其分析结论同样适用于三相变压器。

所谓变压器的空载运行,指一次绕组接额定频率、额定电压的交流电源,二次绕组开路、负载电流为零时的运行状态。

### 3.2.1 变压器空载运行时的电磁关系

#### 1. 电磁物理现象

单相变压器空载运行示意图如图 3-16 所示。当一次绕组接交流电源 $\dot{U}_1$ 时,由于二次绕组开路,二次侧电流为零,此时一次绕组将流过一个很小的电流,称为空载电流(也称励磁电流),用 $\dot{I}_0$ 表示。空载电流 $\dot{I}_0$ 全部用于励磁,产生交变磁动势 $\dot{F}_0$,称为空载磁动势 $\dot{F}_0 = \dot{I}_0 N_1$,它会产生交变的空载磁通。$\dot{I}_0$ 的正方向与磁动势 $\dot{F}_0$ 的正方向之间符合右手螺旋定则,磁通的正方向与磁动势的正方向相同。为了方便分析,把磁通分为两部分:主磁通和漏磁通。因为铁心的磁导率较大,所以绝大部分磁通沿铁心闭合,同时交链一、二次绕组,称为主磁通,用 $\dot{\Phi}_m$ 表示,主磁通通过的路径称为主磁路;另外,少部分磁通只交链一次绕组,称为一次绕组的漏磁通,用 $\dot{\Phi}_{1\sigma}$ 表示,漏磁通主要是经过油箱壁和变压器油(或空气)闭合,它所通过的路径称为漏磁路,漏磁通很小,仅占 0.1%~0.2%。根据电磁感应原理,主磁通 $\dot{\Phi}_m$ 在一次绕组产生感应电动势 $\dot{E}_1$,在二次绕组产生感应电动势 $\dot{E}_2$;漏磁通 $\dot{\Phi}_{1\sigma}$ 在一次绕组产生漏感应电动势 $\dot{E}_{1\sigma}$。此外,空载电流 $\dot{I}_0$ 还将在一次绕组产生电阻压降 $\dot{I}_0 R_1$。

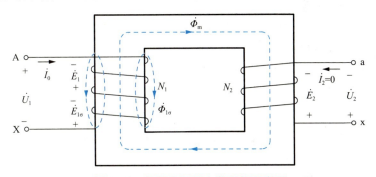

图 3-16 单相变压器空载运行示意图

值得注意的是,由于路径不同,主磁通和漏磁通在性质上有着明显的差别。

(1) 磁路性质不同。因为主磁路由铁磁材料构成,可能出现磁饱和,所以主磁通与建立主磁通的空载电流之间可能不成正比关系;而漏磁路绝大部分由非铁磁材料构成,无磁饱和问题,则一次绕组漏磁通与空载电流之间成正比关系。

(2) 数量多少不同。因为铁心的磁导率比空气(或变压器油)的磁导率大很多,铁心磁阻小,所以磁通的绝大部分通过铁心而闭合,故主磁通远大于漏磁通。一般主磁通可占总磁通的 99% 以上,而漏磁通仅占 1% 以下。

(3) 功能不同。主磁通通过电磁感应将一次绕组能量传递到二次绕组,若接负载,就有电功率输出,因此主磁通起能量传递的媒介作用;而漏磁通只在一次绕组中感应漏电动势,仅起漏电抗压降的作用,不起传递功率作用。

#### 2. 正方向的规定

因为变压器中的电压、电流、电动势、磁动势和磁通都是时间的函数,是正负交替变化的物理量，所以为了正确表达各物理量之间的数量关系和相位关系，在列电路方程时，必须给它们分别规定参考正方向。

### 特别提示

正方向可以任意选择。习惯上规定电流的正方向与该电流所产生的磁通正方向符合右手螺旋定则，规定磁通的正方向与其感应电动势的正方向也符合右手螺旋定则。电流的正方向与电动势的正方向一致。

在图 3-16 中，各物理量的正方向是按下列原则规定的。

（1）电源电压 $\dot{U}_1$ 的参考方向规定为自一次绕组的首端 A 指向末端 X。

（2）一次绕组接电源电压，是接受电能的，按电动机惯例，规定一次侧电流 $\dot{I}_0$ 的参考方向为顺着电压降的方向，即自 A 点流入，经一次绕组由 X 点流出。

（3）用右手螺旋定则确定励磁电流 $\dot{I}_0$ 产生的主磁通 $\dot{\Phi}_m$ 和漏磁通 $\dot{\Phi}_{1\sigma}$ 的参考方向，即右手四个手指形成的螺旋方向指向励磁电流 $\dot{I}_0$ 的参考方向，大拇指指向主磁通 $\dot{\Phi}_m$ 和漏磁通 $\dot{\Phi}_{1\sigma}$ 的参考方向。

（4）主磁通 $\dot{\Phi}_m$ 和漏磁通 $\dot{\Phi}_{1\sigma}$ 在一次绕组上感应出电动势 $\dot{E}_1$ 和 $\dot{E}_{1\sigma}$，由电磁感应定律，它们的方向与 $\dot{\Phi}_m$、$\dot{\Phi}_{1\sigma}$ 的方向符合右手螺旋定则，即 $\dot{E}_1$ 和 $\dot{E}_{1\sigma}$ 方向为下正上负；同理，主磁通 $\dot{\Phi}_m$ 在二次绕组上感应出电动势 $\dot{E}_2$，由电磁感应定律和二次绕组的绕向，可以判定 $\dot{E}_2$ 的方向也为下正上负。

（5）确定二次绕组输出电压 $\dot{U}_2$ 的参考方向，由于 $\dot{E}_2$ 的参考方向是电位升的方向，而 $\dot{U}_2$ 是电位降，应由 x 指向 a，与 $\dot{I}_2$ 方向一致。二次绕组接负载时就会向负载输出电能，故二次侧相当于发电机。

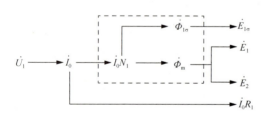

图 3-17 变压器空载运行时的电磁关系

因此，规定各物理量参考方向时，习惯将变压器的一次绕组看成负载，一次侧各物理量参考方向的规定遵循电动机惯例；将二次绕组看成电源，二次侧各物理量参考方向的规定遵循发电机惯例。

综上所述，变压器空载运行时的电磁关系如图 3-17 所示。其中，虚线框内是磁路性质，虚线框外是电路性质。

#### 3.2.2 变压器绕组的感应电动势

**1. 主磁通感应的电动势**

就电力变压器而言，空载时 $\dot{I}_0R_1$ 和 $\dot{E}_{1\sigma}$ 的值很小，如略去不计，则 $\dot{U}_1 = -\dot{E}_1$。外施电压 $\dot{U}_1$ 按正弦规律变化，则主磁通也按正弦规律变化，即

$$\dot{\Phi}_m = \Phi_m \sin \omega t \tag{3-10}$$

式中，$\Phi_m$ 为主磁通的幅值；$\omega=2\pi f_1$ 为电源角频率。

在规定的正方向下，一次绕组中主磁通的感应电动势的瞬时值为

$$\dot{E}_1 = -N_1 \cdot \frac{\mathrm{d}\dot{\Phi}_m}{\mathrm{d}t} = -\omega N_1 \Phi_m \cos\omega t = E_{1m}\sin(\omega t - \frac{\pi}{2}) \tag{3-11}$$

式中，$E_{1m}$ 为一次侧感应电动势的最大值，$E_{1m}=\omega N_1\Phi_m$。

一次侧感应电动势的有效值为

$$E_1 = \frac{E_{1m}}{\sqrt{2}} = \frac{\omega N_1 \Phi_m}{\sqrt{2}} = \frac{2\pi}{\sqrt{2}} f_1 N_1 \Phi_m = 4.44 f_1 N_1 \Phi_m \tag{3-12}$$

同理，主磁通在二次绕组中产生的感应电动势为

$$\dot{E}_2 = -N_2 \cdot \frac{\mathrm{d}\dot{\Phi}_m}{\mathrm{d}t} = -\omega N_2 \Phi_m \cos\omega t = E_{2m}\sin(\omega t - \frac{\pi}{2}) \tag{3-13}$$

二次侧感应电动势的有效值为

$$E_2 = \frac{E_{2m}}{\sqrt{2}} = \frac{\omega N_2 \Phi_m}{\sqrt{2}} = \frac{2\pi}{\sqrt{2}} f_1 N_2 \Phi_m = 4.44 f_1 N_2 \Phi_m \tag{3-14}$$

$\dot{E}_1$、$\dot{E}_2$ 和 $\dot{\Phi}_m$ 的关系也可用相量形式表示为

$$\begin{cases} \dot{E}_1 = -\mathrm{j}4.44 f_1 N_1 \dot{\Phi}_m \\ \dot{E}_2 = -\mathrm{j}4.44 f_1 N_2 \dot{\Phi}_m \end{cases} \tag{3-15}$$

由以上分析可知，感应电动势有效值的大小与电源频率、绕组匝数及主磁通最大值成正比，其相位滞后主磁通 90°。主磁通及其感应电动势相量图如图 3-18 所示。

### 2. 漏磁通感应的电动势

在实际的变压器中，一次侧除了有主磁通感应的电动势，漏磁通还将感应漏电动势 $\dot{E}_{1\sigma}$，其大小为

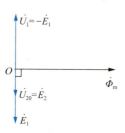

图 3-18 主磁通及其感应电动势相量图

$$\dot{E}_{1\sigma} = -N_1 \cdot \frac{\mathrm{d}\dot{\Phi}_{1\sigma}}{\mathrm{d}t} = -\mathrm{j}\cdot\frac{\omega N_1}{\sqrt{2}} \cdot \dot{\Phi}_{1\sigma} = -\mathrm{j}4.44 f_1 N_1 \dot{\Phi}_{1\sigma} \tag{3-16}$$

漏磁路主要由油箱、变压器油和空气等非铁磁材料构成，其磁路不饱和，所以漏磁路是线性磁路，其磁阻很大。也就是说，一次侧漏电动势 $\dot{E}_{1\sigma}$ 与空载电流 $\dot{I}_0$ 成线性关系。因此，常常把漏电动势看成电流在一个电抗上的电压降，即

$$\dot{E}_{1\sigma} = -\mathrm{j}\dot{I}_0 X_1 \tag{3-17}$$

式（3-17）中，$X_1$ 反映的是一次侧漏磁通的存在和该漏磁通对一次侧电路的影响，故称为一次绕组漏电抗，通常与线圈匝数和几何尺寸有关，$X_1=2\pi f_1 L_1$。由于漏磁路为线性磁路，因此漏电抗 $X_1$ 是常数且很小。

### 3.2.3 空载电流

变压器空载运行时，一次绕组的电流称为空载电流（或励磁电流）。空载电流 $\dot{I}_0$ 分为两部分：一是无功分量 $\dot{I}_{0r}$，主要用来建立主磁通 $\dot{\Phi}_m$，且与主磁通 $\dot{\Phi}_m$ 同相位，$\dot{I}_{0r}$ 起励磁

作用，又称励磁分量；二是有功分量 $\dot{I}_{0a}$，其作用是供给因主磁通在铁心中交变时，而产生的磁滞和涡流损耗（统称铁损耗），它超前主磁通 90°，$\dot{I}_{0a}$ 又称铁损耗分量。故空载电流 $\dot{I}_0$ 可表示为

$$\dot{I}_0 = \dot{I}_{0r} + \dot{I}_{0a} \tag{3-18}$$

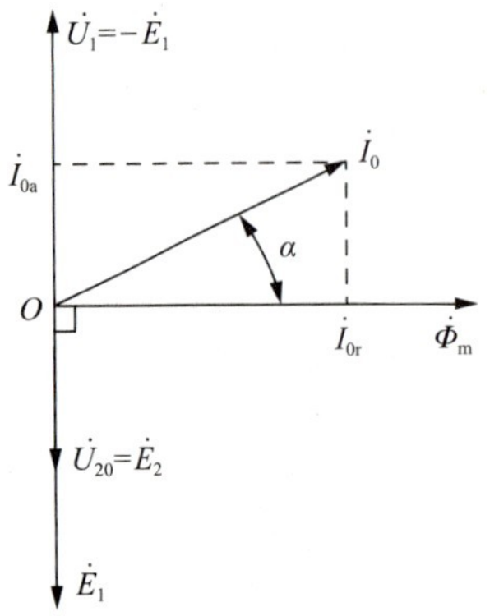

图 3-19 给出了空载运行时空载电流与主磁通的相位关系。其中，$\dot{I}_0$ 超前 $\dot{\Phi}_m$ 的角度 $\alpha$ 称为铁损耗角。

变压器空载运行时，$I_{0r} \gg I_{0a}$，所以 $I_0 \approx I_{0r}$，故空载电流又称励磁电流。

空载电流的数值一般不大，为额定电流的 2%～10%。一般来说，变压器的容量越大，空载电流的百分数越小。对大型电力变压器来说，空载电流一般不超过额定电流的 1%。

图 3-19 空载运行时空载电流与主磁通的相位关系

### 想一想

一台 50Hz 的变压器，如接在 60Hz 的电网上运行，额定电压不变，问空载电流和一、二次侧漏电抗将如何变化？

#### 3.2.4 变压器空载运行时的电动势平衡方程式和等值电路

**1. 电动势平衡方程式**

按照图 3-16 中各物理量的正方向，根据基尔霍夫第二定律，可写出空载运行时变压器一、二次侧的电动势平衡方程式为

$$\begin{cases} \dot{U}_1 = -\dot{E}_1 - \dot{E}_{1\sigma} + \dot{I}_0 R_1 = -\dot{E}_1 + j\dot{I}_0 X_1 + \dot{I}_0 R_1 = -\dot{E}_1 + \dot{I}_0 Z_1 \\ \dot{U}_{20} = \dot{E}_2 \end{cases} \tag{3-19}$$

式中，$Z_1$ 为一次绕组漏阻抗，$Z_1 = R_1 + jX_1$；$\dot{U}_{20}$ 为变压器空载运行时二次绕组的空载电压，下标"0"表示变压器为空载运行状态。

类似于漏磁通 $\dot{\Phi}_{1\sigma}$ 的处理，空载电流 $\dot{I}_0$ 产生的主磁通 $\dot{\Phi}_m$ 也可用一个电路参数来处理。考虑到主磁通还在铁心中引起铁损耗，不能单纯引入一个电抗，还必须考虑有功损耗部分，所以引入一个阻抗 $Z_m$ 来反映主磁通与感应电动势 $\dot{E}_1$ 的关系，这样感应电动势 $-\dot{E}_1$ 可以看成空载电流 $\dot{I}_0$ 在阻抗 $Z_m$ 上的阻抗压降，即

$$-\dot{E}_1 = \dot{I}_0 Z_m = \dot{I}_0 (R_m + jX_m) \tag{3-20}$$

式中，$Z_m$ 为励磁阻抗，$Z_m = R_m + jX_m$；$R_m$ 为励磁电阻，对应于铁心铁损耗 $P_{Fe} = I_0^2 R_m$ 的等值电阻；$X_m$ 为励磁电抗，对应于主磁通的电抗。

把式（3-20）代入式（3-19）得

$$\begin{cases} \dot{U}_1 = -\dot{E}_1 + \mathrm{j}\dot{I}_0 X_1 + \dot{I}_0 R_1 = \dot{I}_0(R_1 + \mathrm{j}X_1) + \dot{I}_0(R_\mathrm{m} + \mathrm{j}X_\mathrm{m}) \\ \dot{U}_{20} = \dot{E}_2 \end{cases} \quad (3\text{-}21)$$

### 2. 等值电路

从电动势平衡方程式（3-21）可知，空载时变压器可以看成两个阻抗串联的电路，一个阻抗为 $Z_1 = R_1 + \mathrm{j}X_1$，另一个阻抗为 $Z_\mathrm{m} = R_\mathrm{m} + \mathrm{j}X_\mathrm{m}$。这就是变压器空载运行时的等值电路，如图 3-20 所示，可得 $\dot{U}_1 = \dot{I}_0(Z_1 + Z_\mathrm{m})$。

对于一般的电力变压器，由于 $R_1 \ll R_\mathrm{m}$，$X_1 \ll X_\mathrm{m}$，故空载电流在一次绕组引起的漏阻抗压降 $\dot{I}_0 Z_1$ 很小，因此在分析变压器空载运行时，可将 $\dot{I}_0 Z_1$ 忽略不计，即

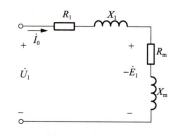

图 3-20　变压器空载运行时的等值电路

$$\begin{cases} \dot{U}_1 \approx -\dot{E}_1 \\ \dot{U}_{20} = \dot{E}_2 \end{cases} \quad (3\text{-}22)$$

式（3-22）表明，当忽略一次绕组漏阻抗压降时，外施电压 $\dot{U}_1$ 由一次绕组中的感应电动势 $\dot{E}_1$ 所平衡，即在任意瞬间，外施电压 $\dot{U}_1$ 与感应电动势 $\dot{E}_1$ 大小相等、相位相反，故 $\dot{E}_1$ 又称反电动势。在忽略一次绕组漏阻抗压降的情况下，当 $f_1$、$N_1$ 为常数时，铁心中主磁通的最大值与电源电压成正比。反之，当电源电压一定时，铁心中主磁通的最大值也一定，产生主磁通的励磁磁动势也一定，这一点对于分析变压器运行十分重要。

综上，可得出如下结论。

（1）一次侧感应电动势与漏阻抗压降总是与外施电压平衡，若忽略漏阻抗压降，则一次侧感应电动势的大小由外施电压决定。

（2）主磁通大小由电源电压、电源频率和一次线圈匝数决定，与磁路所用的材质及几何尺寸基本无关。

（3）空载电流大小与主磁通、线圈匝数及磁路的磁阻有关，铁心所用材料的导磁性能越好，空载电流越小。

（4）电抗是交变磁通所感应的电动势与产生该磁通的电流的比值，线性磁路中，电抗为常数，非线性磁路中，电抗的大小随磁路的饱和而减小。

### 想一想

变压器励磁电抗 $X_\mathrm{m}$ 的物理意义是什么？一般希望变压器的 $X_\mathrm{m}$ 大些好还是小些好？若变压器无铁心，为空心变压器，则 $X_\mathrm{m}$ 是增大还是减小？若将变压器二次绕组匝数增加 5%，则 $X_\mathrm{m}$ 是否变化？

## 3. 变比

变比 $k$ 定义为一次绕组电动势与二次绕组电动势之比，即

$$k = \frac{E_1}{E_2} = \frac{N_1}{N_2} \approx \frac{U_1}{U_{20}} = \frac{U_{1N}}{U_{2N}} \qquad (3-23)$$

**特别提示**

对于三相变压器，变比指一、二次侧相电动势之比，近似为一、二次侧额定相电压之比。而三相变压器不管一、二次绕组是 Y（y）连接（星形连接），还是 D（d）连接（三角形连接），额定电压均指线电压，故其变比与一、二次侧额定电压之间的关系如下。

Y，d 连接时 $\qquad k = \dfrac{U_{1N}}{\sqrt{3}U_{2N}}$

D，y 连接时 $\qquad k = \dfrac{\sqrt{3}U_{1N}}{U_{2N}}$

Y，y 或 D，d 连接时 $\qquad k = \dfrac{U_{1N}}{U_{2N}}$

### 3.2.5 变压器空载运行时的相量图

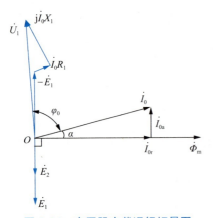

图 3-21 变压器空载运行相量图

为了更清楚地表示变压器中各物理量之间的大小和相位关系，可用相量图来反映变压器空载运行时的情况，如图 3-21 所示。

其绘图步骤如下。

（1）在横坐标上画出主磁通 $\dot{\Phi}_m$，以它为参考量。

（2）根据式（3-15）画出感应电动势 $\dot{E}_1$ 和 $\dot{E}_2$，它们均滞后主磁通 $\dot{\Phi}_m$ 90°。

（3）空载电流的无功分量 $\dot{I}_{0r}$ 和主磁通 $\dot{\Phi}_m$ 同相位，有功分量 $\dot{I}_{0a}$ 超前主磁通 $\dot{\Phi}_m$ 90°，两者合成得到空载电流 $\dot{I}_0$。

（4）根据式（3-21）分别画出 $-\dot{E}_1$、$\dot{I}_0 R_1$ 和 $j\dot{I}_0 X_1$，进行相量相加得到 $\dot{U}_1$。

在图 3-21 中，为了清晰起见，夸大了一次绕组漏阻抗压降，实际上 $\dot{U}_1$ 接近于 $-\dot{E}_1$。由于 $\dot{I}_{0r}$ 远大于 $\dot{I}_{0a}$，因此空载电流 $\dot{I}_0$ 近似滞后电源电压 $\dot{U}_1$ 90°。$\dot{I}_0$ 与 $\dot{U}_1$ 的夹角为变压器空载运行时的功率因数角 $\varphi_0$，由图 3-21 可见 $\varphi_0 \approx 90°$，因此变压器空载运行时的功率因数 $\cos\varphi_0$ 很低，一般为 0.1～0.2。

从空载运行时的分析可得出如下结论。

（1）一次绕组漏阻抗 $Z_1 = R_1 + jX_1$ 是常数，相当于一个空心线圈的参数。

（2）励磁阻抗 $Z_m = R_m + jX_m$ 不是常数，励磁电阻 $R_m$ 和励磁电抗 $X_m$ 均随主磁路饱和程度

的增加而减小。通常，变压器正常工作时，一次侧电压 $U_1$ 为恒定值，即额定值，则主磁通保持不变，铁心主磁路的饱和程度也近似不变，所以可认为 $R_m$ 和 $X_m$ 也不变。

（3）因为空载运行时铁损耗比铜损耗大得多，所以励磁电阻比一次绕组的电阻大得多，$R_m >> R_1$；因为主磁通也远大于一次绕组的漏磁通，所以 $X_m >> X_1$。综上，在对变压器分析时，有时可以忽略一次绕组的电阻 $R_1$ 和漏电抗 $X_1$。

（4）从等值电路可知，空载励磁电流 $\dot{I}_0$ 的大小主要取决于励磁阻抗 $Z_m$。从变压器运行的角度，希望其励磁电流小一些，所以要求采用高磁导率的铁心材料，以增大励磁阻抗 $Z_m$，从而减小励磁电流，以提高变压器的效率和功率因数。

**想 一 想**

变压器空载运行时的功率因数很低，为什么负载运行后的功率因数会大大提高？

【例3-2】一台三相变压器，额定容量 $S_N$=31500kV·A，一、二次侧额定电压 $U_{1N}$、$U_{2N}$ 分别为 110kV、10.5kV，Y/△连接，一次绕组的一相电阻 $R_1$=1.21Ω，漏电抗 $X_1$=14.45Ω，励磁电阻 $R_m$=1439.3Ω，励磁电抗 $X_m$=14161.3Ω。试求：

（1）变压器一、二次侧额定电流及变压器变比；
（2）空载电流及其与一次侧额定电流的百分比；
（3）每相绕组的铜损耗、铁损耗及三相绕组的铜损耗、铁损耗；
（4）变压器空载运行时的功率因数。

解：（1）一、二次侧额定电流分别为

$$I_{1N} = \frac{S_N}{\sqrt{3}U_{1N}} = \frac{31500 \times 10^3}{\sqrt{3} \times 110 \times 10^3} \approx 165.3A$$

$$I_{2N} = \frac{S_N}{\sqrt{3}U_{2N}} = \frac{31500 \times 10^3}{\sqrt{3} \times 10.5 \times 10^3} \approx 1732A$$

由于三相变压器变比用相电压之比来计算，且变压器为 Y/△连接，故

$$k = \frac{U_{1N}}{\sqrt{3}U_{2N}} = \frac{110 \times 10^3}{\sqrt{3} \times 10.5 \times 10^3} \approx 6.05$$

（2）利用空载时等值电路，根据相电压计算每相空载电流为

$$I_0 = \frac{U_{1N}}{\sqrt{3} \times \sqrt{(R_1+R_m)^2 + (X_1+X_m)^2}}$$

$$= \frac{110 \times 10^3}{\sqrt{3} \times \sqrt{(1.21+1439.3)^2 + (14.45+14161.3)^2}}$$

$$\approx 4.46A$$

由于变压器一次绕组为 Y 连接，一次绕组相电流与线电流相等，因此空载电流占一次侧额定电流的百分比为

$$\frac{I_0}{I_{1N}} = \frac{4.46}{165.3} \times 100\% \approx 2.7\%$$

(3) 每相绕组铜损耗为

$$I_0^2 R_1 = 4.46^2 \times 1.21 \approx 24.07\text{W}$$

则三相总铜损耗为

$$P_{\text{Cu}} = 3I_0^2 R_1 = 72.21\text{W}$$

每相铁损耗为

$$I_0^2 R_m = 4.46^2 \times 1439.3 \approx 28630\text{W}$$

则三相总铁损耗为

$$P_{\text{Fe}} = 3I_0^2 R_m = 85890\text{W}$$

(4) 功率因数角为

$$\varphi_0 = \arctan\frac{X_m + X_1}{R_m + R_1} = \arctan\frac{14161.3 + 14.45}{1439.3 + 1.21} \approx 84.19°$$

功率因数为

$$\cos\varphi_0 = \cos 84.19° = 0.1$$

由此可见，变压器空载运行时，空载电流很小，铁损耗远远大于铜损耗，变压器在很低的功率因数下运行。

## 3.3 单相变压器的负载运行

变压器一次绕组接额定交流电源，二次绕组接负载的运行方式，称为变压器的负载运行方式。图3-22所示为单相变压器负载运行示意图，其中 $Z_L$ 为负载阻抗，图中各量的正方向按照惯例规定。

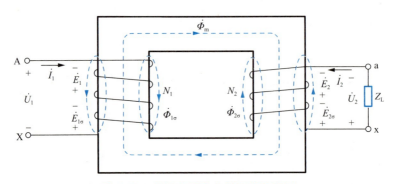

图 3-22 单相变压器负载运行示意图

### 3.3.1 变压器负载运行时的电磁关系

由 3.2 节分析可知，变压器空载运行时，二次侧电流为零，一次绕组只有很小的空载电流 $\dot{I}_0$，它在铁心上产生磁动势 $\dot{F}_0 = \dot{I}_0 N_1$，进而产生主磁通 $\dot{\Phi}_m$。但当变压器的二次绕组接上负载阻抗 $Z_L$ 后，则变压器投入负载运行。这时二次绕组有电流 $\dot{I}_2$ 流过，$\dot{I}_2$ 大小由负载 $Z_L$ 决定，同时也会影响一次侧电流变化。由于 $\dot{I}_2$ 的出现，变压器负载运行时的物理情况与空载运行时就有显著的不同。

当变压器二次绕组接上负载后，便有电流 $\dot{I}_2$ 流过，它将在主磁路铁心上建立二次侧磁动势 $\dot{F}_2 = \dot{I}_2 N_2$。由于电源电压 $\dot{U}_1$ 不变，相应地主磁通 $\dot{\Phi}_m$ 也应保持不变，当二次侧磁动势力图改变铁心中产生主磁通的磁动势时，一次绕组中将产生一个附加电流 $\dot{I}_{1L}$，附加电流 $\dot{I}_{1L}$ 产生的磁动势为 $N_1 \dot{I}_{1L}$，恰好与二次侧磁动势 $\dot{I}_2 N_2$ 相抵消。此时一次侧电流就由 $\dot{I}_0$ 变成了 $\dot{I}_1 = \dot{I}_0 + \dot{I}_{1L}$。而作用在铁心中的总磁动势即为 $\dot{I}_1 N_1 + \dot{I}_2 N_2$，它产生变压器负载运行时的主磁通 $\dot{\Phi}_m$。

变压器负载运行时，除由合成磁动势 $\dot{F}_1 + \dot{F}_2$ 产生主磁通 $\dot{\Phi}_m$ 在一、二次侧感应交变电动势 $\dot{E}_1$ 和 $\dot{E}_2$ 外，$\dot{F}_1$ 还产生只交链一次绕组的漏磁通 $\dot{\Phi}_{1\sigma}$，$\dot{\Phi}_{1\sigma}$ 会在一次绕组中产生漏电动势 $\dot{E}_{1\sigma}$；同理，$\dot{F}_2$ 也会产生只交链二次绕组的漏磁通 $\dot{\Phi}_{2\sigma}$，$\dot{\Phi}_{2\sigma}$ 会在二次绕组中产生漏电动势 $\dot{E}_{2\sigma}$。另外，一、二次侧电流 $\dot{I}_1$ 和 $\dot{I}_2$ 分别会产生电阻压降 $\dot{I}_1 R_1$ 和 $\dot{I}_2 R_2$。因此，变压器负载运行时的电磁关系如图 3-23 所示。

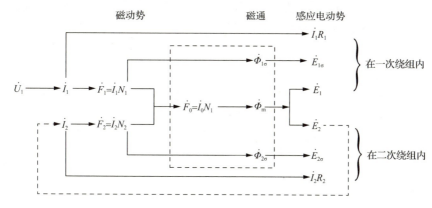

图 3-23 变压器负载运行时的电磁关系

### 3.3.2 变压器负载运行时的基本方程式

**1. 磁动势平衡方程式**

如前所述，变压器负载运行时其励磁磁动势是一、二次侧磁动势的合成磁动势。因此，根据磁路的全电流定律，可得出变压器负载运行时的磁动势平衡方程式为

$$\dot{F}_1 + \dot{F}_2 = \dot{F}_0 \quad \text{或} \quad \dot{I}_1 N_1 + \dot{I}_2 N_2 = \dot{I}_0 N_1 \tag{3-24}$$

式中，$\dot{F}_1$ 为一次侧磁动势；$\dot{F}_2$ 为二次侧磁动势；$\dot{F}_0$ 为产生主磁通的合成磁动势（励磁磁动势）。

式（3-24）说明了变压器负载运行时作用在主磁路上的全部磁动势应等于产生磁通所需的励磁磁动势。

负载运行时 $\dot{F}_0$ 的大小主要由负载时产生主磁通 $\dot{\Phi}_m$ 所需要的磁动势来决定。由 3.2 节分析可知，变压器在额定运行时，电源电压 $\dot{U}_1$ 不变，主磁通 $\dot{\Phi}_m$ 近似不变，因而主磁通所

需要的励磁磁动势也基本不变。也就是说,当电源电压$\dot{U}_1$不变时,变压器负载运行时的励磁磁动势可以认为与空载时相同,即$\dot{F}_0 = \dot{I}_0 N_1$。

由磁动势平衡式可得一、二次侧电流间的约束关系。将式(3-24)两边除以$N_1$并移项得

$$\dot{I}_1 = \dot{I}_0 + (-\dot{I}_2 \cdot \frac{N_2}{N_1}) = \dot{I}_0 + \dot{I}_{1L} \quad (3\text{-}25)$$

式中,$\dot{I}_{1L}$是一次侧电流的负载分量,$\dot{I}_{1L} = -\dot{I}_2 \cdot \frac{N_2}{N_1} = -\frac{\dot{I}_2}{k}$。

式(3-25)称为电流形式的磁动势平衡方程式,具有明确的物理意义,当变压器负载运行时,一次侧电流$\dot{I}_1$应包含两个分量。其中励磁电流$\dot{I}_0$用以建立主磁通,它是固定不变的;而随负载变化而变化的$\dot{I}_{1L}$所产生的负载分量磁动势$\dot{I}_{1L} N_1$,用来抵消二次侧磁动势$\dot{I}_2 N_2$对主磁路的影响,通常$\dot{I}_{1L}$是$\dot{I}_1$的主要部分。这就表明变压器负载运行时,通过电磁感应关系,一、二次侧电流是紧密联系在一起的。二次侧电流增加或减少的同时必然引起一次侧电流的增加或减少。

**想 一 想**

变压器一、二次侧没有电的直接联系,为什么当负载运行时二次侧电流增加,会引起一次侧电流的增加?

### 2. 电动势平衡方程式

实际上变压器的一、二次绕组之间不可能完全耦合,所以负载时一、二次绕组的磁动势$\dot{F}_1$和$\dot{F}_2$除在主磁路中共同建立主磁通并产生感应电动势$\dot{E}_1$和$\dot{E}_2$外,磁动势$\dot{F}_1$还产生只与一次绕组交链的漏磁通$\dot{\Phi}_{1\sigma}$,而磁动势$\dot{F}_2$也产生只与二次绕组交链的漏磁通$\dot{\Phi}_{2\sigma}$,它们又分别在各自交链的绕组内感应出漏磁电动势$\dot{E}_{1\sigma}$和$\dot{E}_{2\sigma}$。

漏感电动势$\dot{E}_{1\sigma}$和一次侧电流$\dot{I}_1$成正比,$\dot{E}_{2\sigma}$和二次侧电流$\dot{I}_2$成正比,它们都可以用漏电抗压降的形式表示,即

$$\begin{cases} \dot{E}_{1\sigma} = -j\dot{I}_1 X_1 \\ \dot{E}_{2\sigma} = -j\dot{I}_2 X_2 \end{cases} \quad (3\text{-}26)$$

式中,$X_1$为一次绕组的漏电抗;$X_2$为二次绕组的漏电抗。

这样,在图3-22所示的正方向下,可分别列出负载时一、二次绕组的电动势平衡方程式为

$$\begin{cases} \dot{U}_1 = -\dot{E}_1 - \dot{E}_{1\sigma} + \dot{I}_1 R_1 = -\dot{E}_1 + \dot{I}_1 R_1 + j\dot{I}_1 X_1 = -\dot{E}_1 + \dot{I}_1 Z_1 \\ \dot{U}_2 = \dot{E}_2 + \dot{E}_{2\sigma} - \dot{I}_2 R_2 = \dot{E}_2 - \dot{I}_2 R_2 - j\dot{I}_2 X_2 = \dot{E}_2 - \dot{I}_2 Z_2 \end{cases} \quad (3\text{-}27)$$

变压器二次侧端电压$\dot{U}_2$也可写成

$$\dot{U}_2 = \dot{I}_2 Z_L \quad (3\text{-}28)$$

式中,$Z_L$为负载阻抗。

**想 一 想**

漏电抗 $X_1$、$X_2$ 的物理意义是什么？当负载变化时它们的数值变化吗？为什么？

根据以上对变压器负载运行的分析，得到六个基本方程式。
（1）一次侧回路电动势平衡方程式为
$$\dot{U}_1 = -\dot{E}_1 + \dot{I}_1 Z_1$$
（2）二次侧回路电动势平衡方程式为
$$\dot{U}_2 = \dot{E}_2 - \dot{I}_2 Z_2$$
（3）一、二次侧感应电动势的关系为
$$\frac{E_1}{E_2} = k$$
（4）磁动势平衡方程式为
$$\dot{I}_1 N_1 + \dot{I}_2 N_2 = \dot{I}_0 N_1$$
（5）励磁电流与一次侧感应电动势的关系为
$$\dot{I}_0 = \frac{-\dot{E}_1}{Z_m}$$
（6）负载的伏安关系为
$$\dot{U}_2 = \dot{I}_2 Z_L$$

这六个基本方程式是变压器负载运行时电磁关系及所遵循规律的集中体现，也是分析计算变压器的基本依据。在解决实际问题之前，为便于计算，还要建立变压器的等值电路。

**想 一 想**

变压器从空载到负载，一次绕组中的电流变化较大，问其漏磁通 $\dot{\Phi}_{1\sigma}$ 是否变化？漏电抗 $X_1$ 是否变化？为什么？

### 3.3.3 变压器的折算与等值电路

变压器的基本方程式反映了其内部的电磁关系，利用这六个方程式可以计算变压器的运行性能。但是，一、二次绕组之间无电的直接联系，解联立相量方程是相当烦琐的，并且由于电力变压器的变比 $k$ 较大，使得一、二次侧的电动势、电流和阻抗等相差较大，不便于比较。这需要一个既能反映变压器电磁过程，又便于工程计算的纯电路来代替既有电路关系，这种电路称为等值电路。下面从基本方程式出发，通过绕组折算，来推导变压器的等值电路。

**1. 绕组折算**

为了分析求解方便，需要进行绕组折算，把一、二次绕组的匝数变换成相等匝数，即把实际变压器模拟为变比 $k=1$ 的等值变压器来研究。

若以一次绕组为基准，将二次绕组用一个匝数与一次绕组相等的绕组来等值，是二次侧折算到一次侧；也可以二次绕组为基准，将一次绕组用一个匝数与二次绕组相等的绕组来等值，是一次侧折算到二次侧。通常是将二次侧折算到一次侧。

折算并不改变变压器运行时的电磁关系本质，而只是人为处理问题的一种方法，所以折算是在磁动势、功率、损耗和漏磁场储能等均保持不变的原则下进行的。

从分析变压器磁动势平衡关系可知，二次绕组电路是通过它的电流所产生的磁动势去影响一次绕组电路，因此折算前后二次绕组的磁动势应保持不变。从一次侧看，将有同样大小的电流和功率从电源输入，并有同样大小的功率传递到二次侧。这样对一次绕组来说，折算后的二次绕组与实际的二次绕组是等值的。下面，根据折算原则，以二次侧折算到一次侧为例，给出折算前后各量的关系，折算后的各量在相应符号的右上角加"′"以示区别。

（1）二次侧电动势的折算。

由于折算后的二次绕组和一次绕组有相同的匝数，即 $N_2' = N_1$，而电动势与匝数成正比，且折算前后主磁通和漏磁通保持不变，则

$$\frac{E_2'}{E_2} = \frac{4.44 f_1 N_1 \Phi_m}{4.44 f_1 N_2 \Phi_m} = \frac{N_1}{N_2} = k$$

即

$$E_2' = kE_2 = E_1 \tag{3-29}$$

同理，二次侧漏电动势、端电压的折算值为

$$\begin{cases} E_{2\sigma}' = kE_{2\sigma} \\ U_2' = kU_2 \end{cases} \tag{3-30}$$

（2）二次侧电流的折算。

根据折算前后二次磁动势 $F_2$ 不变的原则，可得

$$I_2' N_2' = I_2 N_2$$

即

$$I_2' = \frac{N_2}{N_2'} I_2 = \frac{N_2}{N_1} I_2 = \frac{1}{k} I_2 \tag{3-31}$$

（3）二次侧阻抗的折算。

根据折算前后二次绕组铜损耗不变的原则，即

$$I_2'^2 R_2' = I_2^2 R_2$$

可得

$$R_2' = \left(\frac{I_2}{I_2'}\right)^2 R_2 = k^2 R_2 \tag{3-32}$$

根据折算前后二次绕组中漏感无功功率不变的原则，即
$$I_2'^2 X_2' = I_2^2 X_2$$
可得
$$X_2' = \left(\frac{I_2}{I_2'}\right)^2 X_2 = k^2 X_2 \tag{3-33}$$
随之可得
$$Z_2' = R_2' + jX_2' = k^2 Z_2 \tag{3-34}$$
负载阻抗的折算值为
$$Z_L' = \frac{U_2'}{I_2'} = \frac{kU_2}{\frac{1}{k}I_2} = k^2 Z_L \tag{3-35}$$

综上所述，把变压器二次侧折算到一次侧后，电动势和电压的折算值等于实际值乘以变比 $k$，电流的折算值等于实际值除以变比 $k$，而电阻、漏电抗及阻抗的折算值等于实际值乘以 $k^2$。

**特别提示**

折算只是一种分析方法，只要保持磁动势 $\dot{F}_2$ 不变，就未改变变压器的电磁关系，也不会改变变压器的功率平衡关系，即折算前后二次绕组内的功率和损耗均将保持不变。

折算之后，变压器负载运行时的基本方程式变为

$$\begin{cases} \dot{U}_1 = -\dot{E}_1 + \dot{I}_1 R_1 + j\dot{I}_1 X_1 = -\dot{E}_1 + \dot{I}_1 Z_1 & \text{①} \\ \dot{U}_2' = \dot{E}_2' - \dot{I}_2' R_2' - j\dot{I}_2' X_2' = \dot{E}_2' - \dot{I}_2' Z_2' & \text{②} \\ \dot{I}_1 + \dot{I}_2' = \dot{I}_0 & \text{③} \\ \dot{E}_1 = \dot{E}_2' & \text{④} \\ -\dot{E}_1 = \dot{I}_0 Z_m = \dot{I}_0 (R_m + jX_m) & \text{⑤} \\ \dot{U}_2' = \dot{I}_2' Z_L' & \text{⑥} \end{cases} \tag{3-36}$$

**2. 等值电路**

在研究变压器空载运行时，可以用一个纯电路形式的等值电路（图 3-20）来直接表示变压器内部的电磁关系。现在变压器经过折算后，也可以用一个纯电路形式的等值电路来直接表示变压器负载运行时内部的电磁关系。

**(1) T 型等值电路。**

变压器一、二次绕组间，只有磁的耦合而无电的联系。但变压器进行绕组折算后，变压器一、二次绕组匝数相同，故电动势 $\dot{E}_1 = \dot{E}_2'$，可认为一、二次侧感应电动势相同而合并成一条支路。一、二次绕组的磁动势平衡方程式也变成等值的电流关系 $\dot{I}_1 + \dot{I}_2' = \dot{I}_0$。这样就可以画出一、二次绕组的等值电路，方法如下。

① 根据式（3-36）中的第①式和第②式，可画出一、二次绕组的等值电路。实际上就

是把一、二次绕组的电阻和漏磁通从实际变压器中分离出来，其效果用电阻 $R_1$、$R_2'$ 和漏电抗 $X_1$、$X_2'$ 来表示，如图 3-24（a）和（c）所示，图中二次侧各量均已折算到一次侧。

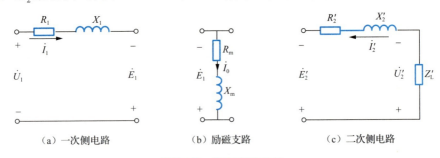

图 3-24  部分等值电路

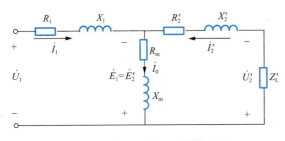

图 3-25  变压器的 T 型等值电路

② 根据式（3-36）中的第⑤式可画出励磁部分等值电路，即把铁心的磁阻和铁损耗分离出来，其效果用励磁阻抗 $R_m$ 和 $X_m$ 来表示，如图 3-24（b）所示。

③ 根据 $\dot{I}_1 + \dot{I}_2' = \dot{I}_0$ 和 $\dot{E}_1 = \dot{E}_2'$ 两式，把这三个电路连接起来，即可得到变压器的 T 型等值电路，如图 3-25 所示。

  想 一 想

在变压器的等值电路中，励磁电阻 $R_m$ 代表什么电阻？这个电阻能否用万用表直接测量？

（2）近似等值电路。

T 型等值电路正确地反映了变压器内部的电磁关系，但是它是一个具有串并联的混合电路，计算时比较烦琐。考虑到在一般变压器中，可认为 $\dot{I}_0$ 不随负载变化，就可以把 T 型等值电路中的励磁支路从电路的中间移到电源端，形成变压器 Γ 型等值电路，如图 3-26 所示，称为变压器的近似等值电路。根据这种电路对变压器的运行情况进行定量运算，所引起的误差是很小的；而且近似等值电路是一个并联电路，计算过程相对简便。

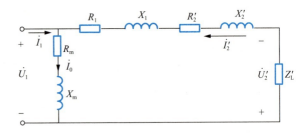

图 3-26  变压器的 Γ 型等值电路

（3）简化等值电路。

由于一般电力变压器励磁电流 $I_0$ 远小于额定电流 $I_N$，因此，也可以忽略励磁电流 $I_0$，即去掉励磁支路，从而得到一个更简单的阻抗串联电路，如图 3-27（a）所示，称为变压器的简化等值电路，也称一字型等值电路。

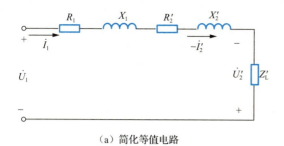
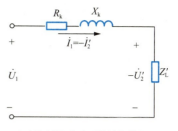

(a) 简化等值电路　　　　　　　　　(b) 以短路阻抗表示的简化等值电路

图 3-27　变压器的简化等值电路

对于简化等值电路 [图 3-27（a）]，令

$$\begin{cases} Z_k = Z_1 + Z_2' = R_k + jX_k \\ R_k = R_1 + R_2' = R_1 + k^2 R_2 \\ X_k = X_1 + X_2' = X_1 + k^2 X_2 \end{cases} \quad (3\text{-}37)$$

式中，$Z_k$ 称为短路阻抗；$R_k$ 称为短路电阻；$X_k$ 称为短路电抗。

用短路阻抗表示的简化等值电路如图 3-27（b）所示，用其解决计算变压器的实际问题十分简便，而在多数情况下其精确度也能满足工程要求，因此得到了广泛地应用。

短路阻抗是变压器的一个重要参数，反映额定负载运行时变压器的内部压降。它可以通过变压器的短路试验获得，详见 3.4.2 节。

### 3.3.4　变压器负载运行时的相量图

根据变压器的基本方程式和等值电路，可以绘制变压器负载运行时的相量图。下面以感性负载为例介绍绘制变压器负载运行相量图的方法，绘制结果如图 3-28 所示。

假设已知负载情况和变压器参数，即已知 $\dot{U}_2$、$\dot{I}_2$、$\cos\varphi_2$、$k$、$R_1$、$X_1$、$R_2$、$X_2$、$R_m$ 和 $X_m$，则绘图步骤如下。

① 根据变比 $k$ 计算二次侧折算到一次侧的折算值 $\dot{U}_2'$、$\dot{I}_2'$、$R_2'$ 和 $X_2'$，取 $\dot{U}_2'$ 为参考相量，$\dot{I}_2'$ 滞后 $\dot{U}_2'$ 一个角度 $\varphi_2$。

② 根据二次侧电压平衡方程式 $\dot{E}_2' = \dot{U}_2' + j\dot{I}_2'X_2' + \dot{I}_2'R_2'$，在 $\dot{U}_2'$ 上叠加 $\dot{I}_2'R_2'$ 和 $j\dot{I}_2'X_2'$，$\dot{I}_2'R_2'$ 与 $\dot{I}_2'$ 同相，$j\dot{I}_2'X_2'$ 超前 $\dot{I}_2'$ 90°，从而可得到 $\dot{E}_2'$。

③ 根据 $\dot{E}_1 = \dot{E}_2'$，得到 $\dot{E}_1$，取其反向值，为 $-\dot{E}_1$。

④ 主磁通 $\dot{\Phi}_m$ 超前 $\dot{E}_1$ 90°，大小为 $\Phi_m = \dfrac{E_1}{4.44 f_1 N_1}$，而励磁电流 $\dot{I}_0$ 超前 $\dot{\Phi}_m$ 一个角度 $\alpha$，$\alpha = \arctan\dfrac{X_m}{R_m}$，$\dot{I}_0 = \dfrac{-\dot{E}_1}{Z_m}$。

⑤ 由 $\dot{I}_1 = \dot{I}_0 + (-\dot{I}_2')$ 可画出 $\dot{I}_1$。

⑥ 根据 $\dot{U}_1 = -\dot{E}_1 + \dot{I}_1 R_1 + j\dot{I}_1 X_1$ 可画出 $\dot{U}_1$。

由图 3-28 可见，$\dot{I}_1$ 滞后 $\dot{U}_1$ 一个角度 $\varphi_1$，$\varphi_1$ 为变压器一次侧的功率因数角。

图 3-28 在理论分析上是有意义的，但是实际应用较复杂。因为已制成的变压器，很难用试验的方法把 $X_1$ 和 $X_2$ 分开，所以在分析变压器负载运行时，常根据图 3-27（b）的简化

等值电路，忽略 $\dot{I}_0$，故 $\dot{I}_1 = -\dot{I}_2'$，在 $-\dot{U}_2'$ 的相量上加上平行于 $\dot{I}_1$ 的相量 $\dot{I}_1 R_k$ 和超前 $\dot{I}_1 90°$ 的相量 $\mathrm{j}\dot{I}_1 X_k$，便得到电源电压 $\dot{U}_1$，如图 3-29 所示。由图 3-29 可见，短路阻抗的压降形成一个三角形，称为短路阻抗压降三角形。对已做好的变压器，这个三角形的形状是固定的，它的大小和负载成正比，在额定负载时称为短路三角形。

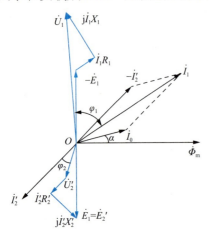

图 3-28 感性负载时变压器的相量图

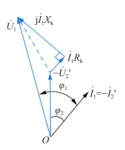

图 3-29 感性负载时变压器的简化相量图

### 3.3.5 标幺值

同一系列的电力变压器无论是容量等级，还是电压等级，相差极其悬殊，其参数也相差很大。为了便于分析和表示，在工程计算中，各物理量往往不用它们的实际值来表示，而是用标幺值来表示。

**1. 标幺值的定义**

所谓标幺值，就是某物理量的实际值与选定的一个同单位的基准值进行比较，其比值称为该物理量的标幺值，即

$$标幺值 = \frac{实际值}{基准值}$$

为了区分标幺值和实际值，各物理量标幺值的符号是在该物理量符号的右上角加 "*" 来表示。

**2. 基准值的选取**

为使标幺值具有一定的物理意义，常选各物理量的额定值作为基准值，具体如下。

（1）额定电压和电流作为线电压和线电流的基准值，即

$$\begin{cases} U_1^* = \dfrac{U_1}{U_{1N}}, & U_2^* = \dfrac{U_2}{U_{2N}} \\ I_1^* = \dfrac{I_1}{I_{1N}}, & I_2^* = \dfrac{I_2}{I_{2N}} \end{cases} \quad (3\text{-}38)$$

（2）电阻、电抗和阻抗采用同一个基准值，在确定了电压和电流的基准值后，阻抗基

准值 $Z_N$ 是额定电压与额定电流的比值，即 $Z_N = \dfrac{U_N}{I_N}$，则有

$$\begin{cases} Z_1^* = \dfrac{Z_1}{Z_{1N}} = \dfrac{I_{1N}Z_1}{U_{1N}} \\ Z_2^* = \dfrac{Z_2}{Z_{2N}} = \dfrac{I_{2N}Z_2}{U_{2N}} \end{cases} \quad (3\text{-}39)$$

（3）有功功率、无功功率及视在功率采用同一个基准值，以额定视在功率为基准，单相视在功率的基准值为 $U_N I_N$，三相视在功率的基准值为 $\sqrt{3} U_N I_N$。

### 3. 标幺值的特点

（1）可以更直观地反映变压器的运行状态。例如，两台变压器的标幺值分别为 $U_1^* = 1.0$，$I_1^* = 1.0$ 和 $U_1^* = 1.0$，$I_1^* = 0.5$，可以判断出两台变压器的电源电压均为额定值，但前者满负荷运行，而后者为半载工作。

（2）因为取额定值为基准值，所以额定电压、额定电流和额定视在功率的标幺值为1。

（3）变压器绕组折算前后各物理量的标幺值相等。也就是说，采用标幺值计算时，不必再进行折算，这样给分析计算带来很大的方便，例如

$$U_2^* = \dfrac{U_2}{U_{2N}} = \dfrac{kU_2}{kU_{2N}} = \dfrac{U_2'}{U_{1N}} = U_2'^* \quad (3\text{-}40)$$

（4）由式（3-40）可知，短路阻抗 $Z_k^*$ 的标幺值为

$$Z_k^* = \dfrac{Z_k}{Z_{1N}} = \dfrac{Z_k I_{1N}}{U_{1N}} = \dfrac{U_k}{U_{1N}} = u_k^* \quad (3\text{-}41)$$

式中，$U_k$ 是额定电流在短路阻抗上的电压降，称为短路电压；$u_k^*$ 为短路电压的标幺值，等于短路阻抗 $Z_k^*$ 的标幺值。

（5）不论变压器的容量大小和电压高低，同一类变压器的参数在一个很小的范围内变化。例如，电力变压器短路阻抗 $Z_k^* = 0.04 \sim 0.10$，空载电流 $I_0^* = 0.02 \sim 0.10$。

（6）对三相变压器而言，无论是星形连接还是三角形连接，其线值和相值的标幺值总相等，从而不必指出是线值还是相值。

（7）各物理量的标幺值没有量纲，不能用量纲的关系来检查结果是否正确。

想 一 想

若一次侧电流的标幺值为0.5，则二次侧电流的标幺值是多少？为什么？

【例3-3】设一台单相变压器的额定容量 $S_N$=2kV·A，一、二次侧额定电压 $U_{1N}$、$U_{2N}$ 分别为 1100V、110V，$f_1$=50Hz，在一次侧测得下列数据：$Z_k$=30Ω，$R_k$=8Ω，在额定电压下空载电流的无功分量为 0.09A，有功分量为 0.01A。二次绕组保持额定电压。变压器负载阻抗为 $Z_L$=(10+j5)Ω。试求：

（1）变压器的近似等值电路参数，用标幺值表示；

（2）一次侧电压 $\dot{U}_1$ 和电流 $\dot{I}_1$。

解：（1）一次侧额定电流为

$$I_{1N} = \frac{S_N}{U_{1N}} = \frac{2000}{1100} \approx 1.82 \text{A}$$

二次侧额定电流为

$$I_{2N} = \frac{S_N}{U_{2N}} = \frac{2000}{110} \approx 18.2 \text{A}$$

一次侧阻抗为

$$Z_{1N} = \frac{U_{1N}}{I_{1N}} = \frac{1100}{1.82} \approx 604 \Omega$$

二次侧阻抗为

$$Z_{2N} = \frac{U_{2N}}{I_{2N}} = \frac{110}{18.2} \approx 6.04 \Omega$$

短路阻抗标幺值为

$$Z_k^* = \frac{Z_k}{Z_{1N}} = \frac{30}{604} \approx 0.0497$$

$$R_k^* = \frac{R_k}{Z_{1N}} = \frac{8}{604} \approx 0.0132$$

$$X_k^* = \sqrt{Z_k^{*2} - R_k^{*2}} = \sqrt{0.0497^2 - 0.0132^2} \approx 0.0479$$

负载阻抗标幺值为

$$R_L^* = \frac{R_L}{Z_{2N}} = \frac{10}{6.04} \approx 1.656$$

$$X_L^* = \frac{X_L}{Z_{2N}} = \frac{5}{6.04} \approx 0.828$$

以 $\dot{U}_1$ 为参考相量，即 $\dot{U}_1 = 1100\angle 0° \text{ V}$，因为负载为感性，所以额定电压下的空载电流为

$$\dot{I}_0 = 0.01 - j0.09 = 0.091\angle -83.69° \text{A}$$

励磁阻抗为

$$Z_m = R_m + jX_m = \frac{U_{1N}}{I_0} = \frac{1100\angle 0°}{0.091\angle -83.69°} = 1334.8 + j12013.97$$

$$= 12087.9\angle 83.69° \Omega$$

励磁阻抗标幺值为

$$R_m^* = \frac{R_m}{Z_{1N}} = \frac{1334.8}{604} \approx 2.2$$

$$X_m^* = \frac{X_m}{Z_{1N}} = \frac{12013.97}{604} \approx 19.9$$

（2）以二次侧电压 $\dot{U}_2$ 为参考，即 $\dot{U}_2^* = 1\angle 0°$，负载电流为

$$\dot{I}_2^* = \frac{\dot{U}_2^*}{R_L^* + jX_L^*} = \frac{1 + j0}{1.656 + j0.828} = 0.483 - j0.241 = 0.54\angle -26.6°$$

一次侧电压为

$$\dot{U}_1^* = \dot{U}_2^* + \dot{I}_2^* Z_k = \dot{I}_2^*[(R_k^* + R_L^*) + j(X_k^* + X_L^*)]$$
$$= 0.54\angle -26.6°(1.669 + j0.876)$$
$$= 0.54\angle -26.6° \times 1.8849\angle 27.69°$$
$$= 1.016\angle 1.1°$$
$$U_1 = \dot{U}_1^* U_{1N} = 1.016 \times 1100 = 1117.6\text{V}$$

$\dot{U}_1$ 升高后的励磁电流为

$$\dot{I}_0^* = \frac{\dot{U}_1^*}{Z_m^*} = \frac{1.016\angle 1.1°}{2.2 + j19.9} = \frac{1.016\angle 1.1°}{20.02\angle 83.69°} = 0.0507\angle -82.59° = 0.00653 - j0.05$$

励磁电流实际值为

$$\dot{I}_0 = (0.00653 - j0.05) \times 1.82 = (0.0119 - j0.091)\text{A}$$

由此可见，一次侧电压升高为 1.016 倍额定电压，励磁电流无功分量由 0.09A 升高到 0.091A，有功分量由 0.01A 升高到 0.0119A，功率因数角由 83.69°减小至 82.59°。

一次侧电流标幺值为

$$\dot{I}_1^* = \dot{I}_2^* + \dot{I}_0^* = 0.483 - j0.241 + 0.00653 - j0.05 = 0.49 - j0.291 = 0.57\angle -30.8°$$

一次侧电流实际值为

$$\dot{I}_1 = (0.49 - j0.291) \times 1.82 = (0.8918 - j0.5296)\text{A}$$

## 3.4　用试验方法测定变压器的参数

由 3.3.3 节的分析已得出变压器稳态运行时的等值电路，实际应用时，先要知道变压器的参数，才能画出其等值电路，供分析和计算使用。这些参数的大小直接影响变压器的运行性能。变压器的参数 $Z_1$、$Z_2$ 及 $Z_m$、$Z_k$ 等，是由变压器使用的材料、结构形状及几何尺寸决定的。变压器的基本参数不会标明在变压器的铭牌上，也不会在产品目录中给出，但可以通过计算方法和试验方法求取，这里只介绍参数的试验测定。通常通过空载试验和短路试验来测定变压器的参数。

### 3.4.1　空载试验

变压器在空载状态下进行的试验称为空载试验。通过空载试验可以测定变压器的变比 $k$、空载电流 $I_0$、铁损耗 $P_{Fe}$，从而计算出励磁阻抗 $Z_m$。

空载试验接线图如图 3-30 所示。图 3-30（a）为单相变压器的空载试验接线图，图 3-30（b）为三相变压器的空载试验接线图。做空载试验时，变压器的一侧接额定电压，另一侧开路。

若试验是在一次侧（高压侧）进行的，就应在一次绕组上接额定频率的额定电压 $U_{1N}$，二次绕组开路。

变压器空载运行时的阻抗 $Z_0$ 为

$$Z_0 = Z_1 + Z_m = (R_1 + jX_1) + (R_m + jX_m)$$

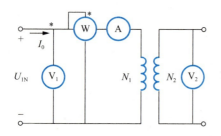
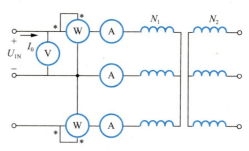

（a）单相变压器的空载试验接线图　　　　　（b）三相变压器的空载试验接线图

图 3-30　空载试验接线图

在电力变压器中，$R_m \gg R_1$，$X_m \gg X_1$，于是可以认为

$$Z_m = Z_0 = \frac{U_1}{I_0}$$

变压器空载试验时，二次绕组开路，没有功率输出，从电源输入的有功功率 $P_1$ 全部转换为损耗，称为空载损耗 $P_0$。$P_0$ 等于一次侧的铜损耗和铁损耗之和，由于 $R_m \gg R_1$，铜损耗与铁损耗相比可以忽略，可以认为空载损耗就是铁损耗。因为试验时外加额定频率的额定电压 $U_{1N}$，铁心中的主磁通与正常运行时的主磁通是相等的，所以空载试验时测得的铁损耗就是变压器正常运行时的铁损耗，于是有

$$P_1 = P_0 = P_{Cu1} + P_{Fe} = I_0^2 R_1 + I_0^2 R_m \approx I_0^2 R_m = P_{Fe}$$

对于单相变压器，根据测出的数据 $U_{1N}$、$U_{20}$、$I_0$ 和 $P_0$，可以计算出变压器的变比 $k$ 和励磁阻抗为

$$\begin{cases} k = \dfrac{U_{1N}}{U_{20}} \\ Z_m = \dfrac{U_{1N}}{I_0} \\ R_m = \dfrac{P_0}{I_0^2} \\ X_m = \sqrt{Z_m^2 - R_m^2} \end{cases} \quad (3\text{-}42)$$

由于励磁阻抗 $Z_m = R_m + jX_m$ 不是常数，而与磁路的饱和程度有关，因此做空载试验时的外接电压必须等于额定频率的额定电压 $U_{1N}$。

**特别提示**

对于三相变压器，测出的功率（二表法测出）是三相的总功率，要除以 3 得到一相的功率；同时要将试验测定的电流与电压的线值根据绕组的接法换算成相值，再根据式（3-42）计算每相的变比 $k$ 和 $Z_m$。

**安全小贴士**

理论上讲，空载试验可以在一次侧（高压侧）做，即一次侧加电压，二次侧开路，测

量一次侧的电流和输入功率；也可以在二次侧（低压侧）做，即二次侧加电压，一次侧开路。但考虑到空载试验所加电压较高，其电流较小，为试验的安全和仪器仪表选择方便，一般在二次侧（低压侧）加电压，一次侧（高压侧）开路。

如果空载试验是在二次侧进行，即一次绕组开路，二次绕组加电压，则测得的励磁阻抗是折算到二次侧的数值，若需要得到折算到一次侧的励磁阻抗，还必须将试验求得的励磁阻抗值乘以变比 $k^2$。

单相变压器空载试验大致步骤如下。

（1）变压器一次侧开路，二次侧接到额定频率、额定电压的电源上，同时正确连接功率表、电流表和电压表，根据铭牌数据计算变比 $k$。

（2）用单相调压器改变外加电压大小，使其从二次侧电压达到额定电压。

（3）若是单相变压器，通过功率表和电流表数据，记录空载电流、空载损耗；若是三相变压器，记录空载电流和空载损耗，然后求出单相空载电流和单相空载损耗。

（4）按式（3-42）进行数据处理，得到二次侧测定的励磁参数 $R_m$、$X_m$。

（5）因需要得到的是一次绕组的励磁阻抗，还必须将励磁参数 $R_m$、$X_m$ 分别乘以 $k^2$，即 $R'_m = k^2 R_m$，$X'_m = k^2 X_m$。

【例 3-4】一台三相变压器的额定容量 $S_N$=100kV·A，一、二次侧额定电压 $U_{1N}$、$U_{2N}$ 分别为 6000V、400V，Y 连接，额定电流 $I_{1N}$、$I_{2N}$ 分别为 9.63A、144A，在二次侧做空载试验，$P_0$=600W，$I_{20}$=9.37A。试求变压器的励磁阻抗。

解：计算一相的数据，由于是 Y 连接，于是有

$$k = \frac{U_1}{U_2} = \frac{U_{1N}/\sqrt{3}}{U_{2N}/\sqrt{3}} = \frac{U_{1N}}{U_{2N}} = \frac{6000}{400} = 15$$

$$U_1 = \frac{U_{1N}}{\sqrt{3}} = \frac{6000}{\sqrt{3}} \approx 3464\text{V}$$

$$U_2 = \frac{U_{2N}}{\sqrt{3}} = \frac{400}{\sqrt{3}} \approx 231\text{V}$$

故励磁阻抗为

$$Z_m = \frac{U_2}{I_{20}} = \frac{231}{9.37} \approx 24.65\Omega$$

$$R_m = \frac{P_0/3}{I_{20}^2} = \frac{200}{9.37^2} \approx 2.28\Omega$$

$$X_m = \sqrt{Z_m^2 - R_m^2} = \sqrt{24.65^2 - 2.28^2} \approx 24.5\Omega$$

折算到一次侧的励磁阻抗为

$$Z'_m = k^2 Z_m = 15^2 \times 24.65\Omega \approx 5546\Omega$$

$$R'_m = k^2 R_m = 15^2 \times 2.28\Omega = 513\Omega$$

$$X'_m = k^2 X_m = 15^2 \times 24.5\Omega \approx 5513\Omega$$

### 3.4.2 短路试验

变压器在短路状态下进行的试验称为短路试验。变压器短路试验通过短路电流 $I_k$、短路电压 $U_k$ 和短路功率 $P_k$，求出变压器的短路阻抗 $Z_k$ 和铜损耗。

短路试验接线图如图 3-31 所示。图 3-31（a）为单相变压器的短路试验接线图，图 3-31（b）为三相变压器的短路试验接线图。如果一次侧是高压，二次侧是低压，做试验时首先应将二次绕组短路，然后将一次绕组接调压器，使一次侧电压 $U_k$ 从零开始逐渐升高，流过一次绕组的电流 $I_k$ 逐渐上升，直到 $I_k=I_{1N}$ 时，停止升压，读取 $U_k$、$I_k$ 及输入功率。

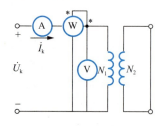
（a）单相变压器的短路试验接线图

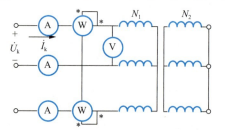
（b）三相变压器的短路试验接线图

图 3-31　短路试验接线图

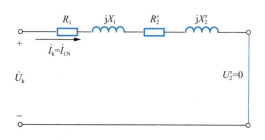

图 3-32　变压器短路试验简化等值电路

变压器短路试验简化等值电路如图 3-32 所示。由图 3-32 可知，由于二次绕组短路，$Z'_L = 0$，$U'_2 = 0$，回路的阻抗就是变压器的短路阻抗 $Z_k$，这时外施电压 $U_k$ 只与回路的阻抗压降相平衡，于是就有

$$I_k = \frac{U_k}{Z_k} \tag{3-43}$$

由于做短路试验时的电压大大低于其额定电压，因此变压器铁损耗就比正常运行时小很多，可以忽略不计，认为短路损耗 $P_{kN}$ 全部是铜损耗，并且等于额定运行时的铜损耗。因为这时流过一、二次绕组中的电流为额定电流，于是就有

$$P_{kN} = I_k^2 R_k = I_{1N}^2 R_k$$

这样，可以计算出单相变压器的短路阻抗为

$$\begin{cases} Z_k = \dfrac{U_k}{I_k} = \dfrac{U_{kN}}{I_{1N}} \\ R_k = \dfrac{P_{kN}}{I_k^2} = \dfrac{P_{kN}}{I_{1N}^2} \\ X_k = \sqrt{Z_k^2 - R_k^2} \end{cases} \tag{3-44}$$

由于绕组电阻随温度而变化，短路试验一般在室温下进行，故测得的电阻应换算到基准工作温度时的数值。按照国家标准，在计算变压器参数时，应将绕组电阻换算到 75℃时的数值。

对于铜线绕组变压器，绕组电阻为

$$R_{k75°C} = R_k \cdot \frac{234.5 + 75}{234.5 + \theta} \tag{3-45}$$

对于铝线绕组变压器，绕组电阻为

$$R_{k75°C} = R_k \cdot \frac{228 + 75}{228 + \theta} \tag{3-46}$$

上面两式中的 $\theta$ 是做试验时的室温。

于是 75℃时的短路阻抗值为

$$Z_{k75°C} = \sqrt{R_{k75°C}^2 + X_k^2} \tag{3-47}$$

一般变压器可以认为 $Z_2' = Z_1 = \dfrac{Z_{k75°C}}{2}$，$X_2' = X_1 = \dfrac{X_{k75°C}}{2}$，$R_2' = R_1 = \dfrac{R_{k75°C}}{2}$。

**特别提示**

和空载试验一样，对于三相变压器，$U_k$、$I_k$、$P_k$ 应用相值来计算。

**安全小贴士**

理论上讲，短路试验可以在任一侧做，但考虑到短路试验电流大、电压低，为了试验的安全和仪器仪表选择方便，一般在一次侧（高压侧）加电压，二次侧（低压侧）短路。

短路试验时，$I_k = I_{1N}$ 时的外施电压称为短路电压 $U_k = I_{1N}Z_k$。它为额定电流在短路阻抗上的压降，故也称阻抗电压。

短路阻抗 $Z_k$ 和短路电压 $U_k$ 在数值上不相等，但是它们的标幺值是相等的，即 $Z_k^* = U_k^*$。常用 $u_k$ 表示 $U_k^*$ 标明在变压器的铭牌上，所以 $u_k$ 就是短路电压的标幺值，也就是短路阻抗的标幺值。短路电压的大小直接反映了短路阻抗的大小，而短路阻抗又直接影响变压器的运行性能。从正常运行的角度看，希望它小些，因为负载变化时，二次侧电压波动小些；但从短路故障的角度，则希望它大些，相应的短路电流就小些。一般中、小型电力变压器的 $u_k$ 为 4%~10.5%，大型电力变压器的 $u_k$ 为 12.5%~17.5%。

单相变压器短路试验的大致步骤如下。

（1）首先将二次绕组短路，然后将一次绕组接单相调压器，同时正确连接单相功率表和电流表。

（2）将单相调压器逐渐升压，观察电流表到 $I_k = I_{1N}$ 时，停止升压，记录短路电流 $I_k$、短路损耗 $P_k$。

（3）按式（3-44）进行数据处理，得到 $Z_k$、$R_k$、$X_k$。

（4）按式（3-45）、式（3-46）和式（3-47）进行数据处理，得到 $R_{k75°C}$、$Z_{k75°C}$。

（5）按式 $Z_2' = Z_1 = \dfrac{Z_{k75°C}}{2}$，$X_2' = X_1 = \dfrac{X_{k75°C}}{2}$，$R_2' = R_1 = \dfrac{R_{k75°C}}{2}$，分别求出 $Z_2'$、$Z_1$、$X_2'$、$X_1$、$R_2'$、$R_1$。

**【例 3-5】** 一台三相变压器的额定容量 $S_N$=100kV·A，一、二次侧额定电压 $U_{1N}$、$U_{2N}$ 分别为 6000V、400V，Yy0 连接，额定电流 $I_{1N}$、$I_{2N}$ 分别为 9.63A、144A，短路阻抗标幺值 $u_k = 0.1$。试求一、二次绕组的漏阻抗 $Z_1$ 和 $Z_2$。

**解：** 先计算变比 $k$ 为

$$k = \frac{U_1}{U_2} = \frac{U_{1N}/\sqrt{3}}{U_{2N}/\sqrt{3}} = \frac{U_{1N}}{U_{2N}} = \frac{6000}{400} = 15$$

已知短路电压标幺值为

$$u_k = U_k^* = \frac{Z_k I_{1N}}{U_1} = \frac{Z_k I_{1N}}{U_{1N}/\sqrt{3}} = 0.1$$

所以短路阻抗为

$$Z_k = \frac{u_k U_{1N}}{\sqrt{3} I_{1N}} = \frac{6000 \times 0.1}{\sqrt{3} \times 9.63} \approx 36\Omega$$

由于 $Z_2' \approx Z_1$，$Z_k = Z_1 + Z_2' = 2Z_1$，故

$$Z_1 = \frac{Z_k}{2} = \frac{36}{2} = 18\Omega$$

$$Z_2 = \frac{Z_2'}{k^2} = \frac{Z_1}{k^2} = \frac{18}{15^2} = 0.08\Omega$$

## 3.5 变压器的运行特性

变压器负载运行时的运行特性主要有外特性和效率特性。外特性是指电源电压和负载的功率因数为常数时，变压器二次侧电压随负载变化的关系特性，即 $U_2 = f(I_2)$，又称电压调整特性，常用电压变化率来表示二次侧电压变化的程度，它反映变压器供电电压的质量。效率特性是指电源电压和负载的功率因数为常数时，变压器的效率随负载电流变化的规律，即 $\eta = f(I_2)$。

变压器的电压变化率和效率是变压器的主要性能指标。下面分别讨论这两个问题。

### 3.5.1 电压变化率和外特性

**1. 电压变化率**

当变压器一次绕组接额定电压，二次绕组开路时，二次绕组的端电压 $U_{20}$ 即为二次绕组的额定电压 $U_{2N}$，变压器带上负载后，二次侧电压变为 $U_2$，与空载运行时二次绕组的额定电压 $U_{2N}$ 相比，变化为 ($U_{2N} - U_2$)，它与额定电压 $U_{2N}$ 的比值称为电压变化率或电压变化率，用 $\Delta U$ 表示，即

$$\Delta U = \frac{U_{20} - U_2}{U_{20}} \times 100\% = \frac{U_{2N} - U_2}{U_{2N}} \times 100\% = \frac{U_{1N} - U_2'}{U_{1N}} \times 100\%$$
$$= 1 - U_2'^* = 1 - U_2^* \qquad (3\text{-}48)$$

电压变化率是表征变压器运行性能的重要指标之一，它的大小反映了供电电压的稳定性。

由式（3-48）可得变压器二次侧电压为
$$U_2 = (1-\Delta U)U_{2N}$$

下面用简化等值电路对应的相量图来推导电压变化率的计算公式。变压器简化等值电路的相量图如图 3-33 所示。

在图 3-33 中，作相量 $-\dot{U}'_2$ 的延长线 $\overline{ab}$，再作辅助线 $\overline{cd}$、$\overline{ef}$ 和 $\overline{ed}$，使 $\overline{cd} \perp \overline{ab}$、$\overline{ef} \perp \overline{ab}$、$\overline{ed} // \overline{ab}$，根据图中的几何关系可得

$$\overline{ab}=\overline{af}+\overline{fb}=\overline{af}+\overline{ed}=I_1R_k\cos\varphi_2+I_1X_k\sin\varphi_2$$

在实际的电力变压器简化相量图中，$I_1Z_k$ 很小，$\overline{Oc} \approx \overline{Ob}$，则 $U_{1N} \approx U'_2 + \overline{ab}$，可得

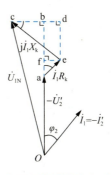

图 3-33 变压器简化等值电路的相量图

$$\begin{aligned}\Delta U &= \frac{U_{1N}-U'_2}{U_{1N}} \times 100\% = \frac{\overline{ab}}{U_{1N}} \times 100\% \\ &= \frac{I_1R_k\cos\varphi_2+I_1X_k\sin\varphi_2}{U_{1N}} \times 100\% \\ &= \beta\left(\frac{I_{1N}R_k\cos\varphi_2+I_{1N}X_k\sin\varphi_2}{U_{1N}}\right) \times 100\% \\ &= \beta(R_k^*\cos\varphi_2+X_k^*\sin\varphi_2) \times 100\%\end{aligned}$$ （3-49）

式中，$\beta$ 为负载系数，$\beta = \frac{I_1}{I_{1N}} = I_1^* = \frac{I_2}{I_{2N}} = I_2^*$，可反映负载大小，额定负载时，$\beta=1$。

式（3-49）表明，变压器的电压变化率 $\Delta U$ 具有以下性质。

（1）电压变化率与变压器短路阻抗有关。负载一定时，短路阻抗标幺值越大，电压变化率也越大。

（2）电压变化率与负载系数 $\beta$ 成正比关系。当负载为额定负载、功率因数为额定值时（通常为 0.8 滞后）的电压变化率称为额定电压变化率，用 $\Delta U_N$ 表示，约为 5%，所以一般电力变压器的一次绕组都有 ±5% 的抽头，用改变一次绕组匝数的方法来进行输出电压调节，称为分接头调压。

（3）电压变化率不仅与负载大小有关，还与负载性质有关。在实际变压器中，$X_k^* \gg R_k^*$，所以纯电阻负载时电压变化率较小；感性负载时，$\varphi_2$ 为正，电压变化率也为正，表明二次侧电压 $U_2$ 低于二次侧额定电压；但若为容性负载时，$\varphi_2$ 为负，$\sin\varphi_2$ 也为负，$\Delta U$ 可能为正值，也可能为负值，当 $\left|X_k^*\sin\varphi_2\right| > R_k^*\cos\varphi_2$ 时，则 $\Delta U$ 为负值，表明二次侧电压 $U_2$ 可能高于二次侧额定电压。

 想一想

从运行的观点看，变压器的电压变化率是大一些好，还是小一些好？

## 2. 外特性

当一次侧为额定电压，负载功率因数不变时，二次侧电压 $U_2$ 与负载电流 $I_2$ 的关系曲线 $U_2=f(I_2)$ 称为变压器的外特性。用标幺值表示的外特性如图 3-34 所示，即 $U_1^* = 1$，$\cos\varphi_2 = $ 常数，$U_2^* = f(I_2^*)$ 的关系曲线。从图 3-34 中可以看出：对于阻性负载和感性负载，随着负载系数的增大，变压器输出电压降低；对于容性负载，随着负载系数增大，变压器输出电压有可能增大，高于额定电压。因此，外特性反映了当负载变化时，变压器二次侧的供电电压能否保持恒定的特性。显然，$Z_k^*$ 越小，特性曲线越平，变压器输出电压稳定性越好。

图 3-34 变压器的外特性

### 3.5.2 损耗、效率和效率特性

#### 1. 变压器的损耗

变压器是利用电磁感应原理来传递交流电能的。在能量的传递过程中，必然伴随着能量的损耗。

利用 T 型等值电路，可以分析变压器稳态运行时的功率平衡关系。其有功功率平衡关系如下：一次侧输入的有功功率 $P_1$，将在一次绕组的电阻上产生铜损耗 $P_{Cu1}$，在励磁电阻上产生铁损耗 $P_{Fe}$，剩下的功率就是传递到二次侧的有功功率，即二次侧得到的电磁功率 $P_M$；此电磁功率扣除二次绕组的铜损耗 $P_{Cu2}$，剩下的就是变压器输出的有功功率 $P_2$，即负载获得的有功功率，如图 3-35 所示。易得变压器总的损耗为

$$\Sigma P = P_{Cu} + P_{Fe} = P_{Cu1} + P_{Cu2} + P_{Fe} \tag{3-50}$$

其中，铜损耗 $P_{Cu}$ 与负载电流的平方成正比，因而也称可变损耗。但由于与绕组的温度有关，一般都用 75°时的电阻值来计算。铁损耗 $P_{Fe}$ 实际上就是变压器的空载损耗 $P_0$，它与 $U_1^2$ 成正比，由于变压器的一次侧电压通常保持不变，故铁损耗可视为不变损耗。

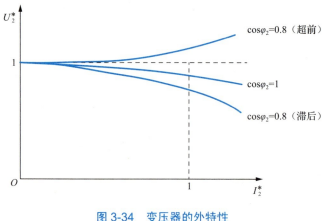

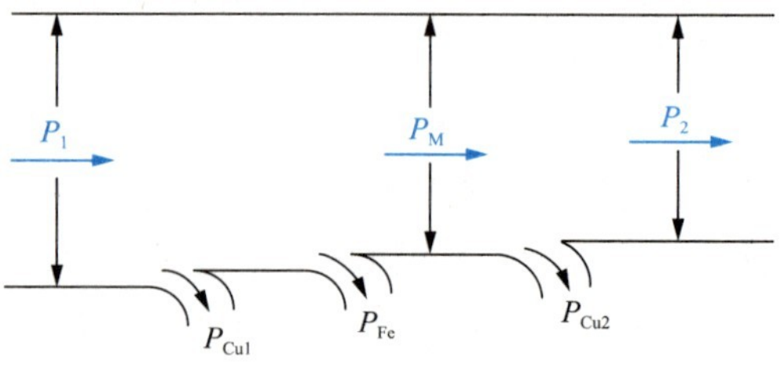

图 3-35 变压器有功功率平衡图

设变压器短路损耗为 $P_k$，则铜损耗为

$$P_{Cu} = I_1^2 R_k = (\beta I_{1N})^2 R_k = \beta^2 I_{1N}^2 R_k = \left(\frac{I_2}{I_{2N}}\right)^2 P_{kN} = I_2^{*2} P_{kN} = \beta^2 P_{kN} \tag{3-51}$$

由式（3-51）可知，变压器的铜损耗与变压器短路损耗 $P_k$ 有固定关系。式（3-50）可改写成

$$\Sigma P = P_0 + \beta^2 P_{kN} \tag{3-52}$$

变压器中无功功率也满足功率平衡，其无功功率平衡关系如下：一次侧吸收的无功功率，扣除一次绕组漏电抗所需的无功功率和励磁所需的无功功率，就是传递到二次侧的无功功率，再扣除二次绕组漏电抗所需的无功功率，剩下的就是变压器向负载输出的无功功率。

变压器负载运行时，哪些量随负载变化？哪些量不随负载变化？

2. 变压器的效率和效率特性

变压器效率是指变压器的输出有功功率 $P_2$ 与输入有功功率 $P_1$ 之比，用 $\eta$ 表示

$$\eta = \frac{P_2}{P_1} \times 100\% = \frac{P_2}{P_2 + \Sigma P} \times 100\% \tag{3-53}$$

对于单相变压器，输出的有功功率为

$$P_2 = U_2 I_2 \cos\varphi_2 \approx U_{2N} I_2 \cos\varphi_2 = \beta U_{2N} I_{2N} \cos\varphi_2 = \beta S_N \cos\varphi_2 \tag{3-54}$$

对于三相变压器，输出的有功功率为

$$\begin{aligned} P_2 &= \sqrt{3} U_2 I_2 \cos\varphi_2 \approx \sqrt{3} U_{2N} (\beta I_{2N}) \cos\varphi_2 \\ &= \beta(\sqrt{3} U_{2N} I_{2N}) \cos\varphi_2 = \beta S_N \cos\varphi_2 \end{aligned} \tag{3-55}$$

则变压器效率为

$$\begin{aligned} \eta &= \left(1 - \frac{P_0 + \beta^2 P_{kN}}{\beta S_N \cos\varphi_2 + P_0 + \beta^2 P_{kN}}\right) \times 100\% \\ &= \frac{\beta S_N \cos\varphi_2}{\beta S_N \cos\varphi_2 + P_0 + \beta^2 P_{kN}} \times 100\% \end{aligned} \tag{3-56}$$

当负载功率因数 $\cos\varphi_2$ 一定时，效率与负载系数 $\beta$ 有关。根据式（3-56），将其对 $\beta$ 求导，并使导数等于零，可得到变压器最大效率时的负载系数 $\beta_m$ 为

$$\beta_m^2 P_{kN} = P_0 \quad \text{或} \quad \beta_m = \sqrt{\frac{P_0}{P_{kN}}} \tag{3-57}$$

此时最大效率 $\eta_{max}$ 为

$$\eta_{max} = \frac{\beta_m S_N \cos\varphi_2}{\beta_m S_N \cos\varphi_2 + 2P_0} \times 100\% \tag{3-58}$$

式（3-58）说明，当变压器的铁损耗和铜损耗相等，即不变损耗与可变损耗相等时，效率最高。由于变压器实际运行时，其一次绕组常接在电源电压上，因此其铁损耗总是存在，而铜损耗随负载大小而改变。因为接在电网上的变压器不可能长期满载运行，铁损耗却常年存在，所以铁损耗小一些，对变压器长期运行的平均效率有利。一般变压器最高效率 $\eta_{max}$ 发生在负载系数 $\beta$ 为 0.5~0.6 的范围内。

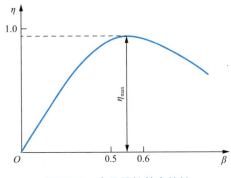

图 3-36 变压器的效率特性

负载功率因数 $\cos\varphi_2$ 一定时，效率 $\eta$ 与负载系数 $\beta$ 的关系曲线 $\eta=f(\beta)$ 称为效率特性，如图 3-36 所示。额定负载时的效率称为额定效率，用 $\eta_N$ 表示。可见，变压器的效率特性与直流电动机的效率特性完全相似。

效率是变压器运行时的又一个重要性能指标，它反映了变压器运行的经济性。中、小型变压器的效率一般为 95%～98%，大型变压器可达 99%。

【例 3-6】一台三相电力变压器，容量 $S_N=100kV \cdot A$，一、二次侧额定电压为 $U_{1N}$、$U_{2N}$ 分别为 6000V、400V，一、二次侧额定电流 $I_{1N}$、$I_{2N}$ 分别为 9.63A、144.5A，Yyn0 连接，$f_N=50Hz$，在 25°C 时的空载和短路试验数据如表 3-3 所示。

表 3-3　25°C 时的空载和短路试验数据

| 试验名称 | U/V | I/A | P/W | 备注 |
|---|---|---|---|---|
| 空载试验 | 400 | 9.37 | 600 | 电压加在二次侧 |
| 短路试验 | 325 | 9.63 | 2014 | 电压加在一次侧 |

试求：

（1）折算到一次侧的励磁参数和短路参数；

（2）短路电压标幺值及其各分量；

（3）在额定负载且 $\cos\varphi_2=0.8$ 时的效率，电压变化率及二次侧电压；

（4）在额定负载且 $\cos(-\varphi_2)=0.8$ 时的效率，电压变化率及二次侧电压；

（5）当 $\cos\varphi_2=0.8$ 时，产生最大效率时的负载系数 $\beta_m$ 及最高效率 $\eta_{max}$。

解：（1）额定相电压为

$$U_{\varphi 1N} = \frac{6000}{\sqrt{3}} \approx 3464V$$

$$U_{\varphi 2N} = \frac{400}{\sqrt{3}} \approx 231V$$

变比为

$$k = \frac{3464}{231} \approx 15$$

空载相电压为

$$U_{\varphi 20} = 231V$$

空载相电流为

$$I_{\varphi 20} = I_{20} = 9.37A$$

每相空载损耗为

$$P_{\varphi 0} = \frac{600}{3} = 200W$$

励磁参数为

$$Z_m = Z_0 = \frac{U_{20}}{I_{20}} = \frac{231}{9.37} \approx 24.6\Omega$$

$$R_m = R_0 = \frac{P_{\varphi 0}}{I_{20}^2} = \frac{200}{9.37^2} \approx 2.28\Omega$$

$$X_m = \sqrt{Z_m^2 - R_m^2} = \sqrt{24.6^2 - 2.28^2} \approx 24.5\Omega$$

折算到一次侧的励磁参数为

$$Z_m' = k^2 Z_m = 15^2 \times 24.6 = 5535\Omega$$
$$R_m' = k^2 R_m = 15^2 \times 2.28 = 513\Omega$$
$$X_m' = k^2 X_m = 15^2 \times 24.5 \approx 5513\Omega$$

短路相电压为

$$U_{\varphi k1} = \frac{325}{\sqrt{3}} \approx 188\text{V}$$

短路相电流为

$$I_{\varphi k1} = I_{k1} = I_{1N} \approx 9.63\text{A}$$

短路相损耗为

$$P_{\varphi k} = \frac{2014}{3} \approx 671\text{W}$$

短路参数为

$$Z_k = \frac{U_{\varphi k1}}{I_{\varphi k1}} = \frac{188}{9.63} \approx 19.5\Omega$$

$$R_k = \frac{P_{\varphi k}}{I_{\varphi k1}^2} = \frac{671}{9.63^2} \approx 7.24\Omega$$

$$X_k = \sqrt{Z_k^2 - R_k^2} = \sqrt{19.5^2 - 7.24^2} \approx 18.1\Omega$$

折算到 75°C 时

$$R_{k75°C} = 7.24 \times \frac{235 + 75}{235 + 25} \approx 8.63\Omega$$

$$Z_{k75°C} = \sqrt{8.63^2 + 18.1^2} \approx 20\Omega$$

（2）额定短路相电压为

$$U_{kN} = I_{\varphi k1} Z_{k75°C} = 9.63 \times 20 = 192.6\text{V}$$

短路电压的标幺值为

$$U_{kN}^* = \frac{U_{kN}}{U_{\varphi 1N}} \approx \frac{192.6}{3464} \approx 0.0556$$

短路电压有功分量的标幺值为

$$U_{kP}^* = \frac{I_{\varphi k1} R_{k75°C}}{U_{\varphi 1N}} = \frac{9.63 \times 8.63}{3464} \approx 0.024$$

短路电压无功分量的标幺值为

$$U_{kQ}^* = \frac{I_{\varphi k1}X_k}{U_{\varphi 1N}} = \frac{9.63 \times 18.1}{3464} \approx 0.0503$$

（3）额定负载且 $\cos\varphi_2=0.8$ 时
额定短路损耗为

$$P_{kN} = 3I_{\varphi k1}^2 R_{k75°C} = 3 \times 9.63^2 \times 8.63 \approx 2400\text{W}$$

效率为

$$\eta = \left(1 - \frac{P_0 + \beta^2 P_{kN}}{\beta S_N \cos\varphi_2 + P_0 + \beta^2 P_{kN}}\right) \times 100\%$$

$$= \left(1 - \frac{0.6 + 1^2 \times 2.4}{1 \times 100 \times 0.8 + 0.6 + 1^2 \times 2.4}\right) \times 100\% \approx 96.4\%$$

电压变化率为

$$\Delta U = \beta(R_k^* \cos\varphi_2 + X_k^* \sin\varphi_2) \times 100\%$$
$$= 1 \times (0.024 \times 0.8 + 0.0503 \times 0.6) \times 100\% \approx 4.94\%$$

二次侧电压为

$$U_2 = (1 - \Delta U)U_{2N} = (1 - 0.0494) \times 400 \approx 380\text{V}$$

（4）额定负载且 $\cos(-\varphi_2)=0.8$ 时
效率为

$$\eta = \left(1 - \frac{P_0 + \beta^2 P_{kN}}{\beta S_N \cos\varphi_2 + P_0 + \beta^2 P_{kN}}\right) \times 100\%$$

$$= \left(1 - \frac{0.6 + 1^2 \times 2.4}{1 \times 100 \times 0.8 + 0.6 + 1^2 \times 2.4}\right) \times 100\% \approx 96.4\%$$

电压变化率为

$$\Delta U = \beta(R_k^* \cos\varphi_2 + X_k^* \sin\varphi_2) \times 100\%$$
$$= 1 \times (0.024 \times 0.8 - 0.0503 \times 0.6) \times 100\% \approx -1.1\%$$

二次侧电压为

$$U_2 = (1 - \Delta U)U_{2N} = 400 \times [1 - (-0.011)] = 404.4\text{V}$$

（5）当 $\cos\varphi_2=0.8$ 时，产生最大效率时的负载系数为

$$\beta_m = \sqrt{\frac{P_0}{P_{kN}}} = \sqrt{\frac{600}{2400}} = 0.5$$

最高效率为

$$\eta_{\max} = \frac{\beta_m S_N \cos\varphi_2}{\beta_m S_N \cos\varphi_2 + 2P_0} \times 100\% = \frac{0.5 \times 100 \times 0.8}{0.5 \times 100 \times 0.8 + 2 \times 0.6} \times 100\% \approx 97.1\%$$

## 3.6　变压器的连接组别

从前面几节的分析可知，变压器可以变电压、变电流、变阻抗，变压器其实还有一个作用就是变相位。要知道变压器一、二次侧电压相位的变化，就是要知道变压器的连接组

别。本节在分析单相变压器连接组别的基础上，进而分析三相变压器的磁路系统、连接方式和连接组别。因为从运行原理来看，三相变压器在对称负载下运行时，各相的电压、电流大小相等，相位上彼此相差120°，就其一相来说，和单相变压器没有什么区别。因此单相变压器的基本方程式、等值电路和运行特性的分析等完全适用于三相变压器。

### 3.6.1 单相变压器的连接组别

如图3-37（a）所示，把变压器的一次绕组与二次绕组套装在同一心柱上，被同一主磁通 $\dot{\Phi}_m$ 所交链，它们的出线端暂且用1、2和3、4标记。当主磁通 $\dot{\Phi}_m$ 交变时，在同一瞬间主磁通瞬时值在图示箭头方向上增加时，根据楞次定律，一次绕组中感应电动势的瞬时实际方向是从2指向1，二次绕组中感应电动势的瞬时实际方向是从4指向3，可见，1与3为同名端，2与4为同名端，或者称1与4为异名端，2与3为异名端。同名端又称同极性端，在对应的端点旁用圆点"•"来标记。同名端取决于绕组的绕制方向，若一、二次绕组的绕向相同，则两个绕组的上端（或下端）就是同名端；若一、二次绕组的绕向相反，则一次绕组的上端与二次绕组的下端为同名端，如图3-37（b）所示，1与4为同名端，2与3为同名端。

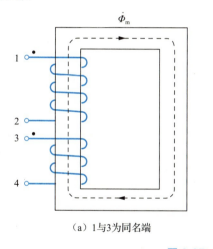
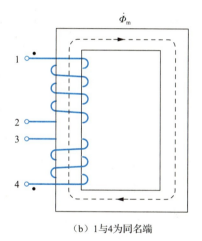

（a）1与3为同名端　　　　　　　　　（b）1与4为同名端

图 3-37　绕组的同名端

变压器的连接组别可用时钟表示法来表示。先把一次绕组的首端标记为A、末端标记为X，二次绕组的首端标记为a、末端标记为x。规定各绕组的电动势均由首端指向末端，即一次绕组电动势从A指向X，记为 $\dot{E}_{AX}$，简记为 $\dot{E}_A$，二次绕组电动势从a指向x，记为 $\dot{E}_{ax}$，简记为 $\dot{E}_a$。所谓时钟表示法，就是把电动势相量图中的一次绕组电动势 $\dot{E}_A$ 看成时钟的长针，永远指向钟面上的"12"，二次绕组电动势 $\dot{E}_a$ 看成时钟的短针，根据一、二次绕组电动势之间的相位指向不同的钟点。

单相变压器一、二次绕组电动势的相位关系只有同相位和反相位两种。在图3-38（a）所示的绕向相同、标记相同与图3-38（b）所示的绕向相反、标记相反的情况下，可判断出A、a为同名端，一、二次绕组电动势的相位差为0°，则图3-38（a）和图3-38（b）所示的单相变压器连接组标号为"0"，记作ⅠⅠ0 或Ⅰ/Ⅰ-0，其中罗马数字Ⅰ表示一、二次绕组是单相，钟点数0为连接组标号，具有该连接组标号的变压器称为同相变压器。同理，在图 3-38（c）所示的绕向相同、标记相反与图 3-38（d）所示的绕向相反、标记相同的情况下，可判断出 A、a 为异名端，一、二次绕组电动势的相位差为 180°，则图 3-38（c）和图 3-38（d）所示的单相变压器连接组标号为"6"，记为ⅠⅠ6 或Ⅰ/Ⅰ-6，具有该连接组标号的变压器称为反相变压器。我国国家标准规定，单相变压器标准连接组别是ⅠⅠ0。

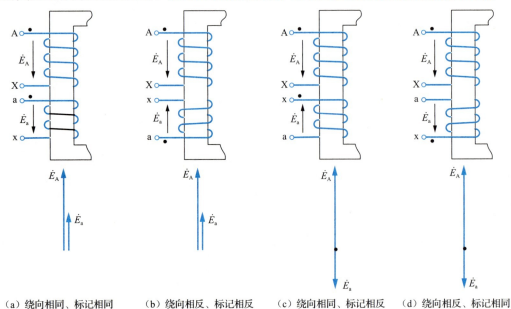

（a）绕向相同、标记相同　　（b）绕向相反、标记相反　　（c）绕向相同、标记相反　　（d）绕向相反、标记相同

图 3-38　单相变压器的同名端和电动势相位关系

### 3.6.2　三相变压器的磁路

现在电力系统均采用三相制供电，故三相变压器应用最为广泛。根据变压器铁心结构的不同，可把三相变压器磁路系统分为两类：一类是组式磁路，三相磁路彼此独立；另一类是心式磁路，三相磁路彼此相关。

**1. 三相组式变压器**

由三个结构完全相同的单相变压器绕组按一定方式作三相连接，构成三相组式变压器，如图 3-39 所示。每相主磁通各有自己的磁路，彼此相互独立，互不相关。若将三相绕

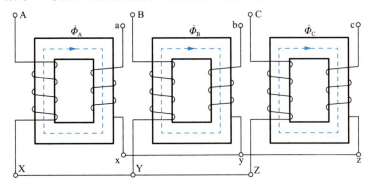

图 3-39　三相组式变压器

组接三相对称电源,则三相主磁通对称,三相空载电流也对称。三相组式变压器的优点是,特大容量的变压器制造容易,备用量小;缺点是铁心用料多,结构松散,占地面积大。因此组式磁路只适用于超高压、特大容量的巨型变压器。

### 2. 三相心式变压器

我国电力系统中使用最多的是三相心式变压器,如图 3-40 所示。三相心式变压器磁路彼此相关,其中图 3-40(a)相当于三个单相心式铁心合在一起。由于三相绕组接三相对称电源,三相主磁通也是对称的,故三相主磁通之和 $\Sigma \dot{\Phi} = \dot{\Phi}_A + \dot{\Phi}_B + \dot{\Phi}_C = 0$,这样中间心柱无磁通通过,便可以省去,形成如图 3-40(b)所示的结构。实际使用时为减少体积、便于制造,通常将铁心柱做在同一平面内,形成如图 3-40(c)所示的结构,称为三相三柱式铁心变压器,常用的三相心式变压器都是这种结构。

从图 3-40(c)可见,三相磁路长度不等,中间一相较短,且各相磁路彼此相关,即任何一相磁路必须通过其他两相磁路才能构成闭合回路。当外施三相对称电压时,三相磁通相同,但由于三相磁路的磁阻不相等,因此三相励磁电流 $I_0$ 不对称,但因为励磁电流 $I_0$ 很小,故变压器负载运行时影响非常小,可忽略不计。

与三相组式变压器相比,三相心式变压器耗材少、价格低、占地面积小、维护方便,**故目前大、中、小容量的变压器广泛采用心式变压器。**

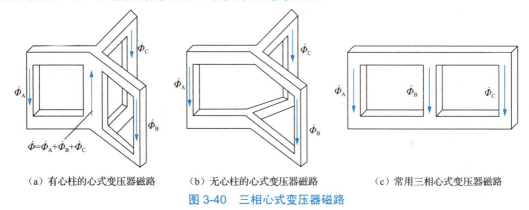

图 3-40 三相心式变压器磁路

### 3.6.3 三相变压器的连接方式

三相变压器的三相绕组通常采用星形(Y)连接(记为 Y 或 y)或三角形(△)连接(记为 D 或 d),在讨论连接方式前,首先对绕组首、末端的标志进行规定,如表 3-4 所示。

表 3-4 绕组首、末端的标志

| 绕组名称 | 单相变压器 | | 三相变压器 | | 中性点 |
|---|---|---|---|---|---|
| | 首端 | 末端 | 首端 | 末端 | |
| 一次绕组 | A | X | A、B、C | X、Y、Z | N |
| 二次绕组 | a | x | a、b、c | x、y、z | n |

### 1. 星形(Y)连接

把三相绕组的三个末端连在一起,把它们的首端引出,这就是星形(Y)连接,如

图 3-41（a）所示。三个末端连接在一起形成中性点，如果将中性点引出，就形成了三相四线制，表示为 YN 或 yn。在图 3-41（a）所示的接线图中，绕组按相序自左向右排列。

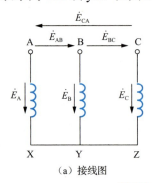
(a) 接线图

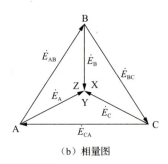
(b) 相量图

图 3-41 星形连接的接线图和相量图

相电动势为

$$\begin{cases} \dot{E}_A = E\angle 0° \\ \dot{E}_B = E\angle -120° \\ \dot{E}_C = E\angle +120° \end{cases}$$

线电动势为

$$\begin{cases} \dot{E}_{AB} = \dot{E}_A - \dot{E}_B \\ \dot{E}_{BC} = \dot{E}_B - \dot{E}_C \\ \dot{E}_{CA} = \dot{E}_C - \dot{E}_A \end{cases}$$

相电动势和线电动势的相量图如图 3-41（b）所示。这是一个相量位形图，其特点是重合在一处的各点是等电位的，如 X、Y、Z，且图中任意两点间的有向线段就表示该两点的电动势相量，如 $\overrightarrow{AX}$，即 $\dot{E}_{AX}=\dot{E}_A$，$\overrightarrow{AB}$ 即 $\dot{E}_{AB}$。

#### 2. 三角形（△）连接

若把一相绕组的末端和另一相绕组的首端连接起来，顺序连接成一闭合电路，这就是三角形（△）连接，有两种接法。

（1）顺三角形接法，接线顺序是 AX-BY-CZ-AX，如图 3-42（a）所示。

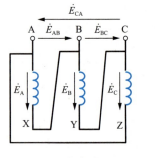
(a) 接线图

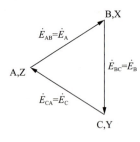
(b) 相量图

图 3-42 顺三角形接法的接线图和相量图

线电动势与相电动势的关系为

$$\begin{cases} \dot{E}_{AB} = \dot{E}_A \\ \dot{E}_{BC} = \dot{E}_B \\ \dot{E}_{CA} = \dot{E}_C \end{cases}$$

线电动势和相电动势的相量图如图 3-42（b）所示，这也是一个相量位形图。

（2）逆三角形接法，接线顺序是 AX-CZ-BY-AX，如图3-43（a）所示。

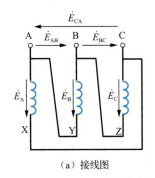

（a）接线图

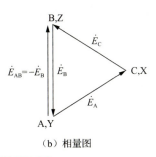

（b）相量图

图 3-43 逆三角形接法的接线图和相量图

线电动势与相电动势的关系为

$$\begin{cases} \dot{E}_{AB} = -\dot{E}_{B} \\ \dot{E}_{BC} = -\dot{E}_{C} \\ \dot{E}_{CA} = -\dot{E}_{A} \end{cases}$$

线电动势和相电动势的相量图如图3-43（b）所示，这也是一个相量位形图。

**特别提示**

从星形和三角形连接的电动势相量位形图可以看出，只要三相的相序为 A-B-C-A 时，则 A、B、C 三个点是顺时针方向依次排列，△ABC 是个等边三角形。这个结果可以帮助我们正确地画出电动势相量位形图来。

三相变压器一、二次绕组都可用 Y 或 △ 连接。

### 3.6.4 三相变压器的连接组别

三相变压器可以连接成如下几种形式：①Yy 或 YNy 或 Yyn；②Yd 或 YNd；③Dy 或 Dyn；④Dd。其中，大写字母表示一次绕组接法，小写字母表示二次绕组接法，字母 N、n 是星形接法的中性点引出标志。

三相绕组采用不同的连接方式时，一次绕组对应的线电压与二次绕组对应的线电压之间可以形成不同的相位。为了表明一、二次侧对应的线电压之间的相位关系，仍然采用"时钟表示法"，即把电动势相量图中的一次绕组线电动势 $\dot{E}_{AB}$ 看成时钟的长针，永远指向钟面上的"12"，而二次绕组线电动势 $\dot{E}_{ab}$ 看成时钟的短针，它所指向钟面上的时钟数就是连接组标号数。

三相变压器的连接组别不仅与绕组的绕向和首末端的标志有关，而且还与三相绕组的连接方式有关，但无论采用怎样的连接方式，一、二次线电动势的相位差总是 30°的整数倍。例如，Yd11 就表示一次绕组为星形连接，二次绕组为三角形连接，二次侧线电压滞后于一次侧线电压330°。这样从 0 到 11 共计 12 个组标号。

三相变压器的连接组标号很多，下面通过具体的例子来说明如何通过相量图确定变压器的连接组标号。

1. Yy 连接组

（1）Yy0 连接组。

图 3-44 为 Yy0 连接组变压器的接线图和相量图。下面具体说明确定三相变压器连接组标号的步骤。

① 在接线图上标出一、二次绕组相电动势 $\dot{E}_A$、$\dot{E}_B$、$\dot{E}_C$、$\dot{E}_a$、$\dot{E}_b$、$\dot{E}_c$ 和线电动势 $\dot{E}_{AB}$、$\dot{E}_{ab}$ 的假定正方向，如图 3-44（a）所示。

② 根据接线图，画出一次绕组电动势相量图，如图 3-44（b）所示。

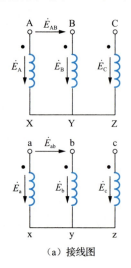
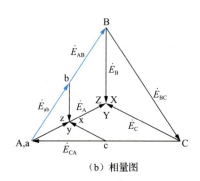

(a) 接线图　　　　　　　　　　(b) 相量图

图 3-44　Yy0 连接组

③ 根据同一铁心上一、二次绕组的相位关系（同相或反相），画出二次绕组电动势相量图，如图 3-44（b）所示。

**特别提示**

画二次绕组电动势相量图时，应将一、二次绕组的 A 点和 a 点重合，而且降压变压器 $\dot{E}_A$ 比 $\dot{E}_a$ 画得长些，使相位关系更加直观。

④ 比较一、二次绕组线电动势 $\dot{E}_{AB}$ 和 $\dot{E}_{ab}$ 的相位差，根据钟点数确定连接组标号。

很明显，图 3-44 中，一、二次绕组对应线电动势 $\dot{E}_{AB}$ 和 $\dot{E}_{ab}$ 同相位，所以钟点数为 0，则变压器的连接组标号为 Yy0 或 Y/Y-0。

（2）Yy6 连接组。

图 3-45（a）所示为 Yy6 连接组变压器的接线图。与图 3-44 的接线方式比较，一、二次绕组的首端不再是同名端，而是异名端。对应的线电动势 $\dot{E}_{AB}$ 和 $\dot{E}_{ab}$ 反相，即二次

侧线电动势 $\dot{E}_{ab}$ 滞后一次侧线电动势 $\dot{E}_{AB}$ 180°，如图 3-45（b）所示，则连接组标号为 Yy6 或 Y/Y-6。

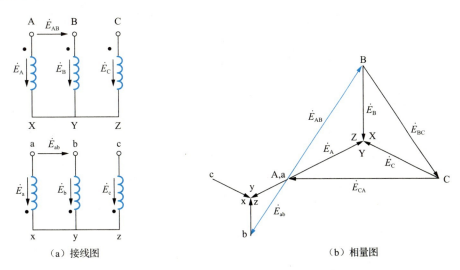

（a）接线图　　　　　　　　　　（b）相量图

图 3-45　Yy6 连接组

（3）Yy4 连接组。

图 3-46（a）所示为 Yy4 连接组变压器的接线图。与图 3-44 的接线方式相比，与一次绕组套在同一铁心上的二次绕组相序为 cz、ax、by，即二次侧三相绕组依次后移一个铁心柱，则二次侧线电动势 $\dot{E}_{ab}$ 滞后一次侧线电动势 $\dot{E}_{AB}$ 120°，如图 3-46（b）所示，则连接组标号为 Yy4 或 Y/Y-4。

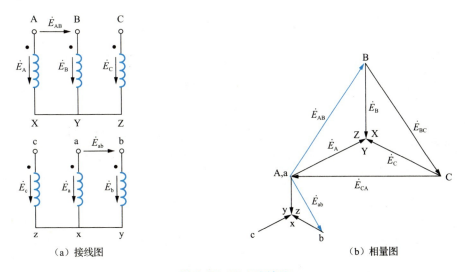

（a）接线图　　　　　　　　　　（b）相量图

图 3-46　Yy4 连接组

综上分析可知，Yy 连接的三相变压器，共有 Yy0、Yy2、Yy4、Yy6、Yy8、Yy10 六种连接组别，标号均为偶数。

如果依据一次侧线电动势 $\dot{E}_{BC}$ 与二次侧线电动势 $\dot{E}_{bc}$ 的相位关系确定连接组别，与依据 $\dot{E}_{AB}$ 和 $\dot{E}_{ab}$ 的相位关系确定连接组别的结果一样吗？

### 2. Yd 连接组

**（1）Yd11 连接组。**

图 3-47（a）所示为 Yd11 连接组变压器的接线图。将一次绕组按星形接法，二次绕组按 ax-cz-by-ax 顺序作三角形连接，这时一、二次绕组对应相的相电动势同相位，但二次侧线电动势 $\dot{E}_{ab}$ 滞后一次侧线电动势 $\dot{E}_{AB}$ 330°，如图 3-47（b）所示，则连接组标号为 Yd11 或 Y/△-11。

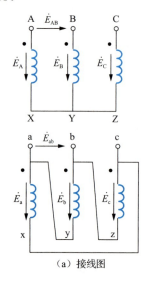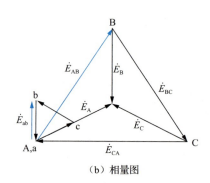

（a）接线图　　　　　　　（b）相量图

图 3-47　Yd11 连接组

**（2）Yd1 连接组。**

图 3-48（a）所示为 Yd1 连接组变压器的接线图。将一次绕组按星形接法，二次绕组按 ax-by-cz-ax 顺序作三角形连接，这时一、二次绕组对应相的相电动势同相位，但二次侧线电动势 $\dot{E}_{ab}$ 滞后一次侧线电动势 $\dot{E}_{AB}$ 30°，如图 3-48（b）所示，则连接组标号为 Yd1 或 Y/△-1。

如果在 Yd1 连接组变压器的接线图的基础上，仅将二次侧三相绕组依次后移一个铁心柱，则得到 Yd5 连接组；将二次侧三相绕组依次后移两个铁心柱，则得到 Yd9 连接组。

如果在 Yd1 连接组变压器的接线图的基础上，将二次绕组与一次绕组的首端变为异名端，则得到 Yd7 连接组。

综上分析可知，Yd 连接的三相变压器，共有 Yd1、Yd3、Yd5、Yd7、Yd9、Yd11 六种连接组别，标号均为奇数。

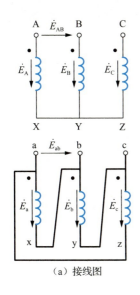 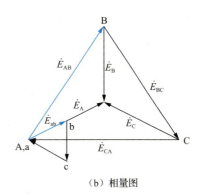

(a) 接线图  (b) 相量图

图 3-48  Yd1 连接组

3. 标准连接组别

变压器绕组连接组有以下几个特点。

(1) 当变压器的绕组标志（同名端或首末端）改变时，其连接组标号也改变。

(2) Yy 连接的变压器连接组标号均为偶数，Yd 连接的变压器连接组标号均为奇数。

(3) Dd 连接可得到与 Yy 连接相同的连接组标号，即 0、2、4、6、8、10；同样，Dy 连接也可得到与 Yd 连接相同的连接组标号，即 1、3、5、7、9、11。

但是为了制造和并联运行时的方便，国家标准规定，同一铁心柱上的一、二次绕组为同一相绕组，其绕向和标志均相同。根据此规定，单相双绕组电力变压器只有 II0 连接组标号一种。三相双绕组电力变压器有以下五种连接组。

(1) Yd11 连接组：用于二次侧电压超过 400V，一次侧电压在 35kV 以下，容量 6300kV·A 以下的场合。

(2) YNd11 连接组：用于一次侧中性点接地，电压一般在 35~110kV 以上的一次输电场合。

(3) Yyn0 连接组：用于二次侧为 400V 的配电变压器中，其二次侧可引出中性线，成为三相四线制，供给动力和照明负载，一次侧电压不超过 35kV，容量不超过 1800kV·A。

(4) YNy0 连接组：用于一次侧中性点需要接地的场合。

(5) Yy0 连接组：用于只供三相动力负载的场合。

最常用的连接方式是前三种，即 Yd11、YNd11、Yyn0。

## 3.7 变压器的并联运行

现代电力系统中，发电厂和变电站的容量越来越大，一台变压器往往不能担负起全部容量的传输或配电任务，为此电力系统中常采用两台或多台变压器并联运行的方式。变压器并联运行是指，一次绕组和二次绕组分别并联到一次侧和二次侧的公共母线上运行，共同向负载供电，如图 3-49 所示。变压器并联运行具有以下优点。

变压器的并联运行

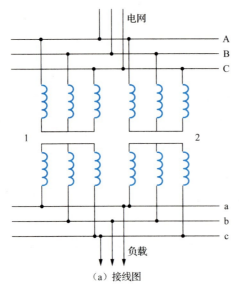
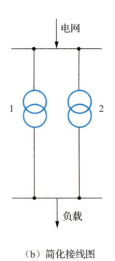

(a) 接线图  (b) 简化接线图

图 3-49 三相 Yy 连接变压器的并联运行

（1）提高供电的可靠性。并联运行的变压器，如果其中一台发生故障或需要检修，可从电网上切除，而另外的变压器仍正常工作，供电给部分重要负载，保证其正常用电。

（2）提高运行效率。并联运行的变压器可根据负载变化来调整投入运行的变压器台数，尽可能使变压器接近满载，从而减小能量损耗，提高运行效率。

（3）减少备用容量。因为并联运行的变压器容量小于总容量，并可随用电量的增加，分批安装变压器，减少初始投资。

### 3.7.1 变压器并联运行的理想情况

变压器并联运行的理想情况如下。

① 空载时，各变压器彼此不相干，并联运行的各台变压器之间无环流，即一次侧仅有空载电流，有较小的铜损耗，二次侧无铜损耗。

② 负载时，并联运行的各变压器的负载分配与各自的容量成正比，各变压器均满载运行，使各变压器能得到充分利用。

③ 负载时，各变压器负载电流同相位，以保证负载电流一定时，各变压器分担的电流最小。

为了达到上述的理想运行情况，变压器并联运行时必须满足以下条件。

① 各并联变压器的一、二次侧额定电压分别相等，即变比相等。

② 各并联变压器的一、二次侧线电压的相位差相同，即各变压器连接组标号相同。

③ 各并联变压器的阻抗电压标幺值相等，短路阻抗标幺值也相等。

实际上，满足条件①、条件②，可使变压器之间无环流；满足条件③，可使变压器所带负载按额定容量合理分配。变压器并联运行时，条件①、条件③允许稍有差异，但条件②必须严格保证。下面分析不满足并联运行条件下变压器的运行情况。

## 3.7.2 并联条件不满足时的运行分析

### 1. 变比不相等时变压器的并联运行

以两台变压器并联运行为例,如图 3-50 所示。这两台变压器连接组标号相同,短路阻抗标幺值相等,设变比分别为 $k_1$ 和 $k_2$,且 $k_1<k_2$。在图 3-50 中,两台变压器的一次绕组接同一电源,一次侧电压相等。由于变比不等,变压器二次侧电压不相等,忽略励磁电流时两台变压器二次侧电压分别为

$$\begin{cases} \dot{U}_{201} = \dfrac{\dot{U}_1}{k_1} \\ \dot{U}_{202} = \dfrac{\dot{U}_1}{k_2} \end{cases}$$

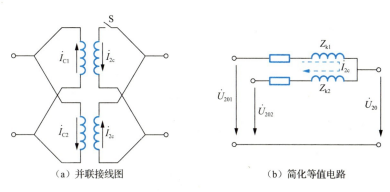

(a) 并联接线图　　　　　　(b) 简化等值电路

图 3-50　变比不相等时变压器的并联运行

变压器并联运行前,开关 S 两端有电位差 $\Delta \dot{U}_{20}$,为

$$\Delta \dot{U}_{20} = \dot{U}_{201} - \dot{U}_{202} = \dfrac{\dot{U}_1}{k_1} - \dfrac{\dot{U}_1}{k_2}$$

开关 S 闭合后,变压器空载运行时,由于二次侧回路电位差 $\Delta \dot{U}_{20}$ 的存在,因此在二次回路中产生环流 $\dot{I}_{2c}$,大小为

$$\dot{I}_{2c} = \dfrac{\Delta \dot{U}_{20}}{Z_{k1} + Z_{k2}} = \dfrac{\dfrac{\dot{U}_1}{k_1} - \dfrac{\dot{U}_1}{k_2}}{Z_{k1} + Z_{k2}} = \dfrac{k_1 - k_2}{k_1 k_2} \cdot \dfrac{\dot{U}_1}{Z_{k1} + Z_{k2}} \tag{3-59}$$

式中,$Z_{k1}$、$Z_{k2}$ 为两台并联变压器折算到二次侧的短路阻抗。

由于短路阻抗值很小,即使变比相差很小,也会产生较大的环流。总体来说,环流对变压器运行会产生以下不良后果。

(1) 环流虽然并非负载电流,却占据变压器的容量,增加了变压器的损耗,使变压器的输出容量减小。

(2) 两台变压器二次绕组内的环流相等,但由磁动势平衡关系可知,两台变压器变比不等,两台变压器一次侧的环流就不相等,变比小的变压器一次侧环流大,变比大的变压器一次侧环流小。因此若两台变压器容量相同,必有一台变压器不能达到额定容量。

由于环流的存在,可能使各变压器实际分担的电流不合理,形成一台满载,一台欠载;或一台已过载,另一台刚满载。当两台变压器的变比相差较大时,环流可能达到很大的数值,以致影响变压器的正常运行。因此,在制造变压器时,应把环流限制在一定范围内,一般要求它不超过额定电流的10%,通常规定并联运行的变压器变比 $(k_1-k_2)/\sqrt{k_1 k_2}$ 小于1%。

**2. 连接组标号不同时变压器的并联运行**

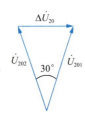

图3-51 Yy0和Yd11的变压器并联运行时二次侧线电压相量图

变压器连接组标号不同时并联运行,由于一、二次绕组线电压相位差不同,在一次绕组接同一电源时,二次侧线电压相位不相等,其电位差 $\Delta \dot{U}_{20}$ 较变比不等时要大得多。图3-51所示为连接组标号分别为Yy0和Yd11的变压器并联运行时二次侧线电压相量图。

从图3-51中可以看出,由于变压器二次侧线电压相位差30°,则有以下公式。

$$\Delta \dot{U}_{20} = \dot{U}_{201} - \dot{U}_{202}$$

$$\Delta U_{20} = 2U_{20} \sin \frac{30°}{2} \approx 0.52 U_{2N}$$

由此可见,并联运行的变压器相位差越大,$\Delta \dot{U}_{20}$ 也越大,由于变压器的短路阻抗很小,如此大的电压差会在变压器二次绕组中产生很大的环流,其数值超过额定电流很多倍,导致变压器严重发热,时间长了还会使变压器绕组烧毁,因此连接组标号不同的变压器绝对不允许并联运行。

**3. 短路阻抗标幺值不相等时变压器的并联运行**

如果变压器的变比和连接组标号都相同,而短路阻抗标幺值不相等,将不会在变压器中引起环流,但影响变压器负载分配,使其负载分配不合理。下面对这种情况进行讨论。

图3-52所示为两台变压器并联运行时的简化等值电路(不考虑励磁电流)。

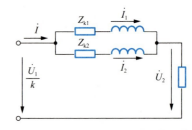

图3-52 两台变压器并联运行时的简化等值电路

由于并联运行的变压器一、二次侧电压相等,因此各并联变压器的阻抗压降被强制相等,对每台变压器有

$$I_1 Z_{k1} = I_2 Z_{k2}$$

可以得到各并联变压器电流与阻抗的关系为

$$I_1 : I_2 = \frac{1}{Z_{k1}} : \frac{1}{Z_{k2}} \qquad (3\text{-}60)$$

若采用标幺值表示,有

$$I_1^* : I_2^* = \frac{1}{Z_{k1}^*} : \frac{1}{Z_{k2}^*} \qquad (3\text{-}61)$$

式(3-61)表明,各变压器负载电流分配与它们的短路阻抗标幺值成反比,即短路阻抗标幺值大的变压器分担电流小,短路阻抗标幺值小的变压器分担电流大。短路阻抗标幺

值不等的变压器并联运行时，各变压器负载系数不相同，短路阻抗标幺值大的变压器满载运行，短路阻抗标幺值小的变压器已经过载，长时间过载运行是不允许的；而短路阻抗标幺值小的变压器满载运行时，短路阻抗标幺值大的变压器又处于欠载运行，变压器的容量不能充分利用。

因此，为了充分利用变压器容量，理想的负载分配应使各台变压器的负载系数相等，要求短路阻抗标幺值相等，即阻抗电压标幺值相等。

由于容量相近的变压器阻抗值也相近，因此一般并联运行的变压器最大容量与最小容量之比不超过 3:1。

在计算多台变压器并联运行时的负载分配问题时，可使用下面的计算方法。

（1）根据式（3-60），可以得到 $n$ 台并联运行的变压器各分担的负载电流分别为

$$\begin{cases} \dot{I}_1 = \dfrac{1}{Z_{k1}}(\dfrac{\dot{U}_1}{k} - \dot{U}_2) \\ \dot{I}_2 = \dfrac{1}{Z_{k2}}(\dfrac{\dot{U}_1}{k} - \dot{U}_2) \\ \vdots \\ \dot{I}_n = \dfrac{1}{Z_{kn}}(\dfrac{\dot{U}_1}{k} - \dot{U}_2) \end{cases} \quad (3\text{-}62)$$

把上面各式相加，得到 $n$ 台并联运行的变压器总的负载电流为

$$\dot{I} = (\dfrac{\dot{U}_1}{k} - \dot{U}_2)\sum_{i=1}^{n}\dfrac{1}{Z_{ki}}$$

从而可以得到第 $i$ 台变压器负载电流的计算公式为

$$\dot{I}_i = \dfrac{\dfrac{1}{Z_{ki}}}{\sum_{i=1}^{n}\dfrac{1}{Z_{ki}}}\dot{I} \quad (3\text{-}63)$$

（2）第 $i$ 台变压器负载系数为

$$\beta_i = \dfrac{I_i}{I_{Ni}} = \dfrac{I}{Z_{ki}^{*}\sum_{i=1}^{n}\dfrac{I_{Ni}}{Z_{ki}^{*}}} \quad (3\text{-}64)$$

式中，$I$ 为二次侧每相的总负载电流；$Z_{ki}^{*}$ 为第 $i$ 台变压器的短路阻抗标幺值。

实际运行时，为了充分利用变压器容量，要求各并联运行的变压器负载电流标幺值相差不超过 10%，所以各变压器的短路阻抗标幺值相差也不能超过 10%，阻抗角允许有一定的偏差。

【例 3-7】有两台三相变压器并联运行，其连接组别、额定电压和变比均相同，第一台为 3200kV·A，$Z_{k1}^{*} = 7\%$；第二台为 5600kV·A，$Z_{k2}^{*} = 7.5\%$。试求：

（1）第一台变压器满载时，第二台变压器的负载是多少？

（2）并联组的利用率是多少？

解：(1) 根据式（3-61）易得负载电流的标幺值与短路阻抗的标幺值成反比，故

$$\frac{I_1^*}{I_2^*} = \frac{Z_{k2}^*}{Z_{k1}^*} = \frac{7.5}{7} \approx 1.07$$

当第一台满载时，即 $I_1^* = 1$，第二台的负载为

$$I_2^* = \frac{1}{1.07} \approx 0.935$$

第二台变压器的输出容量为

$$S_2 = 0.935 \times 5600 = 5236 \text{kV} \cdot \text{A}$$

(2) 总输出容量为

$$S = S_1 + S_2 = 3200 + 5236 = 8436 \text{kV} \cdot \text{A}$$

并联组的利用率为

$$\frac{S}{S_N} = \frac{8436}{3200 + 5600} \approx 95.9\%$$

## 3.8 特种变压器

前面以普通双绕组电力变压器为例，阐述了变压器的基本理论，尽管变压器的种类、规格很多，但基本理论都是相同或相似的，因此不再一一讨论。本节主要介绍较常用的自耦变压器和互感器等特殊用途变压器的基本原理和特点。

### 3.8.1 自耦变压器

近年来，一次输电系统中，自耦变压器用得较多。例如，电力系统中用于连接不同电压等级系统的母线联络变压器，在电压变化不是很大时，采用自耦变压器比较经济。

所谓自耦变压器（图3-53），就是铁心上只有一个绕组，把它作为一次绕组，而将其他部分作为二次绕组，使其一、二次绕组之间既有磁的耦合，又有电的联系。与普通双绕组变压器一样，自耦变压器也有单相和三相之分，下面以单相自耦变压器为例简要分析运行过程中的电压、电流关系，其结论也适用于对称运行的三相自耦变压器。

(a) 单相自耦变压器

(b) 三相自耦变压器

图 3-53 自耦变压器

1. 结构特点

自耦变压器可看成由一台双绕组变压器改接而成。图3-54所示为一台普通的单相自耦变压器作为降压变压器时的结构图和接线图。在每相铁心上仍套两个同心绕组,二次侧引出线为ax,一次侧引出线为AX。可以看出,一次侧由Aa绕组和ax绕组串联组成,二次绕组为ax,其中ax绕组为一、二次绕组两侧共用,称为公共绕组,Aa绕组称为串联绕组。Aa绕组的匝数一般比ax绕组的匝数少。自耦变压器也可作为升压或降压变压器使用。

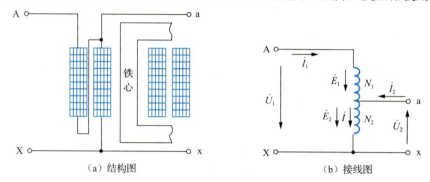

(a) 结构图　　　　　　　　　(b) 接线图

图3-54 单相自耦变压器作为降压变压器

2. 基本方程式

忽略励磁电流时,有磁动势平衡方程式为

$$\dot{I}_1(N_1+N_2)+\dot{I}_2N_2=0$$

也可表示为

$$\dot{I}_1=-\frac{N_2}{N_1+N_2}\dot{I}_2=-\frac{1}{k_a}\dot{I}_2 \tag{3-65}$$

从式(3-65)可以看出,$\dot{I}_1$与$\dot{I}_2$的大小与匝数成反比,相位相差180°。

流经公共绕组ax中的电流为

$$\dot{I}=\dot{I}_1+\dot{I}_2=-\frac{1}{k_a}\dot{I}_2+\dot{I}_2=(1-\frac{1}{k_a})\dot{I}_2 \tag{3-66}$$

从式(3-66)可以看出,$\dot{I}$与$\dot{I}_2$总是同相位,即$\dot{I}_1$与$\dot{I}$实际方向相反。自耦变压器为降压变压器时$I_1<I_2$,所以$I_1$、$I_2$、$I$的大小关系为

$$I_2=I_1+I \tag{3-67}$$

即二次侧相电流有效值等于串联绕组和公共绕组的相电流有效值之和。说明自耦变压器的输出电流$\dot{I}_2$由两部分组成,其中串联绕组流过的电流$\dot{I}_1$是由于一、二次绕组之间有电的联系,从一次侧直接传递到二次侧的;公共绕组流过的电流$\dot{I}$是通过电磁感应作用传递到二次侧的。

3. 等值电路

把自耦变压器二次侧的各物理量折算到一次侧,则折算到一次侧的二次侧电动势方程式为

$$\dot{U}'_2=k_a\dot{U}_2=k_a\dot{E}_2-k_a\dot{I}Z_{ax} \tag{3-68}$$

根据变比的定义，有 $k_a \dot{E}_2 = \dot{E}_1 + \dot{E}_2$，而电流有关系 $\dot{I} = \dot{I}_1 + \dot{I}_2 = \dot{I}_1 + k_a \dot{I}_2'$，则式（3-68）可表示为

$$\dot{U}_2' = (\dot{E}_1 + \dot{E}_2) - k_a(\dot{I}_1 + k_a \dot{I}_2')Z_{ax} \tag{3-69}$$

同样，考虑电流关系 $\dot{I} = \dot{I}_1 + \dot{I}_2 = \dot{I}_1 + k_a \dot{I}_2'$，式（3-69）可表示为

$$\dot{U}_1 = -(\dot{E}_1 + \dot{E}_2) + \dot{I}_1 Z_{Aa} + (\dot{I}_1 + k_a \dot{I}_2')Z_{ax} \tag{3-70}$$

将式（3-69）和式（3-70）相加，可得

$$\dot{U}_1 + \dot{U}_2' = \dot{I}_1[Z_{Aa} + Z_{ax}(1 - k_a)] + \dot{I}_2'(1 - k_a)k_a Z_{ax} \tag{3-71}$$

根据式（3-71），可得自耦变压器简化等值电路，如图 3-55 所示。

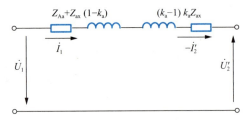

图 3-55 自耦变压器简化等值电路

**4. 短路阻抗**

从图 3-55 可以看出，自耦变压器的短路阻抗为

$$Z_{ka} = Z_{Aa} + Z_{ax}(1 - k_a)^2 = Z_{Aa} + Z_{ax}k^2 = Z_k \tag{3-72}$$

式（3-72）表明，自耦变压器一次侧的短路阻抗 $Z_{ka}$ 与该变压器作为双绕组变压器时的短路阻抗 $Z_k$ 相等。但两者的标幺值不相等，因为接成自耦变压器和双绕组变压器运行时，阻抗基准值不同。

接成自耦变压器时

$$Z_{ka}^* = \frac{Z_{ka}}{U_{1Na}/I_{1N}} = \frac{Z_k I_{1N}}{U_{1Na}}$$

式中，$U_{1Na}$ 为自耦变压器一次侧额定电压。

接成双绕组变压器时

$$Z_k^* = \frac{Z_k}{U_{1N}/I_{1N}} = \frac{I_{1N} Z_k}{U_{1N}}$$

式中，$U_{1N}$ 为接成双绕组变压器时一次侧额定电压。

则

$$\frac{Z_{ka}^*}{Z_k^*} = \frac{U_{1N}}{U_{1Na}} = \frac{N_1}{N_1 + N_2} = \frac{1}{1 + 1/k} = \frac{k}{k_a} = 1 - \frac{1}{k_a}$$

所以

$$Z_{ka}^* = (1 - \frac{1}{k_a})Z_k^* \tag{3-73}$$

式（3-73）表明，当一台双绕组变压器接成自耦变压器运行时，短路阻抗标幺值减小了。变比 $k_a$ 越小，短路阻抗标幺值下降越多。因此，自耦变压器的电压变化率较双绕组变压器时减小，宜用于一次输电线路中作为补偿线路电压损耗的变压器。同时，由于短路阻

抗标幺值减小，短路电流与短路阻抗标幺值成反比，因此自耦变压器较同容量的双绕组变压器短路电流增大。

**5. 容量关系**

自耦变压器的额定容量（又称铭牌容量）和绕组容量（又称电磁容量或设计容量）不相等，前者比后者大。额定容量用 $S_\mathrm{NA}$ 表示，指的是自耦变压器总的输入或输出容量，为

$$S_\mathrm{NA} = U_\mathrm{1N} I_\mathrm{1N} = U_\mathrm{2N} I_\mathrm{2N} \tag{3-74}$$

绕组容量指的是绕组电压和电流的乘积。对于双绕组变压器，变压器的容量就是绕组容量。

串联绕组 Aa 的电磁容量为

$$U_\mathrm{Aa} I_\mathrm{1N} = \frac{N_1}{N_1 + N_2} U_\mathrm{1N} I_\mathrm{1N} = \left(1 - \frac{1}{k_\mathrm{a}}\right) S_\mathrm{NA} = k_\mathrm{xy} S_\mathrm{NA} \tag{3-75}$$

公共绕组 ax 的电磁容量为

$$U_\mathrm{ax} I_\mathrm{N} = U_\mathrm{2N}(I_\mathrm{2N} - I_\mathrm{1N}) = \left(1 - \frac{1}{k_\mathrm{a}}\right) U_\mathrm{2N} I_\mathrm{2N} = k_\mathrm{xy} S_\mathrm{NA} \tag{3-76}$$

式中，$k_\mathrm{xy}$ 为效益系数，$k_\mathrm{xy} = 1 - \dfrac{1}{k_\mathrm{a}}$。

式（3-75）和式（3-76）表明，公共绕组和串联绕组的绕组容量相等。自耦变压器的额定容量 $S_\mathrm{NA} = U_\mathrm{1N} I_\mathrm{1N} = U_\mathrm{2N} I_\mathrm{2N} = U_\mathrm{ax}(I_\mathrm{N} + I_\mathrm{1N}) = U_\mathrm{ax} I_\mathrm{N} + U_\mathrm{ax} I_\mathrm{1N}$，所以自耦变压器的额定容量包含两部分：一是 $U_\mathrm{ax} I_\mathrm{N}$，为绕组容量，它实际上是以串联绕组 Aa 为一次侧，以公共绕组 ax 为二次侧的一个双绕组变压器，通过电磁感应作用从一次侧传递到二次侧的容量；二是 $U_\mathrm{ax} I_\mathrm{1N}$，它是通过电路上的连接，从一次侧直接传递到二次侧的容量，称为传导容量。传导容量不需要利用电磁感应来传递，所以自耦变压器的绕组容量小于额定容量。也就是说，在额定容量相等的情况下，自耦变压器的绕组容量较双绕组变压器的绕组容量要小。

**6. 特点**

自耦变压器与双绕组变压器相比，具有以下特点。

（1）由于自耦变压器绕组容量较额定容量小，双绕组变压器的绕组容量与额定容量相等，因此在额定容量相等的情况下，自耦变压器绕组容量小，则变压器的体积小，质量轻，节省材料，成本较低。

（2）自耦变压器有效材料（硅钢片和铜线）和结构材料（钢材）消耗较双绕组变压器少，因此铜损耗和铁损耗较小，效率较高，可达 99% 以上。

（3）自耦变压器体积小，可减小变电站占地面积，运输和安装也方便。

（4）自耦变压器的短路阻抗与双绕组变压器相等，但短路阻抗标幺值较小，带负载运行时二次侧电压变化率较小。

（5）自耦变压器一、二次侧回路没有隔离，一次侧故障会直接影响二次侧，给二次侧的绝缘及安全用电带来一定困难。为了解决这个问题，中性点必须可靠接地，一、二次侧都要安装避雷器等。同时，自耦变压器由于短路阻抗标幺值较小，因此短路电流较大。

**7. 应用**

自耦变压器主要应用于以下场合。

（1）在输电系统中，自耦变压器主要用来连接电压相近的电力系统。

（2）在配电系统中，为了补偿线路的电压降，自耦变压器常被用作升压变压器。

（3）在工厂里，自耦变压器常被用作异步电动机的启动补偿器。

（4）在实验室里，常把自耦变压器的二次绕组引出线做成可以在绕组上滑动的形式，以便方便地改变二次侧电压的大小，这种自耦变压器又称自耦调压器。

【例 3-8】一台单相双绕组变压器，额定容量 $S_N=10\text{kV}\cdot\text{A}$，一、二次侧额定电压 $U_{1N}$、$U_{2N}$ 分别为 220V、110V，短路阻抗标幺值 $Z_k^*=0.04$。现将其改接为一、二次侧额定电压分别为 220V、330V 的升压自耦变压器。试求：

（1）该自耦变压器一、二次侧额定电流和额定容量；

（2）该自耦变压器的短路阻抗标幺值。

解：（1）根据题意可知，双绕组变压器的一、二次绕组分别是自耦变压器的串联绕组和公共绕组，所以，自耦变压器二次侧额定电流 $I_{2\text{Na}}$ 等于双绕组变压器二次绕组的额定电流 $I_{2N}$，即

$$I_{2\text{Na}} = I_{2N} = \frac{S_N}{U_{2N}} = \frac{10 \times 10^3}{110} \approx 90.91\text{A}$$

根据式（3-76），该自耦变压器一次侧额定电流 $I_{1\text{Na}}$（即公共绕组额定电流）应为双绕组变压器的一、二次侧额定电流之和，为

$$I_{1\text{Na}} = I_{1N} + I_{2N} = \frac{S_N}{U_{1N}} + I_{2N} = \frac{10 \times 10^3}{220} + 90.91 \approx 136.36\text{A}$$

自耦变压器的额定容量为

$$S_{\text{Na}} = U_{1\text{Na}}I_{1\text{Na}} = U_{2\text{Na}}I_{2\text{Na}} = 330 \times 90.91 \approx 30\text{kV}\cdot\text{A}$$

（2）将该自耦变压器二次侧（公共绕组）短路，从一次侧看，短路阻抗实际值与双绕组变压器从二次侧看时的短路阻抗实际值相等，即

$$Z_{\text{ka}} = Z_k^* \cdot \frac{U_{2N}}{I_{2N}} = 0.04 \times \frac{110}{90.91} \approx 0.0484\Omega$$

自耦变压器短路阻抗标幺值为

$$Z_{\text{ka}}^* = Z_{\text{ka}} \cdot \frac{I_{2\text{Na}}}{U_{2\text{Na}}} = 0.0484 \times \frac{90.91}{330} \approx 0.01333\Omega$$

由此可见，自耦变压器的短路阻抗标幺值比构成它的双绕组变压器短路阻抗标幺值小。

### 3.8.2 互感器

在一次电力系统中，为了测量线路上的电压和电流，需要采用互感器。互感器是一种测量用的设备，分为电流互感器和电压互感器。它们的工作原理与普通双绕组变压器基本相同。

使用互感器有以下三个目的。

① 扩大常规仪表的量程，可以使用小量程的电流表测量大电流，用低量程的电压表测量高电压。

② 使测量回路与被测系统隔离，以保障工作人员和测试设备的安全。

③ 由互感器直接带动继电器线圈，为各类继电保护提供控制信号，也可以经过整流变换成直流电压，为控制系统或微机控制系统提供控制信号。

互感器有多种规格，但测量系统使用的电压互感器二次侧额定电压都统一设计成100V，电流互感器二次侧额定电流都统一设计成 5A 或 1A。也就是说，配合互感器使用的仪表的量程，电压应该是 100V，电流应该是 5A 或 1A。作为控制用途的互感器，通常由设计人员自行设计，没有统一的规格。

互感器的主要性能指标是测量精度，要求转换值与被测量值之间有良好的线性关系。因此，互感器的工作原理虽与普通变压器相同，但结构上还是有其特殊的要求。这里简单介绍电磁式电压互感器和电流互感器的工作原理，以及提高测量精度的措施。

### 1. 电压互感器

电压互感器实物图如图 3-56（a）所示，原理图如图 3-56（b）所示。它的一、二次绕组套在同一个闭合的铁心上，一次绕组匝数 $N_1$ 很多，直接并联在被测线路上，二次绕组匝数 $N_2$ 很少，接到测量仪表的电压线圈上。如果仪表个数不止一个，则各仪表并联接在电压互感器的二次绕组上。

（a）实物图

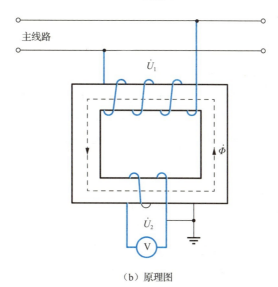

（b）原理图

图 3-56 电压互感器

电压互感器的工作原理和普通变压器相同。由于二次绕组所接的仪表电压线圈阻抗很大，二次侧的电流很小，因此电压互感器运行时相当于一台空载运行的降压变压器。不考虑漏阻抗压降，并认为二次侧电压线圈阻抗很大，互感器处于空载状态时，有

$$\begin{cases} \dot{U}_1 \approx -\dot{E}_1 \\ \dot{U}_2 = \dot{E}_{20} \end{cases}$$

则一、二次侧电压之比约等于变比，也即匝数比

$$k = \frac{U_1}{U_2} \approx \frac{E_1}{E_2} = \frac{N_1}{N_2}$$

这样，根据一、二次绕组的匝数比，可以将高电压转换为低电压进行测量。

由于只有在理想情况下，一、二次变比才等于绕组匝数比，而实际情况是互感器既存在漏阻抗压降，二次侧又不是空载运行，因此互感器总是存在测量误差。

为了减小测量误差，在电压互感器设计和制造时，应减小励磁电流和一、二次绕组的漏阻抗，可采取以下措施。

（1）铁心采用导磁性能好、铁损耗小的硅钢片，并使铁心工作磁通密度低一些，使磁路处于不饱和状态。铁心加工时，尽可能减小磁路中铁心叠片接缝处的气隙，使励磁电流减小。

（2）增大绕组导线截面积，改进线圈结构和绝缘，尽量减小绕组漏阻抗。

（3）为了保证测量精度，电压互感器使用时，也要求二次侧所接测试仪表具有高阻抗，并联的测量仪表数量不能太多，以保证电压互感器二次侧电流较小，接近空载状态。

因此，电压互感器的额定容量与普通电力变压器不同，不是按发热极限来规定的，而是按互感器所能并联的仪表数量来规定的，以满足互感器的测量精度要求。互感器的准确级可分为 0.2、0.5、1、3 和 10 五个等级，准确级的选择与所用电压表、功率表的精度有关。

 **安全小贴士**

使用电压互感器时应注意以下事项。

① 电压互感器二次侧绝对不允许短路，否则会产生很大的短路电流，引起绕组发热甚至烧坏绕组绝缘，使一次侧回路的高电压侵入二次侧低压回路，危及设备和人身安全。

② 为安全起见，电压互感器的二次绕组和铁心都必须可靠接地。

③ 使用时，二次侧所接阻抗不能太小，即二次绕组不能并联过多的仪表，以免影响互感器的测量精度。

电压互感器的应用如下。

（1）与测量仪表配合，可对线路的电压进行测量。

（2）与自动控制回路配合，可对电压进行自动控制。

（3）可对电力系统和电气设备进行过电压保护等。

电压互感器也有单相和三相之分。电力系统中广泛应用三相电压互感器，由于三相对称，因此以上分析对三相电压互感器完全适用。

## 2. 电流互感器

电流互感器主要结构和工作原理也与普通变压器相似,实物图如图 3-57(a)所示,原理图如图 3-57(b)所示。它的一次绕组 $N_1$ 由一匝或几匝截面较大的导线构成,串联在被测线路中,二次绕组 $N_2$ 匝数较多,线径较细,与各种仪表的电流线圈串联。

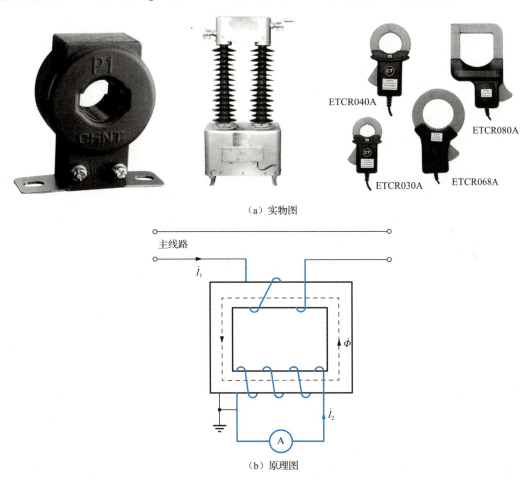

图 3-57 电流互感器

由于仪表的电流线圈阻抗很小,因此电流互感器正常工作时相当于一台二次侧处于短路状态的升压变压器。如果不考虑励磁电流和测量仪表的线圈阻抗,即认为互感器二次侧短路,则有 $I_1/I_2 = N_2/N_1$,这样,根据一、二次绕组的匝数比,就可以将大电流转换为小电流测量。通常,电流互感器二次绕组的额定电流设计为 5A 或 1A。

实际上电流互感器总是存在励磁电流的,仪表线圈的阻抗也不为零,所以根据匝数比计算出的电流总会存在误差。为了使电流互感器在运行时更接近理想状态,以提高测量精度,减小测量误差,可采取以下措施。

(1)在设计和制造时,其铁心一般采用磁导率高的冷轧硅钢片制成,磁通密度控制在较电压互感器更低的水平,因为电流互感器励磁电流受负载电流变化的影响较电压互感器更为严重。

（2）电流互感器绕组的结构设计也要尽可能减小电阻和漏电抗。

（3）从使用角度考虑，电流互感器的二次侧串联仪表数量不能太多（受额定容量限制），否则，随着测量仪表数量增加，电流互感器二次端电压增大，不再近似为二次短路状态，相应一次端电压也增大，使励磁电流增加，一次侧电流中励磁分量部分所占比重增大，不能忽略，从而影响测量精度。

电流互感器的误差按国家标准规定用 $(I_1 - I_2')/I_1 \times 100\%$ 来计算。按照电流比误差的大小，电流互感器的准确级可分为 0.2、0.5、1、3 和 10 五个等级。实际使用中，互感器准确级的选择与所用电流表或功率表的精度有关。

###  安全小贴士

使用电流互感器时应注意以下事项。

① 运行过程或仪表切换时，电流互感器二次绕组绝不允许开路。因为，如果二次绕组开路时，电流互感器成为空载运行，而此时一次侧电流由被测电路决定，全部的一次侧电流成为励磁电流，使铁心内的磁通密度剧增，使铁损耗大大增加，铁心过热。另外，二次绕组中将产生很高的过电压，危及操作人员和仪表安全。

② 电流互感器铁心和二次绕组需可靠接地，以防止由于绝缘损坏后，一次侧的高电压传到二次侧，发生人身事故。

③ 二次绕组不宜接过多负载，以免影响测量精度。如果二次侧阻抗太大，$I_2$ 变小，而 $I_1$ 不变，则铁心磁通和空载电流 $I_0$ 增大，从而使检测误差增大，降低了电流互感器的精确度。为此，电流表不能串得太多。在自动控制系统中，电流互感器的负载阻抗值不应太大。

电流互感器的应用如下。

（1）与测量仪表配合，可对线路的电流进行测量。

（2）与继电器配合，可对电力系统和电气设备进行过电流、过负荷和单相接地等保护。

（3）可在单相、三相控制系统中作为专用的电流检测元件。

电压互感器和电流互感器的比较如表 3-5 所示。

表 3-5 电压互感器和电流互感器的比较

| 比较内容 | 电压互感器 | 电流互感器 |
| --- | --- | --- |
| 二次侧 | 运行中二次侧不得短路，否则会烧坏绕组，因此二次侧要装熔断器作为保护 | 运行中二次侧不得开路，否则会产生高电压，危及设备和人身安全，因此二次侧不应接熔断器；运行中如要拆下电流表，必须先将二次侧短路 |
| 接地 | 铁心和二次绕组一端要可靠接地，以防绝缘结构破坏时铁心和绕组带高压电 | 铁心和二次绕组一端要可靠接地，以防绝缘结构破坏时带电而危及仪表和人身安全 |
| 连接方法 | 二次绕组接功率表或电能表的电压线圈时，极性不能接错；三相电压互感器和三相变压器一样，要注意连接方法，接错会造成严重后果 | 一、二次绕组有"+""-"极或同名端标记，二次侧接功率表或电能表的电流线圈时，极性不能接错 |

续表

| 比较内容 | 电压互感器 | 电流互感器 |
|---|---|---|
| 负载 | 准确度与二次侧的负载大小有关，负载越大，即接的仪表越多，二次侧电流就越大，误差也就越大；与电流互感器一样，为了保证所接仪表的测量准确度，电压互感器的准确级应比所接仪表的准确级高两级。例如，JDG-0.5 型电压互感器的最大容量为 200V·A，当负载为 25V·A 时，准确级为 0.5 级；当负载为 40V·A 时，准确级为 1 级；当负载为 100V·A 时，准确级为 3 级 | 二次侧负载阻抗大小会影响测量的准确度，负载阻抗的值小于电流互感器要求的阻抗值，使电流互感器尽量工作在"短路状态"，并且所用电流互感器的准确级应比所接仪表的准确级高两级，以保证测量准确度。例如，一般板式仪表的准确级为 1.5 级，可配用准确级为 0.5 级的电流互感器 |

### 3. 电焊变压器

交流电弧焊机在实际生产中应用很广泛，主要原因是其结构简单、成本较低、制造容易、维修方便、经久耐用。它的主要部分是一台特殊的降压变压器，称为电焊变压器，通常也称交流弧焊机，如图 3-58 所示。为了保证电焊的质量和电弧燃烧的稳定性，对电焊变压器有以下几点要求。

（1）电焊变压器具有 60～75V 的空载电压，以保证容易起弧，为了操作者的安全，电压一般不超过 85V。

（2）电焊变压器应具有迅速下降的外特性（图 3-59），即当负载电流增大时，二次绕组输出电压应急剧下降，通常额定运行时的输出电压 $U_{2N}$ 为 30V 左右，以适应电弧特性的要求。

图 3-58 电焊变压器（交流弧焊机）

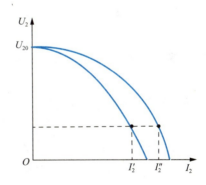

图 3-59 电焊变压器的外特性

（3）为了适应不同的加工材料、工件大小和焊条，要求能够调节焊接电流的大小。

（4）短路电流不应过大，以免损坏电焊变压器，一般不超过额定电流的两倍，在工作中电流要比较稳定。

为了使电焊变压器具有陡降的外特性（图 3-59），常用以下两种方法。

（1）使二次绕组工作时为电感性负载，使二次侧回路具有相当大的电抗以限制短路电流和使输出电压随电流的增加而迅速下降。

(2) 使电焊变压器具有较大且可以调节的漏磁通,以限制短路电流和保证陡降的外特性。改变漏磁通的方法很多,常用的有磁分路法和串联可变电抗法。

磁分路电焊变压器的原理图如图 3-60(a)所示。在一次绕组与二次绕组的两个铁心柱之间,有一个分路磁阻(动铁心),它通过螺杆可以来回调节。当磁分路铁心移出时,一、二次绕组的漏电抗减小,电焊变压器的工作电流增大。当磁分路铁心移入时,一、二次绕组的漏磁通经过磁分路而自己闭合,使漏电抗增大,负载时电流迅速下降,工作电流比较小。这样,通过调节分路磁阻,即可调节漏电抗大小和工作电流的大小,以满足焊件和焊条的不同要求。在二次绕组中还备有分接头,以便调节空载起弧电压。

带电抗器的电焊变压器的原理图如图3-60(b)所示。它是在二次绕组中串联一个可变电抗器,电抗器中的气隙可以用螺杆调节,当气隙增大时,电抗器的电抗减小,电焊工作电流增大;反之,当气隙减小时,电抗器的电抗增大,电焊工作电流减小。另外,在一次绕组中还备有分接头,以调节起弧电压的大小。

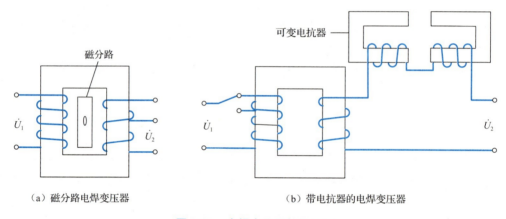

(a)磁分路电焊变压器　　　　　　(b)带电抗器的电焊变压器

图 3-60　电焊变压器的原理图

## 3.9　变压器的应用和发展

变压器是将一种电压等级的交流电转换成同频率的另一种电压等级交流电的静止电气设备。其主要功能有电压变换、电流变换、阻抗变换、相位变换、隔离、稳压(磁饱和变压器)等。按其用途可以分为电力变压器和特种变压器。特种变压器有电焊变压器、整流变压器、工频试验变压器、调压器、矿用变压器、低频变压器、中频变压器、高频变压器、冲击变压器、互感器等。

### 3.9.1　变压器的应用

变压器种类较多,其中电力变压器占据着重要地位,市场比重较大。电力变压器是输配电系统中的重要设备之一,在发电、输电、配电、电能转换和电能消耗等各个环节都起着重要的作用。它的性能、质量直接关系电力系统运行的可靠性和运营效益。近年来受到城乡电网改造工程的拉动,电力变压器行业保持着良好的发展势头。

## 1. 干式变压器的应用

数据显示，2020年我国变压器产量已超20亿kV·A，预计到2024年我国变压器产量可达22.2亿kV·A。我国干式变压器占变压器总产量的10%左右，是世界上干式变压器产销量最大的国家之一，随着城市轨道交通项目发展建设需求的不断增加，近年来其占比在不断增加。

近年来，我国干式变压器行业相关下游产业需求持续增长，因此干式变压器行业呈稳步增长趋势。国家电网有限公司、中国南方电网有限责任公司都在大力推进智能电网建设，这就要求干式变压器向智能化方向发展，通过将现代电子技术、通信技术、计算机及网络技术与电力设备相结合，并将电网在正常及事故情况下的监测、保护、控制、计量和管理工作有机地融合在一起，从而实现数据传输、远程监控、设备预测维护等目的。

要求防火、防爆的场所，如商业中心、机场、地铁、高层建筑、水电站等，常选用干式变压器。目前，国内已有几十家工厂能生产传统的环氧树脂浇注型干式变压器。既有无励磁调压，又有有载调压。在国内，最大三相干式变压器单台容量可达20000kV·A，最高电压等级可达110kV。

## 2. 箱式变压器的应用

箱式变压器（通常简称"箱变"）将传统变压器集中设计在箱式壳体中（图3-61），其作为整套配电设备，是由变压器、高压电压控制设备、低压电压控制设备有机组合而成。箱式变压器是通过压力启动系统、铠装电缆、变电站全自动系统、直流系统和相应的技术设备，按照规定顺序进行合理的装配，并将所有的组件安装到特定的防水、防尘与防鼠等完全密封的钢化箱体结构中，从而形成的一种特定变压器。箱式变压器具有体积小、质量轻、噪声低、损耗低、可靠性高、操作便捷、应用效益高、组合方式灵活、运行安全性高等诸多优势，成为现代电力工程施工中不可或缺的重要电力设备，广泛应用于住宅小区、商业中心、机场、厂矿企业、医院、学校等场所。

图3-61 箱式变压器

## 3. 自耦变压器的应用

自耦变压器在不需要初、次级隔离的场合都有应用，具有体积小、耗材少、效率高等优点，常用于交流（手动旋转）调压器、家用小型交流稳压器内的变压器、三相电机自耦降压启动箱内的变压器等。例如，目前8000kW主流救助船舶侧推启动器选择变压器抽头电压降至额定电压的45%，其启动电流为全压启动电流的20.25%，启动转矩为全压启动转矩的20.25%。

随着电力系统向大容量、高电压的方向快速发展，自耦变压器以低成本、高效率等特点，被广泛应用于高压电力网络中。作为高压电网中重要的设备之一，自耦变压器对于确保电网安全可靠运行、灵活分配电能有重大意义。

**4. 仪用互感器的应用**

仪用互感器包括电压互感器和电流互感器，是一种特殊用途的变压器。它将一次侧高电压和大电流转换为二次侧低电压和小电流，一次侧与二次侧之间通过电磁感应传递信号，并且相互之间电气隔离。二次侧低电压和小电流方便用于测量仪器或继电保护自动装置使用，并且使二次设备与高压隔离，保证设备和人身安全。

### 3.9.2 变压器的发展

近年来，新能源发电行业快速发展，为变压器行业带来了较好的发展空间，新能源发电也成为变压器制造企业抢占细分市场领域、扩大业务范围的重要方向。

未来随着加快西电东送、南北互供、跨区域联网等工程的建设，电力变压器行业还将迎来一个持续、稳定的发展时期。

除了市场快速发展，国内电力变压器行业通过引进国外的先进技术，使变压器产品品种、水平及高电压变压器的容量都有了较大提高。尤其是随着新材料、新工艺的不断应用，以及电力电器行业发展新要求的提出，国内各电力变压器制造企业也在不断研制和开发各种形式的变压器。

目前，我国已具备了110kV、220kV、330kV、500kV、750kV和1000kV高压、超（特）高压变压器生产能力。其中，110kV在国内变压器企业产量中占比达到25%，220kV占比超过20%，220kV以上占比约14%。

**【世界之最】**

<h3 style="text-align:center">全球最牛的输电线路</h3>

准东-华东（皖南）±1100kV特高压直流输电工程（图3-62），是目前世界上电压等级最高、输送容量最大、输送距离最远、技术水平最先进的特高压输电工程。

准东-华东（皖南）工程穿越6省（区），翻天山秦岭，跨黄河长江，起点位于新疆昌吉自治州，途经新疆、甘肃、宁夏、陕西、河南、安徽6省（区），终点位于安徽宣城市，新建准东（昌吉）、皖南（古泉）两座换流站，换流容量2400万kW，线路全长3324km。

准东-华东（皖南）±1100kV特高压直流输电工程

党的二十大报告指出："加快实现高水平科技自立自强。以国家战略需求为导向，集聚力量进行原创性引领性科技攻关，坚决打赢关键核心技术攻坚战。"科技自立自强是国家强盛之基、安全之要。在党的二十大精神指引下，把科技自立自强作为国家发展的战略支撑，全面建设社会主义现代化国家、深入推进高质量发展的动能将更加澎湃有力。特高压输电是我国自主研发的世界领先的输电技术，是中国电力的"金色名片"。全球最牛输电线占据了当今世界输电技术领域的至高点，推动我国电工装备制造能力实现了新的飞跃，使我国西电东送和能源大范围优化配置能力实现了重要提升，在我国电力工业发展史上具有重要的里程碑意义。

图 3-62 准东-华东（皖南）±1100kV 特高压直流输电线路

换流站里的换流变压器是特高压直流输电工程中至关重要的设备，是交、直流输电系统中的整流、逆变两端接口的核心设备。它的投入和安全运行是工程取得发电效益的关键和重要保证。而在准东（昌吉）、皖南（古泉）两座换流站里所使用的正是特变电工研制的世界首台发送端±1100kV 特高压直流换流变压器（图 3-63），这台变压器的试验成功，刷新了世界电网技术的新高度，增强了中国在电网技术和电工装备制造领域的国际影响力与核心竞争力，标志着世界特高压输电技术进入新纪元。

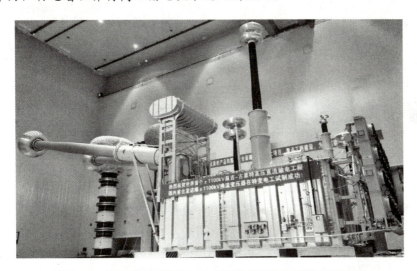

图 3-63 世界首台发送端±1100kV 特高压直流换流变压器

我国电力变压器行业的三大发展趋势如下。

（1）从市场趋势来看，新能源电站的配套建设催生对变电设备的需求，有力拉动电力变压器市场的稳定持续增长，但也对变压器产品技术及可靠度提出了更高的要求。风能、太阳能等新能源发电具有间歇性、随机性、可调度性差的特点，要求变压器具有更高的稳定性和可靠性；风电站、太阳能电站所处环境相对恶劣、布局分散，对变压器的环境适应性要求较高,并应具有可视化的实时监控功能,以降低维护频率;核电站对变压器的安全性要求极高,需在使用期末仍能承受极端的地震和突发短路情况;储能电站对变压器双向功率接口和可再生能源并网的接口提出了更高要求。

(2) 从技术趋势来看,组合化、低损耗、低噪声、节能环保、高可靠性将是未来电力变压器的发展方向。随着用户对电能质量的要求越来越高,是否会产生高次谐波、引起电压闪变和波动、对电网造成污染等也将成为判断变压器性能优劣的重要标准。此外,有利于美化环境的地下式变压器、防火性能好的干式变压器和低损耗的油浸配电变压器都将得到更广泛应用。

(3) 从产品趋势来看,电力变压器产品将向大容量、高电压、高可靠性方向发展,向环保型方向发展,向小型化、便携化方向发展。例如,电力变压器在运行中所产生的能耗、噪声和电磁场等都是变电站设计、配网布置或环境保护评价中应考虑的环境影响因素。为此,要求电力变压器首先是环保型的,主要体现在节能、低噪声、无渗透和能降解回收利用这四个方面。

# 本 章 小 结

本章主要研究变压器的结构及工作原理、运行状态、参数测定方法、运行特性,以及变压器的连接组别、并联运行等,并对电力系统中常用的自耦变压器和互感器进行了简单介绍。本章主要知识点如下。

(1) 单相变压器磁通按实际分布和所起作用不同,分成主磁通和漏磁通两部分。主磁通通过铁心而闭合,起能量传递的媒介作用;漏磁通主要通过非铁磁材料而闭合,只起电抗压降的作用,不能传递能量。为了分析计算的方便,计算变压器时一般采用绕组折算的方法,注意折算时不能改变变压器的电磁关系。

(2) 分析变压器内部电磁关系时有基本方程、等值电路和相量图三种方法,三者是一致的。等值电路是从基本方程式出发,用电路形式来模拟实际电路的方法,等值电路中各元件参数是通过变压器的空载试验和短路试验来测定的。相量图能直观地反映各物理量的大小和相位关系,故常用于定性分析。

(3) 变压器的主要运行性能指标是电压变化率和效率。变压器的电压变化率与变压器的阻抗参数、负载的大小及性质有关,容性负载时二次侧电压可能高于额定电压。变压器的效率由空载损耗和短路损耗及负载系数决定。当可变损耗等于不变损耗时,变压器有最大效率。

(4) 三相变压器从铁心结构上可分为三相组式变压器和三相心式变压器。三相组式变压器每相有独立的磁路,三相心式变压器各相磁路彼此相关。

(5) 三相变压器的一、二次绕组可以采用星形或三角形连接,一、二次绕组的线电压间可以有不同的相位差,因而形成不同的连接组别。在连接组中,相位差用时钟法表示。变压器有很多种连接组别,国家规定三相变压器有五种标准连接组。

(6) 在实际应用中,常采用变压器并联运行。并联运行的条件是:变比相等;连接组别相同;短路电压(短路阻抗)标幺值相等。前两个条件保证了空载运行时变压器绕组之间不产生环流,后一个条件是保证并联运行时变压器的容量得以充分利用。

（7）自耦变压器的特点是一、二次绕组间不仅有磁的耦合，而且还有电的直接联系，故其一部分功率不通过电磁感应而直接由一次侧传递到二次侧。因此，和同容量普通变压器相比，自耦变压器具有节省材料、损耗小、体积小等优点。

（8）互感器是测量用的变压器，使用时应注意将其二次侧接地。电流互感器二次侧绝不允许开路，而电压互感器二次侧绝不允许短路。

（9）电焊变压器的特点是具有较大的漏阻抗，有带电抗器和磁分路两种形式。磁分路电焊变压器可以通过改变可调铁心的位置来调节焊接电流的大小，还可以改变绕组抽头的连接方式进行焊接电流的粗调。

## 习 题

1．电力变压器在电力系统中有哪些应用？为什么电力系统中变压器的安装容量大于发电机安装容量？

2．变压器铁心的作用是什么？为什么要用 0.23～0.35mm 厚、表面涂绝缘漆的硅钢片制造铁心？

3．变压器的工作原理是什么？能否用来改变直流电压？

4．分别简述心式铁心和壳式铁心的结构特点。

5．变压器的额定功率为什么用视在功率而不用有功功率表示？

6．变压器中主磁通与漏磁通的作用分别是什么？在等值电路中是怎样反映它们的作用的？

7．一台单相变压器额定电压为 220V/110V，若把二次绕组（110V）接在 220V 交流电源上，主磁通和励磁电流将如何变化？

8．一台单相变压器的一次侧额定电压为 220V，不小心把一次绕组接在 220V 的直流电源上，会出现什么情况？

9．一台单相变压器，$S_N$=200kV·A，$U_{1N}$ 和 $U_{2N}$ 分别为 10000V、230V。试求：

（1）变压器的额定电流；

（2）如果用三台这种变压器组成一台三相组式变压器，一次绕组为△连接，二次绕组为 Y 连接。试求这台三相变压器的额定电压、额定电流和容量。

10．一台三相变压器，$S_N$=75kV·A，二次绕组为 Y 连接，以 400V 的线电压供电给三相对称负载，设负载为 Y 连接，每相负载的阻抗 $Z_L$=(2-j1.5)Ω。此变压器能否承担上述负载？

11．变压器空载电流的作用和性质是什么？

12．变压器空载运行时，一次绕组加额定电压，这时一次绕组电阻 $R_1$ 很小，为什么空载电流 $I_0$ 不大？如将它接在同电压（仍为额定值）的直流电源上，会如何？

13．为什么小负荷用户使用大容量变压器对电网和用户均不利？

14．为什么变压器的空载损耗可以近似地看成铁损耗，短路损耗可以近似地看成铜损耗？负载时变压器真正的铁损耗和铜损耗与空载损耗和短路损耗有无差别？为什么？

15．在分析变压器时，为什么要进行折算？折算的条件是什么？如何进行折算？若用标幺值是否还需要折算？

16. 三相组式变压器为什么不采用 Y/y 连接，而三相心式变压器又为什么可以采用呢？

17. 为什么大容量变压器常采用 Y/d 连接而不是 Y/y 连接？

18. 某单相变压器，额定容量 $S_N$=5000kV·A，一、二次侧额定电压 $U_{1N}$、$U_{2N}$ 分别为 35kV、6.6kV。铁心柱有效横截面积 $S$ 为 1120cm$^2$，铁心柱中磁通密度的最大值 $B_m$=1.45T。试求一、二次绕组的匝数及该变压器的变比。（主磁通 $\Phi_m=B_m S$）

19. 一台单相变压器，额定容量 $S_N$=100kV·A，一、二次侧额定电压 $U_{1N}$、$U_{2N}$ 分别为 6000V、230V，额定频率 $f_1$=50Hz。一、二次绕组的电阻和漏电抗分别为：$R_1$=4.32Ω，$R_2$=0.0063Ω，$X_{1\sigma}$=8.9Ω，$X_{2\sigma}$=0.013Ω。试求：

（1）折算到一次侧的短路电阻 $R_k$、短路电抗 $X_k$ 及短路阻抗 $Z_k$；

（2）折算到二次侧的短路电阻 $R'_k$、短路电抗 $X'_k$ 及短路阻抗 $Z'_k$；

（3）将上面的参数用标幺值表示；

（4）计算变压器的阻抗电压及各分量；

（5）求满载时 $\cos\varphi_2$=1、$\cos\varphi_2$=0.8（滞后）及 $\cos\varphi_2$=0.8（超前）三种情况下的电压变化率 $\Delta U$。

20. 简述变压器空载试验和短路试验的目的。

21. 变压器一、二次绕组在电路上并没有联系，但在负载运行时，若二次侧电流增大，则一次侧电流也变大，为什么？由此说明磁动势平衡的概念及其在定性分析变压器中的作用。

22. 变压器稳态运行时，哪些物理量随着负载变化而变化，哪些物理量不随负载变化而变化？

23. 在变压器一次侧和二次侧分别加额定电压进行空载试验，所测得的铁损耗是否一致？计算出来的励磁阻抗有何差别？

24. 一台单相变压器，额定容量 $S_N$=100kV·A，一、二次侧额定电压 $U_{1N}$、$U_{2N}$ 分别为 66kV、6.3kV，实验数据如表 3-7 所示。试求：

（1）该变压器的近似等值电路参数；

（2）一次侧电压为额定值时的励磁电流和额定运行时的二次侧电流；

（3）当负载功率因数为 0.8（滞后）时的电压变化率。

表 3-7 习题 24 实验数据

| 试验类型 | 电压/V | 电流/A | 功率/W | 备注 |
| --- | --- | --- | --- | --- |
| 短路试验 | 3240 | 15.15 | 14000 | 一次侧测量 |
| 空载试验 | 6300 | 19.1 | 5000 | 二次侧测量 |

25. 已知一台一、二次侧额定电压为 $U_{1N}$、$U_{2N}$ 分别为 3300V、220V 的单相变压器，其参数值为 $R_1$=0.435Ω，$X_1$=2.96Ω，$R_2$=0.00194Ω，$X_2$=0.0137Ω。试求二次侧的 $R_2$ 和 $X_2$ 折算到一次侧的数值，折算到一次侧的短路电阻和电抗值。

26. 一台三相电力变压器，额定容量 $S_N$=1000kV·A，一、二次侧额定电压 $U_{1N}$、$U_{2N}$ 分别为 35kV、0.4kV，Yy 连接，在室温 25℃时的实验数据如表 3-8 所示。试求：

（1）折算到一次侧的励磁参数和短路参数；

（2）当一次侧加额定电压，额定负载时的电压变化率、二次侧电压和额定负载时的效率。

表 3-8 习题 26 实验数据

| 试验类型 | 电压/V | 电流/A | 功率/W | 备注 |
|---|---|---|---|---|
| 短路试验 | 2270 | 16.5 | 24000 | 一次侧测量 |
| 空载试验 | 400 | 72.2 | 8300 | 二次侧测量 |

27. 一台三相电力变压器，额定容量 $S_N$=5600kV·A，一、二次侧额定电压 $U_{1N}$、$U_{2N}$ 分别为 10kV、6.3kV，Yd11 连接。在二次侧加额定电压 $U_{2N}$ 进行空载试验，测得 $P_0$=6720W，$I_0$=8.2A；在一次侧进行短路试验，测得 $I_k$=$I_{1N}$，$P_k$=17920W，$U_k$=550V。试求：

（1）用标幺值表示的励磁参数和短路参数；

（2）电压变化率 $\Delta U$=0 时的负载性质和功率因数 $\cos\varphi_2$；

（3）电压变化率 $\Delta U$ 最大时的功率因数和 $\Delta U$ 值；

（4）$\cos\varphi_2$=0.9（滞后）时的最大效率。

28. 一台变压器，额定容量 $S_N$=10kV·A，铁损耗 $P_{Fe}$=300W，满载时铜损耗 $P_{Cu}$=400W。若电压变化率不计，试求该变压器在满载情况下向功率因数为 0.8（滞后）的负载供电时输入和输出的有功功率及效率。

29. 一台三相电力变压器，额定容量 $S_N$=750kV·A，一、二次侧额定电压 $U_{1N}$、$U_{2N}$ 分别为 10kV、0.4kV，Yy 连接，短路阻抗 $Z_k$=(1.40+j6.48)Ω，负载阻抗 $Z_L$=(0.20+j0.07)Ω。试求：

（1）一次侧加额定电压时，一、二次侧电流和二次侧电压；

（2）输入、输出功率及效率。

30. 变压器为什么要采用并联运行？

31. 两台容量不相等的变压器并联运行时，容量较大的变压器短路电压大一些好还是小一些好？为什么？

32. 一台 Dd 连接的变压器，各相变压器的容量为 2000kV·A，一、二次侧额定电压分别为 60kV、6.6kV，在二次侧测得的短路电压为 160V，满载时的铜损耗为 15kW。另一台 Yy 连接的变压器，各相变压器容量为 3000kV·A，一、二次侧额定电压分别为 34.7kV、3.82kV，在一次侧测得的短路电压为 840V，满载时的铜损耗为 22.5kW。这两台变压器能并联运行吗？

33. 若无特殊要求，电流互感器如何安装在变压器上？电流比是如何规定的？

34. 变压器突然短路的电流值与短路阻抗 $Z_k$ 有什么关系？为什么把大容量变压器的 $Z_k$ 设计得大一些？

35. 何谓标幺值？若一次侧电流的标幺值为 0.5，问二次侧电流的标幺值为多少？

36. 准确地说，变压器的变比是空载时一、二次侧感应电动势之比，还是负载时一、二次侧相电压之比？

37. 变压器电压变化率的大小与哪些因素有关？

38. 若三相变压器的一次绕组线电动势 $\dot{E}_{AB}$ 领先二次绕组线电动势 $\dot{E}_{ab}$ 90°，试问这台变压器连接组标号是多少？

39. 变压器并联运行的条件是什么？其中哪一个条件要绝对满足？为什么？

40. 同普通双绕组变压器比较，自耦变压器的主要特点是什么？

41．电流互感器二次侧为什么不允许开路？电压互感器二次侧为什么不允许短路？

42．变压器一、二次绕组按图 3-64 所示连接，通过画出它们的电动势相量位形图，确定连接组标号。

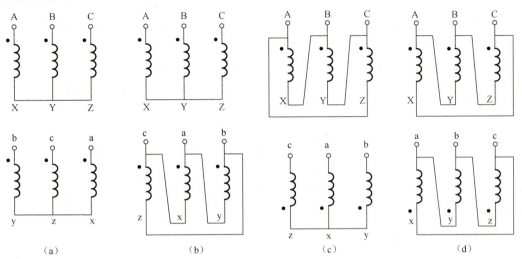

题 3-64　题 42 变压器接线图

43．已知变压器的连接组标号，画出接线图。

（1）Yy10

（2）Dy1

# 第 4 章 三相异步电动机

### 教学要求

1. 熟练掌握三相异步电动机的基本工作原理、转差率的概念及三种运行状态。
2. 掌握三相异步电动机的基本结构、型号与额定值。
3. 理解三相异步电动机旋转磁场的产生,掌握定子绕组的感应电动势,熟练掌握三相绕组合成磁动势的大小及基本性质。
4. 通过与变压器电磁关系的比较,掌握三相异步电动机空载和负载运行时的电磁关系,重点掌握转子绕组的各电磁量及电动势、磁动势平衡关系。
5. 能熟练应用基本方程式、等值电路和相量图来分析三相异步电动机的运行情况,掌握频率折算的物理本质及附加电阻的物理意义。
6. 熟练掌握三相异步电动机的功率平衡和转矩平衡关系。
7. 理解三相异步电动机的工作特性。
8. 会用试验的方法测定三相异步电动机的参数。

### 推荐阅读资料

1. 张晓江,顾绳谷,2016. 电机及拖动基础: 下册[M]. 5 版. 北京: 机械工业出版社.
2. 李发海,朱东起,2019. 电机学[M]. 6 版. 北京: 科学出版社.
3. 马志敏,2017. 电机与控制[M]. 北京: 北京大学出版社.

第4章思维导图

1885年，特斯拉获得两项有关两相交流发电机和两相交流感应电动机的专利，并把两相感应电动机技术带到美国。1891年，俄国科学家多利沃-多布罗夫斯基发明了三相绕线式电动机。1894年，世界上第一个感应电动机系列在美国西屋公司诞生。

从两相感应电动机诞生到19世纪末，是交流电动机发展的萌芽时期。这一时期，感应电动机理论逐渐形成，商用感应电动机在欧美相继问世；感应电动机由两相过渡到三相，并逐渐用于工业及民用；电动机设计由单台过渡到系列产品设计；电动机生产由单件生产过渡到系列小批量生产。在设计理论和制造技术方面，一些电机分析和设计理论先后提出，另一些电机制造和应用技术得以发展。

20世纪上半叶，电工及电机理论已发展成熟，这一时期是感应电动机技术高速发展阶段，是感应电动机技术经济性不断改善的时期，也是感应电动机制造工业的黄金发展时代。

近几十年来，电机理论研究取得了重大进展。首先，形成了统一电机理论，建立了电机的机电能量转换学说，形成了连续媒质的机电动力学；其次，运用大型电子计算机和近代物理数学方法，实现了电机参数计算的精确化；最后，电机仿真技术、电机优化技术取得突破，电子电机学、机电一体化理论的研究和应用取得重大成果，电机电磁场理论及其分析计算技术取得重大进展。

交流感应电动机是一种多用途的驱动设备，其用电量约占总发电量的70%。世界交流感应电动机的发展历程不但从一个层面反映世界电机的发展历程，而且从一个侧面折射世界工业的发展、世界经济的发展。

和直流电动机相比，三相异步电动机具有结构简单、制造容易、价格低廉、运行可靠、坚固耐用、运行效率较高等优点。特别是近年来，随着电力电子技术、先进自动控制技术，以及各种控制方法、控制策略的发展和推广，三相异步电动机的调速性能有了实质性的进展，在各种场合得到了广泛的应用。例如，在工业方面，用于拖动中小型轧钢设备、各种金属切削机床、轻工机械、矿山机械等；在农业方面，用于拖动水泵、脱粒机、粉碎机及其他农副产品的加工机械；在家用电器方面，电风扇、洗衣机、电冰箱、空调等也都是用异步电动机拖动的。

本章首先介绍三相异步电动机的工作原理和结构，然后分析三相异步电动机的运行原理及工作特性，最后给出三相异步电动机的等值电路及基本方程式。

## 4.1 三相异步电动机的工作原理和结构

### 4.1.1 三相异步电动机的基本工作原理

1. 基本工作原理

如图4-1（a）所示，假设有一对磁极的移动速度为 $v$，在磁极磁场中，有一根垂直于磁场方向的闭合导体ab。导体切割磁力线将产生感应电动势 $e$，根据右手定则，感应电动势 $e$ 的方向从b指向a。如果导体是闭合的，则导体中有感应电流流过。于是，导体在磁场中就会受到电磁力 $f$ 的作用,根据左手定则,电磁力 $f$ 的方向水平向右,它与磁极移动方向一致,这就是三相异步电动机的基本电磁作用过程。

三相异步电动机定子绕组接三相对称交流电源后,产生一个如图 4-1(b)所示恒定转速的旋转磁场,假设旋转磁场的转向为顺时针方向,转速为 $n_1$。该旋转磁场切割转子,相当于转子反向切割磁场,根据右手定则,转子中会产生感应电动势。又因为转子绕组闭合,故在闭合的转子绕组中产生感应电流,再根据左手定则,转子就在磁场中受到电磁力 $f$ 的作用,如图 4-1(b)所示。转子受力,会产生与磁场旋转方向一致的电磁转矩 $T$,转子在电磁转矩的作用下沿旋转磁场的方向旋转起来,这就是三相异步电动机的基本工作原理。

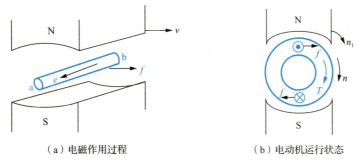

(a)电磁作用过程　　　　　　(b)电动机运行状态

图 4-1　三相异步电动机工作原理示意图

从三相异步电动机的基本工作原理可知,转子转动的方向虽然与旋转磁场的转动方向相同,但转子的转速 $n$ 不能达到同步转速 $n_1$,即 $n<n_1$。这是因为,二者如果相等,转子与旋转磁场就不存在相对运动,转子绕组中也就不再感应出电动势和电流,转子不会受到电磁转矩的作用,不可能继续转动。所以转子的转速 $n$ 总是低于旋转磁场转速 $n_1$,两者不可能同步,这就是"异步电动机"名称的来历,也是三相异步电动机产生电磁转矩的必要条件。因此,异步电动机又称"感应电动机"。

如果想改变电动机的旋转方向,根据其工作原理,必须改变磁场的旋转方向,只要任意调换定子电源两相相序即可。

2. 转差率

三相异步电动机的各种运行状态可以通过转差率来表征。

定子旋转磁场的转速 $n_1$ 与转子的转速 $n$ 之差 $\Delta n = n_1 - n$ 称为转差。通常将转差 $\Delta n$ 与旋转磁场的转速 $n_1$ 之比称为异步电动机的转差率,用 $s$ 表示,即

$$s = \frac{n_1 - n}{n_1} \tag{4-1}$$

 **特别提示**

转差率 $s$ 是三相异步电动机的一个重要参数,它反映异步电动机的各种运行情况。在很多情况下,用 $s$ 表示电动机的转速比直接用 $n$ 方便得多,使很多计算分析大为简化。

对于一般电动机,在启动瞬间,$n=0$,此时转差率 $s=1$;当转子转速接近同步转速(空载运行)时,$n \approx n_1$,此时转差率 $s \approx 0$;当异步电动机额定运行时,额定转速 $n_N$ 与定子旋

转磁场的转速 $n_1$ 接近,所以额定转差率 $s_N$ 一般为 0.01~0.06。由此可见,异步电动机的转速在 0~$n_1$ 范围内变化,其转差率 $s$ 在 1~0 范围内变化。

三相异步电动机旋转磁场转速 $n_1$ 与定子绕组极对数 $p$ 及电源频率 $f_1$ 之间有固定关系,即

$$n_1 = \frac{60f_1}{p} \tag{4-2}$$

式中,$n_1$ 为三相异步电动机的同步转速;$p$ 为极对数;$f_1$ 为电源频率,在我国,$f_1$=50Hz。

常见的同步转速如表 4-1 所示。

表 4-1 常见的同步转速

| $p$ | 1 | 2 | 3 | 4 | 5 | 6 |
|---|---|---|---|---|---|---|
| $n_1$/(r/min) | 3000 | 1500 | 1000 | 750 | 600 | 500 |

三相异步电动机负载越大,转速越慢,其转差率就越大;反之,负载越小,转速越快,其转差率就越小。故转差率的大小同时也反映了转子转速的快慢或电动机负载的大小。由式(4-1)可得三相异步电动机的转速 $n$ 为

$$n = (1-s)n_1 \tag{4-3}$$

某些国家的工业标准频率为 60Hz,这种频率的三相异步电动机在 $p$=1 和 $p$=2 时的同步转速分别是多少?

### 3. 三种运行状态

转差率是分析三相异步电动机运行性能的一个重要物理量,根据转差率的大小和正负可确定三相异步电动机的三种运行状态,即电动机状态、发电机状态和制动状态。

(1)电动机状态。

从对三相异步电动机基本工作原理的分析可知,当转子转速小于同步转速且与旋转磁场转向相同($n<n_1$,$0<s<1$)时,三相异步电动机为电动机状态。这时,转子感应电流与旋转磁场相互作用,在转子上产生电磁力,并形成电磁转矩,如图 4-1(b)所示。其中,N、S 表示定子旋转磁场的等效磁极;转子导体中的"⊗"和"⊙"表示转子感应电动势及电流的方向;$f$ 表示转子受到的电磁力。由分析判断可知:电磁转矩方向与转子转动方向相同,为驱动性质。电动机在电磁转矩作用下克服制动的负载转矩做功,向负载输出机械功率。也就是说,电动机把从电网吸收的电功率转换为机械功率,输送给转轴上的负载。

由此可见,当转差率为 $0<s<1$ 时,三相异步电动机处于电动机状态。

(2)发电机状态。

当原动机(外力)驱动三相异步电动机,使其转子转速 $n$ 超过旋转磁场的转速 $n_1$,且两者同方向($n>n_1$,$-\infty<s<0$)时,定子旋转磁场切割转子导体,其感应电动势和电流方向如图 4-2(a)所示,产生的电磁转矩方向与转子转动方向相反,为制动转矩。若要维持转子转速 $n$ 大于 $n_1$,原动机(外力)必须向三相异步电动机输入机械功率,克服电磁

转矩做功，将输入的机械功率转换为定子侧的电功率输送给电网。此时，三相异步电动机运行于发电机状态。

由此可见，当转差率为 $s<0$ 时，三相异步电动机处于发电机状态。

（3）制动状态。

三相异步电动机定子绕组流入三相交流电流产生转速为 $n_1$ 的旋转磁场，同时，一个外施转矩驱动转子以转速 $n$ 逆着旋转磁场的方向旋转（$n<0$，$s>1$），这时定子旋转磁场切割转子导体的方向与电动机状态相同，因此产生的电磁力和电磁转矩的方向与电动机状态相同，但电磁转矩方向与转子转向相反，是制动性质的，三相异步电动机处于制动状态，如图4-2（b）所示。此时，一方面定子从电网吸收电功率，另一方面驱动转子旋转的外加转矩克服电磁转矩做功，向三相异步电动机输入机械功率，两方面输入的功率都转换为电动机内部的热能消耗掉。

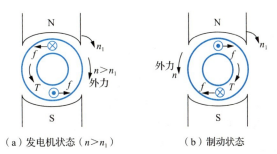

（a）发电机状态（$n>n_1$）　　　（b）制动状态

图4-2　三相异步电动机运行状态示意图

由此可见，当转差率为 $s>1$ 时，三相异步电动机处于制动状态。

三相异步电动机的运行状态如表4-2所示。

表4-2　三相异步电动机的运行状态

| 运行状态 | 电动机状态 | 制动状态 | 发电机状态 |
| --- | --- | --- | --- |
| 转速 $n$ | $0<n<n_1$ | $n<0$ | $n>n_1$ |
| 转差率 $s$ | $0<s<1$ | $s>1$ | $s<0$ |
| 电磁转矩 $T$ 性质 | 驱动（拖动）转矩 | 制动转矩 | 制动转矩 |
| 能量关系 | 电能转换为机械能 | 电能和机械能转换为热能 | 机械能转换为电能 |

### 特别提示

在实际生产中，三相异步电动机的电动机状态应用最为广泛；制动状态是三相异步电动机用于吊车等设备中的一种特殊的运行状态；发电机状态作为三相异步电动机的一种可逆运行状态，仅用于风力发电等特殊场合。

### 想一想

三相异步电动机分别处于发电机状态和电动机状态时，电磁转矩和转子转向之间的关系怎样？如何区分这两种运行状态？

【例4-1】已知一台三相异步电动机的额定转速 $n_N=960$r/min。试求该电动机的极对数和额定转差率。

解：已知三相异步电动机的额定转速为960r/min。因同步转速略大于额定转速，则

$$n_1 = 1000\text{r/min}$$

由 $n_1 = \dfrac{60 f_1}{p}$，得

$$p = 3$$

其额定转差率为

$$s_N = \dfrac{n_1 - n_N}{n_1} = \dfrac{1000 - 960}{1000} = 0.04$$

### 4.1.2 异步电动机的分类

异步电动机的种类很多，按照不同的特征可有不同的分类方法。

（1）按照转子结构形式可分为鼠笼式异步电动机和绕线式异步电动机。

（2）按照机壳的防护形式可分为防护式（能防止水滴、尘土、铁屑或其他物体垂直落入电动机内部）、封闭式（电动机由机壳把内部与外部完全隔开）和开启式（电动机除必要的支撑结构外，没有专门的防护措施）。

（3）按照机座号大小可分为小型电动机（容量从0.6kW到99kW）、中型电动机（容量从100kW到1250kW）和大型电动机（容量在1250kW以上）。

除以上分类外，还有立式电动机和卧式电动机；空气冷却电动机和液体冷却电动机等。具体分类可参见表4-3。

表4-3 异步电动机的分类

| 分类形式 | 种类 | 用途 | 外形 |
| --- | --- | --- | --- |
| 按电源相数分 | 单相 | 主要应用于功率较小的家用电器，如电风扇、洗衣机、电冰箱、空调等 |  |
| | 三相 | 主要应用于拖动功率较大的场合，如在工业上，拖动中小型轧钢机、各种金属切削机床、起重机、风机、水泵等设备；在农业上，拖动脱粒机、粉碎机、磨粉机及其他各种农用加工机械等设备 |  |
| 按转子结构分 | 鼠笼式 | 广泛应用在工农业生产中，作为电力拖动的原动机 |  |
| | 绕线式 | 适用于要求启动电流小、启动转矩大和频繁启动的场合，如起重机、电梯、空调压缩机等 |  |
| 按防护形式分 | 开启式 | 适用于清洁、干燥的工作环境 |  |

续表

| 分类形式 | 种类 | 用途 | 外形 |
|---|---|---|---|
| 按防护形式分 | 防护式 | 适用于比较干燥、少尘、无腐蚀性和爆炸性气体的工作环境 | |
| | 封闭式 | 多应用于灰尘多、潮湿、易受风雨、有腐蚀性气体、易引起火灾等各种恶劣的工作环境 | |
| | 防爆式 | 适用于有易燃、易爆气体的工作环境，如有瓦斯的煤矿井下、油库、煤气站等 | |
| 按调速方式分 | 变极调速 | 多应用于鼠笼式异步电动机且调速要求不高的场合 | |
| | 变转差率调速 | 多应用于绕线式异步电动机，如起重设备、运输机械的调速等 | |
| | 变频调速 | 多应用于调速要求较高的场合 | |

### 4.1.3　三相异步电动机的结构

虽然异步电动机的种类有很多，但是各类电动机的结构基本相同。下面以工业中最常用的三相异步电动机为例，介绍其基本结构。

三相异步电动机的结构如图 4-3、图 4-4 所示。和直流电动机一样，三相异步电动机主要由定子和转子两大部分组成，定子和转子之间有一个很小的气隙。

三相异步电动机的结构

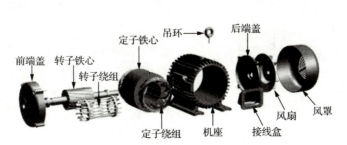

图 4-3　三相异步电动机的拆分图

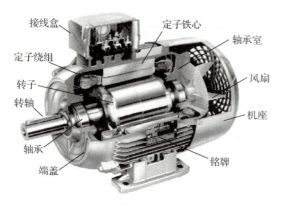

图 4-4 三相异步电动机的结构图

1. 定子部分

三相异步电动机的定子主要包括定子铁心、定子绕组和机座三部分。

（1）定子铁心。

定子铁心的作用是放置并固定定子绕组，同时也是电动机主磁通磁路的一部分。为了减小旋转磁场在铁磁材料中产生的铁损耗（磁滞损耗和涡流损耗），定子铁心必须采用导磁性能较好的铁磁材料，通常由 0.5mm 厚的硅钢片叠成，在较大容量的电动机中，铁心叠片两面涂有绝缘漆。为了放置并固定定子绕组，在铁心叠片内圆中冲有若干相同的槽。定子铁心叠片用冲床冲制而成，故又称冲片，如图 4-5 所示。对于中、小型电动机，定子铁心直径小于 1m 时，采用整圆的冲片；对于大型电动机，定子铁心直径大于 1m 时，往往采用扇形冲片拼接而成。

 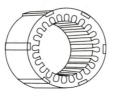

（a）定子铁心形状

（b）定子冲片形状

图 4-5 定子铁心与冲片

（2）定子绕组。

定子绕组也称电枢绕组，是三相异步电动机定子的电路部分，也是三相异步电动机的重要结构之一。它是由许多线圈按一定规律分别嵌入铁心槽内并连接而成，如图 4-6 所示。绕组与铁心槽壁之间有"槽绝缘"，以免电动机在运行时绕组对铁心出现击穿或短路故障。按定子绕组的嵌放方法，可分为单层绕组和双层绕组。10kW 以下的小容量三相异步电动机通常采用单层绕组；容量较大的三相异步电动机大多采用双层短距叠绕组或波绕组，其优点是可以灵活选择节距以改善电动势和磁动势波形。

 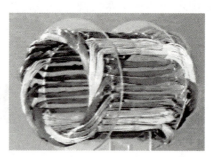

（a）实物图　　　　　（b）模型

图 4-6 定子绕组

## 第4章 三相异步电动机

三相异步电动机的定子绕组是一个三相对称绕组,它由三个完全相同的绕组组成,每个绕组为一相,三个绕组在空间互差 120°,每个绕组的两端分别用 $U_1$-$U_2$、$V_1$-$V_2$、$W_1$-$W_2$ 表示。大中型高压三相异步电动机定子绕组常常接成 Y 形,只有三根引出线;中小型低压三相异步电动机将三相绕组的六个出线都引到接线盒上,按需要接成 Y 形或△形(口诀为"横星竖角"),接线图如图 4-7 所示,实物接线图如图 4-8 所示。

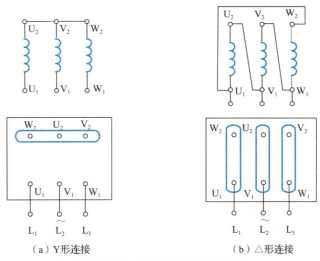

图 4-7 三相异步电动机接线图

(a) Y形连接

(b) △形连接

图 4-8 三相异步电动机实物接线图

(3)机座。

机座要有足够的机械强度用以固定和支撑定子铁心,另外还要考虑通风和散热的需要。小型及微型三相异步电动机一般采用铸铝机座,中型三相异步电动机一般采用铸铁机座,较大容量的三相异步电动机一般采用钢板焊接机座。为了加强散热,小型封闭式电动机的机座外表面铸有许多均匀分布的散热筋,以增大散热面积。

2. 转子部分

三相异步电动机的转子主要由转子铁心、转子绕组和转轴等组成。

(1)转子铁心。

三相异步电动机转子铁心和定子铁心以及气隙共同构成电动机的完整磁路,转子铁心

183

既是电动机主磁路的一部分，又能安放转子绕组。转子铁心外圆冲有均匀的槽，以供嵌置或浇铸转子绕组，如图4-9所示。与定子铁心一样，为减少铁损耗，转子铁心一般用0.5mm厚的硅钢片叠压而成。在小型三相异步电动机中，转子铁心直接套在转轴上；在较大容量的三相异步电动机中，转子铁心套在转子支架上。

（a）绕线转子槽型　　　　（b）单笼形转子槽型　　　　（c）双笼形转子槽型

图4-9　转子槽形

（2）转子绕组。

根据转子绕组形式的不同，三相异步电动机的转子分为鼠笼式转子绕组和绕线式转子绕组两种结构，如图4-10所示。

（a）鼠笼式转子绕组　　　　　　　（b）绕线式转子绕组

图4-10　转子绕组形式

① 鼠笼式转子绕组。

整个鼠笼式转子绕组外形就像一个"笼子"，在转子铁心的每一个槽中均有一根导条，这些导条两端用短路环短路。小型电动机一般采用铸铝鼠笼式转子绕组，导条、端环及端环上的风叶是铸在一起的，如图4-11（a）所示；而对于100kW以上的大、中型电动机，则采用在铜条两端焊上端环的鼠笼式转子绕组，以提高机械强度，如图4-11（b）所示。鼠笼式转子绕组可以认为是对称绕组，它的相数等于它的导体数，亦等于转子铁心的槽数。

（a）铸铝鼠笼式转子绕组　　　　　　（b）铜条鼠笼式转子绕组

图4-11　鼠笼式转子绕组

## 特别提示

鼠笼式转子绕组的极数是由定子旋转磁场感生的，因此自动与定子绕组的极数相同，这个特性对于变极调速是十分有用的。

三相鼠笼式异步电动机具有结构简单、制造方便、价格低廉、运行安全可靠的优点，故在工业上应用十分广泛。

② 绕线式转子绕组。

和定子绕组绕制方法一样，在转子铁心的槽内嵌放一个三相对称绕组，就构成绕线式转子绕组。绕线式转子绕组一般都接成 Y 形，三个首端分别接到转轴上的三个集电环上，通过三个电刷与外电路相连，如图 4-12 所示。

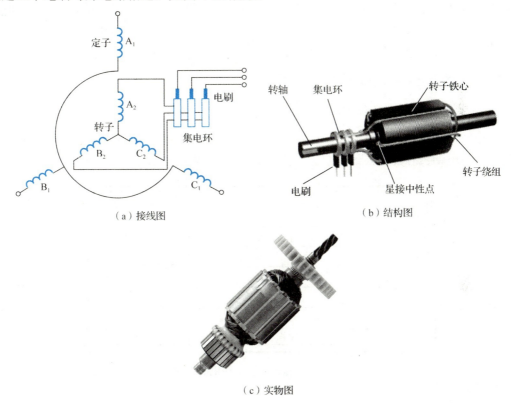

图 4-12 绕线式转子绕组

三相绕线式异步电动机的优点是可以通过集电环在转子绕组中串接电阻、频敏变阻器、电势等外部装置，以改善电动机启动、制动和调速性能（详见第 5 章内容）；缺点是结构复杂、价格较贵、运行可靠性相对较差。

## 特别提示

为了规避电动机旋转过程中转子变形，绕线式转子端部及其附加材料应通过必要的绑扎和浸烘，尽力保证其固化为一体；为了进一步限定绕组端部的径向尺寸，在绕组加工完成后浸漆前，沿圆周方向固定数层热缩性绝缘材料，通过浸烘工艺进一步强化端部的机械强度。加工过程中，还必须控制其对转子绕组整体外形尺寸的影响，特别是径向尺寸控制，以防止与定子绕组相摩擦。因此，绕线式转子绕组端部有必要扎一个"箍"。

### 3. 气隙与其他部件

三相异步电动机的气隙是磁路的一部分，气隙的大小与电动机的性能关系很大：气隙越大，磁路阻抗越大，励磁电流也越大，则电动机的功率因数越小；而气隙过小，会使装配困难和运行不可靠。一般在机械条件容许的情况下，气隙越小越好。三相异步电动机比同容量直流电动机的气隙小得多，一般为 0.2～1.5mm。

现代化电机生产过程

除了定子、转子，还有端盖、轴承、风扇等。端盖对电动机起防护作用，轴承可以支撑转子轴，风扇用来通风冷却。需要特别注意的是，虽然轴承的作用较为直接简单，本章没有展开叙述，但是在应用现场，轴承的温度、磨损情况、润滑油的型号和老化情况对电动机温升、振动等运行影响较大，必须按规定巡检和维护。

### 4.1.4 三相异步电动机的铭牌数据和主要系列

#### 1. 三相异步电动机的铭牌数据

三相异步电动机的铭牌标出了电动机的型号、主要额定值和有关技术数据。铭牌数据是选择使用电动机时的重要参考数据。图 4-13 所示是某台三相异步电动机的铭牌。

```
┌─────────────────────────────────────────────────────┐
│                  三相异步电动机                       │
├──────────────┬──────────────┬───────────────────────┤
│ 型号Y100L2-4 │    50Hz      │       接线图          │
├──────┬───────┴──────┬───────┼───────────────────────┤
│ 3kW  │  220/380V    │接法△/Y│    Y          △      │
├──────┼──────────────┼───────┤  W₂ U₂ V₂   W₂ U₂ V₂ │
│ 6.8A │转速1430r/min │工作制S1│                       │
├──────┴──────┬───────┴───────┤  U₁ V₁ W₁   U₁ V₁ W₁ │
│ 绝缘等级B   │ 防护等级IP44  │  L₁ L₂ L₃   L₁ L₂ L₃ │
├─────────────┼───────────────┤                       │
│噪声级Lw60dB(A)│  质量38kg   │                       │
├─────────────┼───────────────┤                       │
│ 编号001258  │ 年  月  JB/T 9616—1999                │
├─────────────┴───────────────────────────────────────┤
│            中华人民共和国 ×× 电机厂                  │
└─────────────────────────────────────────────────────┘
```

图 4-13　三相异步电动机的铭牌

（1）型号。

电动机型号通常由汉语拼音字母和阿拉伯数字组成，注明了电动机的类型、规格、结构特征和使用范围等。例如，Y160L-4 中第一个字母 Y 表示三相异步电动机（YR 为三相绕线式异步电动机，YB 为防爆型三相异步电动机，YQ 为高启动转矩三相异步电动机），160 代表机座中心高（单位为 mm），L 表示铁心长度代号（短、中、长铁心分别用 S、M、L 表示），4 表示极数。Y160L-4 就表示是一台机座中心高 160mm、长机座、4 极（2 对磁极）的三相异步电动机。

（2）额定电压（$U_N$，单位为 V 或 kV）。

额定电压指三相异步电动机在额定运行时加在定子绕组上的线电压。

(3) 额定电流（$I_N$，单位为 A）。

额定电流指三相异步电动机在额定运行时流过定子绕组的线电流。

(4) 额定频率（$f_N$，单位为 Hz）。

额定频率指接入三相异步电动机的电源频率，我国的工频频率为 50Hz。

(5) 接法（Y 或 △）。

接法表示三相异步电动机定子绕组的连接方式。

(6) 额定功率（$P_N$，单位为 kW）。

额定功率指在三相异步电动机定子外接额定电压 $U_N$、额定频率 $f_N$，拖动额定负载，按额定方式连接，在额定运行时电动机转轴上输出的机械功率。三相异步电动机的额定功率可用下式进行计算。

$$P_N = \sqrt{3} U_N I_N \eta_N \cos\varphi_N \times 10^{-3} \text{kW} \tag{4-4}$$

式中，$\eta_N$、$\cos\varphi_N$ 分别为三相异步电动机的额定效率和额定功率因数。

三相异步电动机的输入功率为

$$P_1 = \frac{P_N}{\eta_N} = \sqrt{3} U_N I_N \cos\varphi_N \times 10^{-3} \text{kW} \tag{4-5}$$

三相异步电动机的额定输出转矩可以由额定功率、额定转速计算，即

$$T_{2N} = 9550 \times \frac{P_N}{n_N} \tag{4-6}$$

式中，功率的单位为 kW，转速的单位为 r/min，转矩的单位为 N·m。

(7) 额定转速（$n_N$，单位为 r/min）。

额定转速指三相异步电动机在额定运行时转子的转速。

(8) 额定效率（$\eta_N$）。

额定效率指三相异步电动机在额定运行时的效率，是额定输出功率与额定输入功率的比值。三相异步电动机的额定效率为 75%～92%。

(9) 额定功率因数（$\cos\varphi_N$）。

因为三相异步电动机是阻感性负载，定子相电流比相电压滞后一个角度，$\cos\varphi_N$ 就是三相异步电动机的额定功率因数。

**特别提示**

三相异步电动机的功率因数较低，在额定负载时为 0.7～0.9，而在轻载和空载时更低，空载时只有 0.2～0.3。因此，必须正确选择电动机的功率，防止"大马拉小车"，并力求缩短空载的时间。

(10) 绝缘等级。

绝缘等级是按电动机绕组所用的绝缘材料在使用时允许的极限温度来分级的。所谓极限温度，是指电动机绝缘结构中最热点的最高容许温度。其技术数据如表 4-4 所示。

表 4-4　绝缘等级与极限工作温度

| 绝缘等级 | A | E | B | F | H |
|---|---|---|---|---|---|
| 极限工作温度 / ℃ | 105 | 120 | 130 | 155 | 180 |

（11）工作制。

工作制是指电动机的工作状态，即允许连续使用的时间，分为连续、短时和周期断续三种。

① 连续工作制（S1）。

连续工作制是指电动机带额定负载运行时，运行时间很长，使电动机的温升可以达到稳态温升的工作方式。

② 短时工作制（S2）。

短时工作制是指电动机带额定负载运行时，运行时间很短，使电动机的温升达不到稳态温升；停机时间很长，使电动机的温升可以降到零的工作方式。

③ 周期断续工作制（S3）。

周期断续工作制是指电动机带额定负载运行时，运行时间很短，使电动机的温升达不到稳态温升；停机时间也很短，使电动机的温升降不到零，工作周期小于 10min 的工作方式。

（12）防护等级。

防护等级表示三相异步电动机外壳的防护等级。防护等级标志符号为 IP，其后的两位数字分别表示电动机防固体和防水能力。第一位数字（0~6），表明设备抗微尘的范围，或人们在密封环境中免受危害的程度，代表防止固体异物进入的等级，最高级别是 6；第二位数字（0~8），表明设备防水的程度，代表防止进水的等级，最高级别是 8。数字越大，防护能力越强。例如，IP44 中的第一位数字 4 表示电动机能防止直径或厚度大于 1mm 的固体进入电动机内壳；第二位数字 4 表示能承受任何方向的溅水。

此外，对三相绕线式异步电动机还要标明转子绕组的接法、转子绕组额定电动势 $E_{2N}$（指定子绕组加额定电压、转子绕组开路时滑环之间的电动势）和转子的额定电流 $I_{2N}$。

下面讨论如何根据电动机的铭牌进行定子绕组的接线。如果三相异步电动机定子绕组有六根引出线，并已知其首、末端，则分以下两种情况。

① 当三相异步电动机铭牌上标明"电压 380V/220V，接法 Y/△"时，在这种情况下，究竟是接成 Y 形还是△形，要看电源电压的大小。如果电源电压为 380V，则接成 Y 形；如果电源电压为 220V，则接成△形。注意，不可乱接。

② 当三相异步电动机铭牌上标明"电压 380V，接法△"时，则只有△接法。但是，在电动机启动过程中，可以接成 Y 形，接在 380V 电源上，启动完毕，恢复△接法。

对于有些高压电动机，往往定子绕组有三根引出线，只要电源电压符合电动机铭牌电压值，便可使用。

想 一 想

一台额定电压 380V、△连接的三相异步电动机，如果误接成 Y 形，并接到 380V 的电源上满载运行时，会有什么后果？为什么？

## 2. 三相异步电动机的主要系列

我国目前生产的三相异步电动机种类繁多,约有 100 个系列,500 多个品种,5000 多个规格。其有老系列和新系列之分,新系列电动机符合国际电工委员会标准,具有国际通用性。表 4-5 所示是几种三相异步电动机常用系列新老产品代号对照表。

表 4-5 三相异步电动机常用系列新老产品代号对照表

| 产品名称 | 新代号 | 汉字意思 | 老代号 |
| --- | --- | --- | --- |
| 异步电动机 | Y | 异步 | J、JO、JS、JK |
| 三相绕线式异步电动机 | YR | 异步绕线 | JR、JRO |
| 三相高启动转矩异步电动机 | YQ | 异步启动 | JQ、JQO |
| 多速三相异步电动机 | YD | 异步多速 | JD、JDO |
| 精密机床用三相异步电动机 | YJ | 异步精密 | JJO |
| 大型绕线转子高速三相异步电动机 | YRK | 异步绕线快速 | YRG |

(1) Y 系列是小型全封闭自冷式三相异步电动机。其额定电压为 380V,功率范围为 0.55~160kW,同步转速为 600~3000r/min,铸铁外壳,自扇冷式,外壳有散热片,铸铝转子,定子绕组为铜线,外壳防护形式有 IP44 和 IP23 两种,绝缘等级为 B 级。该系列电动机主要用于金属切削机床、通用机械、矿山机械和农业机械等,也可用于拖动静止负载或惯性负载大的机械,如压缩机、传送带、磨床、粉碎机、小型起重机和运输机械等。

(2) Y2 系列是封闭式三相鼠笼式异步电动机,是 Y 系列电动机的升级换代产品。其功率范围为 0.55~315kW,铸铁外壳,自扇冷式,外壳有散热片,铸铝转子,定子绕组为铜线,均为 F 级绝缘。与 Y 系列相比,Y2 系列具有效率和转矩高、噪声低、启动性能好、结构紧凑、使用维修方便等特点,可广泛应用于机床、风机、泵类、压缩机等各类机械传动设备。

(3) Y3 系列是 Y2 系列电动机的升级产品。与 Y2 系列相比,Y3 系列具有以下特点:采用冷轧硅钢片作为导磁材料,重金属使用量、噪声都低于 Y2 系列,可广泛应用于机床、风机、水泵、压缩机,以及交通运输、农业食品加工等各类传动设备。

(4) YR 系列是三相绕线式异步电动机。其功率范围为 2.8~100kW。该系列电动机用在电源容量小、不能用鼠笼式异步电动机启动的生产机械上,如 20/5T 行车,主钩电动机因需要转子串电阻调速,必须使用 YR 系列三相绕线式异步电动机。

(5) YQ 系列是高启动转矩三相异步电动机。其功率范围为 0.6~100kW,结构与 Y 系列电动机相同,转子导体电阻较大。该系列电动机用在启动静止负载或惯性负载较大的机械上,如压缩机、传送机、粉碎机等。

(6) YD 系列是多速三相异步电动机。其功率范围为 0.6~100kW。YD 系列电动机是通过改变绕组的接线方式来改变电动机转速和功率的(具体方法和特点详见 5.3.1 节),属于有级变速电动机,该系列产品采用变极方法实现速度的变换,分为双速和三速电动机。因为鼠笼式电动机转子极数可自动跟随定子极数变化,故 YD 系列通常为鼠笼式电动机。

YD 系列具有结构简单、体积小、噪声低、适用范围广、启动性能好、运行可靠、维护方便等优点。该系列产品适用于各类需要有级变速的机械设备（不适用于风机和泵类机械），可以简化或代替传动齿轮箱。

（7）YH 系列是高速大转差率三相异步电动机。其功率范围为 0.6～100kW，结构与 Y 系列电动机相同，转子用铝合金浇铸，适用于拖动飞轮、转矩较大、具有冲击力负载的设备，如剪床、冲床、锻压机械、小型起重设备、运输机械等。

（8）YLB 系列是深井水泵异步电动机。其功率范围为 11～100kW，防滴立式，自扇冷式，底座有单列向心推力球轴承，专供驱动立式深井水泵，用于为工矿、农业及高原地带提取地下水。

（9）YQS 系列是井用潜水异步电动机。其功率范围为 4～115kW，充水式，转子为铸铝鼠笼式，机体密封，用于井下直接驱动潜水泵，吸取地下水供农业灌溉、工矿用水。

（10）YZ、YZR 系列是起重冶金用异步电动机。其功率范围为 1.5～100kW。YZ 转子为鼠笼式，YZR 转子为绕线式。该系列适用于各种形式的起重机械及冶金设备中辅助机械的驱动，按断续方式运行。

【例 4-2】已知一台三相异步电动机的额定功率 $P_N$=5.5kW，额定电压 $U_N$=380V，额定效率 $\eta_N$=0.86，额定功率因数 $\cos\varphi_N$=0.86，额定转速 $n_N$=1460r/min。试求额定电流 $I_N$。

解：额定电流为

$$I_N = \frac{P_N}{\sqrt{3}U_N\cos\varphi_N\eta_N} = \frac{5.5\times 10^3}{\sqrt{3}\times 380\times 0.86\times 0.86} \approx 11.3\text{A}$$

**特别提示**

在实际应用中，一般情况下 380V 三相异步电动机的额定电流 $I_N$（A）在数值上近似等于 2$P_N$（kW）的数值，即 $I_N\approx 2P_N$，通常该结论用来估算三相异步电动机的额定电流（一个千瓦，两个电流）。

## 4.2　三相异步电动机的运行原理

与变压器相似，三相异步电动机的定子和转子之间只有磁耦合关系，而没有电的直接联系，它是靠电磁感应作用，将能量从定子传递到转子的。所以，三相异步电动机的定子绕组类似于变压器的一次绕组，转子绕组类似于变压器的二次绕组，因此本节分析三相异步电动机电磁关系的基本方法（电压方程式、等值电路和相量图），参照了第 3 章变压器电磁关系的分析方法。

### 4.2.1　三相定子绕组的旋转磁场

三相异步电动机与直流电动机一样，也是根据磁场和载流导体相互作用产生电磁力的原理而制成的。不同的是，直流电动机内是静止磁场，三相异步电动机内却是旋转磁场。下面详细讨论旋转磁场的产生。

### 1. 三相旋转磁场的产生

三相旋转磁场产生的条件是三相对称定子绕组通入三相对称电流。

三相异步电动机的特点是三相定子绕组相同（线圈数、匝数、线径分别相同），在空间按互差 120° 电角度排列，可以接成 Y 形或 △ 形。满足上述条件的绕组称为三相对称定子绕组。为便于分析，以两极电动机为例，三相对称定子绕组的首端分别用 $U_1$、$V_1$、$W_1$，末端分别用 $U_2$、$V_2$、$W_2$ 表示，如图 4-14 所示。

三相对称定子绕组通入的三相对称电流为

$$\begin{cases} i_U = I_m \sin\omega t \\ i_V = I_m \sin(\omega t - 120°) \\ i_W = I_m \sin(\omega t - 240°) \end{cases}$$

可见三相对称电流在时间上互差 120° 电角度，其波形如图 4-15 所示。

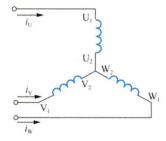

图 4-14 三相对称定子绕组

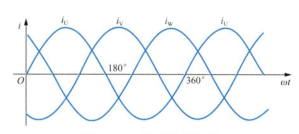

图 4-15 三相对称电流波形

### 2. 旋转磁场的产生过程

假设电流的瞬时值为正时，电流从各绕组的首端流入，末端流出；电流的瞬时值为负时，电流从各绕组的末端流入，首端流出。规定首端流入用"⊗"表示，末端流出用"⊙"表示。

① 当 $\omega t=0°$ 时，$i_U=0$，U 相绕组中无电流；$i_V$ 为负值，V 相绕组中的电流从 $V_2$ 流入、$V_1$ 流出；$i_W$ 为正值，W 相绕组中的电流从 $W_1$ 流入、$W_2$ 流出；由右手螺旋定则可得合成磁场的方向如图 4-16（a）所示。

② 当 $\omega t=120°$ 时，$i_V=0$，V 相绕组中无电流；$i_U$ 为正值，U 相绕组中的电流从 $U_1$ 流入、$U_2$ 流出；$i_W$ 为负值，W 相绕组中的电流从 $W_2$ 流入、$W_1$ 流出；由右手螺旋定则可得合成磁场的方向如图 4-16（b）所示。可见，三相合成磁力线的轴线比 $\omega t=0°$ 时在空间上沿顺时针方向旋转了 120°。

③ 当 $\omega t=240°$ 时，$i_W=0$，W 相绕组中无电流；$i_U$ 为负值，U 相绕组中的电流从 $U_2$ 流入、$U_1$ 流出；$i_V$ 为正值，V 相绕组中的电流从 $V_1$ 流入、$V_2$ 流出；由右手螺旋定则可得合成磁场的方向如图 4-16（c）所示。可见，三相合成磁力线的轴线比 $\omega t=120°$ 时在空间上沿顺时针方向旋转了 120°。

④ 当 $\omega t=360°$ 时，电流在时间上变化一个周期，即 360° 电角度，合成磁场在空间刚好转过一周，合成磁场的方向与 $\omega t=0°$ 时相同，如图 4-16（d）所示。

由此可见，当定子绕组中的电流变化一个周期时，合成磁场也按电流的相序方向在空间旋转一周。随着定子绕组中的三相电流不断周期性变化，合成磁场也不断旋转，因此，称为旋转磁场。

一对磁极旋转磁场

二对磁极旋转磁场

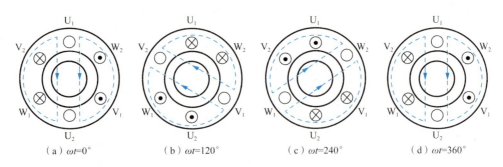

图 4-16 旋转磁场的形成

### 3. 旋转磁场的方向

从图 4-16 可以看出,三相合成磁场的轴线总是与电流达到最大值的那一相绕组轴线重合。因此,旋转磁场的方向取决于通入定子绕组电流的相序,而三相交流电流达到最大值的变化次序(相序)为:U 相→V 相→W 相。若将 U 相交流电接 U 相绕组,V 相交流电接 V 相绕组,W 相交流电接 W 相绕组,则旋转磁场的转向为 U 相→V 相→W 相,即沿顺时针方向旋转。若将三相电源线的任意两相对调,则旋转磁场的方向也跟着改变。

一对磁极与二对磁极旋转磁场的比较

### 4. 极对数

三相异步电动机的极对数就是旋转磁场的极对数。旋转磁场的极对数和定子绕组的排列有关。当每相绕组只有一个线圈,绕组的始端之间相差 120°时,产生的旋转磁场有一对磁极,即 $p=1$;当每相绕组为两个线圈串联,绕组的始端之间相差 60°时,产生的旋转磁场有两对磁极,即 $p=2$。由此得出,极对数 $p$ 与绕组的始端之间的空间角 $\theta$ 的关系为

$$\theta = \frac{120°}{p} \tag{4-7}$$

三相异步电动机旋转磁场的转速(同步转速)$n_1$ 与电动机极对数有关,即

$$n_1 = \frac{60 f_1}{p} \tag{4-8}$$

式中,$n_1$ 为旋转磁场的转速(r/min);$f_1$ 为电源频率(Hz);$p$ 为磁场的极对数,它取决于定子绕组的分布。

想 一 想

三相异步电动机的三相定子绕组如果通入三相对称负相序电流,与通入三相对称正相序电流相比,旋转磁场如何变化?若通入三相同相位的交流电流时,旋转磁场又如何变化?

### 4.2.2 三相异步电动机的定子感应电动势和磁动势

#### 1. 三相异步电动机的定子感应电动势

根据三相异步电动机的工作原理,当三相对称定子绕组通入三相对称交流电流时会产

生旋转磁场，定子绕组切割旋转磁场将产生感应电动势，不加证明地给出每相定子绕组的感应电动势为

$$\dot{E}_1 = -j4.44 f_1 N_1 k_{N1} \dot{\Phi}_m \quad (4\text{-}9)$$

同理，可得转子转动时每相转子绕组的感应电动势为

$$\dot{E}_{2s} = -j4.44 f_2 N_2 k_{N2} \dot{\Phi}_m \quad (4\text{-}10)$$

式中，$\Phi_m$ 为主磁通（Wb）；$f_1$ 为定子绕组通入的电源频率（Hz）；$f_2$ 为转子绕组的转子电流频率（Hz）；$N_1$ 为每相定子绕组的串联匝数；$N_2$ 为每相转子绕组的串联匝数；$k_{N1}$ 为定子绕组的基波绕组系数；$k_{N2}$ 为转子绕组的基波绕组系数；下标 s 表示转子旋转时的状态。

**特别提示**

三相异步电动机电动势与变压器电动势表达式相比，形式基本一致，但实质是不同的。
① 变压器的主磁场为脉动（交变）磁场；而三相异步电动机的主磁场为旋转磁场。
② 变压器为整距集中绕组，绕组系数为1；而三相异步电动机为分布短距绕组，故要乘上绕组系数。

**2. 三相异步电动机的定子磁动势**

三相异步电动机的三相对称定子绕组彼此在空间上相差120°，当通入三相对称交流电流时，三相绕组将产生三相脉动磁动势，彼此在空间和相位上都相差120°，这三个脉动磁动势合成产生一个旋转的磁动势，即三相对称定子绕组通入三相对称电流会产生一个沿空间正弦分布、幅值恒定的旋转合成磁动势，其转速与幅值分别为

旋转磁动势波形图

$$n_1 = \frac{60 f_1}{p} \quad (4\text{-}11)$$

$$F_1 = \frac{m_1}{2} \times 0.9 \times \frac{N_1 k_{N1}}{p} I_1 = 1.35 \times \frac{N_1 k_{N1}}{p} I_1 \quad (4\text{-}12)$$

式中，$n_1$ 为同步转速（r/min）；$f_1$ 为电源频率（Hz）；$p$ 为极对数；$m_1$ 为定子绕组的相数，在这里 $m_1=3$；$I_1$ 为定子电流幅值。

合成磁动势的旋转方向由定子电流相序决定。如果通入三相定子绕组的电流相序为 U→V→W 变为 U→W→V，就改变了合成磁场的旋转方向。因此，要改变电动机的旋转方向，只要调换任意两根电源引线即可。

用空间矢量表示的旋转磁动势

**想一想**

一台50Hz的三相异步电动机，如果通入60Hz的三相对称交流电流，设电流的大小不变，则此时三相合成磁动势的大小、转速和转向如何变化？

### 4.2.3 三相异步电动机的空载运行

三相异步电动机定子绕组接在对称的三相电源上,转子转轴上不加任何负载,称为空载运行状态。

#### 1. 主磁通

当三相异步电动机的定子绕组通入三相对称交流电流时,将产生旋转磁动势,该磁动势产生的磁通绝大部分穿过气隙,并同时交链于定、转子绕组,这部分磁通称为主磁通,其路径为:定子铁心→气隙→转子铁心→气隙→定子铁心,构成闭合磁路,一般用 $\dot{\Phi}_m$ 表示。

由于主磁通同时交链定、转子绕组,故在定、转子上分别产生感应电动势。转子绕组为闭合绕组,在电动势的作用下,转子绕组中有电流通过。根据左手定则,转子电流与主磁通磁场相互作用产生电磁转矩,拖动转子旋转,实现三相异步电动机的能量转换,即将电能转换为机械能从电动机轴上输出。因此,主磁通是能量转换的媒介。

#### 2. 漏磁通

电动机实际运行时,定子绕组的槽部和端部等会有很少的"电磁泄漏",故定义除主磁通以外的磁通统称为漏磁通,用 $\dot{\Phi}_{1\sigma}$ 表示,漏磁通虽然很小,但通常不能忽略,其具有以下特性。

(1) 因为漏磁通沿气隙形成闭合回路,而空气中的磁阻很大,所以漏磁通比主磁通小得多。

(2) 漏磁通仅在定子和气隙中交链,故不能像主磁通一样起能量转化作用,但在定子绕组上将产生漏感电势,因此漏磁通只起电抗压降的作用。

#### 3. 空载运行时的电压平衡方程式和等值电路

三相异步电动机在空载运行情况下,电动机转速 $n$ 非常接近同步转速 $n_1$,如果近似认为 $n=n_1$,即为理想空载运行情况。理想空载运行的重要特征就是转子与磁场无相对切割,故转子绕组无感应电动势和电流,也不形成转子磁动势。因此,电动机沿气隙的旋转磁场(主磁通 $\dot{\Phi}_m$)由定子磁动势 $\dot{F}_0$ 单独建立。$\dot{F}_0$ 的基波幅值为

$$F_0 = \frac{m_1}{2} \times 0.9 \times \frac{N_1 k_{N1}}{p} I_0 = 1.35 \times \frac{N_1 k_{N1}}{p} I_0 \qquad (4\text{-}13)$$

这个旋转磁场切割静止的定子绕组,并在定子中感应出电动势 $\dot{E}_1$,其值为

$$\dot{E}_1 = -j4.44 f_1 N_1 k_{N1} \dot{\Phi}_m \qquad (4\text{-}14)$$

定子绕组流过电流 $\dot{I}_0$(空载电流)时,还要产生定子漏磁通 $\dot{\Phi}_{1\sigma}$,它将在定子绕组中感应漏电动势 $\dot{E}_{1\sigma}$。漏电动势 $\dot{E}_{1\sigma}$ 可用漏抗压降的形式表示为

$$\dot{E}_{1\sigma} = -j\dot{I}_0 X_1 \qquad (4\text{-}15)$$

设定子每相绕组的电阻为 $R_1$,根据基尔霍夫电压定律可写出定子绕组的电压平衡方程式为

$$\dot{U}_1 = -\dot{E}_1 - \dot{E}_{1\sigma} + \dot{I}_0 R_1 = -\dot{E}_1 + j\dot{I}_0 X_1 + \dot{I}_0 R_1 = -\dot{E}_1 + \dot{I}_0 Z_1 \qquad (4\text{-}16)$$

式中,$Z_1 = R_1 + jX_1$ 为定子每相漏阻抗。

**特别提示**

一般漏阻抗压降数值很小，可认为 $U_1 \approx E_1 = 4.44 f_1 N_1 k_{N1} \Phi_m$，由此可知三相异步电动机外加电压的大小决定了电动机主磁通 $\Phi_m$ 的大小。

和变压器处理方法相同，$\dot{E}_1$ 也可以写成

$$\dot{E}_1 = -\dot{I}_0(R_m + jX_m) = -\dot{I}_0 Z_m \qquad (4-17)$$

式中，$R_m$ 为励磁电阻，它对应定子铁损耗的等效电阻；$X_m$ 为励磁电抗，它对应主磁通的等效电抗；$Z_m = R_m + jR_m$ 为励磁阻抗。

同理，转子也会感应出电动势 $\dot{E}_{20}$，但三相异步电动机空载运行时，$n \approx n_1$，可以认为 $\dot{I}_2 \approx 0$，$\dot{E}_{20} \approx 0$。

由以上分析可得出三相异步电动机空载运行时的电磁关系，如图 4-17 所示。

由式（4-16）和式（4-17）可画出三相异步电动机空载运行时的等值电路，如图 4-18 所示。

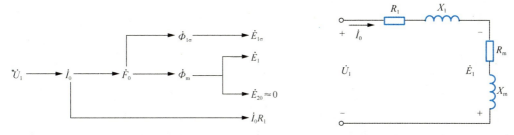

图 4-17　三相异步电动机空载运行时的电磁关系　　图 4-18　三相异步电动机空载运行时的等值电路

三相异步电动机空载运行具有和变压器空载运行非常类似的电磁关系，不同之处有以下几点。

（1）主磁场的性质不同，变压器主磁场为脉动磁场；而三相异步电动机主磁场为旋转磁场。

（2）主磁场在三相异步电动机定子绕组中的感应电动势为"速度电动势"；而在变压器一次侧的感应电动势为"静止电动势"。

（3）在变压器中，主磁通所经过的磁路气隙很小，因此变压器的空载电流很小，仅为额定电流的 2%~10%；而三相异步电动机主磁通磁路有较大气隙存在，其空载电流比变压器大很多，大容量电动机 $I_0 = (20\% \sim 30\%)I_N$，小容量电动机 $I_0 = 50\% I_N$。

三相异步电动机的气隙为什么要尽量做得很小？若把气隙加大，其空载电流和定子功率因数将如何变化？

### 4.2.4 三相异步电动机的负载运行

所谓负载运行，是指电动机的定子绕组接入对称三相电源，转子带上机械负载时的运行状态。

#### 1. 负载时的转子磁动势

三相异步电动机在电动机轴上增加负载，电动机转速 $n$ 降低，这样以同步转速 $n_1$ 旋转的气隙磁场和以转速 $n$ 旋转的转子绕组会有相对切割，并在转子绕组中感应电动势和感应电流。且因转子绕组为对称多相绕组（绕线式转子为对称三相绕组），旋转磁场依次切割转子每相绕组，感应出对称的多相电流，并形成旋转的转子磁动势 $\dot{F}_2$。下面首先讨论转子磁动势 $\dot{F}_2$ 的转向和转速，以及与定子磁动势 $\dot{F}_1$ 的关系。

转子磁动势 $\dot{F}_2$ 的转向：转子磁动势 $\dot{F}_2$ 与定子磁动势 $\dot{F}_1$ 同方向旋转。

转子磁动势 $\dot{F}_2$ 的转速：三相异步电动机负载时转子转速为 $n$，而旋转磁场的转速为 $n_1$，两者方向相同，所以旋转磁场以 $\Delta n=(n_1-n)$ 的相对转速切割转子绕组，则在转子绕组中感应电动势和电流，其频率为

$$f_2 = \frac{p\Delta n}{60} = \frac{p(n_1-n)}{60} = \frac{pn_1}{60} \cdot \frac{n_1-n}{n_1} = sf_1 \tag{4-18}$$

**特别提示**

在转子不转时，$n=0$，$s=1$，转子中电动势和电流的频率最大；当转子转动时，转子电动势和电流的频率随转子转速的增大而减小，即转子转得越快，频率越小，此特性在电动机串频敏变阻器调速时会凸显出来（详见5.2.2节）。三相异步电动机额定运行时，转差率很小，通常在 0.01~0.06 之间，若 $f_1$=50Hz，则转子感应电动势频率 $f_2$ 在 0.5~3Hz 之间，所以三相异步电动机在正常运行时，转子感应电动势频率很低。

转子磁动势 $\dot{F}_2$ 相对转子的转速为

$$n_2 = \frac{60f_2}{p} = \frac{60sf_1}{p} = sn_1 = n_1 - n \tag{4-19}$$

又由于转子本身以转速 $n$ 旋转，因此转子磁动势相对于定子的转速为

$$n_2 + n = n_1 - n + n = n_1 \tag{4-20}$$

即转子磁动势 $\dot{F}_2$ 与定子磁动势 $\dot{F}_1$ 在气隙中转速相等。

由以上分析可知，转子磁动势 $\dot{F}_2$ 与定子磁动势 $\dot{F}_1$ 的转向相同，转速相等，均为同步转速 $n_1$，即 $\dot{F}_1$ 与 $\dot{F}_2$ 在空间上保持相对静止，两者之间无相对运动。

三相异步电动机负载运行时，转子磁动势相对于定子的转速是多少？相对于转子的转速是多少？当转速变化时，转子磁动势相对于定子的转向和转速是否变化？当三相异步电动机处于发电机状态和制动状态时，转子磁动势与定子磁动势是否有相对运动？

## 2. 磁动势平衡方程式

三相异步电动机负载运行时，定子电流产生定子磁动势 $\dot{F}_1$，转子电流产生转子磁动势 $\dot{F}_2$。这两个沿气隙正弦分布、以同步转速 $n_1$ 旋转的磁动势（$\dot{F}_1$ 和 $\dot{F}_2$）可以合成起来，其合成磁动势仍沿气隙正弦分布。以同步转速 $n_1$ 旋转的合成磁动势记为 $\dot{F}_0$，则

$$\dot{F}_0 = \dot{F}_1 + \dot{F}_2 \tag{4-21}$$

电动机从空载运行到负载运行时，由于电源电压和频率都不变，即 $U_1 \approx E_1 = 4.44 f_1 N_1 k_{N1} \Phi_m$，因此主磁通几乎不变，故合成磁动势 $\dot{F}_0$ 基本不变，即负载时的合成磁动势等于空载时的合成磁动势。从空载运行到负载运行时，转子磁动势 $\dot{F}_2$ 变化，定子磁动势 $\dot{F}_1$ 也会自动相应变化，以保持励磁磁动势 $\dot{F}_0$ 大小不变，将这种平衡作用称为三相异步电动机的磁动势平衡，式（4-21）称为磁动势平衡方程式。

式（4-21）可改写成

$$\dot{F}_1 = \dot{F}_0 + (-\dot{F}_2) = \dot{F}_0 + \dot{F}_{1L} \tag{4-22}$$

由此可见，定子磁动势包含两个分量：一个是励磁磁动势 $\dot{F}_0$，它用来产生气隙磁通；另一个是负载分量磁动势 $\dot{F}_{1L}$，它用来平衡转子磁动势 $\dot{F}_2$，也用来抵消转子磁动势对主磁通的影响。

设三相异步电动机空载励磁电流为 $\dot{I}_0$，根据磁动势幅值公式，则有

$$0.9 \times \frac{m_1}{2} \cdot \frac{N_1 k_{N1}}{p} \dot{I}_1 + 0.9 \times \frac{m_2}{2} \cdot \frac{N_2 k_{N2}}{p} \dot{I}_2 = 0.9 \times \frac{m_1}{2} \cdot \frac{N_1 k_{N1}}{p} \dot{I}_0 \tag{4-23}$$

整理得

$$\dot{I}_1 + \frac{1}{k_i} \dot{I}_2 = \dot{I}_0 \tag{4-24}$$

式中，$m_1$、$m_2$ 为定、转子绕组的相数，这里 $m_1=m_2=3$；$k_i = \dfrac{m_1 N_1 k_{N1}}{m_2 N_2 k_{N2}}$ 称为定、转子绕组的电流变比。

式（4-24）为电流形式表示的磁动势平衡方程式。

## 3. 电压平衡方程式

主磁通 $\dot{\Phi}_m$ 同时切割定、转子绕组，并在其中分别感应电动势 $\dot{E}_1$ 和 $\dot{E}_{2s}$，其值分别为

$$E_1 = 4.44 f_1 N_1 k_{N1} \Phi_m \tag{4-25}$$

$$E_{2s} = 4.44 f_2 N_2 k_{N2} \Phi_m = 4.44 s f_1 N_2 k_{N2} \Phi_m \tag{4-26}$$

当转子静止时，$n=0$，$s=1$，$f_2=f_1$，此时

$$E_2 = 4.44 f_1 N_2 k_{N2} \Phi_m \tag{4-27}$$

比较式（4-26）和式（4-27），得

$$E_{2s} = s E_2 \tag{4-28}$$

由此可见，当转子不转时，转差率 $s=1$，主磁通切割转子的相对速度最快，此时转子电动势最大。当转子转速增加时，转差率将随之减小。因正常运行时转差率很小，故转子绕组感应电动势也就很小。

转子绕组有电流 $\dot{I}_2$ 流过，也要产生转子漏磁通 $\dot{\Phi}_{2\sigma}$，感应出转子漏电动势 $\dot{E}_{2\sigma}$。转子漏电动势 $\dot{E}_{2\sigma}$ 也可以用漏抗压降的形式表示为

$$\dot{E}_{2\sigma} = -\mathrm{j}\dot{I}_2 X_{2s} = -\mathrm{j}\dot{I}_2 2\pi f_2 L_{2\sigma} = -\mathrm{j}\dot{I}_2 s X_2 \tag{4-29}$$

式中，$X_2$ 为电动机静止时的转子漏电抗；$X_{2s}=sX_2$ 为电动机旋转时的转子漏电抗。

从式（4-26）和式（4-29）可以看出以下几点。

（1）转子绕组的感应电动势 $E_{2s}$ 是随转差率变化的，转速越低，$s$ 越大，转子绕组切割磁场的相对速度越大，转子电动势也越大。

（2）当额定转速时，$s$ 较小，转子绕组切割磁场的相对速度较小，转子电动势 $E_{2s}$ 并不大。

（3）转子漏电抗 $X_{2s}=sX_2$，即转子漏电抗也是随转差率变化的。在转子不转时，$s=1$，转子漏电抗最大；当转子转动时，转子漏电抗随转子转速的增大而减小，即转子转得越快，漏电抗越小。

设转子每相等效电阻为 $R_2$，因为三相异步电动机转子是闭合的，可写出定、转子每相绕组电压方程式为

$$\begin{cases} \dot{U}_1 = -\dot{E}_1 - \dot{E}_{1\sigma} + \dot{I}_1 R_1 = -\dot{E}_1 + \dot{I}_1 Z_1 \\ \dot{E}_1 = -\dot{I}_1 (R_\mathrm{m} + \mathrm{j}X_\mathrm{m}) = -\dot{I}_1 Z_\mathrm{m} \\ \dot{E}_{2s} = \dot{I}_2 (R_2 + \mathrm{j}sX_2) \end{cases} \tag{4-30}$$

综上所述，三相异步电动机负载运行时的电磁关系可用图 4-19 表示。

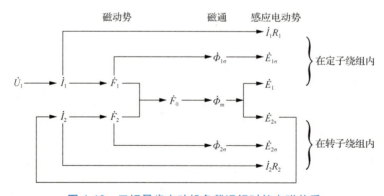

图 4-19 三相异步电动机负载运行时的电磁关系

## 想一想

当三相异步电动机在额定电压下正常运行时，如果转子突然被卡住不动，会产生什么后果？为什么？

### 4. 三相异步电动机的等值电路

由三相异步电动机负载运行时的电压平衡方程式可分别画出定、转子等值电路，如图 4-20 所示。存在的问题是，在电动机旋转时定子电动势、定子电流的频率是 $f_1$，而转子电动势、转子电流的频率 $f_2=sf_1$。定、转子的频率是不同的，对不同频率的电量列出的方程组不能联立求解，定、转子电路图是相互独立，只有磁联系而没有电的直接联系。显然，要推导出三相异步电动机的等值电路，不仅要进行绕组折算，还必须先进行频率折算（变压器等值电路只需要绕组折算）。

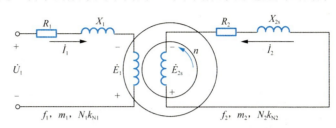

图 4-20 三相异步电动机的定、转子等值电路

**特别提示**

频率折算的原则是折算前后保持电动机转子磁动势 $\dot{F}_2$、各种损耗、有功功率、无功功率等均保持不变，把转子频率折算到定子一方，使它们有相同的频率，使定子电路和转子电路具有电的联系。

（1）频率折算。

频率折算就是要寻求一个等效的转子电路来代替实际旋转的转子电路，而该等效的转子电路应与定子电路有相同的频率。只有当转子静止时，转子电路才与定子电路有相同的频率。所以频率折算的实质就是把旋转的转子等效成静止的转子。

折算时，要保持电动机的电磁关系不变，因此应遵循以下两条原则。

① 保持转子电路对定子电路的影响不变，即折算前后保持转子磁动势 $\dot{F}_2$ 不变，要达到这一点，只要使被等效静止的转子电流大小和相位与原转子旋转时的电流大小和相位一样即可。

② 被等效静止的转子电路的功率和损耗与原转子旋转时一样。

由转子绕组电动势平衡方程式，可写出转子电流表达式为

$$\dot{I}_2 = \frac{\dot{E}_{2s}}{R_2 + jX_{2s}} = \frac{\dot{E}_{2s}}{R_2 + jsX_2} \quad (\text{频率为 } f_2) \tag{4-31}$$

将式（4-31）的分子、分母同时除以 $s$，得

$$\dot{I}_2 = \frac{\dot{E}_2}{\dfrac{R_2}{s} + jX_2} = \frac{\dot{E}_2}{R_2 + \dfrac{1-s}{s}R_2 + jX_2} \quad (\text{频率为 } f_1) \tag{4-32}$$

从式（4-31）和式（4-32）可以看出以下几点。

① 转子绕组感应电动势由 $\dot{E}_{2s}$ 变成 $\dot{E}_2$，相应地，转子漏电抗由 $X_{2s}$ 变为 $X_2$，而 $\dot{E}_2$、$X_2$ 隐含的频率是 $f_1$，这样转子电量就具有和定子绕组相同的频率 $f_1$，同时又保持了转子电流的大小和相位在折算前后不变。可以看出频率折算的物理含义是：用一个等效的静止不动

的转子代替一个实际的旋转转子，在保持代替前后转子电流的大小和相位不变的情况下，使转子绕组感应电动势频率和定子绕组一样，都是 $f_1$。

② 折算后转子绕组每相总电阻由 $R_2$ 变为 $\dfrac{R_2}{s}$，相当于在实际转子绕组中每相串入大小为 $\dfrac{1-s}{s}R_2$ 的附加电阻。

③ 频率折算前，转子是旋转的，轴上有机械功率输出。频率折算后，转子被等效为静止不动，轴上无机械功率输出，但转子绕组附加了一个电阻 $\dfrac{1-s}{s}R_2$，因此在附加电阻 $\dfrac{1-s}{s}R_2$ 上消耗的电功率实际上表征了电动机轴上的机械功率，称为总机械功率，$\dfrac{1-s}{s}R_2$ 也被称为机械功率电阻。由此可见，频率折算不仅保持了电动机转子对定子的电磁效应，而且就功率而言也是等效的。

经过频率折算后，三相异步电动机的定、转子等值电路如图 4-21 所示。

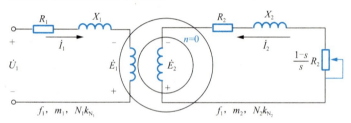

图 4-21 频率折算后三相异步电动机的定、转子等值电路

(2) 绕组折算。

和变压器的绕组折算类似，三相异步电动机的绕组折算就是用一个和定子绕组具有同样相数 $m_1$、匝数 $N_1$ 和绕组系数 $k_{N1}$ 的等效绕组，去代替原来具有相数 $m_2$、匝数 $N_2$ 和绕组系数 $k_{N2}$ 的实际转子绕组。同变压器绕组折算表示方法一样，转子绕组的折算值均在右上角加"′"表示。

① 电流的折算。

根据折算前后转子磁动势保持不变的原则，得

$$0.9 \times \dfrac{m_1}{2} \cdot \dfrac{N_1 k_{N1}}{p} \dot{I}_2' = 0.9 \times \dfrac{m_2}{2} \cdot \dfrac{N_2 k_{N2}}{p} \dot{I}_2$$

折算后的转子电流为

$$\dot{I}_2' = \dfrac{m_2 N_2 k_{N2}}{m_1 N_1 k_{N1}} \dot{I}_2 = \dfrac{1}{k_i} \dot{I}_2 \tag{4-33}$$

式中，$k_i = \dfrac{m_1 N_1 k_{N1}}{m_2 N_2 k_{N2}}$ 称为定、转子绕组电流变比。

因此，电流形式表示的磁动势平衡方程式变为

$$\dot{I}_1 + \dot{I}_2' = \dot{I}_0 \tag{4-34}$$

② 电动势的折算。

由于转子绕组折算后与定子绕组具有相同形式，则有

$$\dot{E}_2' = -\mathrm{j} 4.44 f_1 N_1 k_{N1} \dot{\Phi}_m = \dfrac{N_1 k_{N1}}{N_2 k_{N2}}(-\mathrm{j} 4.44 f_1 N_2 k_{N2} \dot{\Phi}_m) = k_e \dot{E}_2 = \dot{E}_1 \tag{4-35}$$

式中，$k_e = \dfrac{N_1 k_{N1}}{N_2 k_{N2}}$ 称为定、转子绕组的电压（电动势）变比。

③ 阻抗的折算。

根据折算前后转子铜损耗不变的原则，得

$$m_1 \dot{I}_2'^2 R_2' = m_2 \dot{I}_2^2 R_2$$

折算后的转子电阻为

$$R_2' = \frac{m_2}{m_1} R_2 \left(\frac{\dot{I}_2}{\dot{I}_2'}\right)^2 = k_e k_i R_2 \qquad (4-36)$$

同理，根据折算前后转子无功功率不变的原则，得

$$X_2' = k_e k_i X_2 \qquad (4-37)$$

经过绕组折算后，三相异步电动机的定、转子等值电路如图4-22所示。

(3) 等值电路。

经过频率折算和绕组折算后，三相异步电动机转子绕组的频率、相数、每相串联匝数及绕组系数都和定子绕组一样，三相异步电动机的基本方程式变为

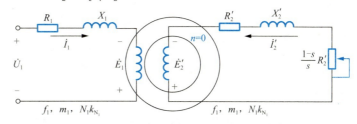

图4-22 绕组折算后三相异步电动机的定、转子等值电路

$$\begin{cases} \dot{U}_1 = -\dot{E}_1 + \dot{I}_1(R_1 + jX_1) = -\dot{E}_1 + \dot{I}_1 Z_1 \\ \dot{E}_1 = -\dot{I}_0(R_m + jX_m) \\ \dot{E}_1 = \dot{E}_2' \\ \dot{I}_1 + \dot{I}_2' = \dot{I}_0 \\ \dot{E}_2' = \dot{I}_2'\left(\frac{R_2'}{s} + jX_2'\right) \\ \dot{U}_2' = \dot{E}_2' - \dot{I}_2'(R_2' + jX_2') \end{cases} \qquad (4-38)$$

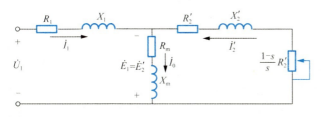

图4-23 三相异步电动机的T型等值电路

根据基本方程式，再仿照变压器的分析方法，可画出三相异步电动机的T型等值电路，如图4-23所示。

三相异步电动机T型等值电路与变压器T型等值电路比较如下。

① 一台以转差率 $s$ 运行的三相异步电动机，与一台二次侧接有纯电阻 $\frac{1-s}{s} R_2'$ 负载运行的变压器相同。三相异步电动机堵转运行相当于变压器的短路运行；三相异步电动机理想空载运行相当于变压器的二次侧开路运行。

② 等值电路中，$\frac{1-s}{s} R_2'$ 是模拟总机械功率的等效电阻，当转子堵转时，$s=1$，$\frac{1-s}{s} R_2' = 0$，此时无机械功率输出；而当转子旋转且转轴上带有机械负载时，$s \neq 1$，

$\frac{1-s}{s}R_2' \neq 0$，此时有机械功率输出。故三相异步电动机可以看成一台"广义变压器"，不仅实现电压、电流变换，更重要的是可以进行机电能量变换。

③ 等值电路中 $s$ 的变化体现了机械负载的变化。例如，当转子轴上负载增大时，转速减小，转差率 $s$ 增大，因此转子电流增大，以产生较大的电磁转矩与负载转矩平衡。按磁动势平衡关系，定子电流也将增大，电动机从电源吸收更多的电功率来供给电动机本身的损耗和轴上输出的机械功率，以达到功率平衡。

④ 和变压器一样，三相异步电动机等值电路中的各个参数可以用试验的方法求得。参数已知后，依据等值电路，可以方便地求解三相异步电动机的各种运行特性。

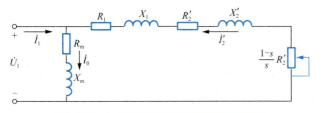

图 4-24 三相异步电动机简化等值电路

三相异步电动机的 T 型等值电路是一个串并联混联电路，计算起来还比较复杂。因此，工程计算可以把励磁支路移至等值电路的输入端点上而得到简化等值电路，如图 4-24 所示。

依照电路图可以写出简化等值电路的定、转子平衡方程式为

$$\begin{cases} \dot{U}_1 = \dot{I}_0(R_m + jX_m) = -\dot{I}_2'\left[\left(R_1 + \frac{R_2'}{s}\right) + j(X_1 + X_2')\right] \\ \dot{I}_1 + \dot{I}_2' = \dot{I}_0 \end{cases} \tag{4-39}$$

想一想

三相异步电动机负载运行时，其 T 型等值电路为什么不能简化成一字型等值电路？等值电路中的附加电阻 $\frac{1-s}{s}R_2'$ 的物理意义是什么？该附加电阻能否用电抗或电容代替？为什么？

### 5. 三相异步电动机的相量图

根据 T 型等值电路平衡方程式可绘制出三相异步电动机的相量图，如图 4-25 所示。其绘制步骤如下：

（1）定义主磁通相量 $\dot{\Phi}_m$ 为参考相量，画在水平方向。

（2）励磁电流 $\dot{I}_0$（产生主磁通）超前 $\dot{\Phi}_m$ 一个电角度 $\alpha$。

（3）定子绕组中的感应电动势 $\dot{E}_1$、$\dot{E}_2'$ 滞后 $\dot{\Phi}_m$ 90°，画出相量 $\dot{E}_1$ 及 $\dot{E}_2'$。

（4）画出相量 $-\dot{E}_1$。

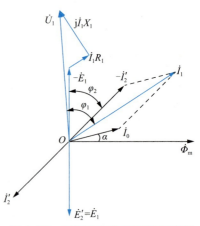

图 4-25 三相异步电动机的相量图

(5)由于 $\dot{I}'_2$ 滞后 $\dot{E}'_2$ 的电角度 $\varphi_2 = \mathrm{tg}^{-1}(sX'_2/R'_2)$，由转子电路参数计算出 $\varphi_2$ 后，画出 $\dot{I}'_2$。

(6)根据四边形法则，由 $\dot{I}_0$ 和 $\dot{I}'_2$ 确定 $\dot{I}_1$ 相量。

(7)相量 $\dot{I}_1R_1$ 与 $\dot{I}_1$ 同方向，$\mathrm{j}X_1\dot{I}_1$ 超前 $\dot{I}_1R_1$ 90°。

(8)按定子电压平衡方程式 $\dot{U}_1 = -\dot{E}_1 + \dot{I}_1(R_1 + \mathrm{j}X_1)$，画出三相异步电动机外加电压相量 $\dot{U}_1$。

$\dot{U}_1$ 与 $\dot{I}_1$ 的夹角为 $\varphi_1$，$\cos\varphi_1$ 便是电动机在相应负载下运行的功率因数。

从三相异步电动机相量图可以看出，定子电流相量 $\dot{I}_1$ 和转子电流相量 $\dot{I}'_2$ 方向基本相反，即 $\dot{I}'_2$ 增大，$\dot{I}_1$ 亦增大，从而实现电动机内部能量的传递。还可看出定子电流 $\dot{I}_1$ 滞后电源电压 $\dot{U}_1$，即三相异步电动机具有滞后的功率因数。

## 想一想

当三相异步电动机带额定负载运行时，如果负载转矩不变，当电源电压降低时，电动机的 $\varPhi_\mathrm{m}$、$I_1$、$I_2$ 和 $n$ 如何变化？

【例 4-3】一台三相四极鼠笼式异步电动机，参数为：$U_\mathrm{N}=380\mathrm{V}$，$P_\mathrm{N}=17\mathrm{kW}$，定子 △ 接法，$n_\mathrm{N}=1472\mathrm{r/min}$，$R_1=0.715\Omega$，$X_1=1.74\Omega$，$R'_2=0.416\Omega$，$X'_2=3.03\Omega$，$R_\mathrm{m}=6.2\Omega$，$X_\mathrm{m}=75\Omega$。试求额定运行时的定子电流、转子电流、励磁电流、功率因数、输入功率及效率。

解：额定运行时的转差率为

$$s_\mathrm{N} = \frac{n_1 - n_\mathrm{N}}{n_1} = \frac{1500 - 1472}{1500} \approx 0.019$$

$$\frac{R'_2}{s_\mathrm{N}} = \frac{0.416}{0.019} \approx 21.89\Omega$$

(1)用 T 型等值电路计算，得

$$Z'_2 = \frac{R'_2}{s_\mathrm{N}} + \mathrm{j}X'_2 = 21.89 + \mathrm{j}3.03 = 22.10\angle 7.88°\Omega$$

$$Z_\mathrm{m} = R_\mathrm{m} + \mathrm{j}X_\mathrm{m} = 6.2 + \mathrm{j}75 = 75.26\angle 82.27°\Omega$$

$Z'_2$ 与 $Z_\mathrm{m}$ 的并联值为

$$Z'_2 \parallel Z_\mathrm{m} = \frac{Z'_2 Z_\mathrm{m}}{Z'_2 + Z_\mathrm{m}} = \frac{22.10\angle 7.88° \times 75.26\angle 82.27°}{21.89 + \mathrm{j}3.03 + 6.2 + \mathrm{j}75}$$

$$= \frac{1663.25\angle 90.15°}{82.93\angle 70.20°} = 20.06\angle 19.95°\Omega$$

总阻抗为

$$Z = Z_1 + Z'_2 \parallel Z_\mathrm{m} = 0.715 + \mathrm{j}1.74 + 18.86 + \mathrm{j}6.86$$
$$= 19.58 + \mathrm{j}8.6 = 21.39\angle 23.71°\Omega$$

计算定子电流 $\dot{I}_1$，设 $\dot{U}_1 = 380\angle 0°\text{V}$，则

$$\dot{I}_1 = \frac{\dot{U}_1}{Z} = \frac{380\angle 0°}{21.39\angle 23.71°} = 17.77\angle -23.71°\text{A}$$

定子线电流有效值为

$$I_{1L} = \sqrt{3} \times 17.77 \approx 30.78\text{A}$$

定子功率因数为

$$\cos\varphi_1 = \cos(-23.71°) = 0.92 \text{（滞后）}$$

定子输入功率为

$$P_1 = 3U_1 I_1 \cos\varphi_1 = 3 \times 380 \times 17.77 \times 0.92 \approx 18.637\text{kW}$$

转子电流 $\dot{I}_2'$ 和励磁电流 $\dot{I}_m$ 分别为

$$\dot{I}_2' = (-\dot{I}_1)\frac{Z_m}{Z_2' + Z_m} = 17.77\angle(-23.71°+180°) \times \frac{75.26\angle 82.27°}{82.93\angle 70.20°}$$
$$= 16.13\angle 168.36°\text{A}$$

$$\dot{I}_m = \dot{I}_1 \cdot \frac{Z_2'}{Z_2' + Z_m} = 17.77\angle -23.71° \times \frac{22.10\angle 7.88°}{82.93\angle 70.20°}$$
$$= 4.74\angle -86.03°\text{A}$$

效率为

$$\eta = \frac{P_2}{P_1} = \frac{17000}{18637} \approx 91.2\%$$

（2）用近似等值电路计算

$$Z_1 + Z_2' = 0.715 + \text{j}1.74 + 21.89 + \text{j}3.03 = 23.10\angle 11.92°\Omega$$
$$Z_m = R_m + \text{j}X_m = 6.2 + \text{j}75 = 75.26\angle 82.27°\Omega$$

定子电流 $\dot{I}_1$ 为

$$\dot{I}_1 = \dot{I}_m - \dot{I}_2' = 5.05\angle -82.27° - 16.45\angle 168.08°$$
$$= (0.68 - \text{j}5.00) - (-16.10 + \text{j}3.40)$$
$$= 16.78 - \text{j}8.40 = 18.77\angle -26.60°\text{A}$$

定子线电流有较值为

$$I_{1L} = \sqrt{3} \times 18.77 = 32.47\text{A}$$

定子功率因数为

$$\cos\varphi_1 = \cos(-26.60°) = 0.89 \text{（滞后）}$$

定子输入功率为

$$P_1 = 3U_1 I_1 \cos\varphi_1 = 3 \times 380 \times 18.77 \times 0.89 \approx 19.044\text{kW}$$

效率为

$$\eta = \frac{P_2}{P_1} = \frac{17000}{19044} \approx 89.3\%$$

从两种等值电路计算结果可见，用近似等值电路计算出的定、转子电流及励磁电流比用 T 型等值电路的计算结果要大。

## 4.3　三相异步电动机的功率平衡和转矩平衡

三相异步电动机的 T 型等值电路反映了三相异步电动机定、转子的电磁关系和功率传递关系。本节将根据 T 型等值电路分析三相异步电动机的功率平衡关系，进一步推导出转矩平衡关系。

### 4.3.1　三相异步电动机的功率平衡

三相异步电动机是将电能转换为机械能的机电装置，其从电源吸收的功率要通过电磁场经过定、转子后输出到转轴，期间存在各种损耗。电能到机械能的传输和转换的大致流程为：首先，电动机从电源吸收电功率 $P_1$，减去定子绕组产生的铜损耗 $P_{Cu1}$，再减去定子铁心中的铁损耗 $P_{Fe}$（涡流和磁滞损耗），进而得到转子上的电磁功率 $P_M$；然后，去掉转子绕组产生的转子铜损耗 $P_{Cu2}$，得到总机械功率 $P_m$；最后，克服因电动机旋转产生的各种机械摩擦损耗 $P_{mec}$ 和附加损耗 $P_{ad}$，得到电动机轴上输出的机械功率 $P_2$。三相异步电动机功率流程如图 4-26 所示。

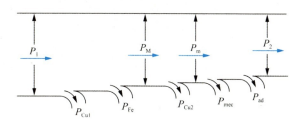

图 4-26　三相异步电动机功率流程

定子绕组铜损耗为 $P_{Cu1} = 3I_1^2 R_1$。

定子铁心中的涡流和磁滞损耗，称为铁损耗，其值为 $P_{Fe} = 3I_0^2 R_m$。

转子铜损耗为 $P_{Cu2} = 3I_2'^2 R_2'$。

一般把机械损耗 $P_{mec}$ 和附加损耗 $P_{ad}$ 统称为三相异步电动机的空载损耗，用 $P_0$ 表示，即 $P_0 = P_{mec} + P_{ad}$。附加损耗 $P_{ad}$ 无法精确计算，通常用经验数据选取，三相异步电动机满载运行时，对于铜条鼠笼式转子的附加损耗取为 $P_{ad}=0.5\%P_N$，对于铸铝鼠笼式转子取为 $P_{ad}=(1\%\sim3\%)P_N$。于是

$$P_m = P_2 + P_{mec} + P_{ad} = P_2 + P_0 \tag{4-40}$$

电磁功率 $P_M$ 表示为

$$P_M = P_2 + P_{Cu2} + P_0 = P_m + P_{Cu2} \tag{4-41}$$

同时由等值电路可得到

$$\begin{cases} P_M = 3I_2'^2 \cdot \dfrac{R_2'}{s} \\ P_m = 3I_2'^2 \dfrac{(1-s)R_2'}{s} \\ P_{Cu2} = 3I_2'^2 R_2' \end{cases} \tag{4-42}$$

即

$$\begin{cases} P_{Cu2} = sP_M \\ P_m = (1-s)P_M \end{cases} \tag{4-43}$$

从式（4-43）可以看出以下几点。

（1）电磁功率减去转子铜损耗后，就是机械功率电阻 $\dfrac{1-s}{s}R_2'$ 上的损耗，正如上节所描述的，这项损耗代表了转子所输出的总机械功率。

（2）电磁功率 $P_M$、总机械功率 $P_m$、转子铜损耗 $P_{Cu2}$ 之间的比例为 $P_M:P_m:P_{Cu2} = 1:(1-s):s$。

（3）电机负载越大，转速越低，转差率越大，转子铜损耗越大，所以 $P_{Cu2}$ 也称转差功率。输入功率 $P_1$ 的表达式为

$$P_1 = \sqrt{3}U_1 I_1 \cos\varphi_1 \tag{4-44}$$

式中，$U_1$、$I_1$ 分别为定子绕组线电压和线电流；$\cos\varphi_1$ 为定子绕组功率因数。

综上，三相异步电动机功率平衡方程式为

$$P_1 = P_2 + P_{Cu1} + P_{Cu2} + P_{Fe} + P_{mec} + P_{ad} = P_2 + \sum P \tag{4-45}$$

**特别提示**

式（4-45）中，$\sum P$ 称为三相异步电动机的损耗，分为可变损耗和不变损耗。一般情况下，由于主磁通和转速变化很小，铁损耗 $P_{Fe}$ 和机械损耗 $P_{mec}$ 近似不变，称为不变损耗；而定子铜损耗 $P_{Cu1}$、转子铜损耗 $P_{Cu2}$、附加损耗 $P_{ad}$ 是随负载变化而变化的，称为可变损耗。

**想 一 想**

一台三相异步电动机额定运行时，通过气隙传递的电磁功率约有 3%转化为转子铜损耗，则此时电动机的转差率是多少？有多少转化为总机械功率？

### 4.3.2 三相异步电动机的转矩平衡

将式（4-40）的两边同时除以转子的机械角速度 $\Omega$，得

$$\frac{P_m}{\Omega} = \frac{P_2}{\Omega} + \frac{P_0}{\Omega}$$

得到转矩平衡方程式

$$T = T_2 + T_0 \tag{4-46}$$

式中，$\Omega = \dfrac{2\pi n}{60}$ 为机械角速度；$T = \dfrac{P_m}{\Omega}$ 为电磁转矩，是驱动性质转矩；$T_2 = \dfrac{P_2}{\Omega}$ 为三相异步电动机轴上的负载转矩，是制动性质转矩；$T_0 = \dfrac{P_0}{\Omega}$ 为空载转矩，是制动性质转矩。

由于 $P_m = (1-s)P_M$，则

$$T = \frac{P_m}{\Omega} = \frac{(1-s)P_m}{(1-s)\Omega} = \frac{P_M}{\Omega_1} \qquad (4\text{-}47)$$

式中，$\Omega_1$ 称为同步角速度，$\Omega_1 = \frac{2\pi n_1}{60}$。

式（4-47）说明，电磁转矩 $T$ 等于电磁功率 $P_M$ 除以同步角速度 $\Omega_1$，也等于总机械功率 $P_m$ 除以转子机械角速度 $\Omega$。这是一个很重要的概念，前者是以旋转磁场对转子做功来表示的，后者则是以转子本身产生机械功率来表示的。

【例4-4】一台三相六极异步电动机，额定数据为：$U_N$=380V，$P_N$=55kW，$n_N$=960r/min，$P_0$=1kW。试求在额定转速下，额定运行时额定转差率 $s_N$、电磁功率 $P_M$、电磁转矩 $T$、转子铜损耗 $P_{Cu2}$、额定输出转矩 $T_2$、空载转矩 $T_0$。

解：同步转速为

$$n_1 = \frac{60 f_1}{p} = \frac{60 \times 50}{3} = 1000 \text{r/min}$$

额定转差率为

$$s_N = \frac{n_1 - n_N}{n_1} = \frac{1000 - 960}{1000} = 0.04$$

电磁功率为

$$P_M = P_2 + P_{Cu2} + P_0$$

因为 $P_{Cu2} = s_N P_M$，求得

$$P_M = \frac{P_2 + P_0}{1 - s_N} = \frac{55 + 1}{1 - 0.04} \approx 58.3 \text{kW}$$

电磁转矩为

$$T = \frac{P_M}{\Omega_1} = \frac{P_M}{\frac{2\pi n_1}{60}} = 9550 \times \frac{P_M}{n_1} = 9550 \times \frac{58.3}{1000} \approx 556.8 \text{N} \cdot \text{m}$$

转子铜损耗为

$$P_{Cu2} = s_N P_M = 0.04 \times 58.3 \approx 2.3 \text{kW}$$

额定输出转矩为

$$T_2 = \frac{P_N}{\Omega_N} = 9550 \times \frac{P_N}{n_N} = 9550 \times \frac{55}{960} \approx 547.1 \text{N} \cdot \text{m}$$

空载转矩为

$$T_0 = \frac{P_0}{\Omega_N} = 9550 \times \frac{P_0}{n_N} = 9550 \times \frac{1}{960} \approx 9.95 \text{N} \cdot \text{m}$$

## 4.4 三相异步电动机的工作特性

三相异步电动机的工作特性是指电动机在额定电压和额定频率下运行时,电动机的转速 $n$（或转差率 $s$）、定子电流 $I_1$、功率因数 $\cos\varphi_1$、效率 $\eta$、输出转矩 $T_2$ 与输出功率 $P_2$ 之间的关系,即 $n$、$I_1$、$\cos\varphi_1$、$\eta$、$T_2=f(P_2)$ 的关系曲线。三相异步电动机工作特性可通过做负载试验或者通过等值电路计算获得,其工作特性曲线大致形状如图 4-27 所示。下面对各个特性曲线分别进行讨论。

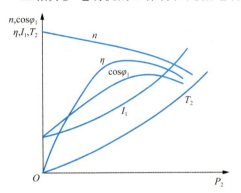

图 4-27 三相异步电动机的工作特性曲线

### 1. 转速特性

根据式 $n=n_1(1-s)$,随着机械负载的增加,三相异步电动机的转速略有下降,$s$ 增大,这样旋转磁场和转子的相对切割速度转差 $\Delta n=n_1-n$ 略有增大,转子导体中的感应电动势和电流增大,用以产生较大的电磁转矩与机械负载的阻转矩相平衡,因此转速特性 $n=f(P_2)$ 是一条向下微倾的曲线。

一般三相异步电动机的转差率都很小,在额定负载时速度降低并不严重,转差率 $s_N$ 为 0.01~0.06,故三相异步电动机的转速特性具有较硬的机械特性。

### 2. 转矩特性

根据 $T_2=\dfrac{P_2}{\Omega}$ 可知,如果 $n$ 为常数,则 $T_2$ 正比于 $P_2$,即 $T_2=f(P_2)$ 应该是通过原点的一条直线。但是输出功率 $P_2$ 的增加表示机械负载的增加,由转速特性可知,$n$ 略有下降,$\Omega$ 略有下降,故转矩特性向上微翘。

### 3. 效率特性

三相异步电动机的效率为

$$\eta = \frac{P_2}{P_1} \times 100\% = (1 - \frac{\sum P}{P_1}) \times 100\%$$

式中,$\sum P = P_{Cu1} + P_{Cu2} + P_{ad} + P_{Fe} + P_{mec}$。

由 4.3.1 节内容可知,铁损耗 $P_{Fe}$、机械损耗 $P_{mec}$ 为不变损耗,近似不变;定子铜损耗 $P_{Cu1}$、转子铜损耗 $P_{Cu2}$、附加损耗 $P_{ad}$ 是可变损耗,随负载变化而变化。三相异步电动机的效率曲线类似于变压器,当可变损耗与不变损耗相等时,出现最大效率,且电动机容量越大,额定效率就越高。

 **特别提示**

对于中、小型三相异步电动机,最大效率一般出现在 $0.8P_N$ 左右。额定负载时,额定效率 $\eta_N$ 为 75%～95%。所以,电动机容量应选择适当,使其长期保持在接近额定负载情况下运行。

#### 4. 定子电流特性

当电动机空载时,$P_2=0$,此时定子电流就是空载电流,因为转子电流 $\dot{I}'_2 \approx 0$,所以 $\dot{I}_1 = \dot{I}_0 + (-\dot{I}'_2) \approx \dot{I}_0$,即定子电流几乎全部为励磁电流。当负载增加时,转速下降,磁场和转子的相对切割速度增大,转子导体中的感应电流增大,相应定子电流 $I_1$ 增大。从图 4-27 可以看出,$I_1$ 几乎随 $P_2$ 成正比例增大。

#### 5. 定子功率因数特性

三相异步电动机的功率因数总是滞后的。空载运行时,三相异步电动机的定子电流几乎都是无功的励磁电流,因此功率因数很低,通常 $\cos\varphi_1 < 0.2$。随着负载的增加,输出功率 $P_2$(有用功)增大,同时由定子电流特性可知,定子电流中的有功分量 $I'_2$ 也跟着增加,电动机的功率因数逐渐上升。

 **特别提示**

一般电动机在设计制造过程中将功率因数最大数值设定在额定运行工作点附近,额定功率因数 $\cos\varphi_N$ 为 0.75～0.95。如果电动机功率选择不合适,长期处于空载或轻载下运行,电动机的功率因数很低,电能浪费巨大。所以在选用电动机时,应注意其容量与负载相匹配。

**想一想**

三相异步电动机的定子和转子之间并无电的直接联系,当负载增加时,为什么定子电流和输入功率会自动增加?

## 4.5 三相异步电动机的参数测定

对于中、小型三相异步电动机,工作特性可通过对三相异步电动机加负载直接测出;对于大容量的三相异步电动机,由于受设备等因素的限制,工作特性可通过空载试验和短路试验测出电动机的参数,再利用等值电路计算求得。

三相异步电动机的等值电路中有两类参数。一类是表示空载状态的励磁参数,即励磁电阻 $R_m$ 和励磁电抗 $X_m$。$R_m$、$X_m$ 随着磁路的饱和程度而变化,因此它们是非线性参数,可通过空载试验来测定。另一类是表示短路状态的短路参数，即 $R_1$、$X_1$、$R_2'$ 和 $X_2'$。短路参数基本与电动机的饱和程度无关，是线性参数，可通过短路试验来测定。下面分别讨论这两种参数的测定方法及数据处理方法。

### 4.5.1 空载试验

空载试验是通过测定铁损耗 $P_{Fe}$ 和机械损耗 $P_{mec}$，最终确定励磁参数 $R_m$ 和 $X_m$。

空载试验时，电动机轴上不带任何负载，即电动机处于空载运行状态，定子接到额定频率的对称三相交流电源上，空载试验接线图如图 4-28 所示。记录电动机的端电压 $U_1$、空载电流 $I_0$、空载功率 $P_0$ 和转速 $n$，并绘出三相异步电动机的空载特性曲线 $I_0=f(U_1)$ 和 $P_0=f(U_1)$，如图 4-29 所示。

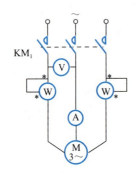

图 4-28 空载试验接线图

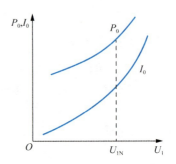

图 4-29 三相异步电动机的空载特性曲线

由于三相异步电动机空载运行时，转差率 $s$ 很小，转子电流很小，转子铜损耗可以忽略。此时输入功率消耗在定子铜损耗 $P_{Cu1}$（为 $3I_0^2R_1$）、铁损耗 $P_{Fe}$、机械损耗 $P_{mec}$ 和附加损耗 $P_{ad}$ 上，其中附加损耗 $P_{ad}$ 很小，将其忽略后有

$$P_0 = 3I_0^2R_1 + P_{Fe} + P_{mec} \tag{4-48}$$

从空载功率 $P_0$ 中减去 $3I_0^2R_1$ 后，剩下的功率用 $P_0'$ 表示，得

$$P_0' = P_0 - 3I_0^2R_1 = P_{Fe} + P_{mec} \tag{4-49}$$

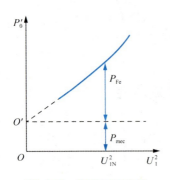

图 4-30 机械损耗分离

式（4-49）中，因为 $P_{Fe}$ 可认为与磁通密度的平方成正比，可近似地看成与端电压 $U_1^2$ 成正比。而 $P_{mec}$ 与电压 $U_1$ 无关，它只取决于电动机转速的大小，当转速变化不大时，可认为 $P_{mec}$ 为常数。故可将 $P_0'$ 与 $U_1^2$ 的关系画成曲线，延长此线与纵轴交于 $O'$ 点，过 $O'$ 点作一水平虚线，将曲线纵坐标分为两部分，如图 4-30 所示。显然空载运行时，$n \approx n_1$，$P_{mec}$ 不变；而当 $U_1=0$ 时，$P_{Fe}=0$。所以虚线下部纵坐标就表示机械损耗 $P_{mec}$，虚线上部就是铁损耗 $P_{Fe}$。一般可近似地认为 $P_0 - 3I_0^2R_1 - P_{mec} \approx P_{Fe}$。

定子加额定电压时，根据空载试验测得的数据 $I_0$ 和 $P_0$ 可以算出

$$\begin{cases} Z_0 = \dfrac{U_{1N}}{I_0} \\ R_0 = \dfrac{P_0 - P_{\text{mec}}}{3I_0^2} \\ X_0 = \sqrt{Z_0^2 - R_0^2} \end{cases} \quad (4\text{-}50)$$

根据空载时的等值电路，可知 $X_0 = X_1 + X_m$，$X_1$ 可以从 4.5.2 节的短路试验求得，于是励磁电抗和励磁电阻为

$$\begin{cases} X_m = X_0 - X_1 \\ R_m = R_0 - R_1 \\ Z_m = \sqrt{R_m^2 + X_m^2} \end{cases} \quad (4\text{-}51)$$

空载试验大致步骤如下。

（1）电动机轴上不带任何负载，定子接到额定频率、额定电压的三相交流电源上，同时定子部分正确连接三相功率表和电流表。

（2）在额定电压下让电动机运行一段时间，使其机械损耗 $P_{\text{mec}}$ 达到稳定值。

（3）用调压器改变外加电压大小，使其从 $(1.1 \sim 1.3) U_N$ 开始，逐渐降低电压，直到电动机转速发生明显变化。

（4）读取功率表和电流表数据，记录电压 $U_1$、空载电流 $I_0$、空载功率 $P_0$ 和转速 $n$。注意接线图中是用二功法测取空载功率，即两个功率表读数之和为空载功率 $P_0$。试验时注意电机的额定电压必测。

（5）从空载功率 $P_0$ 中减去 $3I_0^2 R_1$，并用 $P_0'$ 表示，得 $P_0' = P_0 - 3I_0^2 R_1 = P_{\text{Fe}} + P_{\text{mec}}$。定子电阻 $R_1$ 可用万用表直接测出。

（6）调节电压，按上述过程记录多组数据后，按图 4-30 所示的方法进行机械损耗分离。

（7）按式（4-50）、式（4-51）进行数据处理。

### 4.5.2 短路试验

短路试验是通过测定短路电流 $I_k$ 和短路功率 $P_k$，最终确定短路阻抗 $Z_k$、转子电阻 $R_2'$，以及定、转子漏抗 $X_1$、$X_2'$。

短路试验时，如果是绕线转子三相异步电动机，转子绕组应予以短路（鼠笼式电动机转子本身已短路），并将转子堵住不转，故短路试验又称堵转试验。短路试验接线图与空载试验接线图相同，如图 4-28 所示。为了在做短路试验时不出现过电流，应降低电压，一般从 $U_1 = 0.4 U_N$ 开始，然后逐渐降低电压。为避免绕组过热烧坏，试验应尽快进行。试验时，记录电动机的外加电压 $U_1$、定子短路电流 $I_k$ 和短路功率 $P_k$，还应测量定子绕组每相电阻 $R_1$。根据试验数据，即可绘出三相异步电动机的短路特性曲线 $I_k = f(U_1)$ 和 $P_k = f(U_1)$，如图 4-31 所示。

图 4-32 为三相异步电动机堵转时的等值电路。因电压低，铁损耗可忽略，为简单起见，可认为 $Z_m \gg Z_2'$，$I_0 \approx 0$，即图 4-32 等值电路中的励磁支路开路。由于短路试验时，转速 $n=0$，机械损耗 $P_{mec}=0$，定子全部的输入功率 $P_k$ 都消耗在定、转子的电阻上，即

$$P_k = 3I_1^2 R_1 + 3I_2'^2 R_2'$$

由于 $I_0 \approx 0$，则有 $I_2' \approx I_k = I_1$，因此

$$P_k = 3I_k^2(R_1 + R_2') = 3I_k^2 R_k$$

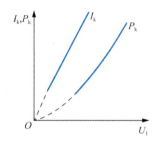

图 4-31 三相异步电动机的短路特性

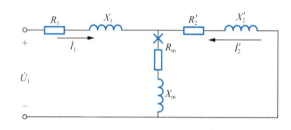

图 4-32 三相异步电动机堵转时的等值电路

根据短路试验数据，可求出短路阻抗 $Z_k$、短路电阻 $R_k$ 和短路电抗 $X_k$。

$$\begin{cases} Z_k = \dfrac{U_1}{I_k} \\ R_k = \dfrac{P_k}{3I_k^2} \\ X_k = \sqrt{Z_k^2 - R_k^2} \end{cases} \quad (4\text{-}52)$$

式中，$R_k = R_1 + R_2'$，$X_k = X_1 + X_2'$。

从 $R_k$ 中减去定子电阻 $R_1$ 即得 $R_2'$，定子电阻可用伏安法或万用表直接测出。对于 $X_1$ 和 $X_2'$ 无法用试验办法分开，对于大、中型三相异步电动机，可以认为 $X_1 \approx X_2' = 0.5X_k$。对于 100kW 以下，2、4、6 极小型三相异步电动机，可取 $X_2' = 0.97X_k$；8、10 极小型三相异步电动机，可取 $X_2' = 0.57X_k$。

短路试验大致步骤如下。

（1）先用万用表测出定子电阻 $R_1$。

（2）电动机轴上不带任何负载，定子接到额定频率、额定电压的电源上，同时定子部分正确连接三相功率表和电流表。

（3）如果是三相绕线转子异步电动机，将转子绕组短路。同时，使用外力或加载的方式将电机转轴抱死（堵转）。

（4）用调压器改变外加电压大小，从 $U_1 = 0.4U_N$ 开始，然后逐渐降低电压，通过功率表和电流表数据，记录外加电压 $U_1$、短路电流 $I_k$ 和短路功率 $P_k$。

（5）按式（4-52）进行数据处理，得到 $R_k$、$X_k$。

（6）从 $R_k$ 中减去定子电阻 $R_1$ 即得 $R_2'$，根据电机容量确定 $X_1$ 和 $X_2'$。

**特别提示**

三相异步电动机的短路参数一般是随电流而变化的。因此，根据计算目的不同，应选取不同的工作状态进行计算。例如，在计算工作特性时，应取额定电流时的参数；在计算启动性能时，应取额定电压下的短路电流计算短路参数；而计算最大转矩时，则应采用2～3倍额定电流时的参数。

## 本 章 小 结

本章讨论了三相异步电动机的基本原理及正常运行时的基本工作特性，这些都是进一步学习电动机启动、调速与制动的基础。本章主要知识点如下。

（1）三相异步电动机在结构上虽与变压器完全不同，但其作用原理却与变压器有许多相似之处。

① 变压器的一次侧和二次侧交链共同的脉动磁场，产生感应作用，进行能量传递；三相异步电动机则是在定、转子间的气隙中有一个旋转磁场，同时切割定、转子绕组，产生感应作用，进行能量转换。

② 三相异步电动机的定、转子电压平衡方程式、相量图与变压器纯电阻负载时的基本相同。

③ 与变压器相似，三相异步电动机转子磁动势的转速与定子磁动势同转速同转向，没有相对运动，并保持磁动势平衡。

（2）三相异步电动机运行时，转子转速与同步转速必须有转差，否则不发生感应作用。转差率表征电动机的运行状态，是三相异步电动机运行时的重要参量。

（3）三相异步电动机转子折算时，首先是将转子转动状态转化到静止状态，即频率折算。频率折算后，将转子的总机械功率在电路中用一个等效电阻 $\dfrac{(1-s)R_2}{s}$ 代替，再进行绕组折算，画出等值电路。

（4）三相异步电动机的电磁功率 $P_M$、总机械功率 $P_m$、转子铜损耗 $P_{Cu2}$ 之间的比例为 $P_M : P_m : P_{Cu2} = 1 : (1-s) : s$。

（5）三相异步电动机的参数包括励磁参数（$Z_m$、$R_m$、$X_m$）和短路参数（$Z_k$、$R_k$、$X_k$），和变压器一样，可以通过空载试验和短路（堵转）试验来测定其参数。知道了这些参数，就可用等值电路计算三相异步电动机的运行特性。

## 习 题

1. 三相异步电动机为什么又称感应电动机？其气隙为何必须做得很小？而直流电动机的气隙为什么可以大一些？

2. 三相异步电动机为什么转子的转速 $n$ 总是低于旋转磁场转速 $n_1$？

3．什么是转差率？为什么三相异步电动机运行必须有转差率？如何根据转差率来判断三相异步电动机的运行状态？

4．三相异步电动机的定、转子铁心如用非铁磁材料制成，会出现什么后果？

5．与同容量的变压器相比，三相异步电动机的空载电流大，还是变压器的空载电流大？

6．三相异步电动机等值电路中的 $Z_m$ 反映什么物理量？在额定电压下电动机由空载到 3%～8%满载，$Z_m$ 大小如何变化？

7．当三相异步电动机运行时，定、转子电动势的频率分别是多少？由定子电流产生的旋转磁动势以什么速度切割定子，又以什么速度切割转子？由转子电流产生的旋转磁动势以什么速度切割转子，又以什么速度切割定子？它与定子旋转磁动势的相对速度是多少？

8．异步电动机处于发电机状态和电动机状态时，电磁转矩和转子转向之间的关系是否一样？怎样区分这两种运行状态？

9．异步电动机中主磁通和漏磁通的性质和作用有什么不同？

10．若将三相异步电动机的外加电源的任意两根引线对调，则三相异步电动机的转子转向如何变化？

11．三相异步电动机空载运行时，电动机的功率因数为什么很低？

12．在分析三相异步电动机等值电路时，转子要进行哪些折算？为什么要进行这些折算？折算的原则是什么？

13．三相异步电动机在接三相对称电源堵转时，转子电流的相序如何确定？转子电动势频率是多少？转子电流产生的磁动势性质如何？其转向和转速如何？

14．三相异步电动机的功率因数在额定电压下与什么有关？三相异步电动机的转子漏电抗是不是常数？为什么？

15．三相异步电动机等值电路中电阻 $\dfrac{1-s}{s}R_2'$ 的物理含义是什么？能否用电抗或电容代替这个电阻？

16．三相异步电动机短路与变压器短路有什么不同？

17．若鼠笼式转子由于铸铝质量不好而导致导条断裂，会产生什么结果？

18．一台三相异步电动机的额定电压为380V，定子绕组为Y接法，现改为△接法，仍接在380V电源上，会出现什么情况？

19．一台三相异步电动机，额定运行时转差率为0.02，此时传递到转子的电磁功率有百分之几消耗在转子电阻上？有百分之几转化成总机械功率？

20．三相异步电动机的转差功率消耗到哪里去了？若增大这部分损耗，三相异步电动机会出现什么现象？

21．三相异步电动机原设计频率为60Hz，如果接在频率为50Hz的电网上运行，额定电压和输出功率均保持在原设计值，请问电动机内部的各种损耗、转速、功率因数、效率将有什么变化？

22．异步电动机运行在发电机状态和电磁制动状态时，转子磁动势与定子磁动势是否有相对运动？

23．异步电动机运行时，为什么总要从电源吸收滞后的无功功率？

24．一台三相异步电动机的额定功率 $P_N$=55kW，额定电压 $U_N$=380V，额定功率因数 $\cos\varphi_N$=0.89，额定效率 $\eta_N$=91%。试求该电动机的额定电流 $I_N$。

25．一台三相异步电动机，$P_N$=4.5kW，Y/△接法，380V/220V，$\cos\varphi_N$=0.8，$\eta_N$=80%，$n_N$=1450r/min。试求在额定运行时：

（1）Y 接法及△接法时的额定电流；

（2）同步转速 $n_1$ 及极对数 $p$；

（3）转差率 $s_N$。

26．一台三相异步电动机，$U_N$=380V，$f$=50Hz，$n_N$=1445r/min，定子△接法，$R_1=2.08\Omega$，$X_1=3.12\Omega$，$R_2'=1.525\Omega$，$X_2'=4.25\Omega$，$R_m=4.12\Omega$，$X_m=62\Omega$。试求：

（1）电动机的极数；

（2）电动机的同步转速 $n_1$；

（3）额定运行时的转差率 $s_N$ 和转子电流频率 $f_2$；

（4）画出 T 型等值电路，并计算额定运行时的 $I_1$、$P_1$、$\cos\varphi_1$ 和 $I_2'$。

27．一台三相四极异步电动机，额定数据为：$U_N$=380V，$P_N$=10kW，$I_N$=11.6A，定子 Y 接法，额定运行时，定子铜损耗 $P_{Cu1}$=560W，转子铜损耗 $P_{Cu2}$=310W，机械损耗 $P_{mec}$=70W，附加损耗 $P_{ad}$=200W。试求在额定运行时：

（1）电磁功率 $P_M$；

（2）额定转速 $n_N$；

（3）空载转矩 $T_0$；

（4）额定输出转矩 $T_2$；

（5）电磁转矩 $T$。

28．一台三相六极异步电动机，额定数据为：$P_N$=28kW，$U_N$=380V，$f_1$=50Hz，$n_N$=950r/min，额定运行时，$\cos\varphi_1$=0.824，$P_{Cu1}+P_{Fe}$=2.2kW，$P_{mec}$=1.1kW，$P_{ad}$=0。试求在额定运行时：

（1）额定转差率 $s_N$；

（2）转子铜损耗 $P_{Cu2}$；

（3）额定效率 $\eta_N$；

（4）定子额定电流 $I_N$；

（5）转子频率 $f_2$。

29．一台三相绕线式异步电动机，$U_{1N}$=380V，定子△接法，$f_1$=50Hz，$R_1=0.5\Omega$，$R_2=0.2\Omega$，$R_m=10\Omega$，当该电动机输出功率 $P_2$=10kW 时，$I_1$=12A，$I_2$=30A，$I_0$=4A，$P_0$=100W。试求：

（1）总损耗 $\sum P$；

（2）输入功率 $P_1$；

（3）电磁功率 $P_M$；

（4）机械损耗 $P_{mec}$；

（5）功率因数 $\cos\varphi_1$；

（6）效率 $\eta$。

# 第 5 章
# 三相异步电动机的电力拖动

> **教学要求**

1. 了解三相异步电动机的电磁转矩物理表达式，掌握参数表达式，熟练掌握实用表达式及其计算。
2. 熟练掌握三相异步电动机固有机械特性曲线的形状，曲线上的启动点、最大转矩点、额定运行点和同步转速点的特点；掌握三相异步电动机三种人为机械特性及其特点。
3. 了解三相鼠笼式异步电动机直接启动的特点；熟练掌握降压启动，特别是 Y-△降压启动和串自耦变压器降压启动的方法及有关计算；了解软启动的工作原理和特点。
4. 掌握三相绕线式异步电动机的转子串电阻启动方法及其分级启动电阻的计算，了解转子串频敏变阻器启动方法及其特点。
5. 熟练掌握变极调速、变频调速、三相绕线式异步电动机转子串电阻调速、调压调速、串级调速的原理、机械特性曲线的变化情况、性能及有关计算。
6. 熟练掌握能耗制动的实现方法、制动过程，以及转子电阻大小和直流励磁电流大小对制动的影响，了解能耗制动机械特性曲线的形状；熟练掌握电源两相反接制动和倒拉反转反接制动的方法、制动过程中工作点变化情况、反接制动时的能量关系；掌握回馈制动的条件、回馈制动过程，了解回馈制动在生产实践中的应用实例。
7. 了解变频器的原理、结构和应用。
8. 了解三相异步电动机的应用。

> **推荐阅读资料**

1. 赵莉华，曾成碧，苗虹，2014. 电机学[M]. 2 版. 北京：机械工业出版社.
2. 李光中，周定颐，2013. 电机及电力拖动[M]. 4 版. 北京：机械工业出版社.
3. 胡敏强，黄学良，黄允凯，等，2014. 电机学[M]. 3 版. 北京：中国电力出版社.

第 5 章思维导图

## 第5章 三相异步电动机的电力拖动

知识链接

20世纪初,各国交流电力系统刚刚建立,系统容量普遍较小,不能承受电动机启动电流的冲击。刚刚问世不久的异步电动机的启动问题成为制约电动机推广应用和电动机发展的一大难题。因此,世界上许多学者和制造厂都花大力气进行异步电动机启动理论及启动方法的研究工作,提出了数十种启动方案,如鼠笼式异步电动机的全压启动、电源串联补偿器启动、液力耦合器启动、降压启动、Y-△启动、延边△启动和绕线式异步电动机串电阻启动等,这些启动方案不但逐步解决了困扰各国的异步电动机启动问题,而且促进了电机理论的发展,推动了异步电动机结构的改进。

20世纪上半叶,许多科学家和电机制造厂商开始了对调速电机的研究,提出了各种方案,包括变极调速、调压调速、变频调速、转子串电阻调速、双电机串级调速、改接发电机变频调速、变极-变频组合调速等,许多方案一直沿用至今。

近年来,随着电力电子和计算机科学的发展,异步电动机调速和控制技术取得了重大进展,如变频调速技术得到推广,绕线式异步电动机超同步串级调速得以继续研究,矢量控制技术和直接转矩控制技术已在异步电动机交流调速中广泛应用,使异步电动机具有优良的静态和动态性能。

目前,异步电动机与现代电子技术联姻,现代电动机调速控制技术、智能化技术迅速兴起,使异步电动机的技术经济性能进一步提升,逐渐取代了传统直流电动机的某些应用领域,为异步电动机的应用开辟了更广阔的空间,现代异步电动机将继续向高效、可靠、智能和环保方面发展,异步电动机尚有远大发展前途。

与直流电动机相比,异步电动机具有结构简单、运行可靠、价格低、输出功率大、维护方便等一系列优点,制约其广泛应用的是异步电动机的调速性能稍差。但是,近年来随着电力电子技术的发展和交流调速技术的日益成熟,使得三相异步电动机在调速性能方面完全可与直流电动机媲美。目前,三相异步电动机的电力拖动已成为电力拖动的主流。

本章首先讨论三相异步电动机机械特性的物理表达式、参数表达式和实用表达式,然后阐述固有机械特性和人为机械特性的特点。在此基础上,着重介绍三相异步电动机在拖动系统中的启动、调速、制动与其各种运行状态。与直流拖动系统一样,研究三相异步电动机的机械特性及其各种运行状态是为了使异步电动机更好地与负载相匹配,组成一个满足负载转矩特性需要的电力拖动系统。本章具体内容包括:三相鼠笼式异步电动机的直接启动、降压启动方法及其计算;三相绕线式异步电动机转子串电阻启动方法及其计算;三相异步电动机的变极调速、变频调速、改变转差率及串级调速等各种调速方法和原理;三相异步电动机的电动运行、回馈制动、反接制动、倒拉反转及能耗制动等各种运行状态的原理及计算。

## 5.1 三相异步电动机的机械特性

三相异步电动机的机械特性是指在电源电压 $U_1$、电源频率 $f_1$ 及电动机参数固定不变的情况下,电动机转速与电磁转矩间的关系 $T=f(n)$。因为 $s=\dfrac{n_1-n}{n_1}$ 也可用来表征转速,故通

常用 $s$ 作为机械特性的参数,所以三相异步电动机的机械特性一般表示为 $T=f(s)$。用曲线表示三相异步电动机机械特性时,常取 $T$ 为横坐标,$n$ 或 $s$ 为纵坐标。

本节将研究三相异步电动机固有机械特性的物理表达式、参数表达式和实用表达式,以及固有机械特性的曲线形状及特点,以此为基础讨论人为机械特性的曲线形状及特点。

### 5.1.1 机械特性表达式

三相异步电动机的机械特性有物理表达式、参数表达式和实用表达式,下面分别予以介绍。

#### 1. 物理表达式

前面已经推导出三相异步电动机的电磁转矩表达式为

$$T = \frac{P_M}{\Omega_1} = \frac{m_1 E_2' I_2' \cos\varphi_2'}{\frac{2\pi n_1}{60}} = m_1 \sqrt{2} \pi f_1 N_1 k_{N1} \Phi_m I_2' \cos\varphi_2' \frac{p}{2\pi f_1} = \left(\frac{m_1 p N_1 k_{N1}}{\sqrt{2}}\right) \Phi_m I_2' \cos\varphi_2'$$

因此,三相异步电动机机械特性的物理表达式为

$$T = C_m' \Phi_m I_2' \cos\varphi_2' \tag{5-1}$$

式中,$C_m' = \dfrac{m_1 p N_1 k_{N1}}{\sqrt{2}}$ 为异步电动机的转矩系数;$\Phi_m$ 为异步电动机主磁通;$I_2'$ 为转子电流;$\cos\varphi_2'$ 为转子电路的功率因数。

根据异步电动机 T 型等值电路,可得

$$I_2' = \frac{E_2'}{\sqrt{\left(\dfrac{R_2'}{s}\right)^2 + X_2'^2}} \tag{5-2}$$

$$\cos\varphi_2' = \frac{\dfrac{R_2'}{s}}{\sqrt{\left(\dfrac{R_2'}{s}\right)^2 + X_2'^2}} = \frac{R_2'}{\sqrt{R_2'^2 + (sX_2')^2}} \tag{5-3}$$

由式(5-2)和式(5-3)可知,$I_2'$ 及 $\cos\varphi_2'$ 都是转差率 $s$ 的函数,故式(5-1)是机械特性的一种隐函数表达式。式(5-1)表明:电磁转矩是转子电流有功分量与主磁通共同作用产生的。当电源电压不变,主磁通为定值时,电磁转矩与转子电流的有功分量成正比。式(5-1)在形式上与直流电动机的转矩表达式 $T = C_T \Phi_m I_a$ 相似,因此称为机械特性的物理表达式。

特别提示

物理表达式清楚地反映了电动机电磁转矩的物理意义,但是在实际使用时却比较困难,因为在工程中,磁通难以计算,转子电流也不易确定,并且式(5-1)也没有明显地表示出电动机电源电压 $U_1$、电源频率 $f_1$,以及 $R_2'$、$R_1$ 等电动机参数的变化对电动机转矩 $T$ 的影响,因此分析或计算异步电动机的机械特性时一般不使用物理表达式,而使用参数表达式。

若三相异步电动机拖动额定恒转矩负载运行,当电源电压由额定电压下降 20%后,电动机转速 $n$、定子电流 $I_1$、转子电流 $I_2$、主磁通 $\varPhi_m$、定子功率因数 $\cos\varphi_1$ 和转子功率因数 $\cos\varphi_2$ 将如何变化?

### 2. 参数表达式

参数表达式就是用电动机参数和转差率 $s$ 直接表示异步电动机电磁转矩 $T$ 的数学表达式,具体推导如下。

已知,电磁转矩 $T$ 可表示为

$$T = \frac{P_M}{\Omega_1} = \frac{m_1}{\Omega_1} \cdot I_2'^2 \cdot \frac{R_2'}{s} \tag{5-4}$$

根据简化等值电路

$$I_2' = \frac{U_1}{\sqrt{\left(R_1 + \frac{R_2'}{s}\right)^2 + (X_1 + X_2')^2}} \tag{5-5}$$

将式(5-5)代入式(5-4),得

$$T = \frac{m_1}{\Omega_1} \cdot \frac{U_1^2 \cdot \frac{R_2'}{s}}{\left(R_1 + \frac{R_2'}{s}\right)^2 + (X_1 + X_2')^2} \tag{5-6}$$

将 $\Omega_1 = \frac{2\pi n_1}{60}$,$m_1 = 3$ 代入式(5-6),得

$$T = \frac{3}{\frac{2\pi n_1}{60}} \cdot \frac{U_1^2 \cdot \frac{R_2'}{s}}{\left(R_1 + \frac{R_2'}{s}\right)^2 + (X_1 + X_2')^2}$$

$$= \frac{3pU_1^2 \cdot \frac{R_2'}{s}}{2\pi f_1 \left[\left(R_1 + \frac{R_2'}{s}\right)^2 + (X_1 + X_2')^2\right]} \tag{5-7}$$

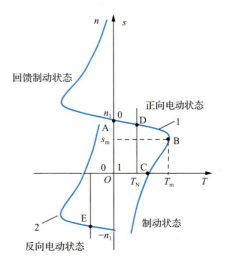

式(5-7)是用电源电压 $U_1$、电源频率 $f_1$、转差率 $s$ 和电动机参数表示的机械特性,称为机械特性的参数表达式。根据式(5-7),当电动机的转速 $n$(或转差率 $s$)变化时,可画出三相异步电动机的机械特性曲线,如图 5-1 所示,另外 0 与 1 有明确的意义,在坐标原点时 $n=0$、$s=1$,当 $n=n_1$ 时,$s=0$。

图 5-1 三相异步电动机的机械特性曲线

## 特别提示

为了表述方便，在具体分析之前，有必要强调一下电磁转矩 $T$ 和转速 $n$ 之间的方向定义。

① 电磁转矩 $T$ 和转速 $n$ 同号时，表明两者同方向，电磁转矩 $T$ 为拖动性质转矩，电动机运行在电动状态。

② 电磁转矩 $T$ 和转速 $n$ 反号时，表明两者反方向，电磁转矩 $T$ 为制动性质转矩，电动机运行在制动状态。

下面将图 5-1 的机械特性曲线 1 分为以下三个象限来分析。

第Ⅰ象限：转子转向与磁场旋转的方向一致，而且 $0<n<n_1$，即转差率 $0<s<1$。电磁转矩 $T$ 及转速 $n$ 同方向均为正，电磁转矩 $T$ 为拖动性质，电动机处于正向电动状态。

第Ⅱ象限：转子转向与磁场旋转的方向一致，因为 $n>n_1$，故转差率 $s<0$，且 $T<0$、$n>0$，电磁转矩 $T$ 与转速 $n$ 反号反向，电磁转矩 $T$ 为制动性质，电动机处于回馈制动状态。

第Ⅳ象限：转子转向与磁场旋转的方向相反，即 $n_1>0$，$n<0$，$s>1$。因为 $T>0$、$n<0$，电磁转矩 $T$ 与转速 $n$ 反号反向，电磁转矩 $T$ 也为制动性质，故电动机处于制动状态。

如果改变通入定子三相对称绕组中三相交流电流的相序，即由正相序变成负相序，如相序由 U-V-W 变为 U-W-V，则旋转磁场的转向、电磁转矩 $T$ 及转速 $n$ 均改变方向，即 $T<0$、$n<0$，电动机处在反向电动状态，机械特性位于第Ⅲ象限，如图 5-1 中的机械特性曲线 2 所示。

下面详细讨论机械特性第Ⅰ象限的情况。如图 5-1 所示，机械特性曲线 1 上有四个特殊点 A、B、C、D，可划分为 AB 段和 BC 段。

（1）同步转速点 A。在 A 点，$T=0$，$n=n_1$（$s=0$），称为同步转速点，也称理想空载点，转速 $n=60f_1/p$，此时电动机不进行机电能量转换。

（2）最大转矩点 B。在 B 点，此时电磁转矩为最大转矩，即 $T=T_m$，对应的转差率 $s=s_m$。从图 5-1 中可以看出，最大转矩点是机械特性曲线斜率改变符号的分界点，同时也是电动机运行稳定区域和非稳定区域的分界点，因而称 $s_m$ 为临界转差率。

最大转矩 $T_m$ 及临界转差率 $s_m$ 可用数学求极值的方法求得。令 $\dfrac{dT}{ds}=0$，可求得

$$s_m = \pm \frac{R_2'}{\sqrt{R_1^2+(X_1+X_2')^2}} \tag{5-8}$$

式（5-8）中，当电动机处于电动状态时取"+"，当电动机处于发电状态或回馈制动状态时取"-"。在电动状态时 $s_m$ 为正，代入式（5-7），化简得到最大转矩 $T_m$ 为

$$T_m = \frac{3p}{4\pi f_1} \cdot \frac{U_1^2}{\left[R_1+\sqrt{R_1^2+(X_1+X_2')^2}\right]} \tag{5-9}$$

通常 $(X_1+X_2') \gg R_1$，忽略 $R_1$ 则式（5-9）可近似为

$$T_m = \frac{3pU_1^2}{4\pi f_1(X_1+X_2')} \tag{5-10}$$

$$s_\mathrm{m} = \frac{R_2'}{X_1 + X_2'} \tag{5-11}$$

从式（5-10）和式（5-11）可以得到以下结论。

① 当电动机电源频率 $f_1$ 及电动机参数固定不变时，最大转矩 $T_\mathrm{m}$ 与定子电压 $U_1$ 的平方成正比，电压 $U_1$ 的减少会引起最大转矩 $T_\mathrm{m}$ 的急剧下降。

② 最大转矩 $T_\mathrm{m}$ 与电动机转子电阻 $R_2'$ 没有关系，该特性在本章后续电动机调速、启动分析中有重要意义。

③ 最大转矩 $T_\mathrm{m}$ 与 $(X_1 + X_2')$ 成反比，该特性会影响电动机定子串电抗启动时的性能。

④ 最大转矩 $T_\mathrm{m}$ 与频率 $f_1$ 成反比。

⑤ 转差率 $s_\mathrm{m}$ 与 $R_2'$ 成正比，与 $(X_1 + X_2')$ 成反比。当电动机转子串电阻时，$T_\mathrm{m}$ 不变，但 $s_\mathrm{m}$ 变大，使特性曲线变软。

最大转矩又称临界转矩，对电动机运行具有重要意义。当电动机负载转矩突然增大且大于最大转矩时，电动机将因承载不了负载而堵转，时间一长，电动机会烧毁。为了保证电动机不会由于短时过负荷而停转，电动机需要具有一定的过载能力。最大转矩越大，电动机短时过载能力越强。一般把最大转矩 $T_\mathrm{m}$ 与额定转矩 $T_\mathrm{N}$ 之比称为电动机的过载倍数或过载能力，即

$$\lambda_\mathrm{m} = \frac{T_\mathrm{m}}{T_\mathrm{N}} \tag{5-12}$$

过载倍数是异步电动机运行的重要性能指标，它反映了电动机的短时过载能力。$\lambda_\mathrm{m}$ 可从电动机产品目录中查到，对于一般异步电动机，$\lambda_\mathrm{m}$ 为 1.6～2.2；对于起重、冶金机械用的特殊专用电动机，$\lambda_\mathrm{m}$ 为 2.2～2.8。

（3）启动点 C。在 C 点，$n=0$，$s=1$，$T=T_\mathrm{st}$，电动机相当于堵转。

将 $s=1$ 代入式（5-7），可以求得启动转矩 $T_\mathrm{st}$。

$$T_\mathrm{st} = \frac{3pU_1^2 R_2'}{2\pi f_1 \left[(R_1 + R_2')^2 + (X_1 + X_2')^2\right]} \tag{5-13}$$

从式（5-13）可以得到以下结论。

① 启动转矩 $T_\mathrm{st}$ 与定子电压 $U_1$ 的平方成正比，电压 $U_1$ 的减少会引起启动转矩 $T_\mathrm{st}$ 的急剧下降，此点对于降压启动的电动机应特别注意，否则电动机可能无法正常启动。

② 启动转矩 $T_\mathrm{st}$ 与转子电阻 $R_2'$ 有关，在一定范围内增加 $R_2'$，可以提高 $T_\mathrm{st}$，改善启动过程，这一点与 $T_\mathrm{m}$ 不同（$T_\mathrm{m}$ 与 $R_2'$ 无关）。当 $R_2' = (X_1 + X_2')$，即 $s_\mathrm{m}=1$ 时，$T_\mathrm{st}=T_\mathrm{m}$，启动转矩最大。

③ $T_\mathrm{st}$ 与 $T_\mathrm{m}$ 一样，$(X_1 + X_2')$ 增大，$T_\mathrm{st}$ 会减少，该特性会影响电动机定子串电抗启动的性能。

鼠笼式异步电动机启动转矩 $T_\mathrm{st}$ 与额定转矩 $T_\mathrm{N}$ 的比值为启动转矩倍数，用 $k_\mathrm{T}$ 表示，即

$$k_\mathrm{T} = \frac{T_\mathrm{st}}{T_\mathrm{N}} \tag{5-14}$$

$k_\mathrm{T}$ 的数值可从电动机产品目录中查到，它反映了鼠笼式异步电动机的启动能力。$k_\mathrm{T}$ 也是电动机的重要性能指标之一，只有当 $k_\mathrm{T}>1$，即启动转矩大于负载转矩时，电动机才能启动。$k_\mathrm{T}$ 越大，电动机启动得越快。

对于一般鼠笼式异步电动机，$k_T$ 为 1.0～2.0；对于起重、冶金专用鼠笼式异步电动机，$k_T$ 为 2.8～4.0。

（4）额定运行点 D。在 D 点，$s=s_N$，$n=n_N$，$T=T_N$。

### 想一想

三相异步电动机的电磁转矩与电源电压大小有何关系？如果电源电压下降，最大转矩和启动转矩将如何变化？

一般将异步电动机的机械特性曲线 1 分为两个区域。

① $0<s<s_m$ 区域。此区域中，$T$ 与 $s$ 近似成正比，$T$ 随着 $s$ 增大而增大，即负载越重，转速越低。当电动机拖动恒转矩负载时，根据电力拖动稳定运行的条件判定，可知该区域是异步电动机的稳定运行区域。只要电动机的最大转矩 $T_m$ 大于负载转矩 $T_L$，电动机就能在该区域中稳定运行。

② $s_m<s<1$ 区域。此区域中，$T$ 与 $s$ 近似成反比，$T$ 随着 $s$ 增大反而减小，即负载越重，转速越高。当电动机拖动恒转矩负载时，根据电力拖动稳定运行的条件判定，可知该区域是异步电动机的不稳定运行区域［特殊负载（如通风机类负载）可稳定运行］。

### 想一想

某一鼠笼式异步电动机因转子损坏，在修理时，将铜条转子改为结构形状和尺寸完全相同的铸铝转子，其启动性能、运行性能将如何变化？

#### 3. 实用表达式

上述参数表达式在分析电动机参数对机械特性的影响时非常有用，特别是在 5.1.2 节中能明显体现出。但是，由于电动机的 $R_1$、$X_1$ 等参数在电动机产品目录中是查找不到的，参数表达式实际应用起来，尤其是在关于电动机计算问题中并不方便。如果能利用电动机的铭牌数据和相关手册提供的额定值进行计算，就比较实用和方便了。在工程实际中常使用机械特性的另一种表达形式，即机械特性实用表达式。

在式（5-7）和式（5-9）中将 $R_1$ 忽略不计，得到

$$T = \frac{3pU_1^2 \cdot \dfrac{R_2'}{s}}{2\pi f_1\left[\left(\dfrac{R_2'}{s}\right)^2 + (X_1 + X_2')^2\right]}$$

$$T_m = \frac{3pU_1^2}{4\pi f_1(X_1 + X_2')}$$

将上面两式相除得到

$$\frac{T}{T_m} = \frac{2}{\dfrac{R_2'/s}{X_1+X_2'} + \dfrac{X_1+X_2'}{R_2'/s}} = \frac{2}{\dfrac{s_m}{s} + \dfrac{s}{s_m}}$$

于是

$$T = \frac{2T_m}{\dfrac{s}{s_m} + \dfrac{s_m}{s}} \tag{5-15}$$

式（5-15）称为机械特性实用表达式，式中的 $T_m$ 可由电动机产品目录中查得的数据计算出来。与参数表达式相比，其误差能够满足工程上的精度要求，且形式规范便于应用。

式（5-15）解得临界转差率 $s_m$ 和转差率 $s$ 分别为

$$\begin{cases} s = s_m \left[ \dfrac{T_m}{T} \pm \sqrt{\left(\dfrac{T_m}{T}\right)^2 - 1} \right] \\ s_m = s \left[ \dfrac{T_m}{T} \pm \sqrt{\left(\dfrac{T_m}{T}\right)^2 - 1} \right] \end{cases} \tag{5-16}$$

下面推导机械特性的简化实用表达式。

已知电动机的额定功率 $P_N$、额定转速 $n_N$ 及过载倍数 $\lambda_m$，则有

$$\begin{cases} T_N = \dfrac{P_N}{\Omega_N} = 9.55 \times \dfrac{P_N}{n_N} \\ s_N = \dfrac{n_1 - n_N}{n_1} \\ T_m = \lambda_m T_N \end{cases}$$

将上式代入式（5-15）得

$$T_N = \frac{2\lambda_m T_N}{\dfrac{s_N}{s_m} + \dfrac{s_m}{s_N}}$$

其解为

$$s_m = s_N (\lambda_m \pm \sqrt{\lambda_m^2 - 1}) \tag{5-17}$$

因为 $s_m > s_N$，故式（5-17）应取"+"，于是

$$s_m = s_N (\lambda_m + \sqrt{\lambda_m^2 - 1})$$

如果电动机带额定负载运行时，转差率 $s$ 很小，则 $\dfrac{s}{s_m} \ll \dfrac{s_m}{s}$，忽略 $\dfrac{s}{s_m}$，则实用表达式可进一步简化为

$$\begin{cases} T = \dfrac{2T_m}{s_m} s \\ s_m = 2\lambda_m s_N \end{cases} \tag{5-18}$$

式（5-18）在计算时十分方便，称为机械特性的简化实用表达式。

**特别提示**

式（5-18）忽略 $s/s_m$，相当于把机械特性曲线近似为一条直线，它只能适用于 $0<s<s_m$ 的线性段，而且当 $s$ 越接近 $s_m$ 时其误差越大。若电动机不在 $0<s<s_m$ 的线性段，只能用式（5-15）计算。

上述异步电动机机械特性的三种表达式，虽然都用来表征电动机的运行性能，但其应用场合各有不同。一般来说，物理表达式适用于对电动机的运行性能进行定性分析；参数表达式适用于分析各种参数变化对电动机运行性能的影响；实用表达式适用于电动机机械特性的工程计算。

【例 5-1】一台三相异步电动机的额定数据为：$P_N$=7.5kW，$U_N$=380V，$f_N$=50Hz，$n_N$=1440r/min，$\lambda_m$=2.2。试求：

（1）临界转差率 $s_m$；

（2）机械特性的实用表达式；

（3）当电动机转速为 1470r/min 时电磁转矩的值。

解：（1）额定转差率为

$$s_N = \dfrac{n_1 - n_N}{n_1} = \dfrac{1500 - 1440}{1500} = 0.04$$

临界转差率为

$$s_m = s_N(\lambda_m + \sqrt{\lambda_m^2 - 1}) = 0.04 \times (2.2 + \sqrt{2.2^2 - 1}) \approx 0.166$$

（2）额定转矩为

$$T_N = 9.55 \times \dfrac{P_N}{n_N} = 9.55 \times \dfrac{7.5 \times 10^3}{1440} \approx 49.74 \text{N} \cdot \text{m}$$

最大转矩为

$$T_m = \lambda_m T_N = 2.2 \times 49.74 \approx 109.43 \text{N} \cdot \text{m}$$

机械特性的实用表达式为

$$T = \dfrac{2T_m}{\dfrac{s}{s_m} + \dfrac{s_m}{s}} = \dfrac{2 \times 109.43}{\dfrac{s}{0.166} + \dfrac{0.166}{s}} = \dfrac{218.86}{\dfrac{s}{0.166} + \dfrac{0.166}{s}} \text{N} \cdot \text{m}$$

(3) 当 $n=1470\text{r/min}$ 时的转差率为

$$s = \frac{n_1 - n}{n_1} = \frac{1500 - 1470}{1500} = 0.02$$

对应的电磁转矩为

$$T = \frac{2T_\text{m}}{\dfrac{s}{s_\text{m}} + \dfrac{s_\text{m}}{s}} = \frac{218.86}{\dfrac{0.02}{0.166} + \dfrac{0.166}{0.02}} \approx 25.99\text{N} \cdot \text{m}$$

如果用简化实用表达式计算，则

$$s_\text{m} = 2\lambda_\text{m} s_\text{N} = 2 \times 2.2 \times 0.04 = 0.176$$

$$T = \frac{2T_\text{m}}{s_\text{m}} s = \frac{2 \times 109.43}{0.176} \times 0.02 \approx 24.87\text{N} \cdot \text{m}$$

比较以上两种计算方法可知，用简化实用表达式与用实用表达式计算电磁转矩，两者结果比较接近，相差不大，但是用简化实用表达式计算更简单。

### 5.1.2 三相异步电动机的固有机械特性与人为机械特性

与直流电动机相同，异步电动机的机械特性也分为固有机械特性和人为机械特性。固有机械特性是指异步电动机在额定电压 $U_\text{N}$ 及额定频率 $f_\text{N}$ 时，按规定接线方式且不改变电动机本身任何参数时所获得的机械特性。如图 5-2 所示，曲线 1 是电动机正转时的固有机械特性曲线，曲线 2 是电动机反转时的固有机械特性曲线，另外 0 与 1 有明确的意义，在坐标原点时，$n=0$、$s=1$，当 $n=n_1$ 时，$s=0$。

由参数表达式（5-7）可以看出，可以通过改变异步电动机的电源电压 $U_1$、电源频率 $f_1$、电动机极对数 $p$，以及电动机本身参数 $R_1$、$X_1$ 等，进而改变电动机的机械特性，称为人为机械特性。下面分析几种常见的人为机械特性。为了便于分析，现将能够反映机械特性大致形状的几个特殊点的公式列出如下：

$$\begin{cases} n_1 = \dfrac{60f_1}{p} \\ s_\text{m} = \dfrac{R_2'}{\sqrt{R_1^2 + (X_1 + X_2')^2}} \approx \dfrac{R_2'}{X_1 + X_2'} \\ T_\text{m} = \dfrac{3p}{4\pi f_1} \cdot \dfrac{U_1^2}{\left[R_1 + \sqrt{R_1^2 + (X_1 + X_2')^2}\right]} \\ T_\text{st} = \dfrac{3pU_1^2 R_2'}{2\pi f_1 \left[(R_1 + R_2')^2 + (X_1 + X_2')^2\right]} \end{cases} \quad (5\text{-}19)$$

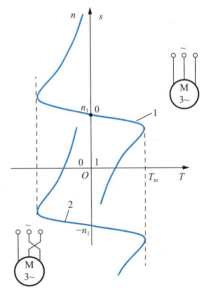

图 5-2 三相异步电动机的固有机械特性曲线

1. 降低电源电压 $U_1$ 时的人为机械特性

由式（5-19）可知，其他参数不变，$U_1$ 减小时，得到的人为机械特性曲线如图 5-3 所示，其具有以下特点。

① 对应的同步转速 $n_1$ 不变。

② 最大转矩 $T_m$ 跟随 $U_1^2$ 成比例下降得很快，过载能力也随之明显降低。

③ 虽然 $T_m$ 下降，但是 $s_m$ 不变，即电动机在同样的转速下出现最大转矩 $T_m$。

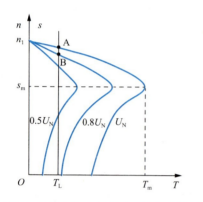

图 5-3 三相异步电动机定子降压时的人为机械特性曲线

④ 启动转矩 $T_{st}$ 也随 $U_1^2$ 迅速下降，这将严重影响电动机的启动性能，在使用时要格外注意。

⑤ 降压后的人为机械特性曲线变软，若负载转矩保持不变，则降压后转速降低，如图 5-3 中 A、B 两点所示。

⑥ 如果电动机带恒转矩负载，则降低定子电压时，电动机的转速 $n$ 下降，转差率 $s$ 增大，转子电流因转子电动势的增大而增大，引起定子电流增大，导致电动机过载运行。长时间欠压过载运行必然使电动机过热，缩短电动机的使用寿命。

以上特点中的②、③、④、⑤、⑥是在工程实践中必须重视的。

2. 转子回路串入三相对称电阻时的人为机械特性

对于绕线式异步电动机，可以通过在其转子回路串接对称电阻 $R_{st}$ 得到转子回路串电阻人为机械特性曲线，如图 5-4（b）所示。根据式（5-19）可知其具有如下特点。

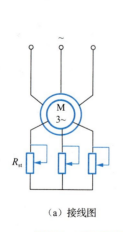

（a）接线图

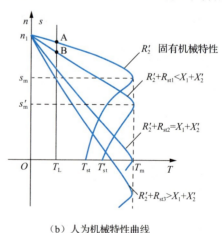

（b）人为机械特性曲线

图 5-4 三相异步电动机转子回路串电阻的接线图和人为机械特性曲线

① 对应的同步转速 $n_1$ 不变。

② 最大转矩 $T_m$ 大小不变，即转子串电阻人为机械特性没有改变电动机的负载能力，与之对应的临界转差率 $s_m$ 增大。

③ 当 $s_m<1$，即 $(R_2'+R_{st1})<(X_1+X_2')$ 时，$T_{st}$ 随着所串电阻的增大而增大，有利于电动机启动；

当 $s_m=1$，即 $(R_2'+R_{st2})=(X_1+X_2')$ 时，$T_{st}$ 出现峰值，即 $T_{st}=T_m$，电动机的启动能力最大；

当 $s_m>1$，即 $(R_2'+R_{st3})>(X_1+X_2')$ 后，$T_{st}$ 随着所串电阻的增大反而下降。

④ 转子串电阻后的人为机械特性曲线变软，若负载为恒转矩负载，则转速降低，如图 5-4（b）中 A、B 两点所示，电动机调速性能变差。随着 $s$ 的增加，电动机的转子损耗也明显增加。

⑤ 转子串电阻的人为特性机械曲线的线性段类似于直流电动机电枢串电阻时的人为机械特性，可用于调速和大转矩启动场合。

⑥ 该方法只适用于绕线式异步电动机，不适用于鼠笼式异步电动机。

### 3. 定子回路串入三相对称电阻或电抗时的人为机械特性

定子回路串入三相对称电阻 $R_{st}$ 或电抗 $X_{st}$ 时，相当于定子电阻 $R_1$ 或定子电抗 $X_1$ 变大，人为机械特性曲线如图 5-5 所示。根据式（5-19）可知其具有如下特点。

① 同步转速 $n_1$ 不变。

② 最大转矩 $T_m$ 及启动转矩 $T_{st}$ 均相应变小，影响电动机的负载能力和启动能力。

③ 临界转差率 $s_m$ 减小。

④ 定子串电阻或电抗后的人为机械特性曲线变软，若负载为恒转矩负载，则转速降低，如图 5-5 中 A、B 两点所示，电动机调速性能变差。

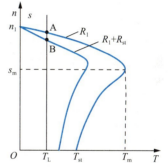

图 5-5 定子回路串入三相对称电阻或电抗时的人为机械特性曲线

⑤ 定子回路串入三相对称电阻或电抗一般用于鼠笼式异步电动机的轻载启动，以限制电动机的启动电流。

除了上述三种人为机械特性，还有改变定子极对数 $p$ 及改变电源频率 $f_1$ 的人为机械特性，这将在学习异步电动机的调速问题时专门讨论。

## 5.2 三相异步电动机的启动

电动机从静止状态加速到稳定转速的过程，称为启动。启动问题是三相异步电动机电力拖动的一个重要内容。如果转子回路直接短接，定子绕组接上额定电压和额定频率的电源，使电动机直接启动。由异步电动机的等值电路可知，直接启动瞬间 $s=1$，短路阻抗 $Z_k$ 很小，定子每相启动电流很大，可达额定电流的 4～7 倍，但是启动转矩并不大，一般为额定转矩的 0.8～1.2 倍，这会出现以下后果。

（1）过大的启动电流将使电动机发热，使用寿命降低；在电网的变压器容量与异步电动机启动容量相比不足够大时，直接启动会使变压器输出电压下降，当电压降 $\Delta U>10\%$ 时，会影响接在变压器上的其他电器设备的正常运行。

（2）直接启动时启动转矩并不大，启动时又必须满足 $T_{st}>1.1T_L$ 条件电动机才能启动，在空载情况下可以启动，但是在重载时可能启动不了。

因此，异步电动机启动应考虑以下几点。

（1）限制启动电流。

（2）有足够大的启动转矩，满足 $T_{st}>1.1T_L$。

（3）启动设备简单、操作方便，低启动损耗。

本节将分别介绍三相鼠笼式异步电动机的启动方法和三相绕线式异步电动机的启动方法。

### 5.2.1 三相鼠笼式异步电动机的启动

三相鼠笼式异步电动机有直接启动、降压启动和软启动三种启动方法。

#### 1. 直接启动

直接启动即全压启动，启动时通过一些简易的启动设备，把额定电源电压（即全压）直接加到电动机的定子绕组，是一种最简单的启动方法。

在供电变压器容量较大且电动机容量较小的前提下，可采用直接启动。一般来说，7.5kW 以下的小容量三相鼠笼式异步电动机都可以直接启动。如果供电变压器容量较大，直接启动的容量也可相应增大，一般可按经验公式核定，即

$$k_i = \frac{I_{st}}{I_N} \leqslant \frac{3}{4} + \frac{S_N}{4P_N} \tag{5-20}$$

式中，$k_i=I_{st}/I_N$，即启动电流 $I_{st}$ 与额定电流 $I_N$ 之比，称为启动电流倍数；$S_N$ 为电源变压器总容量（kV·A）；$P_N$ 为电动机的额定功率（kW）。

如果满足式（5-20），电动机可以直接启动；否则，必须采用限制启动电流的方法进行启动。

**想一想**

为什么容量为几个 kW 的直流电动机不允许直接启动，而同容量的三相鼠笼式异步电动机可以直接启动？

【例 5-2】一台三相鼠笼式异步电动机的额定数据为：$P_N=30$kW，$U_N=380$V，$I_N=59.3$A，$n_N=950$r/min，$\lambda_m=2.7$，$k_i=6.5$，供电变压器总容量 $S_N=800$kV·A。问该电动机能否带动额定负载直接启动？

解：由式（5-20）得

$$\frac{3}{4} + \frac{S_N}{4P_N} = \frac{3}{4} + \frac{800}{4\times 30} \approx 7.42 > k_i = 6.5$$

因此，就启动电流来说，电动机可以直接启动。但能否带动额定负载直接启动，还需校验启动转矩。

额定转差率为

$$s_N = \frac{n_1 - n_N}{n_1} = \frac{1000 - 950}{1000} = 0.05$$

临界转差率为

$$s_m = s_N(\lambda_m + \sqrt{\lambda_m^2 - 1}) = 0.05 \times (2.7 + \sqrt{2.7^2 - 1}) \approx 0.261$$

直接启动时，$s=1$，可知启动转矩为

$$T = \frac{2T_m}{\frac{s}{s_m} + \frac{s_m}{s}} = \frac{2 \times 2.7T_N}{\frac{1}{0.261} + \frac{0.261}{1}} \approx 1.32T_N > T_N$$

故该电动机能带动额定负载直接启动。

### 2. 降压启动

当三相鼠笼式异步电动机容量较大，启动时负载转矩较小时，可以采用降压启动。根据三相异步电动机简化等值电路，当启动时，$s=1$，启动电流为

$$I_{st} = \frac{U_1}{\sqrt{(R_1 + R_2')^2 + (X_1 + X_2')^2}}$$

由此可见，启动电流 $I_{st}$ 与定子电压 $U_1$ 成正比。启动时先降低电压 $U_1$，启动电流 $I_{st}$ 减小，当转速升高到一定值后，再恢复到额定电压 $U_N$。

启动转矩为

$$T_{st} = \frac{3pU_1^2 R_2'}{2\pi f_1 \left[(R_1 + R_2')^2 + (X_1 + X_2')^2\right]}$$

由此可见，启动转矩 $T_{st}$ 与定子电压 $U_1$ 的平方成正比。所以，降压启动时，启动转矩将大大减小。

因此，降压启动只适用于对启动转矩要求不高的场合，如离心泵、通风机械的驱动电动机等。

常用的降压启动方法有以下几种。

① 定子串电阻或电抗降压启动。

② Y-△降压启动。

③ 串自耦变压器降压启动。

④ 延边三角形降压启动。

下面具体分析每种降压启动方法。

(1) 定子串电阻或电抗降压启动。

电动机启动时，在定子电路串入电阻或电抗，启动电流在电阻或电抗上将产生压降，降低了电动机定子绕组上的电压，从而减小启动电流。定子串电阻或电抗降压启动都能减小启动电流，但是大型电动机串电阻启动能耗太大，一般采用串电抗启动。

① 启动方法。

图 5-6 为定子串电阻启动接线原理图，图 5-7 为定子串电抗启动接线原理图。启动时，接触器主触头 $KM_2$ 断开，$KM_1$ 闭合，电阻或电抗接入定子回路，降低了加在定子绕组上

的电压，减小了启动电流；启动完成后，接触器 $KM_2$ 闭合，切除所串的电阻或电抗，电动机进入正常运行。

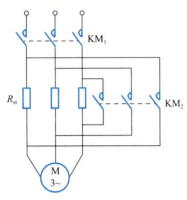

图 5-6　定子串电阻启动接线原理图

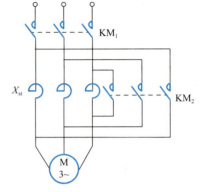

图 5-7　定子串电抗启动接线原理图

② 启动电流与启动转矩分析。

设电动机全压启动时，电动机的启动电流为 $I_{st}$，启动转矩为 $T_{st}$，有

$$\begin{cases} I_{st} = \dfrac{U_1}{\sqrt{R_k^2 + X_k^2}} \approx \dfrac{U_1}{X_k} \\ T_{st} = \dfrac{3pU_1^2 R_2'}{2\pi f_1(R_k^2 + X_k^2)} \approx \dfrac{3pU_1^2 R_2'}{2\pi f_1 X_k^2} \end{cases} \quad (5\text{-}21)$$

定子串入电抗 $X_{st}$ 启动时，启动电流为 $I_{st}'$，启动转矩为 $T_{st}'$，有

$$\begin{cases} I_{st}' = \dfrac{U_1}{\sqrt{R_k^2 + (X_{st} + X_k)^2}} \approx \dfrac{U_1}{X_{st} + X_k} \\ T_{st}' = \dfrac{3pU_1^2 R_2'}{2\pi f_1 [R_k^2 + (X_{st} + X_k)^2]} \approx \dfrac{3pU_1^2 R_2'}{2\pi f_1 (X_{st} + X_k)^2} \end{cases} \quad (5\text{-}22)$$

比较式（5-21）和式（5-22）可得

$$\begin{cases} \dfrac{I_{st}'}{I_{st}} = \dfrac{X_k}{X_{st} + X_k} = k < 1 \\ \dfrac{T_{st}'}{T_{st}} = \left(\dfrac{X_k}{X_{st} + X_k}\right)^2 = k^2 < 1 \end{cases} \quad (5\text{-}23)$$

因为启动时 $s=1$，令 $k_i I_N$ 为电动机直接启动电流，故式（5-21）、式（5-22）、式（5-23）中 $X_k = \dfrac{U_N}{\sqrt{3} k_i I_N}$（Y 形接法）或 $X_k = \dfrac{\sqrt{3} U_N}{k_i I_N}$（△形接法），则 $X_{st} = \dfrac{1-k}{k} X_k$。

③ 特点及应用。

a. 定子串电阻或电抗后，启动电流减小，同时启动转矩也将降低，故必须保证降低后的启动转矩 $T_{st}$ 大于负载转矩 $T_L$，使电动机能启动起来。因此，这种启动方法一般只适用于轻载启动场合。

b. 采用定子串电阻或电抗启动时，启动电流下降到 $kI_{st}$，启动转矩下降到 $k^2 T_{st}$。为保证启动电流安全,希望串入的电阻或电抗越大越好;但同时为保证启动转矩足够大,希望串入的电阻或电抗越小越好。实际应用时,串入的电阻或电抗应有一个合理的范围。下面举例说明求出电阻或电抗合理范围的方法。

【例 5-3】一台三相鼠笼式异步电动机的额定数据为:$P_N$=60kW,$U_N$=380V,定子 Y 连接,$I_N$=136A,启动电流倍数 $k_i$=6.5,启动转矩倍数 $k_T$=1.1,但由于受供电变压器的限制,该电动机最大启动电流为 500A。试求:

(1)若采用定子串电抗空载启动,每相串入的电抗最小为多少?

(2)若拖动 $0.3T_N$ 负载启动(要求启动时电动机的最小启动转矩为负载转矩的 1.1 倍),又不能超过变压器允许最大电流,则每相串入的电抗范围为多少?

解:(1)直接启动时的启动电流为

$$I_{st} = k_i I_N = 6.5 \times 136 = 884\text{A}$$

若定子串电抗后空载启动,启动电流 $I'_{st}$ = 500A,则

$$k = \frac{I'_{st}}{I_{st}} = \frac{500}{884} \approx 0.566$$

那么

$$X_{st} = \frac{1-k}{k} X_k = \frac{1-k}{k} \cdot \frac{U_N}{\sqrt{3} k_i I_N} = \frac{1-0.566}{0.566} \times \frac{380}{\sqrt{3} \times 6.5 \times 136} \approx 0.19\Omega$$

此值即为串入电抗的最小值,小于此值,变压器电流将过大。

(2)串电抗启动时要求最小启动转矩为 $T'_{st} = 1.1T_L = 1.1 \times 0.3T_N = 0.33T_N$,而直接启动时 $T_{st} = k_T T_N$,则

$$k^2 = \frac{T'_{st}}{T_{st}} = \frac{0.33T_N}{1.1T_N} = 0.3$$

故

$$k \approx 0.548$$

则串入电抗后的启动电流为

$$I'_{st} = kI_{st} = 0.548 \times 884 = 484.432\text{A} < 500\text{A}$$

说明可以串入电抗启动。那么

$$X_{st} = \frac{1-k}{k} X_k = \frac{1-k}{k} \cdot \frac{U_N}{\sqrt{3} k_i I_N} = \frac{1-0.548}{0.548} \times \frac{380}{\sqrt{3} \times 6.5 \times 136} \approx 0.205\Omega$$

此值即为串入电抗的最大值,大于此值,电动机无法拖动 $0.3T_N$ 负载启动,故每相串入的电抗范围是 0.19~0.205Ω。

(2)Y-△降压启动。

① 启动方法。

Y-△降压启动适用于正常运行时定子绕组为△连接的三相鼠笼式异步电动机。启动时定子绕组改成 Y 连接,使加在定子绕组上的每相电压为 $U_N/\sqrt{3}$,电动机启动后再改为△连接,其接线图如图 5-8 所示。当启动时,将接触器 $KM_1$、$KM_3$ 闭合,定子绕组为 Y 连接,电动机定子绕组每相电压 $U_P = U_N/\sqrt{3}$,电动机降压启动;当电动机转速接近稳定转

速时，将接触器 $KM_3$ 断开，接触器 $KM_2$ 闭合，使定子绕组改为△连接，电动机定子绕组每相电压 $U_P=U_L=U_N$，启动过程结束，电动机在全压下正常运行。

② 启动电流与启动转矩分析。

若定子绕组采用△连接时直接启动 [图 5-9（a）]，定子绕组每相电压 $U_P=U_L=U_N$，电动机每相电流 $I_P=\dfrac{U_P}{Z}=\dfrac{U_N}{Z}$，这时启动电流为线电流 $I_{st}=I_L=\sqrt{3}I_P=\dfrac{\sqrt{3}U_N}{Z}$，启动转矩 $T_{st} \propto U_P^2 = U_N^2$。

若定子绕组采用 Y-△降压启动 [图 5-9（b）]，电源电压 $U_N$ 不变，但定子绕组每相电压 $U'_P=\dfrac{U_L}{\sqrt{3}}=\dfrac{U_N}{\sqrt{3}}$，这时电动机每相电流为 $I'_P=\dfrac{U'_P}{Z}=\dfrac{U_N}{\sqrt{3}Z}$，其启动电流为线电流，与相电流相同，即 $I'_{st}=I'_L=I'_P=\dfrac{U_N}{\sqrt{3}Z}$，启动转矩 $T'_{st} \propto U'^2_P = \dfrac{U_N^2}{3}$。

故

$$\begin{cases} I'_{st} = \dfrac{1}{3} I_{st} \\ T'_{st} = \dfrac{1}{3} T_{st} \end{cases} \tag{5-24}$$

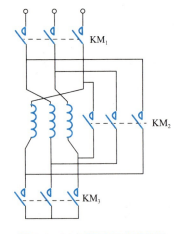

图 5-8　Y-△降压启动接线图

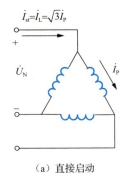 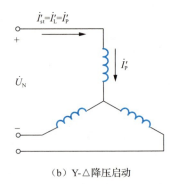

（a）直接启动　　　　　　（b）Y-△降压启动

图 5-9　直接启动和 Y-△降压启动时启动电流、电压关系

③ 特点及应用。

a．Y-△降压启动时，启动电流减小至△连接直接启动时的 1/3，但启动转矩也减小至△连接直接启动时的 1/3，故这种启动方法一般用于轻载或空载启动场合。

b．整个启动过程实质是定子降压启动，$s_m$ 和 $T_m$ 的特性可以参考定子降压人为机械特性特点。

c．该启动方法设备简单。只需一般电器开关，故价格便宜，操作方便，在轻载启动条件下应该优先采用。容量在 4 kW 以上的新型 Y 系列电动机，运行时其定子绕组均为△连接，以便于采用 Y-△降压启动方法（4 kW 以下的电动机一般没有采用降压启动的必要）。但是这种启动方法要求电动机定子绕组六个出线端都要引出来，对于高压电动机有一定困难。

**特别提示**

Y-△降压启动方法只适用于正常△连接的电动机。假如一台电动机标称"380V/220V，Y/△连接"，该电动机不能使用 Y-△降压启动。因为电源线电压为 380V 时，该电动机为 Y 连接，电动机每相承受电压为 220V；电源线电压为 220V 时，该电动机为△连接，电动机每相承受电压仍为 220V。电源线电压不同，电动机连接方式不同，电动机每相承受电压却是相同的，都是 220V。但是电源线电压为 380V 时，采用 Y-△降压启动，Y 连接时电动机每相承受电压为 220V，电动机启动，启动完成后转为△连接，电动机每相承受电压却变为 380V，这是不允许的。所以在使用该方法时一定要注意铭牌数据。

**想一想**

在电源电压不变的情况下，如果△连接的三相异步电动机误接成 Y 连接，或者 Y 连接误接成△连接，其后果如何？

（3）串自耦变压器降压启动。

① 启动方法。

定子回路串自耦变压器降压启动的接线原理图如图 5-10 所示。三相星形连接的自耦变压器又称启动补偿器。启动时，接触器 $KM_1$ 断开，$KM_2$、$KM_3$ 闭合，电动机的定子绕组通过自耦变压器接到三相电源上降压启动。当转速升高到接近稳定值时，接触器 $KM_2$、$KM_3$ 断开，$KM_1$ 闭合，自耦变压器被切除，启动结束，电动机定子直接接在电源上全压运行。

② 启动电流与启动转矩分析。

串自耦变压器降压启动的一相电路图如图 5-11 所示，设变压器一、二次线圈匝数为 $N_1$、$N_2$，则变比 $k = \dfrac{U_N}{U'} = \dfrac{N_1}{N_2}$。

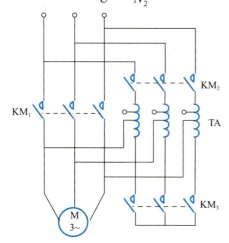

图 5-10 定子回路串自耦变压器降压启动的接线原理图

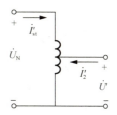

图 5-11 串自耦变压器降压启动的一相电路图

若直接启动，启动电流 $I_{st} = \dfrac{U_N}{Z_k}$；若采用串自耦变压器降压启动，每相电流即变压器二次侧电流 $I_2' = \dfrac{U'}{Z_k} = \dfrac{U_N}{kZ_k}$。又根据变压器原理，变压器一次侧电流即启动电流 $I_{st}' = \dfrac{I_2'}{k} = \dfrac{1}{k}\dfrac{U_N}{kZ_k} = \dfrac{U_N}{k^2 Z_k}$，故启动电流减小到直接启动时的 $\dfrac{1}{k^2}$。

因为异步电动机的转矩与电压的平方成正比，所以启动转矩 $\dfrac{T_{st}'}{T_{st}} = \left(\dfrac{U'}{U_N}\right)^2 = \dfrac{1}{k^2}$，故启动转矩也降低到直接启动时的 $\dfrac{1}{k^2}$。

③ 特点及应用。

a. 串自耦变压器降压启动时，启动电流减小到直接启动时的 $1/k^2$，但启动转矩也降低到直接启动时的 $1/k^2$，故这种启动方法一般用于轻载或空载启动场合。

b. 整个启动过程实质上是定子降压启动，$s_m$ 和 $T_m$ 的特性同样可以参考定子降压人为机械特性特点。

c. 该启动方法适用于启动次数少、容量较大的三相鼠笼式异步电动机，故这种启动方法在 10kW 以上的三相异步电动机中得到了广泛应用。其缺点是自耦变压器体积大，价格较高，而且不允许频繁启动。

d. 自耦变压器二次侧一般有三个抽头，可以根据需要选用。启动用自耦变压器有 QJ$_2$ 和 QJ$_3$ 两个系列。QJ$_2$ 系列的三个抽头比（1/k）分别为 55%、64% 和 73%；QJ$_3$ 系列的三个抽头比（1/k）分别为 40%、60% 和 80%。抽头比越大获得的转矩越大，但是启动电流也相应增大。

（4）延边三角形降压启动。

① 启动方法。

延边三角形降压启动是在串自耦变压器降压启动和 Y-△降压启动的基础上发展而来的，适用于定子绕组为△连接的三相鼠笼式异步电动机，如图 5-12（a）所示。这种电动机定子绕组每相有三个出线端：首端、尾端和中间抽头。图 5-12（a）中，出线端 1、2、3 为首端，4、5、6 为尾端，7、8、9 为中间抽头。三相绕组按图 5-12（b）连接时，其 1-7、2-8、3-9 部分为星形接法，7-4、8-5、9-6 部分为三角形接法，整个绕组像每个边都延长了的三角形，故称延边三角形。启动时定子绕组接成延边三角形，加额定电压启动，当转速上升接近稳定值后，三相绕组改为三角形接法，电动机正常运行，启动结束。

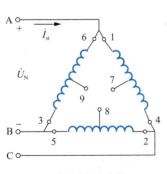
（a）定子绕组△连接

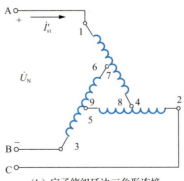
（b）定子绕组延边三角形连接

图 5-12 延边三角形降压启动时启动电流、电压关系

② 启动电流及启动转矩分析。

当电源电压一定时，电动机定子绕组三角形接法比星形接法的相电压要高$\sqrt{3}$倍。延边三角形接法的定子绕组每相电压要比三角形接法时低一些，抽头越靠近尾端，其定子绕组每相电压越低。因此，采用延边三角形接法启动，实质上也是一种降压启动方法，启动电流与启动转矩都随着相电压降低而减小。当抽头在每相定子绕组中间时，启动电流$I'_{st}=0.5I_{st}$，启动转矩$T'_{st}=0.45T_{st}$。抽头位置越靠近尾端，启动电流与启动转矩降低得越多。

③ 特点及应用。

延边三角形降压启动具有体积小、质量轻、允许经常启动等优点，而且采用不同的抽头比，可以得到延边三角形接法的不同相电压，其值比Y-△降压启动时星形连接的电压值高，因此其启动转矩比Y-△降压启动时大，能用于重载启动。但采用此法时电动机内部接线较复杂，定子绕组不仅为三角形接法，有抽头，而且需要专门设计，制成后抽头又不能随意变更，因此限制了延边三角形降压启动方法的使用。

上述几种三相鼠笼式异步电动机降压启动方法的主要目的都是减小启动电流，但同时又不同程度地降低了启动转矩，因此只适合空载或轻载启动。现将上述几种启动方法的比较结果列于表5-1中。

表5-1 启动方法比较

| 启动方法 | 启动电压<br>（电动机线电压） | 启动电流<br>（电源线电流） | 启动转矩 | 启动设备 |
| --- | --- | --- | --- | --- |
| 直接启动 | $U_N$ | $I_{st}$ | $T_{st}$ | 最简单 |
| 定子串电阻或电抗降压启动 | $kU_N$ | $kI_{st}$ | $k^2T_{st}$ | 一般 |
| Y-△降压启动 | $\frac{1}{\sqrt{3}}U_N$ | $\frac{1}{3}I_{st}$ | $\frac{1}{3}T_{st}$ | 简单，只适用于采用三角形接法380V电动机 |
| 串自耦变压器降压启动 | $\frac{1}{k}U_N$ | $\frac{1}{k^2}I_{st}$ | $\frac{1}{k^2}T_{st}$ | 较复杂，有三种抽头供选用 |
| 延边三角形降压启动 | 中心抽头 | $0.5I_{st}$ | $0.45T_{st}$ | 简单，但要专门设计电动机 |

对于重载启动，尤其要求启动过程较快时，常需要较大的启动转矩才能满足，通常采用深槽式异步电动机和双鼠笼式异步电动机。这两种改善启动性能的异步电动机，一般用于启动转矩要求较高的生产机械上。它们与普通鼠笼式异步电动机相比，因转子漏电抗较大，额定功率因数及最大转矩稍低，而且用铜量多，制造工艺复杂（特别是双鼠笼式转子），价格较高，具体结构和原理请参考有关资料。

【例5-4】一台三相鼠笼式异步电动机的额定数据为：$P_N$=28kW，$U_N$=380V（定子绕组采用△连接），$I_N$=58A，$\cos\varphi$=0.88，$n_N$=1455r/min，启动电流倍数$k_i$=6，启动转矩倍数$k_T$=1.1，过载倍数$\lambda_m$=2.3，供电变压器最大允许电流为150A，负载转矩$T_L$=73.5 N·m，要求启动转矩不小于$1.1T_L$。试问：

（1）该电动机能否直接启动？

（2）该电动机能否采用Y-△降压启动？

（3）该电动机能否采用定子串电抗降压启动？

（4）若采用串自耦变压器降压启动，自耦变压器抽头比有55%、64%和73%三种，使用哪种抽头比才能满足要求？

解：（1）电动机额定转矩为

$$T_N = 9.55 \times \frac{P_N}{n_N} = 9.55 \times \frac{28 \times 10^3}{1455} \approx 183.78 \text{N} \cdot \text{m}$$

直接启动时的启动电流为

$$I_{st} = k_i I_N = 6 \times 58 = 348\text{A}$$

显然，$I_{st} > 150\text{A}$，所以不能直接启动。

（2）Y-△降压启动时的启动电流为

$$I'_{st} = \frac{I_{st}}{3} = \frac{k_i I_N}{3} = \frac{6 \times 58}{3} = 116\text{A}$$

Y-△降压启动时的启动转矩为

$$T'_{st} = \frac{T_{st}}{3} = \frac{k_T T_N}{3} = \frac{1.1 \times 183.78}{3} \approx 67.39 \text{N} \cdot \text{m}$$

可以看出，虽然 $I'_{st} < 150\text{A}$，但是启动转矩 $T'_{st} < T_L$，所以不能采用Y-△降压启动。

（3）校验是否能采用定子串电抗降压启动。

若采用定子串电抗降压启动，则

$$\frac{I'_{st}}{I_{st}} = \frac{150}{348} \approx 0.431 = k$$

可知启动转矩为

$$T'_{st} = k^2 T_{st} = k^2 k_T T_N = 0.431^2 \times 1.1 \times 183.78 \approx 37.55 \text{N} \cdot \text{m}。$$

显然启动转矩 $T'_{st} < T_L$，所以不能采用定子串电抗降压启动。

（4）采用串自耦变压器降压启动，当抽头比为55%时，其启动电流与启动转矩分别为

$$I'_{st1} = \frac{I_{st}}{k^2} = 0.55^2 \times 6 \times 58 = 105.27\text{A}$$

$$T'_{st1} = \frac{1}{k^2} T_{st} = 0.55^2 \times 1.1 \times 183.78 \approx 61.15 \text{N} \cdot \text{m}$$

可以看出，虽然 $I'_{st1} < 150\text{A}$，但是启动转矩 $T'_{st1} < T_L$，所以不能采用抽头比为55%的自耦变压器降压启动。

采用串自耦变压器降压启动，当抽头比为64%时，其启动电流与启动转矩分别为

$$I'_{st2} = \frac{I_{st}}{k^2} = 0.64^2 \times 6 \times 58 \approx 142.54\text{A}$$

$$T'_{st2} = \frac{1}{k^2} T_{st} = 0.64^2 \times 1.1 \times 183.78 \approx 82.8 \text{N} \cdot \text{m}$$

显然 $I'_{st2} < 150\text{A}$，$T'_{st2} > T_L$，满足要求，可以采用抽头比为64%的自耦变压器降压启动。

采用串自耦变压器降压启动，当抽头比为73%时，其启动电流为

$$I'_{st3} = \frac{I_{st}}{k^2} = 0.73^2 \times 6 \times 58 \approx 185.45\text{A} > 150\text{A}$$

此时电流超过允许范围，不能采用抽头比为73%的自耦变压器降压启动，启动转矩不再进行计算。

### 3. 软启动

对于大功率的三相鼠笼式异步电动机,如果采用本节所介绍的串自耦变压器降压启动、Y-△降压启动等降压启动方法,虽然都能减少启动电流,但仍都存在很大的二次启动冲击电流,二次启动冲击电流甚至可超过 6 倍的额定电流,如图 5-13 所示。除此之外,在实际工程中还应综合考虑负载和传动机构等因素。例如,对于中等容量以上的三相鼠笼式异步电动机传动系统,直接启动时很大的突跳转矩冲击会对轴承、齿轮磨损严重,甚至损坏,而且减速箱故障率高,同时过大的机械冲击会大大降低机械设备的寿命,很大的冲击电流将导致电动机绕组的绝缘老化、电气设备的寿命下降、设备维护率的提高。

软启动

传统启动器虽然价格低廉,但是启动方法属于一级降压启动,启动过程存在二次冲击电流和冲击转矩,而且接触器故障多、维护量大、效率低。随着电力电子技术和微机控制技术的发展,国内外相继开发出一系列软启动器,它是集电动机软启动、软停车、轻载节能和多种保护功能于一体的新型电动机控制装置。从根本上解决了传统降压启动设备的诸多弊端。所以,在工业应用中,55kW 及以上的三相鼠笼式异步电动机在经济条件允许的情况下尽量采用软启动器。它实质上是一种降压启动,可以实现在负载要求的启动特性下无级平滑启动,方便调节启动电流和启动时间,降低启动电流对电网的冲击。在这种启动方法下可以控制其最大启动电流为 2~4 倍的额定电流,使定子电流既处在最大的容许电流范围之内,又可使电动机以最快的速度启动,缩短启动时间。软启动与传统启动方法的启动电流比较如图 5-13 所示。

(1)软启动器的工作原理。

软启动器实质上是一种三相晶闸管交流调压装置,其主电路采用晶闸管三相交流调压电路,串接于三相交流电源和电动机之间,如图 5-14 所示。电动机启动时,由电子控制电路控制晶闸管的导通角,通过改变晶闸管的触发角来连续平滑地改变加在电动机定子绕组

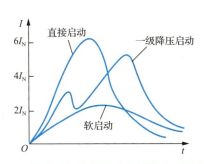

图 5-13 软启动与传统启动方法的启动电流比较

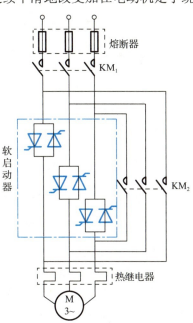

图 5-14 软启动器主电路原理图

上的电压,实现对电动机启动特性的控制,使之处于最佳的启动过程。当启动结束后,接触器 KM₂ 闭合,晶闸管短路,以降低晶闸管的热损耗,延长软启动器的使用寿命,提高其工作效率,同时又使电网避免了谐波污染,此时电动机全压运行。图 5-14 中的熔断器主要用于对晶闸管模块实施短路保护,热继电器用于对电动机的过载保护。有的软启动器自带过载保护,则不用外接热继电器。

(2) 启动方法。

如前所述,早期的软启动器基本上都是连续平滑地改变启动电压来进行软启动,现在新型的软启动器一般都带有诸如限流启动模式、电压斜坡启动模式、突跳启动模式、电流斜坡启动模式和电压限流双闭环启动模式等智能化启动模式供用户选择,以适应各种复杂的应用场合和负载变化。在此只简单介绍限流启动模式、电压斜坡启动模式、突跳启动模式,其他方法请参考相关资料。

① 限流启动模式。

限流启动模式一般用于对电流有严格限制要求的场合。图 5-15 所示为这种启动模式的电流波形,$I_{stm}$ 为设定的启动电流的限流值,当电动机启动时,软启动器的输出电压迅速增加,直到定子电流达到设定的限流值 $I_{stm}$,此后将保持定子电流稳定在此限流值 $I_{stm}$ 上。随着输出电压的上升,电动机逐渐加速,当电动机达到稳定转速时,退出软启动模式,进入正常运行状态,输出电流迅速下降至电动机所带负载对应的稳定电流(如图 5-15 中的 $I_N$),启动过程完成。

② 电压斜坡启动模式。

电压斜坡启动模式适用于对启动电流要求不严格,但对启动过程的平稳性要求较高的拖动系统中。图 5-16 所示为这种启动模式的输出电压波形,$U_1$ 为启动时的初始电压值。当电动机启动时,在定子电流不超过额定值的 400% 范围内,软启动器的输出电压迅速上升至 $U_1$,然后输出电压按所设定的上升速率连续平滑逐渐上升,电动机随着电压的上升而不断平稳加速,当电压达到额定电压 $U_N$ 时,电动机达到额定转速,启动过程结束。

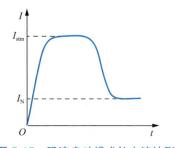

图 5-15 限流启动模式的电流波形

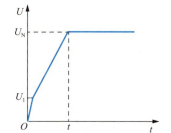

图 5-16 电压斜坡启动模式的输出电压波形

③ 突跳启动模式。

突跳启动模式用于重负载场合。启动时针对重负载,先给电动机的定子绕组施加一个较高的固定电压(如图 5-17 中的 $U_N$),并使其持续一小段时间(如 120ms),以克服电动机负载的静摩擦力使电动机启动,然后按图 5-17 所示的电压斜坡突跳启动方式或按图 5-18 所示的限电流突跳启动方式启动,解决了带重负载启动困难的问题。

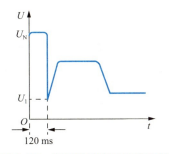
图 5-17 电压斜坡突跳启动曲线

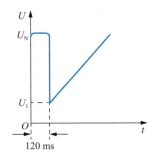
图 5-18 限电流突跳启动曲线

（3）其他软启动。

三相异步电动机的软启动除前面介绍的晶闸管软启动外，还有下面几种常用的软启动方法。

① 变频器软启动。

5.3.2 节和 5.5 节将详细介绍变频器调速，它是通过改变定子电源的频率而实现调速的，其转速基本正比于频率。变频器的输出频率范围为 0.1～500Hz；调速精度一般不低于 1%，高的可达 0.02%；瞬间过载力矩可达 200%；可与上位控制计算机连接。变频器也可以用于软启动，这是因为电动机的启动电流与电源电压成正比（详见 5.3.2 节）。同样变频器可以通过逐渐加大频率（电压）的方式减少启动电流，使电动机平稳启动。而变频时，电压与频率成正比，故变频器软启动最主要的优点是节能。另外，变频器还可以实现三相异步电动机在正常工作时的各种保护，如过电压保护、欠电压保护、过载保护、缺相保护和过电流保护，并具有断相与相序检测功能。

目前制约变频器作为软启动装置大范围应用的原因仅仅是一次性投资较高。随着电力电子器件和控制器件的迅速发展，其性价比已经得到很大的提高。

② 液阻软启动。

液阻是一种由电解液形成的电阻，启动时串接在电动机定子回路中。液阻阻值正比于两块电极板的距离，反比于电解液的电导率，通过控制极板距离和电导率可以控制定子回路的总电阻。同时，液阻的热容量大，且成本较低，使液阻软启动得到了广泛的应用。但液阻软启动也有如下缺点：基于液阻限流，液阻箱体积大，且一次软启动后电解液通常会有 10～30℃ 的升温，软启动的重复性差；移动极板需要有一套伺服机构，移动速度较慢，难以实现启动方式的多样化；液阻软启动装置液箱中的水需要定时补充，电极板长期浸泡于电解液中，表面有一定的锈蚀，需要做表面处理。因此，液阻软启动性能不如晶闸管软启动好，其应用受到影响。

③ 磁控软启动。

磁控软启动是在定子串接电抗启动，只是该电抗可以通过控制直流励磁电流，改变铁心的饱和度实现，进而改变电抗值的变化，所以称为磁控软启动。其特性与将三相电抗器串在电源和电动机定子之间实现降压的特性是一致的。不同之处在于，磁控软启动时其电抗值可控，启动开始时电抗值较大，在软启动过程中，通过反馈调节使电抗值逐渐减小，直至软启动完成后被旁路。

（4）软启动的特点。

① 无冲击电流。

软启动时，通过控制晶闸管导通角，使电动机启动电流从零线性上升至设定值，对电动机无冲击，提高了供电可靠性，平稳启动，减少对负载的冲击转矩，延长设备使用寿命。

② 有软停车功能。

软停车即平滑减速，逐渐停机，它可以克服瞬间断电停机的弊病，减少对重载机械的冲击，减少设备损坏。

③ 启动参数可调。

根据负载情况及电网继电保护特性选择，可自由地无级调整至最佳的启动电流。

目前软启动主要应用于对大功率鼠笼式异步电动机的启动，特别是使用广泛的鼓风机和水泵等。

### 5.2.2 三相绕线式异步电动机的启动

中、大容量电动机重载启动时，既要减小启动电流，又要增大启动转矩，三相鼠笼式异步电动机就无法满足要求，此时应采用三相绕线式异步电动机。三相绕线式异步电动机最常用的启动方法是转子串电阻或转子串频敏变阻器两种启动方法。这两种启动方法既能限制启动电流，又能增大启动转矩，克服了三相鼠笼式异步电动机降压启动时的缺点，因此适用于中、大容量电动机重载启动的场合。

#### 1. 转子串电阻启动

为了在整个启动过程中得到较大的加速转矩，并使启动过程比较平滑，可在转子回路中串入多级对称电阻。启动时，随着转速的升高，逐段切除启动电阻，不仅可以减小启动电流，而且可以保持较大的启动转矩，使电动机具有良好的启动性能，加快启动过程，这与直流电动机电枢回路串电阻启动类似，称为串电阻分级启动。图 5-19 为三相绕线式异步电动机转子串三级启动电阻时的接线图和对应的机械特性曲线。

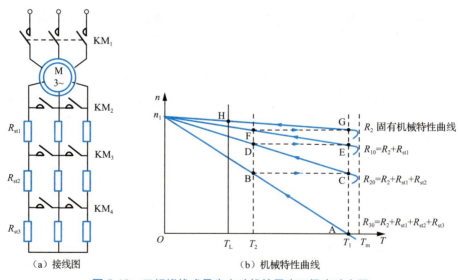

图 5-19 三相绕线式异步电动机转子串三级启动电阻

## （1）启动过程。

启动开始时，接触器 $KM_1$ 闭合，$KM_2$、$KM_3$、$KM_4$ 断开，所有启动电阻全部串入转子回路中，转子每相电阻为 $R_{30}=R_2+R_{st1}+R_{st2}+R_{st3}$，即串最大电阻启动，对应的机械特性曲线如图 5-19（b）中的 AB 段。

在启动瞬间，转速 $n=0$，电磁转矩 $T=T_1$，因 $T_1>T_L$，故电动机开始加速，于是从 A 点沿机械特性曲线 AB 逐步上升。由图 5-19（b）可以看出，在此过程中转速 $n$ 是不断增加的，电磁转矩 $T$ 随着转速的上升却不断减少，但仍然保持着 $T>T_L$，故此过程为加速度不断减少的正向加速阶段，此过程一直持续到 B 点。

到达 B 点后，电磁转矩 $T=T_2$（$T_2$ 称为切换转矩），接触器 $KM_4$ 闭合，切除 $R_{st3}$。因切除 $R_{st3}$ 是由接触器瞬间完成的，故电动机的机械特性曲线也是瞬间发生了变化，但是电动机的转速不能发生突变，所以运行点由 B 点跃变到 C 点，即保持转速不变 $n_B=n_C$，由机械特性曲线 AB 段转到机械特性曲线 CD 段。

到达 C 点后，转子每相电阻为 $R_{20}=R_2+R_{st1}+R_{st2}$，对应的机械特性曲线如图 5-19（b）中的 CD 段。此时转速 $n_B=n_C$，电动机重新获得最大转矩 $T=T_1$，电动机又以最大加速度开始加速，从 C 点沿曲线 CD 逐步上升。同样，在此过程中转速 $n$ 是不断上升的，电磁转矩 $T$ 不断减少，进入加速度不断减少的正向加速阶段，此过程一直持续到 D 点。

到达 D 点后，电磁转矩 $T=T_2$，接触器 $KM_3$ 闭合，切除 $R_{st2}$。同理，最后在 F 点接触器 $KM_2$ 闭合，切除 $R_{st1}$，转子绕组直接短路，电动机运行点由 F 点跃变到 G 点后沿固有机械特性曲线加速到 H 点，$T=T_L$，$n=n_H$，电动机稳定运行，启动结束。

在分级启动过程中，为了保证启动过程平稳快速，一般取最大转矩 $T_1=(0.7\sim0.9)T_m=(1.5\sim2)T_L$，切换转矩 $T_2=(1.1\sim1.2)T_L$。

三相绕线式异步电动机转子回路串入适当电阻，为什么启动电流减小而启动转矩反而增大？如果串入的电阻太大，启动转矩为什么会减小？转子回路串入电抗能否改善启动特性？

## （2）启动电阻的计算。

由图 5-19 可见，在转子串电阻分级启动过程中，保持了较大的启动转矩，可以快速启动。由于在整个过程中电动机的运行点在每条机械特性曲线的线性段上（$0<s<s_m$）变化，因此可以采用机械特性的简化实用表达式 $T=\dfrac{2T_m}{s_m}s$ 来计算启动电阻。由人为机械特性分析的结论可知，转子串电阻时，电动机的最大转矩 $T_m$ 不变，而且电动机临界转差率 $s_m$ 与转子电阻成正比，即

$$T \propto \frac{2T_m}{R}s \tag{5-25}$$

式（5-25）中，$R$ 不仅包括了电动机自身转子电阻 $R_2$，还包括了人为串入电阻 $R_{st1}$、$R_{st2}$ 等之和。

在计算各级启动电阻前，先计算转子电阻 $R_2$。在额定状态下转子的铜损耗为

$$P_{\text{Cu}2}=s_N P_M \approx s_N \sqrt{3} E_{2N} I_{2N} = 3 I_{2N}^2 R_2 \tag{5-26}$$

于是

$$R_2 = \frac{s_N E_{2N}}{\sqrt{3} I_{2N}} \tag{5-27}$$

在 B 点时，电动机运行在 AB 机械特性曲线上，电动机转子电阻 $R_{30} = R_2 + R_{\text{st}1} + R_{\text{st}2} + R_{\text{st}3}$，由式（5-25）可得

$$T_B = T_2 \propto \frac{2T_m}{R_{30}} s_B$$

在 C 点时，电动机运行在 CD 机械特性曲线上，$R_{20} = R_2 + R_{\text{st}1} + R_{\text{st}2}$，由式（5-25）可得

$$T_C = T_1 \propto \frac{2T_m}{R_{20}} s_C$$

因为 B、C 两点转速相同，同步转速 $n_1$ 不变，故 $s_B = s_C$，将上述两式相除可得

$$\frac{T_1}{T_2} = \frac{R_{30}}{R_{20}}$$

同理，在 D、E 两点和 F、G 两点可得

$$\frac{T_1}{T_2} = \frac{R_{20}}{R_{10}}, \quad \frac{T_1}{T_2} = \frac{R_{10}}{R_2}$$

因此

$$\frac{T_1}{T_2} = \frac{R_{30}}{R_{20}} = \frac{R_{20}}{R_{10}} = \frac{R_{10}}{R_2} = \beta \tag{5-28}$$

式中，$\beta$ 为启动转矩比，也称相邻启动电阻比。

在已知 $\beta$ 和 $R_2$ 时，各级电阻为

$$\begin{cases} R_{10} = R_2 + R_{\text{st}1} = \beta R_2 \\ R_{20} = R_2 + R_{\text{st}1} + R_{\text{st}2} = \beta^2 R_2 \\ R_{30} = R_2 + R_{\text{st}1} + R_{\text{st}2} + R_{\text{st}3} = \beta^3 R_2 \\ \vdots \\ R_{m0} = R_2 + R_{\text{st}1} + R_{\text{st}2} + R_{\text{st}3} + \cdots + R_{\text{st}m} = \beta^m R_2 \end{cases} \tag{5-29}$$

式（5-29）给出的是每次切换后电动机转子串入的总电阻值，而需要得到的是各分级电阻值，即 $R_{\text{st}1}$、$R_{\text{st}2}$、$R_{\text{st}3}$ 等，故对上式进行简单变化可得

$$\begin{cases} R_{\text{st}1} = R_{10} - R_2 = \beta R_2 - R_2 = (\beta - 1) R_2 \\ R_{\text{st}2} = R_{20} - R_{10} = \beta^2 R_2 - \beta R_2 = (\beta^2 - \beta) R_2 \\ R_{\text{st}3} = R_{30} - R_{20} = (\beta^3 - \beta^2) R_2 \\ \vdots \\ R_{\text{st}m} = (\beta^m - \beta^{m-1}) R_2 \end{cases} \tag{5-30}$$

一般电动机转子串电阻启动有两种情况：第一种是限定了启动级数 $m$ 和最大转矩 $T_1$，

求各分级电阻 $R_{st1}$、$R_{st2}$ 等；第二种情况是启动级数 $m$ 根据实际情况选择，求各分级电阻 $R_{st1}$、$R_{st2}$ 等。为总结以上两种计算方法，首先进行一些公式推导准备。

当启动级数为 $m$ 时，最大串入电阻为

$$R_{m0} = \beta^m R_2 \tag{5-31}$$

图 5-19（b）中的 H 点（额定点 $s=s_N$）和 A 点（启动点 $s=1$）同样满足式（5-25），由式（5-25）可写出以下两式。

$$T_N \propto \frac{2T_m}{R_2} s_N$$

$$T_1 \propto \frac{2T_m}{R_{m0}} \cdot 1$$

联立两式可得

$$\frac{T_N}{s_N T_1} = \frac{R_{m0}}{R_2} \tag{5-32}$$

若启动级数 $m$ 已知，由式（5-31）和式（5-32）可得

$$\beta = \sqrt[m]{\frac{R_{m0}}{R_2}} = \sqrt[m]{\frac{T_N}{s_N T_1}} \tag{5-33}$$

若启动级数 $m$ 未知，由式（5-33）可得

$$m = \frac{\lg\left(\dfrac{T_N}{s_N T_1}\right)}{\lg \beta} \tag{5-34}$$

归纳计算启动电阻的步骤如下。

当启动级数 $m$ 已知时：

① 按要求选取 $T_1$；

② 计算 $\beta = \sqrt[m]{\dfrac{T_N}{s_N T_1}}$；

③ 校验 $T_2$，应满足 $T_2 = T_1/\beta = (1.1 \sim 1.2)T_L$，若不满足，应选取较大的 $T_1$，直至满足要求；

④ 计算 $R_2 = \dfrac{s_N E_{2N}}{\sqrt{3} I_{2N}}$；

⑤ 计算各级启动电阻值。

当启动级数 $m$ 未知时：

① 预选 $T_1$、$T_2$；

② 计算 $\beta = \dfrac{T_1}{T_2}$；

③ 计算启动级数 $m = \dfrac{\lg\left(\dfrac{T_N}{s_N T_1}\right)}{\lg \beta}$；

④ 启动级数 $m$ 取整后，按式 $\beta = \sqrt[m]{\dfrac{T_N}{s_N T_1}}$ 修正 $\beta$；

⑤ 按式 $T_2 = \dfrac{T_1}{\beta}$ 修正 $T_2$；

⑥ 计算 $R_2 = \dfrac{s_N E_{2N}}{\sqrt{3} I_{2N}}$；

⑦ 计算各级启动电阻值。

【例 5-5】一台三相绕线式异步电动机，其额定数据为：$P_N$=30kW，$n_N$=1440r/min，$E_{2N}$=360V，$I_{2N}$=52A，$\lambda_m$=2.8，负载转矩 $T_L$=0.7$T_N$。试求转子串三级电阻启动时各分段电阻值。

解：额定转差率 $s_N$ 为

$$s_N = \dfrac{1500 - 1440}{1500} = 0.04$$

转子每相电阻 $R_2$ 为

$$R_2 = \dfrac{s_N E_{2N}}{\sqrt{3} I_{2N}} = \dfrac{0.04 \times 360}{\sqrt{3} \times 52} \approx 0.16\Omega$$

选取最大转矩 $T_1$ 为

$$T_1 = 0.9 T_m = 0.9 \lambda_m T_N = 0.9 \times 2.8 T_N = 2.52 T_N$$

启动转矩比 $\beta$ 为

$$\beta = \sqrt[m]{\dfrac{T_N}{s_N T_1}} = \sqrt[m]{\dfrac{1}{0.04 \times 2.52}} \approx 2.15$$

校验切换转矩 $T_2$

$$T_2 = \dfrac{T_1}{\beta} = \dfrac{2.52 T_N}{2.15} \approx 1.172 T_N$$

显然，$T_2 = 1.172 T_N > 1.1 T_L = 1.1 \times 0.7 T_N = 0.77 T_N$，满足启动要求。

各级转子回路总电阻为

$$R_{10} = \beta R_2 = 2.15 \times 0.16 = 0.344\Omega$$
$$R_{20} = \beta^2 R_2 = 2.15^2 \times 0.16 \approx 0.74\Omega$$
$$R_{30} = \beta^3 R_2 = 2.15^3 \times 0.16 \approx 1.59\Omega$$

各级所串的分段电阻为

$$R_{st1} = R_{10} - R_2 = 0.344 - 0.16 = 0.184\Omega$$
$$R_{st2} = R_{20} - R_{10} = 0.74 - 0.344 = 0.396\Omega$$
$$R_{st3} = R_{30} - R_{20} = 1.59 - 0.74 = 0.85\Omega$$

**2. 转子串频敏变阻器启动**

三相绕线式异步电动机采用转子串电阻启动的方法，在启动过程中逐级切除启动电阻，若启动级数较少，则启动不平滑，同时在切换电阻时会出现较大的冲击电流的跃变，造成电气和机械冲击。若要在启动过程中保持较大的启动转矩且启动平稳，则必须采用较多的启动级数，这必然会使启动设备体积增大，线路复杂，维修不便，不经济。

为了克服这个问题，可以采用转子串频敏变阻器启动的方法。频敏变阻器实质上是一个铁损耗很大的三相电抗器，它的铁心是用厚度为 30～50mm 的铁板或钢板叠成，三个绕组分别绕在三个铁心柱上并作星形连接，然后接到转子滑环上，其接线图如图 5-20 所示。图 5-21 为频敏变阻器一相的等效电路，其中 $X_m$ 为铁心绕组的电抗，$R_m$ 为反映铁损耗的等效电阻。因为频敏变阻器的铁心用厚钢板制成，所以铁损耗较大，对应的 $R_m$ 也较大。

转子串频敏变阻器启动的过程如下：启动时接触器 $KM_1$ 闭合、$KM_2$ 断开，转子串入频敏变阻器，定子接通电源开始启动；启动瞬间，$n=0$，$s=1$，转子电流频率 $f_2=sf_1$（最大），因频敏变阻器的铁心串接在电动机转子中，故频敏变阻器中与转子电流频率 $f_2$ 平方成正比的涡流损耗最大，即铁损耗最大，反映铁损耗大小的等效电阻 $R_m$ 也最大，此时相当于转子回路中串入一个较大的电阻启动，可以有效地限制启动电

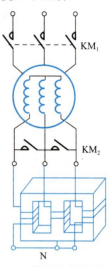

图 5-20　转子串频敏变阻器
启动接线图

流，并且使启动转矩较大；启动过程中，随着 $n$ 上升，$s$ 减小，$f_2=sf_1$ 也逐渐减小，频敏变阻器的铁损耗逐渐减小，$R_m$ 也随之逐渐减小，这相当于在启动过程中逐渐平滑地切除转子回路串入的电阻；启动结束后，接触器 $KM_2$ 闭合，切除频敏变阻器，转子回路直接短路，电动机在固有机械特性曲线上正常运行。

由于频敏变阻器的等效电阻 $R_m$ 是随转子电流频率 $f_2$ 的变化而自动变化的，因此称为频敏变阻器，它相当于一种无触点的变阻器。转子回路串频敏变阻器启动有以下优点。

（1）频敏变阻器的结构简单，运行可靠，使用和维护方便，价格便宜，最适用于需要频繁启动的生产机械。

（2）如果参数选择适当，可以在启动过程中保持转矩近似不变，即所谓的恒转矩特性，使启动过程平稳、快速。这时电动机的机械特性曲线如图 5-22 中的曲线 2 所示，曲线 1 是电动机的固有机械特性曲线。

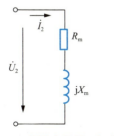

图 5-21　频敏变阻器一相的
等效电路

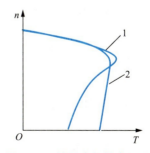

图 5-22　转子串频敏变阻器
启动机械特性曲线

（3）在启动过程中，它能自动、无级地减小电阻，启动转矩和电流不会出现跃变的情况。转子回路串频敏变阻器启动的缺点是功率因数低。

对于单纯为了限制启动电流而又要求转矩上下限十分接近的快速启动设备，采用转子串频敏变阻器启动具有明显的优势。

## 5.3 三相异步电动机的调速

和直流电动机相比，交流电动机具有价格低、容量大、运行可靠、维护方便等一系列优点，特别是在宽调速和快速可逆拖动系统中希望尽可能采用交流电动机拖动。近年来，由于电力电子技术、计算机技术和自动控制技术的迅猛发展，使得交流调速技术日益成熟，交流调速装置的容量不断扩大，性能不断提高，目前交流调速系统已经开始逐步取代直流调速系统。如在工业应用中，凡是能用直流调速的场合，都能改用交流调速，且在大容量、高转速、高电压及环境十分恶劣的场合，不能用直流调速的都能用交流调速。

根据异步电动机的转速公式

$$n = (1-s)n_1 = (1-s)\frac{60f_1}{p} \tag{5-35}$$

三相异步电动机有下列三种基本调速方法。

（1）变极调速，即改变极对数 $p$ 进行调速。

（2）变频调速，即改变电源频率 $f_1$ 进行调速。

（3）变转差率调速，即改变转差率 $s$ 进行调速。

本节介绍上述三种调速方法的基本原理、运行特性、调速性能、基本计算方法，以及各种调速方法的使用场合。

### 5.3.1 变极调速

根据式（5-35）可知，在电源频率 $f_1$ 不变的条件下，改变电动机的极对数 $p$，电动机的同步转速 $n_1$ 就会成倍地变化，电动机的转速也会相应变化。例如，极对数增加一倍，同步转速就降低一半，电动机的转速也几乎下降一半，从而实现电动机的有级调速。

鼠笼式异步电动机转子的极对数能自动随定子极对数的变化而相应变化，定子极对数与转子极对数始终相等；而绕线式异步电动机转子绕组的极对数在转子嵌线时就已确定，在改变定子极对数时，转子绕组必须相应改变接法，才能得到与定子绕组相同的极对数。因此，变极调速只适用于鼠笼式异步电动机。

要改变电动机的极对数,可以在定子铁心槽内嵌放两套不同极对数的定子绕组,但从制造的角度看,这种方法很不经济。通常采用的方法是在定子铁心内只装一套定子绕组,通过改变定子绕组接法来改变极对数,这种电动机称为变极多速电动机,在第4章中介绍的YD系列就是变极多速三相异步电动机。

1. 变极调速的原理

下面以4极变2极为例说明变极原理。电动机每相定子绕组都由两个完全对称的半相绕组组成。图5-23画出了4极电动机U相绕组的两个绕组,每个绕组代表U相绕组的一半,称为半相绕组。两个半相绕组顺向串联(头尾相接)时,根据线圈中的电流方向,可以看出定子绕组产生4极磁场,即$2p=4$。

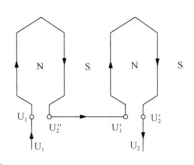

图 5-23 绕组顺向串联变极原理图($2p=4$)

如果将两个半相绕组的连接方式改为图 5-24 所示,使其中的一个半相绕组 $U_2$、$U_2'$ 中的电流反向,这时定子绕组便产生 2 极磁场,即 $2p=2$。由此可见,使定子绕组每相的一半绕组中的电流改变方向,就可改变极对数,从而改变同步转速,达到改变电动机转速的目的。

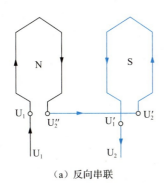 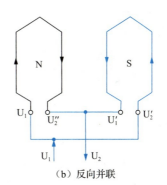

(a) 反向串联　　　　　　　　　　(b) 反向并联

图 5-24 绕组变极原理图($2p=2$)

2. 三种常用的变极接线方式

三相异步电动机的定子绕组一般采用单星形(Y)、双星形(YY)和三角形(△)连接,常用的变极接线方式有 Y-YY、△-YY、顺串 Y-反串 Y 三种,其原理图如图 5-25 所示。其中,图 5-25(a)表示由单星形连接改接成并联的双星形连接;图 5-25(b)表示由三角形连接改接成双星形连接;图 5-25(c)表示由单星形连接改接成反向串联的单星形连接。可见,这三种接线方式都是使每相的一半绕组内的电流改变了方向,因而定子磁场的极对数减少一半。

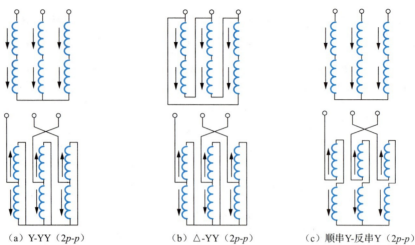

(a) Y-YY（2p-p）　　　(b) △-YY（2p-p）　　　(c) 顺串Y-反串Y（2p-p）

图 5-25　三种常用的变极接线方式原理图

### 特别提示

定子绕组连接方式改变后，应同时改变定子绕组的电源相序，否则调速前后电动机的转向将改变。因为旋转磁场的转速和转向与三相定子绕组产生的磁场在空间的电角度有关，在定子圆周上，电角度=p×机械角度。当 $p=1$ 时，U、V、W 三相绕组在空间分布的电角度依次为 0°、120°、240°；当 $p=2$ 时，U、V、W 三相绕组在空间分布的电角度依次为 0°、2×120°=240°、2×240°=480°（相当于 120°）。显然，变极前后三相绕组的相序相反。因此变极调速时，必须同时改变定子绕组的电源相序（对调任意两相绕组的电源出线端），以保证变极调速前后电动机的转向不变。

四极电机旋转磁场

**3. Y-YY 变极调速的特性分析**

设每半相绕组的参数为 $\dfrac{R_1}{2}$、$\dfrac{X_1}{2}$、$\dfrac{R_2'}{2}$、$\dfrac{X_2'}{2}$，Y 连接时，两个半相绕组正向串联，每相绕组的参数为 $R_1$、$X_1$、$R_2'$、$X_2'$，极对数为 $p$，同步转速为 $n_1$，外施电源电压为 $U_1=U_N$，绕组每半相额定电流为 $I_N$，线电流等于相电流，则 Y 连接时电动机的最大转矩 $T_{mY}$、临界转差率 $s_{mY}$、启动转矩 $T_{stY}$、输出功率 $P_Y$、输出转矩 $T_Y$ 表达式为

$$\begin{cases} T_{mY} = \dfrac{3pU_N^2}{4\pi f_1 \left[ R_1 + \sqrt{R_1^2 + (X_1+X_2')^2} \right]} \\[2mm] s_{mY} = \dfrac{R_2'}{\sqrt{R_1^2 + (X_1+X_2')^2}} \\[2mm] T_{stY} = \dfrac{3pU_N^2 R_2'}{2\pi f_1 \left[ (R_1+R_2')^2 + (X_1+X_2')^2 \right]} \\[2mm] P_Y = \sqrt{3} U_N I_N \eta_N \cos\varphi_N \\[2mm] T_Y = 9550 \times \dfrac{P_Y}{n_{NY}} \approx 9550 \times \dfrac{P_Y}{n_1} \end{cases} \quad (5\text{-}36)$$

由 Y 连接改成 YY 连接时,两个半相绕组由顺向串联改为反向并联,所以 YY 连接时每相绕组的参数为 $\frac{R_1}{4}$、$\frac{X_1}{4}$、$\frac{R_2'}{4}$、$\frac{X_2'}{4}$,再考虑改接后每相绕组电压 $U_1=U_N$ 不变,极对数减半,转速增大一倍,若保持每半相绕组电流不变,则线电流为 $2I_N$。假定改接前后效率和功率因数近似不变,则 YY 连接时电动机的最大转矩 $T_{mYY}$、临界转差率 $s_{mYY}$、启动转矩 $T_{stYY}$、输出功率 $P_{YY}$、输出转矩 $T_{YY}$ 表达式为

$$\begin{cases} T_{mYY} = \dfrac{\dfrac{3p}{2}U_N^2}{4\pi f_1\left[\dfrac{R_1}{4}+\sqrt{\left(\dfrac{R_1}{4}\right)^2+\left(\dfrac{X_1}{4}+\dfrac{X_2'}{4}\right)^2}\right]} \\ s_{mYY} = \dfrac{\dfrac{R_2'}{4}}{\sqrt{\left(\dfrac{R_1}{4}\right)^2+\left(\dfrac{X_1}{4}+\dfrac{X_2'}{4}\right)^2}} \\ T_{stYY} = \dfrac{\dfrac{3p}{2}U_N^2\dfrac{R_2'}{4}}{2\pi f_1\left[\left(\dfrac{R_1}{4}+\dfrac{R_2'}{4}\right)^2+\left(\dfrac{X_1}{4}+\dfrac{X_2'}{4}\right)^2\right]} \\ P_{YY} = \sqrt{3}U_N(2I_N)\eta_N\cos\varphi_N \\ T_{YY} = 9550\times\dfrac{P_{YY}}{n_{NYY}} \approx 9550\times\dfrac{P_{YY}}{2n_1} \end{cases} \quad (5\text{-}37)$$

比较式(5-36)和式(5-37)得

$$\begin{cases} T_{mYY}=2T_{mY} \\ s_{mYY}=s_{mY} \\ T_{stYY}=2T_{stY} \\ P_{YY}=2P_Y \\ T_{YY}=T_Y \end{cases} \quad (5\text{-}38)$$

综上,由 Y 连接改成 YY 连接时特点如下。

(1) YY 连接时电动机的最大转矩 $T_m$ 和启动转矩 $T_{st}$ 均为 Y 连接时的 2 倍,有利于电动机提高负载能力和启动能力。

(2) YY 连接时虽然临界转差率的大小不变,但因为同步转速变为 $2n_1$,所以对应最大转矩的转速是不同的,这点要特别注意。

（3）YY 连接时电动机的转速增大一倍，容许输出功率增大一倍，而容许输出转矩保持不变，所以这种连接方式的变极调速属于恒转矩调速，适用于恒转矩负载。其机械特性曲线如图 5-26（a）所示。

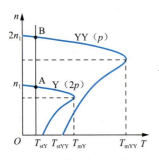
（a）Y-YY 变极调速机械特性曲线

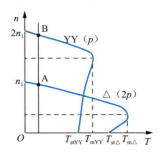
（b）△-YY 变极调速机械特性曲线

图 5-26 变极调速机械特性曲线

### 4. △-YY 变极调速的特性分析

设每半相绕组的参数为 $\dfrac{R_1}{2}$、$\dfrac{X_1}{2}$、$\dfrac{R_2'}{2}$、$\dfrac{X_2'}{2}$，△连接时，两个半相绕组正向串联，每相绕组的参数为 $R_1$、$X_1$、$R_2'$、$X_2'$，极对数为 $p$，同步转速为 $n_1$，外施电源电压为 $U_1=U_N$，绕组每半相电流为 $I_N$，线电流为 $\sqrt{3}\,I_N$，则△连接时电动机的最大转矩 $T_{m\triangle}$、临界转差率 $s_{m\triangle}$、启动转矩 $T_{st\triangle}$、输出功率 $P_\triangle$、输出转矩 $T_\triangle$ 表达式为

$$\begin{cases} T_{m\triangle} = \dfrac{3pU_N^2}{4\pi f_1\left[R_1+\sqrt{R_1^2+(X_1+X_2')^2}\right]} \\[2pt] s_{m\triangle} = \dfrac{R_2'}{\sqrt{R_1^2+(X_1+X_2')^2}} \\[2pt] T_{st\triangle} = \dfrac{3pU_N^2 R_2'}{2\pi f_1\left[(R_1+R_2')^2+(X_1+X_2')^2\right]} \\[2pt] P_\triangle = \sqrt{3}\,U_N(\sqrt{3}\,I_N)\cos\varphi_N\eta_N \\[2pt] T_\triangle = 9550\times \dfrac{P_\triangle}{n_N} \approx 9550\times \dfrac{P_\triangle}{n_1} \end{cases} \qquad (5\text{-}39)$$

由△连接改成 YY 连接时，两个半相绕组由顺向串联改为反向并联，所以 YY 连接时每相绕组的参数为 $\dfrac{R_1}{4}$、$\dfrac{X_1}{4}$、$\dfrac{R_2'}{4}$、$\dfrac{X_2'}{4}$，再考虑改接后每相绕组电压为 $U_1=\dfrac{U_N}{\sqrt{3}}$，极对数减半，转速增大一倍，若保持每半相绕组电流不变，则线电流为 $2I_N$。假定改接前后效率和功率因数近似不变，则 YY 连接时电动机的最大转矩 $T_{mYY}$、临界转差率 $s_{mYY}$、启动转矩 $T_{stYY}$、输出功率 $P_{YY}$、输出转矩 $T_{YY}$ 表达式为

$$\begin{cases} T_{mYY} = \dfrac{\dfrac{3p}{2}\left(\dfrac{U_N}{\sqrt{3}}\right)^2}{4\pi f_1\left[\dfrac{R_1}{4}+\sqrt{\left(\dfrac{R_1}{4}\right)^2+\left(\dfrac{X_1}{4}+\dfrac{X_2'}{4}\right)^2}\right]} \\[2ex] s_{mYY} = \dfrac{\dfrac{R_2'}{4}}{\sqrt{\left(\dfrac{R_1}{4}\right)^2+\left(\dfrac{X_1}{4}+\dfrac{X_2'}{4}\right)^2}} \\[2ex] T_{stYY} = \dfrac{\dfrac{3p}{2}\left(\dfrac{U_N}{\sqrt{3}}\right)^2\dfrac{R_2'}{4}}{2\pi f_1\left[\left(\dfrac{R_1}{4}+\dfrac{R_2'}{4}\right)^2+\left(\dfrac{X_1}{4}+\dfrac{X_2'}{4}\right)^2\right]} \\[2ex] P_{YY} = \sqrt{3}U_N(2I_N)\eta_N\cos\varphi_N \\[1ex] T_{YY} = 9550\times\dfrac{P_{YY}}{n_{NYY}}\approx 9550\times\dfrac{P_{YY}}{2n_1} \end{cases} \quad (5\text{-}40)$$

比较式（5-39）和式（5-40）得

$$\begin{cases} T_{mYY} = \dfrac{2}{3}T_{m\triangle} \\ s_{mYY} = s_{m\triangle} \\ T_{stYY} = \dfrac{2}{3}T_{st\triangle} \\ P_{YY} = 1.15P_{\triangle} \\ T_{YY} = 0.58T_{\triangle} \end{cases} \quad (5\text{-}41)$$

综上，由△连接改成 YY 连接时特点如下。

（1）YY 连接时电动机的最大转矩 $T_m$ 和启动转矩 $T_{st}$ 均为△连接时的 2/3，电动机的负载能力和启动能力有所降低。

（2）YY 连接时虽然临界转差率的大小不变，但因为同步转速变为 $2n_1$，所以对应最大转矩的转速是不同的，这点要特别注意。

（3）YY 连接时电动机的转速增大一倍，容许输出功率近似不变，而容许输出转矩近似减少一半，所以这种连接方式的变极调速可看成恒功率调速，适用于恒功率负载，如 T68 镗床主轴电动机采用的就是△-YY 变极调速。其机械特性曲线如图 5-26（b）所示。

5. 变极调速的性能

（1）变极调速的设备简单，体积小，质量轻，运行可靠，操作方便。

（2）变极调速是有级调速，且调速的级数不多，一般最多为四级。

（3）变极调速的转速几乎是成倍变化，平滑性较差，为了改进调速的平滑性，可采用变极调速与降压调速相结合的方法，这样既扩大了调速范围，又减小了低速损耗。

（4）变极调速在每个转速等级运转时，机械特性曲线斜率和固有机械特性曲线斜率基本一样，具有较硬的机械特性，稳定性较好，转差功率损耗基本不变，效率较高。

（5）变极调速的方向在由 Y 或 △ 连接变为 YY 连接时，是往上调，反之则是往下调。

（6）变极调速既可用于恒转矩负载，又可用于恒功率负载，所以对于不需要无级调速的生产机械（如金属切削机床、通风机、升降机等）都采用变极多速电动机拖动。

### 5.3.2 变频调速

根据异步电动机的转速公式，当转差率 $s$、极对数 $p$ 不变时，异步电动机的转速与电源频率 $f_1$ 成正比，若连续平滑地调节电源频率 $f_1$，就可以平滑地改变电动机的转速，这种方法就是变频调速。变频调速能够使异步电动机获得类似于他励直流电动机优异的调速性能。

异步电动机的额定频率称为基频，即 50Hz。变频调速时可以从基频往上调，也可以从基频往下调，这两种方式是不同的。

**1. 基频以下变频调速**

由第 4 章的分析可知，电动机正常运行时，定子漏阻抗压降很小，三相异步电动机定子每相电压 $U_1$ 近似等于 $E_1$，气隙磁通为

$$\Phi_m = \frac{E_1}{4.44 f_1 N_1 k_{N1}} \approx \frac{U_1}{4.44 f_1 N_1 k_{N1}} \tag{5-42}$$

**特别提示**

如果保持端电压 $U_1$ 不变，只降低电源频率 $f_1$，则主磁通 $\Phi_m$ 将增大，会引起电动机铁心磁路饱和，从而导致励磁电流急剧增大，铁损耗增大，$\cos\varphi$ 下降，严重时会因绕组过热而损坏电动机，这是不允许的；如果保持端电压 $U_1$ 不变，增大电源频率 $f_1$，则主磁通 $\Phi_m$ 将减小，最大转矩会降低，过载能力会下降，电动机容量得不到充分利用。

因此，在基频以下变频调速时，定子电压必须和电源频率配合控制，保持 $E_1/f_1$ 或 $U_1/f_1$ 为常数，使主磁通 $\Phi_m$ 为常数。配合控制的方式主要有两种，分别介绍如下。

（1）保持 $E_1/f_1$ 为常数。

降低电源频率 $f_1$ 时，保持 $E_1/f_1$ 为常数，则主磁通 $\Phi_m$ 不变，是恒磁通方式。此时电动机的电磁转矩为

$$T = \frac{P_M}{\Omega_1} = \frac{3{I_2'}^2 \frac{R_2'}{s}}{\frac{2\pi n_1}{60}} = \frac{3p}{2\pi f_1}\left[\frac{E_2'}{\sqrt{\left(\frac{R_2'}{s}\right)^2 + {X_2'}^2}}\right]^2 \frac{R_2'}{s}$$

$$= \frac{3pf_1}{2\pi}\left(\frac{E_1}{f_1}\right)^2 \frac{\frac{R_2'}{s}}{\left(\frac{R_2'}{s}\right)^2 + {X_2'}^2} = \frac{3pf_1}{2\pi}\left(\frac{E_1}{f_1}\right)^2 \frac{1}{\frac{R_2'}{s} + \frac{s{X_2'}^2}{R_2'}} \tag{5-43}$$

式（5-43）是变频调速时保持主磁通为常数时的机械特性表达式。

由于 $s$ 较小，因此可以近似认为 $\dfrac{R_2'}{s} \gg X_2'$，则有

$$T \approx \dfrac{3p}{2\pi}\left(\dfrac{E_1}{f_1}\right)^2 \dfrac{f_1 s}{R_2'} = K f_1 s \tag{5-44}$$

$$\Delta n = n_1 - n = s n_1 = \dfrac{T}{K f_1} \cdot \dfrac{60 f_1}{p} = \dfrac{60 T}{K p} \tag{5-45}$$

式中，$K = \dfrac{3p}{2\pi R_2'}\left(\dfrac{E_1}{f_1}\right)^2$。

对式（5-43）求导，可得

$$\begin{cases} T_m \approx \dfrac{3p}{8\pi^2(L_1+L_2')}\left(\dfrac{E_1}{f_1}\right)^2 \\[2mm] T_{st} \approx \dfrac{3p R_2'}{8\pi^3(L_1+L_2')^2}\left(\dfrac{E_1}{f_1}\right)^2 \dfrac{1}{f_1} \\[2mm] \Delta n_m = s_m n_1 \approx \dfrac{R_2'}{2\pi f_1(L_1+L_2')} \cdot \dfrac{60 f_1}{p} = \dfrac{60 R_2'}{2\pi p(L_1+L_2')} \end{cases} \tag{5-46}$$

由式（5-44）、式（5-45）、式（5-46）可以得出如下结论。

① 若转矩 $T$ 不变，即恒转矩负载情况下，转差率 $s$ 反比于电源频率 $f_1$，电源频率减小，转速下降，属于降速调速。

② 若转矩 $T$ 不变，即恒转矩负载情况下，不管电源频率 $f_1$ 如何变化，转速降 $\Delta n = n_1 - n$ 都相等。

③ 随着电源频率的降低，机械特性曲线线性段平行下移，如图 5-27（a）所示，机械特性曲线线性段硬度不变，使用该特性可以大大简化基频以下调速的计算问题。

④ 随着电源频率的降低，最大转矩 $T_m$ 不变，启动转矩 $T_{st}$ 变大，有利于电动机启动。

⑤ 随着电源频率的降低，调速范围很宽且稳定性好。由于电源频率可以连续平滑调整，因此为无级调速，平滑性好；转差率 $s$ 较小，效率较高。

⑥ 变频调速前后，电动机的电磁转矩不变，这种调速方法属于恒转矩调速方式，也属于恒磁通方式。

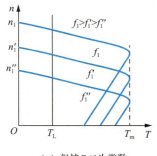

（a）保持 $E_1/f_1$ 为常数

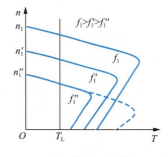

（b）保持 $U_1/f_1$ 为常数

图 5-27　基频以下变频调速机械特性曲线

**(2) 保持 $U_1/f_1$ 为常数。**

因为定子感应电动势 $E_1$ 不便于测量和控制，通常是对定子电压 $U_1$ 进行测量和控制，即保持 $U_1/f_1$ 为常数。这种控制方式是常用的一种方式，这时主磁通 $\Phi_m$ 近似保持不变，属于近似恒磁通方式，此时电动机的电磁转矩为

$$T = \frac{3p}{2\pi}\left(\frac{U_1}{f_1}\right)^2 \frac{\frac{R_2'}{s}f_1}{\left(R_1 + \frac{R_2'}{s}\right)^2 + (X_1 + X_2')^2} \tag{5-47}$$

式（5-47）是在基频以下保持 $U_1/f_1$ 为常数时的机械特性表达式。

对式（5-47）求导，可得

$$\begin{cases} T_m = \frac{3p}{4\pi}\left(\frac{U_1}{f_1}\right)^2 \frac{f_1}{R_1 + \sqrt{R_1^2 + (X_1 + X_2')^2}} \\ s_m = \frac{R_2'}{\sqrt{R_1^2 + (X_1 + X_2')^2}} \end{cases} \tag{5-48}$$

由式（5-48）可以得出如下结论。

① 此时 $T_m$ 不再是常数，它随着 $f_1$ 的下降而降低。在 $f_1$ 较高时，即接近额定频率时，因为 $R_1 \ll (X_1 + X_2')$，随着 $f_1$ 的降低，$T_m$ 减少得不多；当在 $f_1$ 较低时，$(X_1 + X_2')$ 较小，$R_1$ 相对变大，随着 $f_1$ 的降低，$T_m$ 明显减小。

② 和 $E_1/f_1$ 为常数方式一样，若电磁转矩 $T$ 不变，即恒转矩负载情况下，转差率 $s$ 反比于电源频率 $f_1$，电源频率减小，转速下降；转速降 $\Delta n = n_1 - n$ 都相等；机械特性曲线线性段平行下移，机械特性曲线硬度不变，如图 5-27（b）所示。

③ 保持 $U_1/f_1$ 为常数的变频调速时，过载能力随电源频率的下降而降低，特别是在低频运行时，有可能无法拖动负载。这时，为了保证电动机在低速时有足够大的最大转矩，增强电动机的负载能力，在低频时可以人为地把定子电压抬高一些，以补偿定子阻抗压降，称为低频电压补偿，如图 5-27（b）中虚线所示。

④ 该方式属于近似恒磁通方式，也是恒转矩调速方式。

### 想一想

保持 $U_1/f_1$ 为常数的变频调速，为什么会出现低频低压时，启动转矩和最大转矩变小的现象？如何确保低频时启动转矩足够大？

**2. 基频以上变频调速**

在基频以上变频调速时，频率从 $f_N$ 往上增高，如果要保持主磁通 $\Phi_m$ 不变，定子电压将大于额定电压，这是不允许的。因此只能保持 $U_1 = U_N$ 不变，这样，随着频率的升高，主磁通 $\Phi_m$ 必定减小，这是降低磁通升速的调速方法，相当于他励直流电动机弱磁升速的调速方法。

当 $f_1$ 大于 50Hz 升频时，$(X_1+X_2')$ 随之增大，此时 $R_1 \ll (X_1+X_2')$ 可忽略。从机械特性的一般表达式可求出最大转矩、临界转差率和转速降为

$$\begin{cases} T_\mathrm{m} \approx \dfrac{3pU_\mathrm{N}^2}{4\pi f_1} \cdot \dfrac{1}{2\pi f_1(L_1+L_2')} \propto \dfrac{1}{f_1^2} \\ s_\mathrm{m} \approx \dfrac{R_2'}{2\pi f_1(L_1+L_2')} \propto \dfrac{1}{f_1} \\ \Delta n_\mathrm{m} = s_\mathrm{m} n_1 \approx \dfrac{R_2'}{2\pi f_1(L_1+L_2')} \cdot \dfrac{60f_1}{p} = \dfrac{60R_2'}{2\pi p(L_1+L_2')} \end{cases} \quad (5\text{-}49)$$

由式（5-49）可以得出如下结论。

（1）当 $U_1=U_\mathrm{N}$ 不变，$f_1$ 大于额定频率时，$T_\mathrm{m}$ 将随 $f_1^2$ 的增大而减小。

（2）随着电源频率的增大，$\Delta n_\mathrm{m}$ 保持不变，机械特性曲线线性段平行上移，如图 5-28 所示。

（3）运行时，若 $U_1=U_\mathrm{N}$ 不变，$s$ 变化很小，输出功率近似不变，该调速方法属于恒功率调速方式。

把基频以下调速和基频以上调速两种情况结合起来，可以得到如图 5-29 所示的异步电动机变频调速控制特性曲线，其中曲线 1 为不带定子电压补偿时的控制特性曲线，曲线 2 为带定子电压补偿时的控制特性曲线。如果电动机在不同转速下都具有额定电流，则电动机都能在温升条件允许下长期运行，这时的电磁转矩基本上随主磁通的变化而变化，即在基频以下属于恒转矩调速，而在基频以上属于恒功率调速。

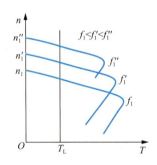

图 5-28 基频以上变频调速机械特性曲线

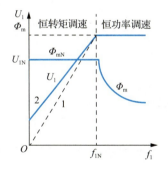

图 5-29 异步电动机变频调速控制特性曲线

### 3. 变频调速的性能

（1）变频调速具有优异的性能：其机械特性较硬，调速范围大，$f_1$ 可连续调节，平滑性好，可实现无级调速，转速稳定性好，运行时转差率小、效率高。

（2）基频以下调速为恒转矩调速方式，电动机降速；基频以上调速为恒功率调速方式，电动机升速。

（3）对于鼠笼式异步电动机，都是从基频向下调，一般不采用基频以上调速方式。

（4）实现变频调速的关键是如何获得一个可连续平滑调节的变频电源，目前在变频调速系统中广泛使用变频器作为电动机的变频电源。它利用大功率电力电子器件，通过整流环节将 50Hz 的工频交流电整流成直流，然后经过逆变环节转换成频率、电压均可调节的

交流电输出给异步电动机,这种系统称为交-直-交变频系统。也可以将50Hz的工频交流电直接经变频器转换成变频电源,这种系统称为交-交变频系统。变频器随着电力电子技术的发展向着简单可靠、性能优异、价格便宜、操作方便等方向发展。

(5)变频器调速同时可以应用于电动机的启动、调速和制动的全过程。

(6)变频调速时,无论是基频以下调速,还是基频以上调速,机械特性曲线线性段只是进行了平移,如果只从几何角度观察机械特性曲线,总会出现全等或相似三角形,这个特性对于变频调速的计算是十分有帮助的,具体见例5-6。

【例5-6】一台三相四极鼠笼式异步电动机,其额定数据为:$P_N=11kW$,$n_N=1455r/min$,$U_N=380V$,$f_N=50Hz$,$\lambda_m=2$,现采用变频调速带动 $T_L=0.8T_N$ 的恒转矩负载运行在 $n'=1000r/min$,已知变频调速电源电压和频率的关系为 $U_1/f_1=$常数。试求此时的电压 $U_1'$ 和频率 $f_1'$。

解:方法一如下。

额定转差率为

$$s_N = \frac{n_1 - n_N}{n_1} = \frac{1500-1455}{1500} = 0.03$$

临界转差率为

$$s_m = s_N(\lambda_m + \sqrt{\lambda_m^2 - 1}) = 0.03 \times (2 + \sqrt{2^2-1}) \approx 0.112$$

当 $T_L = 0.8T_N$ 时,在固有机械特性上运行点的转差率和转速分别为

$$s = s_m \left[\frac{\lambda_m T_N}{0.8T_N} - \sqrt{\left(\frac{\lambda_m T_N}{0.8T_N}\right)^2 - 1}\right] = 0.112 \times \left[\frac{2}{0.8} - \sqrt{\left(\frac{2}{0.8}\right)^2 - 1}\right] \approx 0.024$$

$$n = (1-s)n_1 = (1-0.024) \times 1500 = 1464r/min$$

转速降为

$$\Delta n = n_1 - n = 1500 - 1464 = 36r/min$$

变频调速后机械特性曲线对应的同步转速为

$$n_1' = n' + \Delta n = 1000 + 36 = 1036r/min$$

根据频率与同步转速正比的关系,即

$$\frac{f_1'}{f_N} = \frac{n_1'}{n_1}$$

可得频率下降为

$$f_1' = f_N \cdot \frac{n_1'}{n_1} = 50 \times \frac{1036}{1500} \approx 34.5Hz$$

恒转矩负载变频调速时,保持电压与频率之比为常数,即

$$\frac{U_1'}{U_N} = \frac{f_1'}{f_N}$$

可得电压下降为

$$U_1' = U_N \cdot \frac{f_1'}{f_N} = 380 \times \frac{34.5}{50} = 262.2\text{V}$$

方法二如下。

变频调速机械特性曲线如图 5-30 所示，抛开物理特性，只从几何角度观察机械特性曲线，发现 $\Delta n_1 A n_N$ 与 $\Delta n_1' B n'$ 为相似三角形，利用相似三角形有关定理得出

$$\frac{n_1 - n_N}{n_1' - n'} = \frac{T_N}{0.8 T_N}$$

变频调速后机械特性曲线对应的同步转速为

$$n_1' = (n_1 - n_N)\frac{0.8 T_N}{T_N} + n' = (1500 - 1455) \times 0.8 + 1000 = 1036\text{r/min}$$

根据频率与同步转速正比的关系，即

$$\frac{f_1'}{f_N} = \frac{n_1'}{n_1}$$

可得频率下降为

$$f_1' = f_N \cdot \frac{n_1'}{n_1} = 50 \times \frac{1036}{1500} \approx 34.5\text{Hz}$$

恒转矩负载变频调速时，保持电压与频率之比为常数，即

$$\frac{U_1'}{U_N} = \frac{f_1'}{f_N}$$

可得电压下降为

$$U_1' = U_N \cdot \frac{f_1'}{f_N} = 380 \times \frac{34.5}{50} = 262.2\text{V}$$

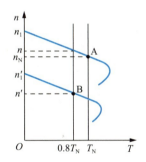

图 5-30 变频调速机械特性曲线

对比方法一和方法二，可以看出利用机械特性曲线的几何特性计算此类问题是十分方便的。

### 5.3.3 变转差率调速

异步电动机变转差率调速方法很多，主要有绕线式异步电动机转子回路串电阻调速、异步电动机定子调压调速及绕线式异步电动机转子串级调速三种。变转差率调速的特点是同步转速不变，转差率增大，产生的转差功率也增大。除串级调速外，这些功率都消耗在转子回路的电阻上，使转子发热，效率降低，调速经济性较差。

**1. 绕线式异步电动机转子回路串电阻调速**

**（1）调速的原理。**

绕线式异步电动机转子回路串电阻调速的接线图和机械特性曲线如图 5-31 所示。以电动机拖动恒转矩负载 $T_L=T_N$ 为例，当接触器 $KM_2$ 闭合时，切除所有外串电阻，电动机运行在曲线 1（固有机械特性曲线）的 A 点，转速最高；当接触器 $KM_2$ 断开，$KM_3$ 闭合时，转子串入电阻 $R_{st1}$，电动机运行在曲线 2 的 B 点，转速降低；当接触器 $KM_2$、$KM_3$ 断开，

KM$_4$闭合时，转子串入电阻 $R_{st1}$ 和 $R_{st2}$，电动机运行在曲线 3 的 C 点，转速更低；当接触器 KM$_2$、KM$_3$、KM$_4$ 全部断开时，转子串入电阻 $R_{st1}$、$R_{st2}$ 和 $R_{st3}$，电动机运行在曲线 4 的 D 点，转速最低。可见，转子回路所串电阻越大，转速越低。

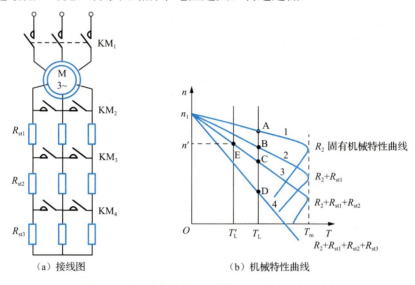

（a）接线图　　　　　（b）机械特性曲线

图 5-31　绕线式异步电动机转子回路串电阻调速

从机械特性曲线可以看出，转子回路串电阻时，$n_1$、$T_m$ 不变，但 $s_m$ 增大，机械特性曲线斜率增大，机械特性变软。当负载转矩一定时，运行点的转差率随转子回路所串电阻的增大而增大，电动机的转速随转子回路所串电阻的增大而减小。

调速前后，$U_1$ 和 $f_1$ 不变，故主磁通 $\Phi_m$ 为常数。如果保持调速时 $I_2=I_{2N}$，则调速前，转子回路电流为

$$I_{2N} = \frac{s_N E_2}{\sqrt{R_2^2 + (s_N X_2)^2}} = \frac{E_2}{\sqrt{\left(\dfrac{R_2}{s_N}\right)^2 + X_2^2}} \tag{5-50}$$

调速后，转子回路串入电阻 $R_{st}$，转子回路电流为

$$I_2 = I_{2N} = \frac{s E_2}{\sqrt{(R_2+R_{st})^2 + (s X_2)^2}} = \frac{E_2}{\sqrt{\left(\dfrac{R_2+R_{st}}{s}\right)^2 + X_2^2}} \tag{5-51}$$

比较式（5-50）和式（5-51）可知

$$\frac{R_2}{s_N} = \frac{R_2+R_{st}}{s} = 常数$$

调速前，功率因数为

$$\cos\varphi_2 = \frac{R_2}{\sqrt{R_2^2 + (s_N X_2)^2}} = \frac{\dfrac{R_2}{s_N}}{\sqrt{\left(\dfrac{R_2}{s_N}\right)^2 + X_2^2}} \tag{5-52}$$

调速后，功率因数为

$$\cos\varphi_2' = \frac{R_2+R_{st}}{\sqrt{(R_2+R_{st})^2+(sX_2)^2}} = \frac{\dfrac{R_2+R_{st}}{s}}{\sqrt{\left(\dfrac{R_2+R_{st}}{s}\right)^2+X_2^2}} \quad (5\text{-}53)$$

比较式（5-52）和式（5-53）可知，调速前后功率因数不变，$T = C_m'\Phi_m I_2'\cos\varphi_2'$ 为常数，故转子回路串电阻调速为恒转矩调速方式。

如果调速前后电动机所带负载不同，计算所串电阻值，可用下述方法。

假设调速前电动机带恒转矩负载 $T_L=T_N$，运行在固有机械特性曲线的 A 点，现在进行转子回路串电阻调速，电动机带恒转矩负载为 $T_L' < T_N$，运行在曲线 3 的 E 点，那么根据简化实用表达式，调速前后有

$$\begin{cases} T_N = \dfrac{2T_m}{s_m}s_N = \dfrac{2T_m}{s_m} \cdot \dfrac{n_1-n_N}{n_1} = \dfrac{2T_m}{s_m} \cdot \dfrac{\Delta n_N}{n_1} \\ T_L' = \dfrac{2T_m}{s_m'}s' = \dfrac{2T_m}{s_m'} \cdot \dfrac{n_1-n'}{n_1} = \dfrac{2T_m}{s_m'} \cdot \dfrac{\Delta n'}{n_1} \end{cases} \quad (5\text{-}54)$$

因为转子回路串电阻调速时 $n_1$、$T_m$ 不变，又由于 $s_m$ 正比于转子电阻，则由式（5-54）可以得到

$$\dfrac{\dfrac{n_1-n'}{T_L'}}{\dfrac{n_1-n_N}{T_N}} = \dfrac{s_m'}{s_m} = \dfrac{R_2+R_{st}}{R_2} \quad (5\text{-}55)$$

抛开物理特性，式（5-55）表示图 5-31 中 $\Delta n_1 A n_N$ 与 $\Delta n_1 E n'$ 的斜率之比等于电阻之比，这对于转子回路串电阻调速的计算是很实用的。可求得转子每相串入的电阻为

$$R_{st} = \left(\dfrac{s_m'}{s_m}-1\right)R_2$$

假如调速前后所带负载相同，即 $T_L' = T_N$，则式（5-55）可改写为

$$\dfrac{n_1-n'}{n_1-n_N} = \dfrac{R_2+R_{st}}{R_2} \quad (5\text{-}56)$$

式（5-56）使用更加方便，具体详见例 5-7。

（2）绕线式异步电动机转子回路串电阻调速的性能。

① 调速方法简单，设备初始投资不大，易于实现。

② 调速方法为分段多级调速，是有级调速，调速的平滑性较差。

③ 低速时转差率较大，造成转差功率增大，运行效率降低，经济性差。

④ 机械特性变软，低速时静差率较大，调速范围不够大。

⑤ 转子回路所串电阻可兼做启动电阻和制动电阻使用。

⑥ 串电阻调速为恒转矩调速。

这种调速方法多应用在诸如桥式起重机、通风机、轧钢辅助机械这类对调速性能要求不高且断续工作的恒转矩生产机械上。

在三相绕线式异步电动机转子回路中串入电抗能否改变转速？这时的机械特性与转子回路串电阻有何不同？

【例 5-7】一台三相绕线式异步电动机，其额定数据为：$P_N$=22kW，$n_N$=1450r/min，$I_N$=40A，$E_{2N}$=355V，$I_{2N}$=40A，$\lambda_m$=2。如果采用转子回路串电阻调速，拖动 $T_L=T_N$ 的恒转矩负载，要使 $n'=1000\,\text{r/min}$，则每相应串入电阻 $R_{st}$ 为多少？

解：方法一如下。

额定转差率为

$$s_N = \frac{n_1 - n_N}{n_1} = \frac{1500 - 1450}{1500} \approx 0.033$$

转子每相电阻为

$$R_2 = \frac{s_N E_{2N}}{\sqrt{3} I_{2N}} = \frac{0.033 \times 355}{\sqrt{3} \times 40} \approx 0.169\,\Omega$$

采用转子回路串电阻调速，使转速 $n'=1000\,\text{r/min}$ 时的转差率为

$$s = \frac{n_1 - n'}{n_1} = \frac{1500 - 1000}{1500} \approx 0.33$$

因为调速前后 $T_L=T_N$ 不变，有

$$\frac{R_2}{s_N} = \frac{R_2 + R_{st}}{s}$$

可得转子回路应串电阻为

$$R_{st} = \left(\frac{s}{s_N} - 1\right) R_2 = \left(\frac{0.33}{0.033} - 1\right) \times 0.169 = 1.521\,\Omega$$

方法二如下。

转子每相电阻为

$$R_2 = \frac{s_N E_{2N}}{\sqrt{3} I_{2N}} = \frac{0.033 \times 355}{\sqrt{3} \times 40} \approx 0.169\,\Omega$$

转子回路串电阻调速的机械特性曲线如图 5-32 所示，直接代入式（5-56）有

$$\frac{n_1 - n'}{n_1 - n_N} = \frac{R_2 + R_{st}}{R_2}$$

$$R_{st} = \left(\frac{n_1 - n'}{n_1 - n_N}\right) R_2 - R_2 = \left(\frac{1500 - 1000}{1500 - 1450}\right) \times 0.169 - 0.169 = 1.521\,\Omega$$

对比方法一和方法二可知，在机械特性曲线线性段使用推论公式（5-56）计算此类问题是十分方便的。

## 2. 异步电动机定子调压调速

**(1) 调速的原理。**

异步电动机定子调压调速的机械特性曲线如图 5-33 所示，其重要特点如下：

① 当定子电压 $U_1$ 降低时，电动机的同步转速 $n_1$ 和临界转差率 $s_m$ 均不变，但电动机的最大转矩 $T_m$ 和启动转矩 $T_{st}$ 均与定子电压的平方成正比，故会有较大幅度的下降，对于起重设备采用该调速方式时，要特别注意防止意外发生。

② 若电动机拖动恒转矩负载，电动机只能在机械特性曲线的线性段（$0<s<s_m$）稳定运行，随着定子电压的降低，其稳定工作点分别为 A、B、C 点，可实现降速，但是转速变化范围很小，调速范围很窄。

③ 若电动机拖动通风机负载，电动机在全段机械特性曲线上都能稳定运行，随着定子电压的降低，其稳定工作点分别为 $A_1$、$B_1$、$C_1$ 点，所以降低定子电压可以获得较低的稳定运行速度，调速范围较大。

由图 5-33 可见，当定子电压降低时，稳定运行的转速将降低，电动机工作点下移，实现了转速的调节。

异步电动机定子调压调速通常应用在专门设计的具有较大转子电阻的高转差率异步电动机上，这种电动机的机械特性曲线如图 5-34 所示。由图 5-34 可见，即使是电动机带恒转矩负载，改变电压也能获得较宽的调速范围。但是，这种电动机在低速时的机械特性太软，其静差率和运行稳定性往往不能满足生产工艺的要求。

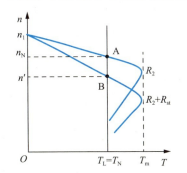

图 5-32 转子回路串电阻调速的机械特性曲线

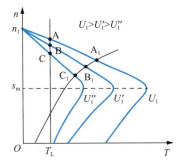

图 5-33 异步电动机定子调压调速的机械特性曲线

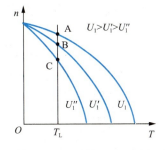

图 5-34 高转差率异步电动机改变定子电压时的机械特性曲线

**(2) 实现方法。**

现代的调压调速系统通常采用速度负反馈的闭环控制。如图 5-35 所示，主电路有六只晶闸管，每两只反并联组成三相交流调压器。控制方式为：直流测速发电机 TG 检测到与电动机转速成正比的电压信号，经速度反馈装置 SF 转换为电压反馈信号 $U_{fn}$，与给定电压 $U_{gn}$ 相比（即负反馈），得到转速偏差信号 $\Delta U_n$，该信号通过转速调节器 ASR 去控制触发装置 CF，来调节晶闸管的控制角 $\alpha$，改变电动机定子电压，从而控制转速。若要升速，只要增大给定电压 $U_{gn}$，$\Delta U_n$ 就会增大，使得晶闸管的控制角 $\alpha$ 减小，调节器输出电压升高，电动机转速上升；反之，若要降速，只要减小给定电压 $U_{gn}$ 即可。由此可见，只要改变晶闸管的触发角 $\alpha$ 的大小，就可以改变电动机定子电压的大小，从而达到调速的目的。采用转速负反馈的闭环控制系统，调压调速过程简便灵活，可提高低速时机械特性的硬度，在满足一定静差率的条件下,既能获得较宽的调速范围,又能保证电动机具有一定的过载能力。

对应于不同的转速给定值,机械特性曲线如图 5-36 所示。当电网电压或负载转矩出现波动时,转速不会因扰动而出现大的波动。例如,电动机外接电源电压 $U_1$、带恒转矩负载 $T_{L1}$ 时稳定运行于图 5-36 中的 A 点,当负载转矩由 $T_{L1}$ 变为 $T_{L2}$ 时,若系统为开环控制系统,电动机的转速 $n$ 必然会沿与 $U_1$ 对应的机械特性曲线 1 下降到 B 点,转速下降过大,系统稳定性差;若系统为闭环控制,负载突增,只要转速 $n$ 下降,转速负反馈信号电压 $U_{fn}$ 也下降,而 $U_{gn}$ 不变,转速差信号 $\Delta U_n$ 变大,调压器的控制角减小,输出电压从 $U_1$ 上升到 $U_2$,电动机的转速沿机械特性曲线 2 右移至 C 点,转速下降较小,系统稳定性好,达到了稳定转速的目的。

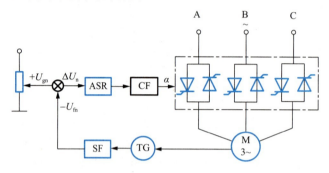

图 5-35 速度负反馈的调压调速系统  图 5-36 闭环系统的机械特性曲线

(3) 异步电动机定子调压调速的性能。

① 该调速方法虽然比较简单,但是需要专用的可以调压的电源,初始投资较大,运行时的效率和功率因数较低。

② 对于一般的鼠笼式异步电动机,拖动恒转矩负载时,其调速范围较小,实用价值不大;若拖动风机泵类负载,调压调速有较好调速效果,但在低速运行时,由于转差率增大,消耗在转子回路上的转差功率增大,电动机发热严重。

③ 调速的平滑性较好,可实现无级调速。

④ 低速时,机械特性较软,其静差率和调速范围达不到生产工艺的要求。

⑤ 调压调速既非恒转矩调速,也非恒功率调速,它最适用于转矩随转速降低而减小的负载(如通风机负载),也可用于恒转矩负载,最不适用于恒功率负载。

**3. 绕线式异步电动机转子串级调速**

(1) 调速的原理。

在负载转矩 $T_L$ 不变的条件下,异步电动机的电磁功率 $P_M = T_L \Omega_1$ 是不变的,而转子铜损耗 $P_{Cu2} = sP_M$ 与 $s$ 成正比,所以转子回路串电阻调速时,转速调得越低,$s$ 越大,转差功率(即转子铜损耗 $P_{Cu2}$)越大,并且这部分转差功率全部消耗到转子电阻上,变为热能耗散掉了,输出功率越小,效率就越低,故绕线式异步电动机转子回路串电阻调速很不经济。为了克服这个缺点,将消耗在外串电阻上的转差功率利用起来,提出了绕线式异步电动机转子串级调速方法。

绕线式异步电动机转子串级调速,就是在转子回路中不串电阻,而是串一个与转子电动势 $\dot{E}_{2s}$ 同频率的附加电动势 $\dot{E}_{add}$,通过改变 $\dot{E}_{add}$ 幅值大小和相位实现调速,如图 5-37(a)、

(b) 所示。电动机在低速运行时，转子中的转差功率 $P_{Cu2}=sP_M$ 只有很小部分被转子绕组本身电阻所消耗，其余大部分被附加电动势 $\dot E_{add}$ 所吸收，如果产生 $\dot E_{add}$ 的装置可以把这部分转差功率回馈到电网，这样电动机在低速运行时仍具有较高的效率。这种在绕线式异步电动机转子回路串附加电动势的调速方法称为串级调速。

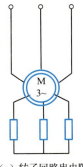 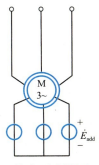 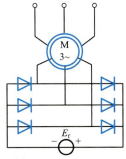

（a）转子回路串电阻　　　（b）转子回路串附加电动势　　　（c）转子回路串直流电动势

图 5-37　绕线式异步电动机转子串级调速

绕线式异步电动机转子串级调速的基本原理分析如下。

已知电动机转子未串 $\dot E_{add}$ 时，转子回路电流为

$$I_2 = \frac{sE_2}{\sqrt{R_2^2 + (sX_2)^2}}$$

转子串入的附加电动势 $\dot E_{add}$ 既可以与 $\dot E_{2s} = s\dot E_2$ 同相位，也可以与 $\dot E_{2s} = s\dot E_2$ 反相位。因此 $\dot E_{add}$ 串入后，转子回路电流为

$$I_2 = \frac{sE_2 \pm E_{add}}{\sqrt{R_2^2 + (sX_2)^2}} = \frac{E_2 \pm \dfrac{E_{add}}{s}}{\sqrt{\left(\dfrac{R_2}{s}\right)^2 + X_2^2}} \tag{5-57}$$

式（5-57）中，"+"表示 $\dot E_{add}$ 与 $\dot E_{2s} = s\dot E_2$ 同相，"-"表示 $\dot E_{add}$ 与 $\dot E_{2s} = s\dot E_2$ 反相。所以当改变附加电动势 $\dot E_{add}$ 的大小时，即可改变转子回路电流大小和电磁转矩大小，从而达到调速的目的。

① 当 $\dot E_{add}$ 与 $\dot E_{2s}$ 反相时，串入 $-\dot E_{add}$ 的瞬间 $\rightarrow I_2\downarrow \rightarrow T\downarrow \rightarrow n\downarrow \rightarrow s\uparrow \rightarrow sE_2\uparrow \rightarrow I_2\uparrow \rightarrow T\uparrow$，直到 $T=T_L$，转速下降至稳定运行状态。电动机转速低于同步转速，该串级调速称为次同步串级调速（低同步串级调速）。

定子传递到转子的电磁功率 $P_M$，一部分变成总机械功率 $P_m=(1-s)P_M$，另一部分变成转差功率 $sP_M$。和转子回路串电阻调速不同，转子串级调速时转差功率一部分消耗在转子电阻上，另一部分由提供 $\dot E_{add}$ 的装置通过变流器等重新将电能回馈到电网，提高了调速系统的效率。提供 $\dot E_{add}$ 的装置一般为有源逆变器，具体实现方法可参考电力电子技术的相关资料。

② 当 $\dot E_{add}$ 与 $\dot E_{2s}$ 同相时，串入 $\dot E_{add}$ 的瞬间 $\rightarrow I_2\uparrow \rightarrow T\uparrow \rightarrow n\uparrow \rightarrow s\downarrow \rightarrow sE_2\downarrow \rightarrow I_2\downarrow \rightarrow T\downarrow$，直到 $T=T_L$，转速上升至稳定运行状态。随着 $E_{add}$ 值的增大，转速 $n$ 上升，当 $E_{add}$ 增大到一定值

时，$n=n_1$，$s=0$；再继续增大 $E_{add}$ 值，$n>n_1$，$s<0$，电动机转速高于同步转速，该串级调速称为超同步串级调速（高同步串级调速）。

这时不仅电源要向定子电路输入电能，提供 $\dot{E}_{add}$ 的装置也同时向转子电路输入电能，因此超同步串级调速又称电动机的双馈运行。若要求系统能实现双馈运行方式，提供 $\dot{E}_{add}$ 的装置不再是有源逆变器，而要采用变频调速系统那样的交-直-交变频器。

串级调速时的机械特性曲线（推导略）如图 5-38 所示。由图 5-38 可见，当 $\dot{E}_{add}$ 与 $\dot{E}_{2s}$ 同相时，机械特性曲线基本上是向右上方移动；当 $\dot{E}_{add}$ 与 $\dot{E}_{2s}$ 反相时，机械特性曲线基本上是向左下方移动。因此，机械特性的硬度基本不变，但低速时的最大转矩和过载能力降低，启动转矩也减小。

（2）实现方法。

在实际生产中，因为要求串入的附加电动势 $\dot{E}_{add}$ 的频率与转子电流频率 $f_2$ 相同，而 $f_2$ 是随转速变化的，故 $\dot{E}_{add}$ 的频率跟随转子电流频率 $f_2$ 变化是比较困难的。为了避免这样的麻烦，通常采用晶闸管串级调速系统，即先用变流器将 $\dot{E}_{2s}$ 整流成直流，再串入直流电动势 $E_f$，如图 5-37（c）所示，这样就解决了频率问题。同时，逆变器的交流侧通过变压器 TP 接入电网，直流侧接入转子整流回路，只要平滑地改变逆变器的逆变角 $\beta$，就可以连续改变逆变器输出电压 $U_\beta$，也就是改变直流电动势 $E_f$ 的大小，从而实现连续平滑调速，同时逆变器将直流电能逆变为交流电能回馈电网，有效地提高了系统效率，如图 5-39 所示。

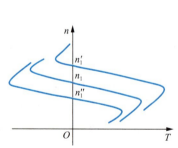

图 5-38　电动机的串级调速机械特性曲线

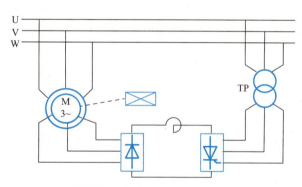

图 5-39　晶闸管串级调速系统

（3）绕线式异步电动机转子串级调速的性能。

① 控制设备较复杂，初始投资较大，但运行效率高，运行费用不大。

② 机械特性较硬，系统稳定性较好。

③ 调速平滑性较好，可实现无级调速。

④ 低速时，转差功率较大，功率因数较大，过载能力较弱。

⑤ 调速方向既可以向上调，也可以向下调。

⑥ 串级调速为恒转矩调速。

综上，串级调速适用于调速范围不太大（一般为 2～4）、高电压、大容量的通风机和提升机等负载。

第5章 三相异步电动机的电力拖动

想一想

串级和串电阻都是调节电动机转子回路参数，但是串级调速性能较好，调速特性较硬，这是为什么？

本节介绍了一般电动机的各种调速方法，其特点汇总于表 5-2 中。

表 5-2 一般电动机调速方法的特点汇总

| 调速方法 | 调速特点 |
| --- | --- |
| Y-YY 变极调速 | 恒转矩调速方式 |
| △-YY 变极调速 | 恒功率调速方式 |
| 保持 $E_1/f_1$ 为常数的基频以下变频调速 | 恒转矩调速方式 |
| 保持 $U_1/f_1$ 为常数的基频以下变频调速 | 近似恒磁通方式<br>恒转矩调速方式 |
| 基频以上变频调速 | 恒功率调速方式 |
| 绕线式电动机的转子串电阻调速 | 恒转矩调速方式 |
| 调压调速 | 既非恒转矩调速，也非恒功率调速，可用于恒转矩负载 |
| 串级调速 | 恒转矩调速方式 |

## 5.4 三相异步电动机的制动

三相异步电动机除了运行于电动状态外，还常运行于制动状态：电动机运行于电动状态时，电动机从电网吸收电能并转换成机械能从轴上输出，其机械特性位于第Ⅰ象限（$T>0$，$n>0$）或第Ⅲ象限（$T<0$，$n<0$），$T$ 与 $n$ 同方向，$T$ 是驱动转矩；电动机运行于制动状态时，电动机从轴上吸收机械能并转换成电能，该电能或消耗在电动机内部，或反馈回电网，其机械特性位于第Ⅱ象限（$T<0$，$n>0$）或第Ⅳ象限（$T>0$，$n<0$），总之 $T$ 与 $n$ 反方向，$T$ 是制动转矩。

异步电动机制动的目的如下。
① 使电力拖动系统快速停车或减速。
② 限制位能性负载的下放速度。

异步电动机制动的方法有能耗制动、反接制动和回馈制动三种。本节主要分析和讨论各种制动的实现方法、机械特性和制动过程，并总结三相异步电动机的各种运行状态。

### 5.4.1 能耗制动

**1. 实现方法**

异步电动机的能耗制动接线图如图 5-40（a）所示。制动时，接触器 KM$_1$ 断开，切断电动机的三相交流电源，同时接触器 KM$_2$ 闭合，在定子绕组中通入直流电流（称为直流励磁电流），于是定子绕组便产生一个恒定不变的磁场。在三相交流电源切断瞬间，电动机转子因机械惯性继续按原方向旋转并切割该恒定磁场，转子导体中便产生感应电动势及感应电流，方向如图 5-40（b）所示。可以判定，转子感应电流与恒定磁场作用产生的电磁转矩 $T$ 与 $n$ 反方向，是制动转矩，电动机处于制动状态，因此转速迅速下降，当转速下降至零时，转子与磁场相对静止，转子感应电动势和感应电流均为零，电磁转矩 $T$ 与 $n$ 也均为零，电动机自然停车，制动过程结束。

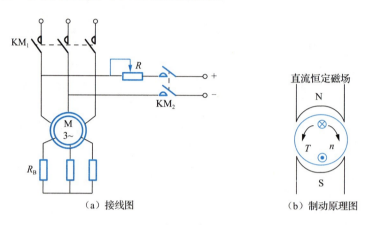

图 5-40 异步电动机的能耗制动

上述制动停车过程中，系统原来储存的动能消耗在转子回路的电阻上，与他励直流电动机的能耗制动过程相似，故称能耗制动。图 5-40（a）中的 $R$ 用于调节直流励磁电流。

异步电动机能耗制动机械特性表达式的推导比较复杂，其曲线形状与接到交流电网上正常运行时的机械特性曲线大致相似，只是它要通过坐标原点，如图 5-41 所示。（本章不加证明地给出，推导分析过程可参考相关资料。）

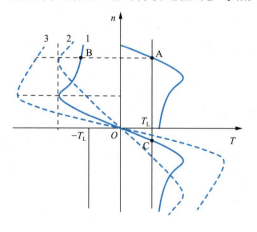

图 5-41 异步电动机能耗制动机械特性曲线

图 5-41 中曲线 1、2、3 的定性分析如下。

（1）曲线 1 和曲线 2 具有相同的直流励磁电流，但曲线 2 比曲线 1 具有较大的转子电阻，曲线斜率更陡，而最大转矩不变，但出现最大转矩的转速升高，制动初期制动转矩更大，制动效果更好。

（2）曲线 1 和曲线 3 具有相同的转子电阻，但曲线 3 比曲线 1 具有较大的直流励磁电流，即最大转矩增加，但出现最大转矩的转速不变。同样，制动初期制动转矩更大，制动效果更好。

（3）转子电阻较小时（曲线 1），初始制动转矩比较小。对于绕线式异步电动机，可以采用转子串电阻的方法来增大初始制动转矩（曲线 2）。对于鼠笼式异步电动机，可以采用增大直流励磁电流的方法增大初始制动转矩（曲线 3）。

## 2. 制动过程

**（1）拖动反抗性恒转矩负载时。**

设电动机拖动反抗性恒转矩负载原来工作在固有机械特性曲线 1 上的 A 点（图 5-42），此时 $T=T_L>0$，$n>0$，电动机处于正向电动状态。能耗制动瞬间，接触器瞬间动作，电动机的机械特性曲线也瞬间发生了变化，但是电动机的转速不能发生突变，故工作点从固有机械特性曲线 1 上的 A 点突变到能耗制动机械特性曲线 2 上的 B 点。

在 B 点，$n>0$，电磁转矩 $T_B<0$ 为制动转矩，负载转矩也为制动转矩，故电动机在总制动转矩 $T_B+T_L$ 的作用下开始减速，工作点沿曲线 2 下降。故整个制动过程电动机处于正向减速过程，直到原点。

到达原点后，$n=0$，电磁转矩 $T=0$，系统停车，制动过程结束。

异步电动机拖动反抗性恒转矩负载时，能耗制动过程的工作点是从 A→B→O。图 5-42 中曲线 2 上的 BO 段是能耗制动过程，此过程又称能耗制动停车。

**（2）拖动位能性恒转矩负载时。**

设电动机拖动位能性恒转矩负载原来工作在固有机械特性曲线 1 上的 A 点（图 5-43），匀速向上提升重物。能耗制动瞬间，转速不能发生突变，故工作点从固有机械特性曲线 1 上的 A 点突变到能耗制动机械特性曲线 2 上的 B 点，并迅速下移到原点。

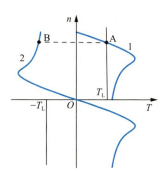

图 5-42 拖动反抗性恒转矩负载能耗制动机械特性曲线

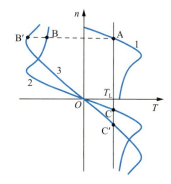

图 5-43 拖动位能性恒转矩负载能耗制动机械特性曲线

到达原点后，$n=0$，电磁转矩 $T=0$，由负载特性可知负载转矩 $T_L>0$，电动机在重力的作用下反向启动，即重物拖动电动机反转，开始下放重物。在机械特性曲线上的表现是电动机沿曲线 2 继续下移，进入第Ⅳ象限。

在第Ⅳ象限，$n<0$、电磁转矩 $T>0$ 为制动转矩，但 $|T|<|T_L|$，故电动机开始反向加速，工作点沿曲线 2 继续下降。同时，在下降的过程中电磁转矩不断增大，直到 C 点。

到达 C 点后，$n<0$，电动机电磁转矩与负载转矩大小相等，即 $|T|=|T_L|$，达到新的平衡条件，电动机重新稳定运行，以 $n=n_C$ 稳速下放重物。

异步电动机拖动位能性恒转矩负载时，能耗制动过程的工作点是从 A→B→O→C。图 5-43 中曲线 2 上的 BO 段是能耗制动过程。

如果能耗制动时,增大转子回路所串电阻值,则最终运行点由曲线 2 上的 C 点变成曲线 3 上的 C′点,即异步电动机拖动位能性恒转矩负载时,能耗制动过程的工作点是从 A→B→O→C′,下放速度增大。

故电动机如果拖动反抗性恒转矩负载可以可靠停车;如果拖动位能性恒转矩负载,当转速过零时,若要停车必须立即用机械抱闸将电动机轴刹住,并切断电源,否则电动机将在负载转矩的倒拉下反转,直到稳定运行于第Ⅳ象限中的 C 点。

**3. 制动电阻**

对于绕线式异步电动机采用能耗制动实现快速停车时,按照最大制动转矩为$(1.25\sim 2.2)T_N$的要求,计算直流励磁电流和转子应串电阻的大小为

$$\begin{cases} I_f = (2\sim 3)I_0 \\ R_B = (0.2\sim 0.4)\dfrac{E_{2N}}{\sqrt{3}I_{2N}} - R_2 \end{cases} \quad (5\text{-}58)$$

式中,$I_0$为绕线式异步电动机的空载电流,一般取$I_0=(0.2\sim 0.5)I_{1N}$。

**4. 特点**

能耗制动广泛应用于要求平稳准确停车的场合,也可应用于起重机一类带位能性负载的机械上,用来限制重物下降的速度,使重物保持匀速下降。

### 5.4.2 反接制动

当异步电动机转子的旋转方向与定子磁场的旋转方向相反时,电动机便处于反接制动状态。它有两种情况,一是在电动状态下突然将三相交流电源中的两相反接,使定子旋转磁场的方向由原来的顺转子转速方向改为逆转子转速方向,这种情况下的制动称为电源两相反接制动;二是保持定子磁场的转向不变,转子回路串入较大的电阻,使得转子在位能性负载作用下进入倒拉反转,这种情况下的制动称为倒拉反转反接制动。

**1. 电源两相反接制动**

**(1) 实现方法。**

电源两相反接制动接线图如图 5-44 所示(a),制动前,接触器 $KM_1$ 闭合而接触器 $KM_2$ 断开,电动机处于正向电动状态,其工作点为固有机械特性曲线 1 上的 A 点,如图 5-44(b) 所示。反接制动时,把电源任意两相对调时,即接触器 $KM_1$ 断开,接触器 $KM_2$ 闭合,由于改变了定子电源电压的相序,因此定子旋转磁场方向改变了,电磁转矩 T 方向也随之改变,而电动机转速 n 由于机械惯性仍保持原方向,这样电磁转矩 T 与电动机转速 n 方向相反,由原来的拖动性质转矩变为制动性质转矩,其机械特性曲线变为图 5-44(b)中的曲线 2,电动机实现减速制动。

**(2) 制动过程。**

① 拖动反抗性恒转矩负载时。

设电动机拖动反抗性恒转矩负载原来工作在固有机械特性曲线 1 上的 A 点(图 5-45),此时 $T=T_L>0$,$n>0$,电动机处于正向电动状态。反接制动瞬间,接触器瞬间动作,电动机的机械特性曲线也瞬间发生了变化,但是电动机的转速不能发生突变,故工作点从固有机械特性曲线 1 上的 A 点突变到反接制动机械特性曲线 2 上的 B 点。

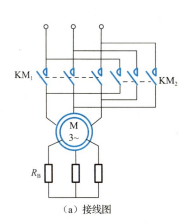
(a) 接线图

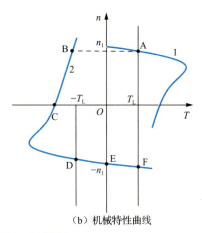
(b) 机械特性曲线

图 5-44 异步电动机电源两相反接制动

在 B 点，$n>0$，电磁转矩 $T_B<0$ 为制动转矩，负载转矩也为制动转矩，故电动机在总制动转矩 $T_B+T_L$ 的作用下开始减速，工作点沿曲线 2 下降。故整个制动过程电动机处于正向减速过程，直到 C 点。

到达 C 点后，$n=0$，此时 C 点的转矩就是电动机的反向启动转矩，为了不使系统反向启动，应立即切断电源。如果不切断电源，当 $|-T_C|>|-T_L|$ 时，电动机开始反向启动，工作点沿曲线 2 进入第Ⅲ象限，直到 D 点，电动机在反向电动状态下稳定运行，电机反转。

异步电动机拖动反抗性恒转矩负载时，电源两相反接制动过程的工作点是从 A→B→C→D。图 5-45 中曲线 2 上的 BC 段是反接制动过程，CD 段是反向启动过程。

如果反接制动时，增大转子回路所串电阻值，则最终运行点由机械特性曲线 2 上的 D 点变成曲线 3 上的 D′点，即异步电动机拖动反抗性恒转矩负载时，电源两相反接制动过程的工作点是从 A→B′→C′→D′，电动机反转速度变慢。

② 拖动位能性恒转矩负载时。

设电动机拖动位能性恒转矩负载原来工作在固有机械特性曲线 1 上的 A 点（图 5-46），匀速向上提升重物。反接制动瞬间，转速不能发生突变，故工作点从固有机械特性曲线 1 上的 A 点突变到反接制动机械特性曲线 2 上的 B 点，并迅速下移到 C 点。

到达 C 点后，$n=0$，电动机在负载重力的作用下反向启动，进入第Ⅲ象限。之后反转的速度越来越快，到达 E 点，进入第Ⅳ象限。

在第Ⅳ象限，$n<0$、电磁转矩 $T>0$ 为制动转矩，但 $T<T_L$，故电动机继续反向加速，同时，电磁转矩不断增大，直到 F 点。

到达 F 点后，$n<0$，电动机电磁转矩与负载转矩大小相等，即 $T=T_L$，达到新的平衡条件，电动机重新稳定运行，稳速下放重物。此时电动机的转速高于同步转速，电磁转矩与转速反向，这是后面要介绍的反向回馈制动状态。故带位能性负载时电动机也不能自然停车，要想可靠停车，同样需要在 C 点切断电源并使用机械抱闸制动。

异步电动机拖动位能性恒转矩负载时，反接制动过程的工作点是从 A→B→C→E→F。图 5-46 中曲线 2 上的 BC 段是电源两相反接制动过程，CE 段是反向启动过程，EF 段是反向回馈制动过程。

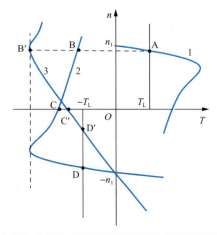
图 5-45 拖动反抗性恒转矩负载电源两相反接制动机械特性曲线

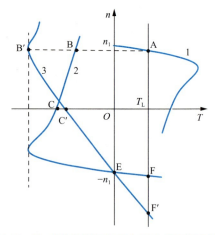
图 5-46 拖动位能性恒转矩负载电源两相反接制动机械特性曲线

如果反接制动时,增大转子回路所串电阻值,则最终运行点由机械特性曲线 2 上的 F 点变成曲线 3 上的 F′ 点,即异步电动机拖动位能性恒转矩负载时,电源两相反接制动过程的工作点是从 A→B′→C′→E→F′,电动机下放速度加快。

反接制动时,同步转速由原来正向运行时的 $n_1$ 变成 $-n_1$,所以转差率为

$$s = \frac{-n_1 - n}{-n_1} > 1$$

因此,电源两相反接制动机械特性是反向电动工作状态时机械特性在第Ⅳ象限的延伸部分。

(3) 特点。

① 电源两相反接制动的优点是制动速度快,缺点是能量损耗大。因为电源两相反接制动时,电源依然是输出功率的,则全部转差功率和电源输出功率以热能形式消耗在转子电阻上,电动机发热较大,需要在使用时注意。

② 无论是位能性负载还是反抗性负载,都不能自然可靠停车。如果只是为了快速制动,则在转速接近零时,立即切断电源。

③ 对于绕线式异步电动机,为了限制制动瞬间电流及增大制动转矩,通常在电源两相反接的同时,在转子回路中串接制动电阻 $R_B$,减轻电动机的发热。制动电阻越小,制动瞬间电流越大,制动转矩越大,制动越快。

④ 对于鼠笼式异步电动机,因转子无法串电阻,故电源两相反接制动不能过于频繁,否则电动机发热严重。

⑤ 在转子不串电阻时,电源两相反接制动的机械特性曲线和电动机固有机械特性曲线是关于原点对称的,故在机械特性曲线的线性段上会出现全等或相似三角形,利用这个几何特性计算是十分方便快捷的。

(4) 应用。

三相异步电动机电源两相反接制动停车比能耗制动停车快,但能量损耗较大。如果采用反接制动停车接着反向启动,可以迅速改变电动机的转向,提高生产效率,所以该反接

制动适用于一些频繁正反转的生产机械。鼠笼式异步电动机转子回路无法串电阻，只能在定子回路串电阻，因此采用反接制动时不能过于频繁。

## 想一想

为使三相异步电动机快速停车，可采用哪几种制动方法？如何改变制动速度的快慢？

【例 5-8】一台三相绕线式异步电动机，其额定数据为：$P_N$=5kW，$n_N$=960r/min，$U_N$=380V，$E_{2N}$=164V，$I_{2N}$=20.6A，$\lambda_m$=2.3。拖动 $T_L$=0.75$T_N$ 的恒转矩负载运行，现采用电源两相反接制动进行停车，要求最大制动转矩为 1.8$T_N$，这时转子每相应串的制动电阻是多大？

解：额定转差率为

$$s_N = \frac{n_1 - n_N}{n_1} = \frac{1000-960}{1000} = 0.04$$

临界转差率为

$$s_m = s_N(\lambda_m + \sqrt{\lambda_m^2 - 1})$$
$$= 0.04 \times (2.3 + \sqrt{2.3^2 - 1}) \approx 0.175$$

转子每相电阻为

$$R_2 = \frac{s_N E_{2N}}{\sqrt{3} I_{2N}} = \frac{0.04 \times 164}{\sqrt{3} \times 20.6} \approx 0.184\Omega$$

拖动 $T_L$=0.75$T_N$ 的恒转矩负载运行在图 5-47 中固有机械特性曲线上的 A 点，代入机械特性的实用表达式

$$T = \frac{2\lambda_m T_N}{\frac{s}{s_m} + \frac{s_m}{s}}$$

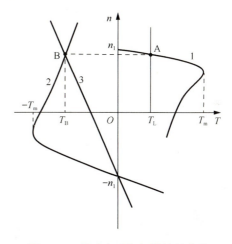

图 5-47 异步电动机机械特性曲线

解得 A 点的转差率为

$$s_A = s_m \left[\frac{\lambda_m T_N}{T_L} \pm \sqrt{\left(\frac{\lambda_m T_N}{T_L}\right)^2 - 1}\right] = 0.175 \times \left[\frac{2.3}{0.75} \pm \sqrt{\left(\frac{2.3}{0.75}\right)^2 - 1}\right] \approx \begin{cases} 0.029 \\ 1.045（舍去）\end{cases}$$

那么 A 点的转速为

$$n_A = (1-s_A)n_1 = (1-0.029) \times 1000 = 971\text{r/min}$$

反接制动初始点 B 点的转差率为

$$s_B = \frac{-n_1 - n_B}{-n_1} = \frac{-1000-971}{-1000} = 1.971$$

将 $T_B$=−1.8$T_N$，$s_B$=1.971 代入实用表达式，此时应注意反接制动特性对应的最大转矩为负值

$$-1.8T_N = \frac{-2\lambda_m T_N}{\frac{s_B}{s'_m} + \frac{s'_m}{s_B}}$$

解得反接制动特性上的临界转差率为

$$s'_m = s_B \left[\frac{\lambda_m}{1.8} \pm \sqrt{\left(\frac{\lambda_m}{1.8}\right)^2 - 1}\right] = 1.971 \times \left[\frac{2.3}{1.8} \pm \sqrt{\left(\frac{2.3}{1.8}\right)^2 - 1}\right] \approx \begin{cases} 4.09 \\ 0.95 \end{cases}$$

根据题意，可画出反接制动的机械特性曲线如图 5-47 中的曲线 2 和曲线 3，可以判断这两个解都是正确的。

所串制动电阻为

$$R_B = \left(\frac{s'_m}{s_m} - 1\right)R_2$$

当 $s'_m = 0.95$ 时，对应机械特性曲线 2，应串制动电阻为

$$R_{B1} = \left(\frac{s'_m}{s_m} - 1\right)R_2 = \left(\frac{0.95}{0.175} - 1\right) \times 0.184 \approx 0.815\Omega$$

当 $s'_m = 4.09$ 时，对应机械特性曲线 3，应串制动电阻为

$$R_{B2} = \left(\frac{s'_m}{s_m} - 1\right)R_2 = \left(\frac{4.09}{0.175} - 1\right) \times 0.184 \approx 4.12\Omega$$

### 2. 倒拉反转反接制动

（1）实现方法和制动过程。

倒拉反转反接制动又称转速反向的反接制动或倒拉反转制动运行，适用于绕线式异步电动机拖动位能性恒转矩负载的情况，其接线图如图 5-48（a）所示。制动前，接触器 $KM_1$、$KM_2$ 闭合，转子回路不串电阻，绕线式异步电动机拖动位能性恒转矩负载运行在固有机械特性曲线上的 A 点提升重物，如图 5-48（b）所示。

制动时，接触器 $KM_2$ 断开，在转子回路串入较大电阻 $R_B$，电动机的工作点便从固有机械特性曲线 1 上的 A 点平移到机械特性曲线 2 上的 B 点。

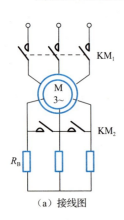

（a）接线图

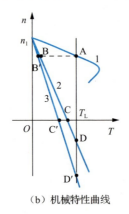

（b）机械特性曲线

**图 5-48 异步电动机倒拉反转反接制动**

在 B 点，$n>0$，电磁转矩 $T_B>0$，且 $T_B<T_L$，故电动机开始减速，工作点沿曲线 2 下降，直到 C 点，$n=n_C=0$，负载停止上升。

到达 C 点时，$n=0$，仍有 $T_C<T_L$，重物将倒拉电动机反向旋转，电动机在负载重力的作用下开始反转进入第Ⅳ象限。

在第Ⅳ象限，$n<0$，$T>0$ 为制动转矩，电动机反向加速，但电磁转矩 $T$ 随着电动机的反向加速不断增加，工作点从 C 点沿曲线 2 下移到 D 点，$T_D=T_L$，电动机以 $n=n_D$ 速度匀速下放重物。

异步电动机拖动位能性恒转矩负载时,倒拉反转反接制动过程的工作点是从 A→B→C→D。图 5-48 中曲线 2 上的 CD 段是倒拉反转反接制动过程。

如果倒拉反转反接制动时,增大转子回路所串电阻值,则最终运行点由曲线 2 上的 D 点变成曲线 3 上的 D′点,即异步电动机拖动位能性恒转矩负载时,倒拉反转反接制动过程的工作点是从 A→B′→C′→D′,电动机下放速度加快。

倒拉反转反接制动时的转差率为

$$s = \frac{n_1 - (-n)}{n_1} > 1$$

(2)制动电阻。

由图 5-48 可见,要实现倒拉反转反接制动,只有转子回路串足够大的电阻,才能使工作点位于第Ⅳ象限,这种制动方式的目的主要是限制重物的下放速度。所串电阻越大,下放速度也越大。

### 3. 反接制动的能量关系

以上介绍的电源两相反接制动和倒拉反转反接制动具有一个相同特点,就是定子磁场的转向和转子的转向相反,即转差率 $s>1$。因此,异步电动机等值电路中表示轴上总机械功率的等效电阻 $\frac{1-s}{s}R_2'$ 是个负值,其总机械功率为

$$P_{\mathrm{m}} = 3I_2'^2 \cdot \frac{1-s}{s}(R_2' + R_{\mathrm{B}}') < 0$$

定子传递到转子的电磁功率为

$$P_{\mathrm{M}} = 3I_2'^2 \cdot \frac{R_2' + R_{\mathrm{B}}'}{s} > 0$$

$P_{\mathrm{m}}$ 为负值,表明电动机从轴上输入机械功率;$P_{\mathrm{M}}$ 为正值,表明定子从电源吸收电功率,并由定子向转子传递功率。所消耗的总功率为 $|P_{\mathrm{m}}|$ 与 $P_{\mathrm{M}}$ 之和,即

$$|P_{\mathrm{m}}| + P_{\mathrm{M}} = -3I_2'^2 \cdot \frac{1-s}{s}(R_2' + R_{\mathrm{B}}') + 3I_2'^2 \cdot \frac{R_2' + R_{\mathrm{B}}'}{s} = 3I_2'^2(R_2' + R_{\mathrm{B}}') \quad (5-59)$$

式(5-59)表明,轴上输入的机械功率和定子传递给转子的电磁功率将全部消耗在转子回路电阻上,所以反接制动时的能量损耗较大。

【例 5-9】一台三相绕线式异步电动机,其额定数据为:$P_{\mathrm{N}}$=75kW,$n_{\mathrm{N}}$=970r/min,$U_{\mathrm{N}}$=380V,$E_{2\mathrm{N}}$=238V,$I_{2\mathrm{N}}$=210A,$\lambda_{\mathrm{m}}$=2.05,定、转子绕组均为 Y 连接。拖动额定的位能性恒转矩负载运行,若在转子回路中串入三相对称电阻 $R_{\mathrm{B}}$=0.8Ω,此时电动机的稳定转速为多少?电动机运行于什么状态?

解:额定转差率为

$$s_{\mathrm{N}} = \frac{n_1 - n_{\mathrm{N}}}{n_1} = \frac{1000 - 970}{1000} = 0.03$$

临界转差率为

$$s_{\mathrm{m}} = s_{\mathrm{N}}(\lambda_{\mathrm{m}} + \sqrt{\lambda_{\mathrm{m}}^2 - 1}) = 0.03 \times (2.05 + \sqrt{2.05^2 - 1}) \approx 0.115$$

转子每相电阻为

$$R_2 = \frac{s_N E_{2N}}{\sqrt{3} I_{2N}} = \frac{0.03 \times 238}{\sqrt{3} \times 210} \approx 0.02\Omega$$

转子回路中串入三相对称电阻 $R_B=0.8\Omega$ 时的临界转差率为

$$s'_m = \frac{R_2 + R_B}{R_2} s_m = \frac{0.02 + 0.8}{0.02} \times 0.115 = 4.715\Omega$$

拖动额定的位能性恒转矩负载运行时的机械特性实用表达式为

$$T = \frac{2\lambda_m T_N}{\frac{s}{s'_m} + \frac{s'_m}{s}}$$

此时稳定运行点的转差率为

$$s = s'_m \left(\lambda_m \pm \sqrt{\lambda_m^2 - 1}\right) = 4.715 \times \left(2.05 \pm \sqrt{2.05^2 - 1}\right) \approx \begin{cases} 18.1 \\ 1.226 \end{cases}$$

在这两个解中,$s_1=18.1 > s'_m=4.715$ 是处于非线性段上的不稳定运行点的转差率,$s_2=1.226 < s'_m=4.715$ 是稳定运行点的转差率,所以取 $s=1.226$。

对应的转速为

$$n = (1-s)n_1 = (1-1.226) \times 1000 = -226\text{r/min} < 0$$

由此可知,电动机处于倒拉反转运行状态,电动机匀速下放重物。

### 5.4.3 回馈制动

若异步电动机在电动状态运行时,由于某种原因,使电动机的转速超过了同步转速,这时电动机便处于回馈制动状态。回馈制动又称再生制动,其特点是转子转速超过同步转速,此时 $s<0$,电动机将系统的机械能转换为电能回馈给电网。在机械特性上有两种表现:一是 $n > n_1 > 0$,$T$ 与 $n$ 反方向,其机械特性曲线是第Ⅰ象限正向电动状态特性曲线在第Ⅱ象限的延伸,如图5-49中的曲线1;二是 $|n| > |n_1| > 0$,其机械特性曲线是第Ⅲ象限反向电动状态特性曲线在第Ⅳ象限的延伸,如图5-49中的曲线2、3。

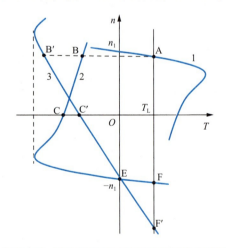

图5-49 电动机反向回馈制动机械特性曲线

在生产实践中,有以下两种情况异步电动机可能出现回馈制动:一种是反向回馈制动运行,出现在位能性负载下放时;另一种是正向回馈制动运行,出现在电动机变极调速或变频调速的过程中。

#### 1. 正向回馈制动

正向回馈制动是指异步电动机在正向电动状态时,因电车下坡、电机调速等原因,转速超过同步转速而进入回馈制动状态。通过改变同步转速来调速时，如变频调速、变极调速，都有可能在调速过程中的某一个阶段，电动机处于正向回馈制动状态。

这种制动情况可用图 5-50 来说明。设电动机原来在机械特性曲线 1 上的 A 点稳定运行，当电动机采用变极（如增加极数）或变频（如降低频率）进行调速时，其机械特性曲线变为曲线 2，同步转速变为 $n_1'$。在调速瞬间，由于机械惯性，转速不突变，工作点由 A 点跃变到 B 点。在 B 点，转速 n>0，T<0 为制动转矩，$T_L$>0 为制动转矩，电动机开始正向减速，沿曲线 2 一直下降到新的同步转速点 C。进入第Ⅰ象限后，T>0 为拖动转矩，$T_L$>0 仍为制动转矩，但由于 $T_L$>T 电动机继续正向减速，直至稳定工作点 D。整个过程中只有在 BC 段出现 $n>n_1'>0$ 的情况，电动机处于正向回馈制动状态。这种现象是因为机械特性曲线的改变，使得 $n>n_1>0$，而形成的回馈制动状态。

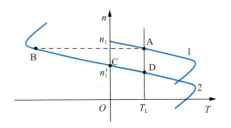

图 5-50　电动机正向回馈制动机械特性曲线

异步电动机因变极或变频调速时出现正向回馈制动的工作点是从 A→B→C→D。图 5-50 中曲线 2 上的 BC 段是正向回馈制动过程。

在正向回馈制动过程中，电动机的转速 $n>n_1$，所以转差率为

$$s = \frac{n_1 - n}{n_1} < 0$$

电动机总机械功率为

$$P_m = 3I_2'^2 \cdot \frac{1-s}{s} R_2' < 0$$

从定子传递到转子的电磁功率为

$$P_M = 3I_2'^2 \cdot \frac{R_2'}{s} < 0$$

$P_M$ 为负值，表明转子向定子传递功率，并回馈给电源。即正向回馈制动过程中，电动机把负载上输入的机械功率转换为电功率，除去转子绕组上的铜损耗外，其余通过定子回馈给电源。这时的三相异步电动机相当于一台发电机。

2. **反向回馈制动**

图 5-49 中的曲线 2、3 是电动机带位能性负载时电源两相反接制动的机械特性曲线，A 点是电动状态提升重物稳定工作点。将电动机定子两相反接瞬间，同步转速变为负值，转速不突变，机械特性曲线如图 5-49 中的曲线 2。工作点由 A 点跃变到 B 点，然后电动机经过反接制动过程（电动机正向减速），工作点沿曲线 2 由 B 点变为 C 点，若要求电动机停车，则应立即切断电源。否则，电动机经过反向电动加速过程，工作点由 C 点经过反向同步转速点 E 点，最后在位能性负载作用下反向加速到 F 点保持稳定运行，即匀速下放重物。整个过程中只有在 EF 段，电动机的转速超过了同步转速，即 $|n|>|n_1|>0$，电动机处于反向回馈制动状态。这种现象是因为存在外力（负载重力），拉动电动机转速超过同步转速而形成的。

异步电动机拖动位能性恒转矩负载时，反向回馈制动过程的工作点是从 A→B→C→E→F。图 5-49 中曲线 2 上的 BC 段是电源两相反接制动过程，CE 段是反向启动过程，EF 段是反向回馈制动过程。

如果反向回馈制动时，增大转子回路所串电阻值，则最终运行点由曲线 2 上的 F 点变成曲线 3 上的 F′点，即异步电动机拖动位能性恒转矩负载时，反向回馈制动过程的工作点是从 A→B′→C′→E→F′，电动机下放速度加快。

反向回馈制动时，同步转速由原来正向运行时的 $n_1$ 变成 $-n_1$，电动机稳定运行时的转速为 $-n$，所以转差率为

$$s = \frac{-n_1 - (-n)}{-n_1} < 0$$

因此，反向回馈制动时，电动机的能量关系与正向回馈制动是一样的，相当于一台发电机。电动机把负载上输入的机械功率转换为电功率，然后回送给电网。从节能的角度看，反向回馈制动下放重物比能耗制动下放重物更节能；从下放速度来看，反向回馈制动下放重物的速度比能耗制动下放重物的速度更快。

### 想一想

当三相异步电动机拖动位能性恒转矩负载时，为了限制负载下放时的速度，可采取哪几种制动方法？如何改变制动运行时的速度？

【例 5-10】一台三相绕线式异步电动机，其额定数据为：$P_N$=60kW，$n_N$=570r/min，$U_N$=380V，$E_{2N}$=253V，$I_{2N}$=160A，$\lambda_m$=2.9。试求：

（1）当电动机以 200r/min 的转速提升 $T_L$=0.8$T_N$ 的重物时，转子回路应串电阻 $R_{B1}$ 为多大？

（2）当电动机拖动额定的位能性恒转矩负载以 200r/min 的速度下放重物时，转子回路应串电阻 $R_{B2}$ 为多大？

（3）若电动机拖动额定的恒转矩负载原来以额定转速稳定运行，为了快速停车，现采用电源两相反接制动，要求瞬时制动转矩不超过 2$T_N$，则此时转子回路应串电阻 $R_{B3}$ 为多大？

解：额定转差率为

$$s_N = \frac{n_1 - n_N}{n_1} = \frac{600 - 570}{600} = 0.05$$

临界转差率为

$$s_m = s_N(\lambda_m + \sqrt{\lambda_m^2 - 1}) = 0.05 \times (2.9 + \sqrt{2.9^2 - 1}) \approx 0.281$$

转子每相电阻为

$$R_2 = \frac{s_N E_{2N}}{\sqrt{3} I_{2N}} = \frac{0.05 \times 253}{\sqrt{3} \times 160} \approx 0.046\Omega$$

（1）方法一。根据题意，该情况对应在图 5-51 转子回路串电阻机械特性曲线 1 中的 B 点，为转子回路串电阻调速，电动机处于正向电动状态，B 点的电磁转矩和转差率分别为

$$T_B = 0.8 T_N$$

$$s_B = \frac{n_1 - n_B}{n_1} = \frac{600 - 200}{600} \approx 0.667$$

转子回路串入电阻 $R_{B1}$ 对于机械特性曲线 1 的临界转差率为

$$s_{m1} = s_B \left[ \frac{\lambda_m T_N}{T_L} \pm \sqrt{\left(\frac{\lambda_m T_N}{T_L}\right)^2 - 1} \right] = 0.667 \times \left[ \frac{2.9}{0.8} \pm \sqrt{\left(\frac{2.9}{0.8}\right)^2 - 1} \right] \approx \begin{cases} 4.74 \\ 0.097 (\text{舍去}) \end{cases}$$

转子回路串入电阻 $R_{B1}$ 的值为

$$R_{B1} = \left(\frac{s_{mB}}{s_m} - 1\right) R_2 = \left(\frac{4.74}{0.281} - 1\right) \times 0.046 \approx 0.73 \Omega$$

方法二。根据题意，该情况为转子回路串电阻调速，电动机处于正向电动状态，运行在 B 点，代入式（5-55）有

$$\frac{\dfrac{n_1 - n_B}{0.8 T_N}}{\dfrac{n_1 - n_N}{T_N}} = \frac{R_2 + R_{B1}}{R_2}$$

$$R_{B1} = \frac{\dfrac{n_1 - n_B}{0.8 T_N}}{\dfrac{n_1 - n_N}{T_N}} R_2 - R_2 = \frac{\dfrac{600 - 200}{0.8 T_N}}{\dfrac{600 - 570}{T_N}} \times 0.046 - 0.046 \approx 0.72 \Omega$$

（2）方法一。根据题意，该情况对应在图 5-51 倒拉反转制动机械特性曲线 2 中的 C 点，电动机处于倒拉反转制动状态，C 点的电磁转矩和转差率分别为

$$T_C = T_N$$

$$s_C = \frac{n_1 - n_C}{n_1} = \frac{600 - (-200)}{600} \approx 1.33$$

转子回路串入电阻 $R_{B2}$ 对于机械特性曲线 2 的临界转差率为

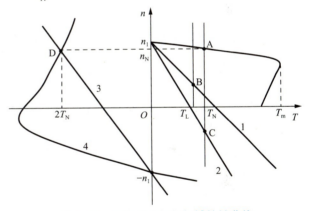

图 5-51 异步电动机的机械特性曲线

$$s_{m2} = s_C \left[ \frac{\lambda_m T_N}{T_C} \pm \sqrt{\left(\frac{\lambda_m T_N}{T_C}\right)^2 - 1} \right] = 1.33 \times (2.9 \pm \sqrt{2.9^2 - 1}) \approx \begin{cases} 7.48 \\ 0.24 (\text{舍去}) \end{cases}$$

转子回路串入电阻 $R_{B2}$ 的值为

$$R_{B2} = \left(\frac{s_{mC}}{s_m} - 1\right) R_2 = \left(\frac{7.48}{0.281} - 1\right) \times 0.046 \approx 1.178 \Omega$$

方法二。根据题意，该情况为倒拉反转制动状态，实质为串电阻调速，电动机处于反向电动状态，运行在 C 点，代入式（5-55）有

$$\frac{\dfrac{n_1 - n_C}{T_N}}{\dfrac{n_1 - n_N}{T_N}} = \frac{R_2 + R_{B2}}{R_2}$$

$$R_{B2} = \frac{\dfrac{n_1-n_C}{T_N}}{\dfrac{n_1-n_N}{T_N}} R_2 - R_2 = \frac{[600-(-200)]}{600-570} \times 0.046 - 0.046 \approx 1.18\Omega$$

(3）根据题意，该情况对应在图 5-51 电源两相反接制动机械特性曲线 3 或曲线 4 中的 D 点，对应的同步转速为-600r/min，D 点的电磁转矩和转差率分别为

$$T_D = -2T_N$$

$$s_D = \frac{n_1-n_D}{n_1} = \frac{-600-570}{-600} = 1.95$$

电源两相反接制动机械特性最大转矩 $T_m = -\lambda_m T_N$，串入电阻 $R_{B3}$ 的临界转差率为

$$s_{m3} = s_D \left[ \frac{-\lambda_m T_N}{T_D} \pm \sqrt{\left(\frac{-\lambda_m T_N}{T_D}\right)^2 - 1} \right] = 1.95 \times \left[ \frac{-2.9}{-2} \pm \sqrt{\left(\frac{-2.9}{-2}\right)^2 - 1} \right] \approx \begin{cases} 4.9 \\ 0.78 \end{cases}$$

转子回路串入电阻 $R_{B3}$ 的值为

$$R_{B3} = \left(\frac{s_{mD}}{s_m} - 1\right) R_2 \approx \begin{cases} 0.756\Omega \\ 0.082\Omega \end{cases}$$

### 5.4.4 三相异步电动机与直流电动机制动方法异同

与直流电动机相同，三相异步电动机的制动也分为能耗制动、反接制动和回馈制动三种，其中反接制动可分为电源两相反接制动和倒拉反转反接制动。不仅如此，三相异步电动机和直流电动机在各种制动状态下的机械特性曲线形状、实现各种制动的条件及物理本质、制动过程工作点的变化情况及能量关系都具有相似性和可比性。采用对比的方法来分析三相异步电动机的制动运行，有助于对这部分内容的深刻理解。现将三相异步电动机各种制动方法的实现方法、能量关系、优缺点、应用场合进行比较，如表 5-3 所示。

表 5-3 三相异步电动机各种制动方法的比较

| 项目 | 能耗制动 | 电源两相反接制动 | 倒拉反转反接制动 | 回馈制动 |
| --- | --- | --- | --- | --- |
| 实现方法 | 断开三相交流电源的同时，在定子两相中通入直流电流，建立恒定磁场 | 突然改变定子电源相序，使定子旋转磁场方向改变 | 转子回路串入较大电阻，电动机被重物拖动反转 | 在位能性恒转矩作用下，使电动机转速反转超过同步转速；或使机械特性曲线下移，使得 $|n|>|n_1|$ |
| 能量关系 | 吸收系统储存的动能并转换成热能，消耗在转子电路电阻上 | 吸收系统储存的动能，连同定子传递给转子的电磁功率一起，全部消耗在转子电阻上 | 轴上输入的机械能转换成电能，由定子回馈给电网 |
| 优点 | 制动平稳，便于实现反抗性负载准确停车或慢速下放位能性负载 | 制动效果好，便于实现反抗性负载快速反转或快速下放位能性负载 | 便于实现位能性负载慢速下放 | 能向电网回馈电能，比较经济 |

续表

| 项目 | 能耗制动 | 电源两相反接制动 | 倒拉反转反接制动 | 回馈制动 |
|---|---|---|---|---|
| 缺点 | 制动较慢，需要一套直流电源 | 能量损耗大，控制较复杂，不易实现准确停车 | 能量损耗大 | 只有在特定阶段（$\lvert n\rvert>\lvert n_1\rvert$）时出现回馈制动状态 |
| 应用场合 | 要求平稳、准确停车的场合；也可以限制提升机负载的下放速度 | 要求迅速停车和需要反转的场合 | 限制位能性负载的下放速度，并在$\lvert n\rvert<\lvert n_1\rvert$的情况下采用 | 限制位能性负载的下放速度，并在$n>n_1$的情况下采用 |

1. 机械特性

直流电动机的机械特性曲线是一条直线，三相异步电动机的机械特性曲线是一条曲线，表面上看二者完全不同，但实际上三相异步电动机的稳定运行区间是在其机械特性曲线的线性段，即$s=0$到$s=s_m$之间，当只取机械特性曲线的线性段进行分析时，三相异步电动机的机械特性，包括各种制动状态下的机械特性，其曲线形状与直流电动机的机械特性十分相似。

2. 制动条件

三相异步电动机和直流电动机相比，实现各种制动的条件也是相似的。

（1）能耗制动时，直流电动机电枢两端从电源断开后投向制动电阻两端；异步电动机定子三相绕组出线端断开电源后，将其中两相接入直流电源。

（2）电源两相反接制动时，直流电动机电枢两端从电源断开，串入制动电阻并对调两端后接入电源；异步电动机将接入电源的定子三相绕组出线端的任意两相对调后重新接入电源。

（3）倒拉反转反接制动时，直流电动机在位能性负载条件下，电枢回路串入足够大的制动电阻；异步电动机也是在位能性负载条件下，绕线转子回路串入足够大的三相对称电阻。

（4）回馈制动时，直流电动机在外力作用下，电动机转速$n$超过理想空载转速$n_0$；异步电动机也是在外力作用下，电动机转速$n$超过同步转速$n_1$。

3. 物理本质

三相异步电动机和直流电动机在进行各种制动时，其物理本质是相同的。

（1）能耗制动时，无论是三相异步电动机还是直流电动机，都是靠转子的惯性转动切割恒定磁场产生制动转矩的。所不同的是，直流电动机的恒定磁场是由他励绕组产生的；而三相异步电动机的恒定磁场是由定子两相绕组接入一直流电源产生的。

（2）电源两相反接制动时，无论是三相异步电动机还是直流电动机，都是转子电流方向发生变化而使电磁转矩变为制动转矩的。所不同的是，直流电动机电枢两端对调后直接导致了电枢电流改变方向；而三相异步电动机是靠改变相序使定子磁场转向变化后导致转子感应电流方向发生变化（三相异步电动机转子电流的方向是指瞬时参考方向）。

（3）倒拉反转反接制动时，都是在位能性负载条件下，通过在转子回路串入电阻实现的（直流电动机在电枢回路串电阻，实际就是把电阻串入了转子回路）。

(4)回馈制动时,都是借助外力使转子的转速超过其理想空载转速或同步转速。

### 4. 能量关系

将三相异步电动机转子回路电阻与直流电动机电枢回路电阻相对应,统称为转子回路电阻,则这两种电动机在三种制动状态下的能量关系是相同的。

(1)能耗制动时,转子惯性动能转换成电能并消耗在转子回路电阻上。

(2)反接制动时,转子输入的机械能转换成电能,与电源输入的电能一起消耗在转子回路电阻上。

(3)回馈制动时,转子输入的机械能转换成电能回馈给电网。

### 5.4.5 三相异步电动机的四象限运行

三相异步电动机在各种状态下的机械特性可在四个象限中表示,如图 5-52 所示。从图 5-52 中可以看出,在第Ⅰ象限,转速 $n$ 与电磁转矩 $T$ 均为正,电动机处于正向电动状态;在第Ⅲ象限,转速 $n$ 与电磁转矩 $T$ 均为负,电动机处于反向电动状态;在第Ⅱ象限,转速 $n$ 为正、电磁转矩 $T$ 为负,在第Ⅳ象限,转速 $n$ 为负、电磁转矩 $T$ 为正,所以在第Ⅱ象限和第Ⅳ象限,电动机处于制动状态。

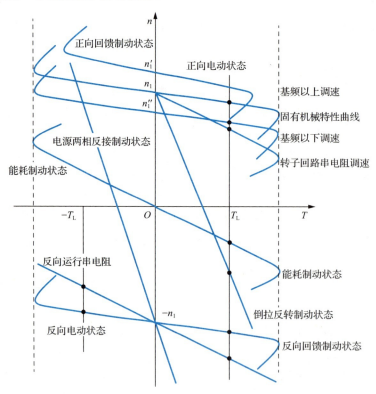

图 5-52 三相异步电动机的四象限运行

实际的三相异步电动机根据生产机械的工艺需要,可工作在各种状态。

第 5 章 三相异步电动机的电力拖动

### 三相异步电动机的软停车和软制动

三相晶闸管移相调压器的主电路由晶闸管三相交流调压电路组成（图 5-14），实物图如图 5-53 所示。它有多种用途，既可用于电动机的软启动和软调速，也可用于电动机的软停车和软制动。

#### 1. 软停车

有些机械设备要求平稳缓慢地停车，如水泵，如果快速停车会使水流流速突变，造成压力骤变，产生水锤效应进而损坏水泵。软停车就是使电动机的工作电压从额定电压逐渐下降到零，实现平稳缓慢地停车。控制晶闸管的触发角，可使晶闸管移相调压器的输出电压，即电动机的工作电压从额定电压缓慢下降，从而实现软停车。软停车的时间长短可按机械设备的要求预先设定。

图 5-53 三相晶闸管移相调压器实物图

#### 2. 软制动

软制动常采用能耗制动的方法，即制动时切除电动机的交流电源，同时给定子通入直流电，产生电磁转矩使电动机快速停车。图 5-14 中的移相调压器的 6 个晶闸管从右到左排列为 1、4、3、6、5、2，如果 6 个晶闸管按 1、2、3、4、5、6 的顺序依次导通，则可使电动机运行在电动状态。要想软制动可让 1 号和 2 号晶闸管继续工作，其余的都断开，这样电动机没有交流电源，但是 1 号和 2 号晶闸管组成半波整流电路，可对定子两相绕组通直流电，进行能耗制动。

## 5.5 变频器

图 5-54 变频器实物图

从 5.3 节对三相异步电动机的调速分析中已经知道，变频调速是三相异步电动机较好的调速方法之一，因此专门用于三相异步电动机调速的控制电路已生产出独立的产品，即变频器，实物图如图 5-54 所示。早年由于三相异步电动机的变频器调速技术无法实现，其他调速方法无法与直流电动机优良的调速和启动性能相比，故高性能调速系统都采用直流电动机。但是，约占电气传动总容量 80% 的无变速传动采用的都是异步电动机。自 20 世纪 70 年代变

变频器

频器问世,经过半个多世纪的发展,变频器已广泛应用于异步电动机的调速控制,极大地提高了交流电动机的应用范围和调速性能。目前变频器调速机械特性的硬度已经能满足速度精确控制的调速要求,作为现场级器件与自动化系统连在一起。

变频技术从晶闸管发展到如今的大功率晶体管[如绝缘栅双极晶体管(Insulated Gate Bipolar Transistor,IGBT)]和耐高压大功率晶体管,控制技术也发展到今天的变压变频控制和矢量控制等多种方式,且已数字化,应用灵活,对供电系统也可实现无干扰,应用范围几乎涉及整个工业领域。目前通用型变频器国产品牌主要有英威腾、汇川、台达等,国外品牌主要有西门子、施耐德、ABB、艾默生、欧姆龙、安川、三菱、松下等。它们的工作原理基本一样:先将三相对称工频交流电源电压用三相桥式不可控整流电路整流成直流电压,经过大电容滤波(电压型),再用三相桥式逆变电路逆变成为频率和幅值都可变的对称三相交流电压。现在的逆变器主要开关器件大多采用 IGBT,由于采用了正弦脉冲宽度调制技术,输出频率和输出电压的幅值均可控制。根据变频器的结构,可分为普通的开环变压变频控制型和高性能的闭环矢量控制型;根据变频电源的性质,可分为电压源型变频器和电流源型变频器,其主要区别在于中间直流环节采用哪种滤波器。电压源型变频器采用大容量电容滤波(如图 5-55 主电路中的电容 $C$),直流电压波形比较平直;电流源型变频器采用大电感滤波,直流电流波形比较平直。电压源型变频器比电流源型变频器性能优越,采用电压源型变频器能使变频器的性能(包括输出波形、功率因数、效率、可靠性、动态性能等)进一步提高。下面简要介绍开环电压源型变频器软硬件的基本结构、主要控制参数及应用情况。

### 5.5.1 变频器的基本结构

变频调速原理已在 5.3 节中做了介绍,这种调速方法是通过同时改变定子三相绕组的电源电压和频率,实现恒转矩调速的一种方法。在交流调速领域中,大量的负载(如风机、水泵等)对调速的要求并不高,使用不带速度反馈的开环电压源型变频器完全可以满足要求。目前通用开环电压源型变频器的基本结构如图 5-55 所示。

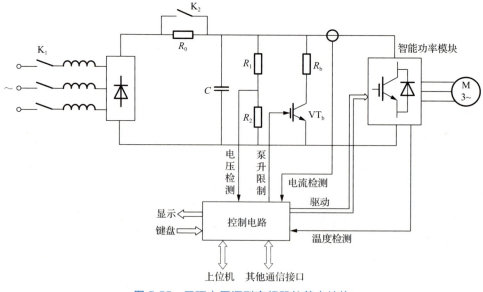

图 5-55 开环电压源型变频器的基本结构

#### 1. 主电路

通用开环电压源型变频器的主电路由整流电路、中间直流滤波电路、逆变电路和制动电路组成。

整流电路可以把交流电压变为直流电压。大容量的变频器一般采用 380V 交流电源，其整流部分采用三相桥式不可控整流电路；小容量的变频器一般采用单相 220V 交流电源，其整流部分采用单相桥式不可控整流电路。

中间直流滤波电路采用大电容滤波。为了限制变频器刚接通时过大的冲击电流，在整流电路和滤波电路之间串接了一个限流电阻 $R_0$。

逆变电路一般采用智能功率模块（Intelligent Power Module，IPM），它由 6 只 IGBT 组成三相桥式逆变电路结构，每个桥臂上反并联了反馈二极管。

制动电路由能耗制动电阻 $R_b$ 和 $VT_b$ 组成。能耗制动电路简单、经济，但能源利用率低。在再生回馈能量大的情况下，可采用能量回馈制动电路，将中间直流电路再生回馈能量回馈给电网。

#### 2. 控制电路

变频器的控制电路主要完成 IGBT 的驱动、控制电压和频率的协调、输入/输出信号的处理、通信处理和各种检测等功能。目前，中央处理器是控制电路的核心。它通过输入和通信接口将频率指令、频率上升与下降、速度大小、外部通断控制，以及变频器内部各种保护和反馈信号进行综合，通过检测电路取得电压、电流、温度等运行状态参数，根据设置的运行要求，产生输出逆变器所需的各种驱动信号，达到变频器的控制要求。

### 5.5.2 变频器的应用

变频器使用变压变频方式可以很方便地实现三相异步电动机的变频调速。这种变频调速方式目前普遍使用在控制精度不高、动态性能要求低的通风机负载上，如风机、水泵。风机和水泵等机械容量几乎占工业电气传动总容量的一半，是耗能大户。例如，一个日产 500t 的水泥厂，其窑尾高温风机可达 2500kW，全部风机的耗电量约占整个厂用电量的 30%；而大的水厂，2500kW 以上容量的水泵就有若干台。过去这些交流传动系统都不能调速，风量和水的流量靠挡板和阀门来调节，当要减少流量时，异步电动机因不能调速只能保持转速不变。而挡板和阀门的关小相当于增加管道的阻力，使大量电能消耗在挡板和阀门上，负载下降又使异步电动机的功率因数降低。大约 75% 的工业电动机用于驱动泵、风机和压缩机，这类设备效率提升潜力巨大。如果采用变频调速，电动机就能够连续平滑调速，由于风机和水泵属于泵类负载，负载转矩与转速的二次方成正比，当负载转矩降低时，电动机转速可相应下降，因此电动机的电磁转矩以与转速成二次方的比例大幅下降，电动机的功率同样下降。这样就把原来消耗在挡板和阀门上的电量节省下来，节能效果很可观，平均节能约 20%。

目前变频器已在我国各行各业得到广泛应用，特别在数控机床、石化、冶金、汽车、造纸、热电、纺织等领域。

变频器在应用时应注意以下几点。

（1）交流变频调速系统对电网会产生谐波干扰，应按国家标准《电能质量 公用电网间谐波》(GB/T 24337—2009) 的要求加谐波滤波器或电抗器，使其对电网干扰最小。

（2）为使变频调速器受外界干扰最小，在布线时各种电缆间需相互隔离，采用各种屏蔽方法减少受干扰的可能，根据需要还考虑加隔离变压器和进线电抗器，使其受干扰影响最小。

（3）在低速运行时，需防止传动轴系的震荡；在高速运行时，需防止系统超速。

## 5.6 异步电动机的应用

作为电动机运行的异步电机因其转子绕组电流是感应产生的，又称感应电动机。异步电动机是各类电动机中应用最广、需要量最大的一种。各国以电为动力的机械中，约有90%为异步电动机，其中小型异步电动机占70%以上。在电力系统的总负荷中，异步电动机的用电量占相当大的比重。在我国，异步电动机的用电量约占总负荷的60%。

### 5.6.1 异步电动机的特点

异步电动机的基本特点是，转子绕组不需与其他电源相连，其定子电流直接取自交流电力系统；与其他电动机相比，异步电动机的结构简单，制造、使用、维护方便，运行可靠性高，质量轻，成本低。以三相异步电动机为例，与同功率、同转速的直流电动机相比，前者质量只有后者的1/2，成本仅为1/3。异步电动机还容易按不同环境条件的要求，派生出各种系列产品。它还具有接近恒速的负载特性，能满足大多数工农业生产机械拖动的要求。其局限性是，它的转速与其旋转磁场的同步转速有固定的转差率，因而调速性能较差，在要求有较宽广的平滑调速范围的使用场合（如传动轧机、卷扬机、大型机床等），不如直流电动机经济、方便。此外，异步电动机运行时，从电力系统吸收无功功率以励磁，这会导致电力系统的功率因数变差。因此，在大功率、低转速场合（如拖动球磨机、压缩机等）不如用同步电动机合理。

由于异步电动机生产量大，使用范围广，要求其必须有繁多的品种、规格以与各种机械配套。因此，异步电动机的设计、生产特别要注意标准化、系列化、通用化。在各类系列产品中，以产量最大、使用最广的三相异步电动机系列为基本系列，此外还有若干派生系列、专用系列。

异步电动机的功率范围从几瓦到上万千瓦，是国民经济各行业和人们日常生活中应用最广泛的电动机，为多种机械设备和家用电器提供动力。例如，应用在工业中的各类机床设备、传动鼓风机、磨煤机、轧钢机、卷扬机、压缩机、搅拌机、起重设备、传送带、运料装置、电铲、水泵、风机和纺织机械等；应用在农业中的电力排灌、脱粒机、碾米机、榨油机和粉碎机等；应用在交通运输业中的电气化铁道、城市地铁和其他电气化公共交通工具等；应用在家用电器中的电扇、洗衣机、电冰箱、空调等。

### 5.6.2 在高铁上的应用

高铁即高速铁路，是一种快速、安全、低成本、节能环保、大运量的长途运输系统。高铁技术是指与高铁系统有关的所有科学技术，包括铁路建设技术、火车制造技术、材料装配技术、信息采集技术、调度控制技术、维修养护技术等。党的二十大报告指出："推进新型工业化,加快建设制造强国、质量强国、航天强国、交通强国、网络强国、数字中国。"高铁技术如同航空技术一样,是十分庞大复杂的工程体系,不仅可以全面满足我国高铁未来的运营发展需求,还能够对高端设备的出口以及建设交通强国战略的实施提供强大的技术支撑。

我国拥有独立的高铁技术,主要体现在 IGBT 技术自主化、高速列车芯片国产化及高速列车中国标准化等。

2016 年,国家科技部在"十三五"国家重点研发计划"先进轨道交通"重点专项中率先启动 400km/h 及以上高速客运装备关键技术。2020 年 10 月 21 日,"先进轨道交通"重点专项——400km/h 跨国互联互通高速动车组在中车集团长客公司下线。列车设计运营速度 400km/h,并且能够在不同气候条件、不同轨距、不同供电制式标准的国际铁路间运行,具有节能环保、主动安全、智能维护等特点。

世界高铁里程排名

牵引电机是高铁动车组的心脏,是列车行驶的动力之源,其性能在某种程度上决定了列车的动力品质、能耗和控制特性,也影响着列车的经济性、舒适性与可靠性,是节能升级的关键。世界轨道交通车辆牵引系统的第一代是直流电机牵引系统,第二代是起步于 20 世纪 70 年代的交流异步电机牵引系统,为当前的主流技术。

根据不同速度和路况要求,高铁动车组的动力配置可以采用动力集中型和动力分散型两种方案,如图 5-56 所示。动力集中型动车组是将大部分机械和电气设备集中安装在位于列车两端的动力车(即机车)上,机车的动力转向架上装有牵引电机,驱动列车运行。中间客车没有动力,由机车牵引。机车不载客,客车载客。编组一般为机车+拖车形式。动力分散型动车组是指将大部分机械和电气设备吊挂安装在车辆地板下面,牵引电机安装在列车的全部或部分转向架上,使全部或部分轮对成为列车的驱动源,列车的全部车厢都可载客。在高速客运方面,动力分散型动车组比动力集中型动车组具有明显的优势。目前,世界上高速客运动车组趋向于采用动力分散型。

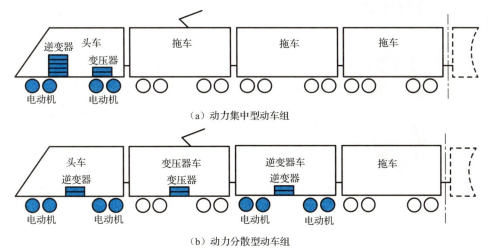

图 5-56 高铁动车组的动力配置方案

CRH2C 型动车组采用交流传动系统,动车组由受电弓从接触网获得 AC25kV/50Hz 电源，通过牵引变压器、牵引变流器向牵引电机提供电压、频率均可调节的三相交流电源。CRH2C 型动车组牵引传动系统主要由特高压电器设备和主牵引电气系统组成。特高压电器设备的主要作用是完成从接触网到牵引变压器的供电，主要包括受电弓、主断路器、避雷器、电流互感器、接地保护开关等。主牵引电气系统的主要作用是完成交流变频、直流调压、调整牵引电流的大小及相序、输出牵引力等，主要由牵引变压器、四象限变流器、牵引逆变器和牵引电机组成。

1. 牵引电机

CRH2C 型动车组的牵引电机采用三相鼠笼式四极异步电动机，采用驾悬、强迫风冷方式，通过挠性齿型连轴节连接传动齿轮。这种牵引电机的连续制额定功率为 365kW，电流为 130A，电压为 2000V，额定频率为 140Hz，最大转速为 6120r/min。

2. 牵引工况

受电弓将接触网 AC25kV 单相工频交流电，经过相关的高压电器设备传输给牵引变压器；牵引变压器降压输出 1500V 单相交流电供给牵引变流器，脉冲整流器将单相交流电变换成直流电，经中间直流电路将 DC2600～3000V 的直流电输出给牵引逆变器；牵引逆变器输出电压、频率可调的三相交流电源（电压为 0～2300V；频率为 0～220Hz）驱动牵引电机；牵引电机的转矩和转速通过齿轮变速箱传递给轮对驱动列车运行。牵引工况示意图如图 5-57 所示。

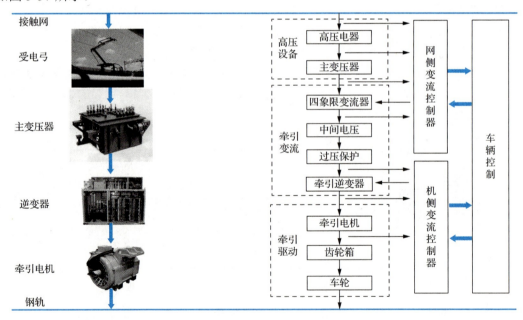

图 5-57　牵引工况示意图

3. 再生制动工况

一方面，通过控制牵引逆变器使牵引电机处于发电状态，牵引逆变器工作于整流状态，牵引电机发出的三相交流电被整定为直流电并对中间直流环节进行充电，使中间直流环节电压上升；另一方面，脉冲整流器工作于逆变状态，中间直流回路直流电被逆变为单相交流电，该交流电通过真空断路器、受电弓等高压设备反馈给接触网，从而实现能量再生。再生制动工况示意图如图5-58所示。

中国高铁从2008年的京津城际到如今的"公交化"密集运营，在十几年时间里，高铁从无到有，再到如今逐渐形成全面覆盖中西部地区的"八纵八横"高铁网络，改变着我们的生活。铁路自主创新能力和产业链现代化水平全面提升，铁路科技创新体系健全完善，关键核心技术装备自主可控、先进适用、安全高效，智能高铁率先建成，智慧铁路加快实现，书写了从跟跑、并跑到领跑的壮丽发展篇章。

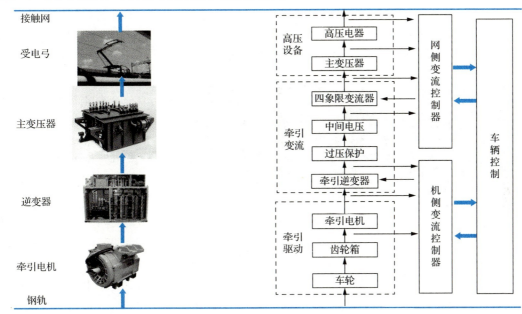

图5-58 再生制动工况示意图

世界轨道交通车辆的电力牵引系统技术在经历了直流传动牵引系统向交流传动牵引系统发展后，正在由感应异步传动向永磁同步传动发展。2014年，中国中车株洲电力机车研究所成功自主研发了第三代轨道交通牵引技术——高速列车永磁同步牵引系统，使我国成为世界上少数几个掌握高铁永磁同步牵引系统技术的国家之一。该690kW永磁同步牵引系统的电机额定效率达到了98%以上，比目前主流的异步电机效率提高60%，将电机损耗降低至原来的1/3，显著降低了高速列车的牵引能耗。在我国能源紧张，社会迫切需求"绿色交通"的大背景下，永磁同步牵引系统成为我国高铁技术升级的一个典范。

中国制造时速400千米永磁电机

从蒸汽机车到世界最大高铁网，从引进、消化、吸收到完全自主创新的中国标准动车组，中国已成为世界上高铁系统技术最全、集成能力最强、运营里程最长、运行速度最高、在建规模最大的国家。在科技革命深入发展的今天，创新已经成为引领发展的第一动力，中国高铁正由"中国制造"走向"中国智造"。在不久的将来，具有高科技功能的智能高铁和智慧铁路，必将给人们带来焕然一新的感受和体验，客货运服务能力和水平也必将再上一个新台阶。目前，纳入国家"十四五"规划的"CR450科技创新工程"已全面展开，中国高铁将以更加崭新、昂扬的姿态领跑世界。

### 5.6.3 在风力发电上的应用

近年来，随着世界各国对能源安全、生态环境、气候变化等问题的愈加重视，发展风电产业已经成为全球推动能源转型发展、应对全球气候变化的普遍共识和一致行动。我国面对"双碳"目标，为了保障能源安全，党的二十大报告明确提出要先立后破，要进行低碳转型。从上游原材料，到中游制造，再到下游市场，中国已经遥遥领先。

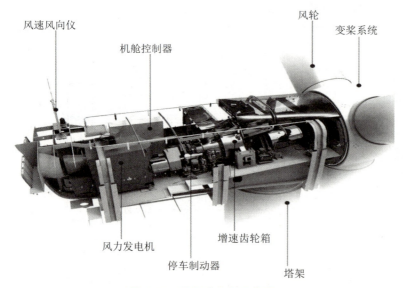

图 5-59 风力发电机组装置

风力发电是指把风的动能转换为机械能，再把机械能转换为电能。风力发电的原理是利用风力带动风车叶片旋转，再通过增速机将旋转的速度提升，来促使发电机发电。风力发电机组装置如图 5-59 所示。依据风车技术，大约 3m/s 的微风速度便可以开始发电。

一个完整的风力发电机组通常由风轮、风力发电机、增速齿轮箱、塔架、风速风向仪、停车制动器、机舱控制器和变桨系统等构成。

（1）风轮。

风轮一般由 2～3 个叶片和轮毂组成，其功能是捕获风能，并将风能转换为机械能。风轮是风力发电机最重要的部件，它是风力机区别于其他动力机的主要标志。

（2）风力发电机。

风力发电机利用电磁感应原理把由风轮输出的机械能转换为电能。发电机可以是普通异步风力发电机、双馈异步风力发电机、直驱式同步风力发电机或混合式风力发电机等。

（3）增速齿轮箱。

对于容量较大的风力发电机组，其风轮转速很低，远达不到发电机发电的要求，往往通过齿轮箱的增速作用来实现。为了减轻发电机质量，对于大型风力发电机，增速齿轮箱的增速比一般为 40～50。

（4）塔架。

塔架的功能是支撑位于空中的风力发电系统，塔架与基座相连接，承受风力发电系统运行引起的各种载荷，同时传递这些载荷到基座，使整个风力发电机组能稳定可靠地运行。

(5)风速风向仪。

风速风向仪用于测量风速及风向。

(6)停车制动器。

停车制动器是使风力发电机停止运转的装置,也称刹车系统。

(7)机舱控制器。

机舱控制器利用数字信号处理器,在正常运行状态下,通过对运行过程模拟量和开关量的采集、传输、分析,来控制风力发电机的转速和功率;如发生故障或其他异常情况能自动地监测并分析确定原因,自动调整排除故障或进入保护状态。

(8)变桨系统。

变桨系统通过调节桨叶的节距角,改变气流对桨叶的攻角,进而控制风轮捕获的气动转矩和气动功率。

**【亚洲之最】**

2022年2月22日,由中国东方电气集团有限公司自主研制、拥有完全自主知识产权的13MW抗台风型海上风电机组在福建省福清市福建三峡海上风电产业园顺利下线(图5-60)。这是目前我国已下线的亚洲地区单机容量最大、叶轮直径最大的风电机组,也是我国下线的首台13MW风电机组。

东方电气 13MW 海上风机组

该13MW海上风电机组采用东方电气集团有限公司定制化开发的抗台风策略,可抵御77m/s的超强台风,适用于我国98%的海域。与机组配套的叶片,首次采用碳纤拉挤工艺,突破了百米级超长柔性叶片研制的系列难题,单支长度达103m,刷新了我国风电叶片最长纪录;变桨系统采用行业首创的双驱电动变桨系统,具备冗余设计功能,安全性高,可靠性好的优点;发电机容量覆盖范围广,风能利用率高,维护成本低。

该13MW风电机组轮毂中心高度达130m,风轮扫风面积3.5万$m^2$,在设计风速下,每转动一圈,可发电22.8度,单台机组每年可输出5000万度清洁电能,能满足25000个三口之家一年的家庭正常用电,可减少燃煤消耗1.5万t,二氧化碳排放3.8万t,具有显著的节能减排成效。其投入应用,还可带动风电全产业链升级,促进大型国产吊装设备、安装运维等发展,促进我国能源结构调整转型、助推"双碳"宏伟目标实现。

图5-60  13MW海上风电机组

2019年，亚洲地区单机容量最大的10MW海上风电机组在福建下线，历时不到两年半，13MW风电机组再次成功下线，我国已将大型海上风电机组的关键核心技术掌握在自己手中，我国海上风电将再获新突破、再上新台阶，铸就"大国重器"新的里程碑。

### 5.6.4 在电梯上的应用

作为现代化生活的产物，电梯已经成为城市内高层建筑和公共场所不可或缺的建筑设备，为居民提供快捷、便利的通行。近些年，随着全球人口增长、城市化进程加快及人们对便捷生活要求的提高，电梯得到越来越广泛的使用。

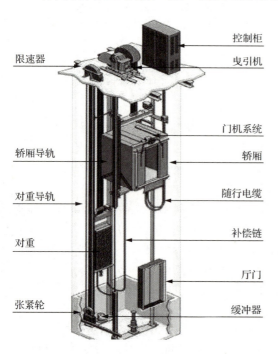

图 5-61 曳引驱动电梯示意图

曳引驱动电梯工作原理

现代曳引驱动电梯主要由曳引机（绞车）、轿厢导轨、对重装置、安全装置（如限速器、缓冲器等）、控制柜、门机系统、轿厢与厅门等组成，如图5-61所示。曳引绳两端分别连着轿厢和对重，缠绕在曳引轮和导向轮上，曳引电动机通过减速器变速后带动曳引轮转动，靠曳引绳与曳引轮摩擦产生的牵引力，实现轿厢和对重的升降运动，达到运输目的。

（1）曳引系统。曳引系统的主要功能是输出与传递动力，使电梯运行。曳引系统主要由曳引机、曳引钢丝绳、导向轮、反绳轮等组成。

（2）导向系统。导向系统的主要功能是限制轿厢和对重的活动自由度，使轿厢和对重只能沿着导轨进行升降运动。导向系统主要由导轨、导靴和导轨架等组成。

（3）轿厢。轿厢是运送乘客和货物的组件，是电梯的工作部分。轿厢主要由轿厢架和轿厢体组成。

（4）门系统。门系统的主要功能是封住层站入口和轿厢入口。门系统主要由轿厢门、层门、开门机、门锁装置等组成。

（5）质量平衡系统。质量平衡系统的主要功能是相对平衡轿厢质量，在电梯工作中能使轿厢与对重间的质量差保持在限额之内，保证电梯的曳引传动正常。质量平衡系统主要由对重和质量补偿装置组成。

（6）电力拖动系统。电力拖动系统的主要功能是提供动力，进行电梯速度控制。电力拖动系统主要由曳引电动机、供电系统、速度反馈装置、电动机调速装置等组成。

（7）电气控制系统。电气控制系统的主要功能是对电梯的运行进行操纵和控制。电气控制系统主要由操纵装置、位置显示装置、控制屏（柜）、平层装置、选层器等组成。

（8）安全保护系统。安全保护系统的主要功能是保证电梯安全使用，防止一切危及人身安全的事故发生。安全保护系统主要由电梯限速器、安全钳、夹绳器、缓冲器、安全触板、层门门锁、电梯安全窗、电梯超载限制装置、限位开关装置等组成。

电梯属于特种设备,曳引机是电梯的核心部件。变压变频系统控制的电梯采用交流电动机驱动,却可以达到直流电动机的水平,速度可达 6m/s,具有体积小、质量轻、效率高、节省能源等优点,已成为通用的电梯拖动系统。

经过几十年的发展,我国已经成为全球最大的电梯生产和消费市场,世界上主要的电梯品牌企业均在我国建立独资或合资企业,70%的电梯在中国制造,60%~65%的电梯销售在中国市场。随着本土品牌电梯企业的制造能力、产品质量及企业管理能力的提升,本土品牌电梯企业竞争实力正在逐步增强。凭借完善的电梯产业链配套和优秀的电梯产品性价比,我国电梯产品在国际市场上获得了广泛认可,在"一带一路"倡议带动下,电梯出口量逐年上升,国产高端电梯产品逐步实现替代进口,电梯年进口总量呈现下降趋势。

## 本 章 小 结

本章主要介绍了三相异步电动机的机械特性和启动、调速与制动,主要知识点如下。

(1) 三相异步电动机的机械特性常用 $T=f(s)$ 的形式表示,是指电动机的转差率 $s$ 与电磁转矩 $T$ 之间的关系特性。三相异步电动机的电磁转矩表达式有三种形式:一是物理表达式,反映出三相异步电动机和直流电动机类似,其电磁转矩都是由主磁通和转子有功电流相互作用而产生的,刻画了异步电动机电磁转矩产生的物理本质;二是参数表达式,反映了电磁转矩与电源参数及电动机参数之间的关系,利用该式可以方便地分析参数变化对电磁转矩的影响,以及各种人为机械特性的性能;三是实用表达式,实用表达式简单、便于记忆,是工程计算中常采用的形式。若电动机运行在 $0<s<s_m$ 的线性段,相当于把机械特性曲线近似为一条直线,可以使用简化实用表达式,计算更为简单。

三相异步电动机的最大转矩和启动转矩是反映电动机过载能力和启动性能的两个重要指标,最大转矩和启动转矩越大,则电动机的过载能力越强,启动性能越好。

三相异步电动机的机械特性曲线是一条非线性曲线,一般情况下,以临界转差率 $s_m$ 为分界点,$0<s<s_m$ 段为稳定运行区,而 $s_m<s<1$ 为不稳定运行区。

(2) 三相异步电动机人为机械特性曲线的形状可用参数表达式分析得出,包括:降低定子电压 $U_1$ 时的人为机械特性、转子回路串对称电阻时的人为机械特性、定子电路串对称电阻或电抗时的人为机械特性、改变定子极对数 $p$ 及改变电源频率 $f_1$ 的人为机械特性。在分析人为机械特性时要注意参数变化对 $n_1$、$s_m$、$T_m$、$T_{st}$、机械特性硬度(曲线斜率)的影响。

(3) 三相绕线式异步电动机可采用转子回路串电阻或频敏变阻器启动,其启动转矩大、启动电流小,它适用于中、大型异步电动机的重载启动。小容量的三相异步电动机可以采用直接启动,容量较大的三相鼠笼式电动机可以采用降压启动,包括三种具体实施方案。

① 定子回路串电阻或电抗降压启动。启动电流随电压的减小而减小,而启动转矩随电压平方的减小而减小,它适用于轻载或空载启动。

② Y-△降压启动。启动电流和启动转矩均降为直接启动时的 1/3，它也适用于轻载或空载启动。需要注意的是，它只适用于正常△连接的电动机，对于 Y/△连接的电动机不能使用 Y-△降压启动。

③ 串自耦变压器降压启动。启动电流和启动转矩均降为直接启动时的 $1/k^2$（$k$ 为自耦变压器的变比），它适合带较大的负载启动。

（4）三相异步电动机的调速方法有变极调速、变频调速和变转差率调速。

① 变极调速是通过改变定子绕组接线方式来改变电动机极对数，从而实现电动机转速的变化。变极调速时的定子绕组连接方式有三种：Y-YY、顺串 Y-反串 Y、△-YY。其中，Y-YY 连接方式属于恒转矩调速方式，另外两种连接方式属于恒功率调速方式。变极调速为有级调速。需要注意的是：变极调速时，应同时对调定子两相接线，这样才能保证调速后电动机的转向不变；变极调速只适用于鼠笼式异步电动机。

② 变频调速是现代交流调速技术的主要方向，它可实现无级调速，包括基频以下调速和基频以上调速，分别适用于恒转矩和恒功率负载。

③ 变转差率调速包括绕线式异步电动机的转子回路串电阻调速、串级调速和降压调速。绕线式异步电动机转子回路串电阻调速方法简单，易于实现，但调速是有级的，不平滑，且低速时机械特性软，转速稳定性差，同时转子铜损耗大，电动机的效率低；串级调速克服了转子回路串电阻调速的缺点，但设备要复杂得多；降压调速主要用于风机类负载的场合，或高转差率的电动机上，同时应采用速度负反馈的闭环控制系统。

（5）三相异步电动机也有三种制动状态：能耗制动、反接制动（电源两相反接和倒拉反转制动运行）和回馈制动。这三种制动状态的机械特性曲线、能量转换关系、用途、特点等均与直流电动机制动状态类似，具体特点可以参阅表 5-3。

本章在具体计算时一定要仔细观察机械特性曲线，如有相似或全等三角形，对于计算是十分方便的；如斜率发生改变可以使用式（5-55），提高解题效率。

## 习 题

1. 什么是三相异步电动机的固有机械特性？什么是人为机械特性？

2. 有人认为三相异步电动机在机械特性的 $s_m<s<1$ 区域，都是不稳定的，这种说法是否正确？

3. 异步电动机的过载倍数 $\lambda_m$、启动转矩倍数 $k_T$ 有何意义？它们是否越大越好？

4. 一台三相异步电动机的额定数据为 $P_N$=7.5kW，$U_N$=380V，$f_N$=50Hz，$n_N$=950r/min，$\lambda_m$=2。试求：

（1）机械特性的实用表达式；

（2）当 $s$=0.025 时的电磁转矩。

5. 一台三相异步电动机的额定数据为 $P_N$=75kW，$f_N$=50Hz，$n_N$=720r/min，$\lambda_m$=2.4。试求：

（1）临界转差率 $s_m$ 和最大转矩 $T_m$；

（2）机械特性的实用表达式。

6．三相异步电动机的降压人为机械特性有何特点？

7．三相异步电动机转子回路串入三相对称电阻时的人为机械特性有何特点？

8．为什么小容量的直流电动机不允许直接启动，而小容量的三相异步电动机却可以直接启动？

9．普通鼠笼式异步电动机在额定电压下启动时，为什么启动电流很大，而启动转矩并不大？

10．什么情况下三相异步电动机不允许直接启动？

11．一台额定电压为380V、△连接的三相异步电动机，如果误接成Y连接，并接到380V的电源上满载运行时，会有什么后果？为什么？

12．三相异步电动机带负载启动，负载越大，启动电流是否越大？为什么？负载转矩的大小对电动机启动的影响表现在什么地方？

13．试简述三相异步电动机的运行性能优劣主要通过哪些技术指标来反映。

14．三相绕线式异步电动机为何不采用降压启动？

15．三相线绕式异步电动机启动时，为什么在转子回路中串电阻既能降低启动电流，又能增大启动转矩？串入转子回路中的启动电阻是否越大越好？在启动过程中，为什么启动电阻要逐级切除？

16．三相鼠笼式异步电动机采用串自耦变压器降压启动时，启动电流和启动转矩与自耦变压器的变比有什么关系？

17．什么是三相异步电动机的Y-△降压启动？它与直接启动相比，启动转矩和启动电流有何变化？

18．在电源电压不变的情况下，如果△连接的电动机误接成Y连接，或者Y连接误接成△连接，其后果如何？

19．某三相异步电动机的铭牌上标注的额定电压为380V/220V，定子绕组连接为Y/△。试问：

（1）如果接到380V的交流电网上，能否采用Y-△启动？

（2）如果接到220V的交流电网上，能否采用Y-△启动？

20．如果电网电压严重不对称，三相异步电动机在额定负载下能否长时间运行？为什么？

21．三相异步电动机启动时，如果电源或绕组一相断线，电动机能否启动？如果运行中电源或绕组一相断线，能否继续旋转？为什么？

22．三相绕线式异步电动机转子回路串适当的电阻时，为什么启动电流减小，而启动转矩增大？如果串电抗器，会有同样的结果吗？为什么？

23．为什么三相绕线式异步电动机转子回路串入的电阻太大反而会使启动转矩变小？

24．三相绕线式异步电动机转子回路串频敏变阻器启动的原理是什么？

25．为什么说三相绕线式异步电动机转子回路串频敏变阻器启动比串电阻启动效果更好？

26．如果一台三相异步电动机在修理时，将铜条转子改为铸铝转子，其启动性能、运行性能将如何变化？

27．一台三相鼠笼式异步电动机的额定数据为$P_N$=55kW，$U_N$=380V（定子绕组△接法），启动电流倍数 $k_i=7$，启动转矩倍数 $k_T=2$，供电变压器容量为 1000kV·A。如果满载启动，试问：

（1）该电动机能否直接启动？

（2）该电动机能否采用 Y-△ 降压启动？

（3）若采用串自耦变压器降压启动，自耦变压器抽头比有 55%、64% 和 73% 三种，使用哪种抽头比才能满足要求？

28．一台三相鼠笼式异步电动机的额定数据为 $U_N=380V$，△连接，$I_N=20A$，启动电流倍数 $k_i=7$，启动转矩倍数 $k_T=1.4$。试求：

（1）如采用 Y-△ 降压启动，启动电流为多少？能否半载启动？

（2）如采用串自耦变压器半载启动，启动电流为多少？试选择抽头比。

29．一台三相绕线式异步电动机的额定数据为 $P_N=11kW$，$n_N=715r/min$，$E_{2N}=163V$，$I_{2N}=47.2A$，$\lambda_m=1.8$，负载转矩 $T_L=98\,N\cdot m$。试求转子回路串三级电阻启动时各分段电阻值。

30．一台三相绕线式异步电动机的额定数据为 $P_N=40kW$，$n_N=1470r/min$，$U_N=380V$，$\lambda_m=2.6$。转子每相绕组电阻 $R_2=0.08\Omega$，要求启动转矩为 $2T_N$，试利用机械特性的简化实用表达式计算转子每相应串的电阻值。

31．什么是软启动？软启动与传统的降压启动相比有什么优点？

32．三相鼠笼式异步电动机如何实现变极调速？为什么变极调速时电源相序要改变？

33．三相异步电动机进行变频调速时，应按什么规律来控制定子电压？为什么？

34．在基频以下变频调速时，为什么要保持 $U_1/f_1$ 为常数？它属于什么调速方式？

35．在基频以上变频调速时，电动机的磁通如何变化？它属于什么调速方式？

36．三相异步电动机拖动额定负载运行时，若电源电压下降过多，会产生什么后果？

37．三相绕线式异步电动机转子回路串电抗能否调速？为什么？

38．什么是三相绕线式电动机的串级调速？与三相绕线式电动机转子回路串电阻调速相比，其优点是什么？

39．串级调速为什么比转子回路串电阻调速效率高？它适用于什么场合？

40．比较串级调速和转子回路串电阻调速的机械特性、效率和功率因数。

41．三相绕线式异步电动机有哪几种调速方法？各有何优缺点？

42．三相鼠笼式异步电动机有哪几种调速方法？各有何特点？

43．为什么普通鼠笼式异步电动机带恒转矩负载不适合采用调压调速？

44．一台三相六极鼠笼式异步电动机的额定数据为 $P_N=11kW$，$n_N=960r/min$，$U_N=380V$，$f_N=50Hz$，$\lambda_m=2$，现采用变频调速带动 $T_L=0.7T_N$ 的恒转矩负载运行在 $n'=800r/min$，已知变频调速电源电压和频率的关系为 $U_1/f_1=$常数。试求此时的电压 $U_1'$ 和频率 $f_1'$。

45．一台三相绕线式异步电动机的额定数据为 $P_N=22kW$，$U_N=380V$，$n_N=960r/min$，$I_N=40A$，$E_{2N}=355V$，$I_{2N}=40A$，$\lambda_m=2$。如果采用转子回路串电阻调速，拖动 $T_L=T_N$ 的恒转矩负载，要使 $n'=800r/min$。试求每相应串入电阻 $R_{st}$。

46．一台三相绕线式异步电动机的额定数据为 $P_N=60kW$，$U_N=380V$，$n_N=577r/min$，$I_N=133A$，$E_{2N}=253V$，$I_{2N}=160A$，$\lambda_m=2.9$，拖动 $T_L=0.85T_N$ 的恒转矩负载。试求：

（1）如果采用转子回路串电阻调速，要使 $n'=500r/min$，每相应串入电阻 $R_{st}$ 为多少？

（2）如果采用降压调速，当定子电压降到 $U_1'=0.8U_N$ 时，电动机的转速是多少？

47．一台三相绕线式异步电动机的额定数据为 $P_N$=75kW，$U_N$=380V，$n_N$=720r/min，$I_N$=148A，$E_{2N}$=213V，$I_{2N}$=220A，$\lambda_m$=2.4，拖动 $T_L$=0.85$T_N$ 的恒转矩负载。要使电动机运行在 660r/min，试求：

（1）如果采用转子回路串电阻调速，每相应串入电阻 $R_{st}$ 是多少？

（2）如果采用降压调速，此时的电源电压是多少？

（3）如果采用变频调速，保持 $U_1/f_1$ 为常数，此时的电源电压是多少？

48．三相异步电动机能耗制动的原理是什么？定子绕组为何要通入直流电流？

49．三相异步电动机能耗制动时，保持通入定子绕组的直流电流恒定，在制动过程中气隙磁通是否变化？

50．试分析三相异步电动机处于反接制动状态时的能量转换关系。举例说明三相异步电动机的反接制动过程。

51．三相绕线式异步电动机反接制动时，为什么要在转子回路串入较大的电阻值？

52．倒拉反转运行应用于何种负载？试分析其功率传递关系。

53．正在运行的三相异步电动机，若把原来接在电源上的定子接线端迅速改换接到三相对称电阻上，能否实现快速停车？为什么？

54．当三相异步电动机拖动位能性负载时，为了限制负载下降时的速度，可采用哪几种实现方法？

55．举例说明三相异步电动机回馈制动过程或运行情况。

56．某起重机吊钩由一台三相绕线式异步电动机拖动，该电动机的额定数据为 $P_N$=40kW，$n_N$=1464r/min，$U_N$=380V，$R_2$=0.06Ω，$\lambda_m$=2.2。当该电动机提升重物时 $T_L=T_1$=261 N·m，下放重物时 $T_L=T_2$=208 N·m。

（1）提升重物时，要求有低速、高速两档，且高速时转速 $n_A$ 为工作在固有机械特性上的转速，低速时转速 $n_B$=0.25$n_A$，工作于转子回路串电阻的机械特性上。求两挡转速及转子回路应串入的电阻值。

（2）下放重物时，要求有低速、高速二挡，且高速时转速 $n_C$ 为工作在负序电源的固有机械特性上的转速，低速时转速 $n_D$=−$n_B$，仍然工作于转子回路串电阻的机械特性上。求两挡转速及转子回路应串入的电阻值。说明电动机运行在哪种状态。

57．一台三相绕线式异步电动机的额定数据为 $P_N$=75kW，$n_N$=720r/min，$U_N$=380V，$E_{2N}$=213V，$I_{2N}$=220A，$\lambda_m$=2.4，定子、转子绕组均为 Y 连接。该电动机拖动额定的位能性恒转矩负载。试求：

（1）要求启动转矩 $T_{st}$=1.48 $T_N$ 时，转子每相串入电阻为多大？

（2）要求以 300r/min 的速度下放重物时，转子每相串入电阻为多大？

（3）若电动机拖动额定的恒转矩负载原来以额定转速稳定运行，为了快速停车，现采用电源两相反接制动，要求瞬时制动转矩不超过 1.2$T_N$，转子每相串入电阻为多大？

58．为什么变频器要采用防止过电压失速功能的设定？

59．查阅相关资料，了解变频器的品牌、型号和功能。

# 第 6 章 同步电机

### 教学要求

1. 掌握同步电机的结构特点、工作原理和额定值。
2. 掌握同步电动机的双反应理论、电磁关系、基本方程式和相量图。
3. 理解同步电动机的功率关系和转矩关系。
4. 掌握同步电动机的功角特性、矩角特性，会判定同步电动机稳定运行状态。
5. 理解同步电动机的工作特性、励磁调节原理和 V 形曲线。
6. 了解同步电动机的启动、调速和制动方法。
7. 了解同步电机的应用。

### 推荐阅读资料

1. 周顺荣，2007. 电机学[M]. 2 版. 北京：科学出版社.
2. 刘爱民，2011. 电机与拖动技术[M]. 大连：大连理工大学出版社.

第 6 章思维导图

第6章 同步电机

法拉第电磁感应现象的发现，为交流发电机的诞生奠定了理论基础。但是，在 19 世纪 70 年代以前，由于人们对交流电缺乏了解，误认为交流电没有实际用途，工业上使用很不方便，因此从 19 世纪 30 年代到 70 年代的 40 多年间，同步电机几乎没有什么发展。

1883 年，特斯拉制成了一台两相同步发电机模型。1888 年，西屋公司开始生产两相同步发电机。世界上首先制造出具有实用价值的三相同步发电机的是德国人哈舍尔汪德，1887 年 7 月，他提出了三相同步发电机和三相同步电动机的概念，同年，他制成的一台凸极同步电动机投入运行。

从电机可逆原理上看，同步发电机可以作为同步电动机运行，所以同步电动机是与同步发电机并行发展的。

同步电机与异步电机相对应，也属于交流电机，由于其转子转速与定子旋转磁场转速相同，故称同步电机。同步电机具有可逆性，可以作为发电机使用，电力系统中的电能几乎全是通过发电厂的同步发电机产生的；也可以作为电动机使用，功率可达数千千瓦，多用于大型生产机械的电力拖动系统中，如空气压缩机、鼓风机、球磨机等。同步电动机是同步电机将电能转换为机械能的一种运行方式，其转速不随负载变化而变化，通过调节励磁电流可以改善电网的功率因数，这是同步电动机的主要优点。本章首先介绍同步电机的基本结构与工作原理，然后详细讲解同步电动机的电磁关系、运行特性和电力拖动。

## 6.1 同步电机的基本结构与工作原理

### 6.1.1 同步电机的基本结构

同步电机与其他旋转电机一样，也是由定子部分和转子部分组成，定、转子之间有气隙。其基本结构如图 6-1 所示。

**1. 定子**

定子由定子铁心、定子绕组、机座和端盖等部分组成。

定子铁心是构成磁路的部件，由硅钢片叠装而成，目的是减少磁滞和涡流损耗。

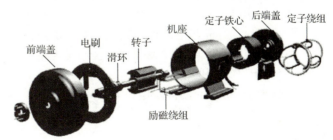

图 6-1 同步电机的基本结构

同步电机的定子绕组与异步电机的定子绕组相同，是三相对称交流绕组，多为双层短距分布绕组。定子又称电枢，定子绕组又称电枢绕组。

机座是支撑部件,其作用是固定定子铁心和定子绕组,大型同步电机的机座多采用钢板焊接结构。

### 2. 转子

同步电机的转子与异步电机的转子不同,根据转速高低和容量大小分为凸极和隐极两种。一般同步电机多采用凸极转子,而高速运行的同步电机则采用隐极转子,这两种转子的结构如图 6-2 所示。

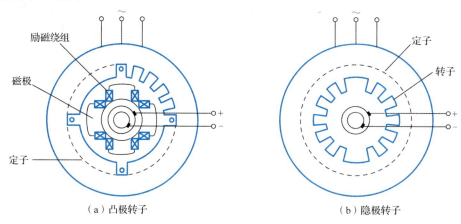

(a) 凸极转子　　　　　　　　　(b) 隐极转子

图 6-2　同步电机的转子结构

凸极转子由转子铁心(转轴、转子磁极、磁轭)、转子绕组(励磁绕组)和集电环组成。励磁绕组通入直流励磁电流,转子产生固定极性的磁场。磁极是建立转子磁场的部件,由磁极铁心、励磁绕组和极身绝缘组成。磁极铁心通常由磁极冲片叠成,冲片材质为 1~1.5 mm 低碳钢板。磁极上套有励磁线圈,各磁极上线圈按一定方式连接起来构成励磁绕组,在励磁绕组上通入直流电流,使转子的磁极极性 N 和 S 在电动机圆周上交替排列。磁轭是转子磁路的一部分,它用 4~8 mm 钢板冲片叠成,也有用整体锻钢加工而成的,磁轭的另一个作用是固定磁极,其外表有鸽尾槽,用于固定磁极并使磁极准确定位。凸极转子的特点是:有明显的磁极,定、转子之间的气隙不均匀,转子铁心短粗,结构简单,制造方便,但机械强度较差,适用于转速低于 1000r/min 的同步电机。

隐极转子无明显的磁极,转子和转轴由整块钢材加工成统一体,转子呈圆柱形。在圆周上约 2/3 的部分铣有齿和槽,槽内嵌放同心式的直流励磁绕组;没有开槽的 1/3 部分称为大齿,是磁极的中心区域。励磁绕组也是通过电刷和集电环与直流电源相连。隐极转子的特点是:定、转子之间的气隙均匀,转子铁心细长,制造工艺比较复杂,机械强度较高,适用于转速高于 1500r/min 的同步电机。

为了便于启动,一般在转子磁极表面装有类似于鼠笼式异步电机的鼠笼式绕组,这种绕组不仅能用于启动,而且对振荡也有阻尼作用,称为启动绕组(或阻尼绕组),凸极同步电机便于安装这种绕组,所以同步电机多为凸极结构。

第6章 同步电机

如何从外形上区别同步电机采用的是隐极转子还是凸极转子？为什么前者适用于高速，而后者适用于低速？

### 6.1.2 同步电机的工作原理

同步电机具有可逆性，根据外界条件，既可以作电动机运行，也可以作发电机运行。

当同步电机三相定子绕组接三相交流电源、转子励磁绕组接直流电源时，就作为同步电动机运行。这时三相定子绕组通入对称的三相交流电流，在定、转子气隙中产生旋转磁场；转子励磁绕组通入的直流电流产生恒定磁场。旋转磁场对转子磁场作用，会产生电磁转矩，拖动转子并带动负载旋转，此时是电动机运行状态。转子转速与旋转磁场转速相等，即同步转速 $n_1=60f_1/p$，其中 $f_1$ 为三相交流电源频率，$p$ 为极对数。旋转方向取决于定子绕组通入交流电流的相序。只要电源频率恒定，电动机的转速就是恒定的，总是与旋转磁场同步，因而称为同步电机。如果同步电动机轴上带有机械负载，则电枢绕组从电网吸收电功率，通过气隙磁场传递给转子，转换为机械功率，实现机电能量转换。

同步电机的工作原理

当同步电机的转子励磁绕组通入直流电流，且转子由原动机拖动以恒速 $n_1$ 旋转时，同步电机就作为同步发电机运行。因为在转子旋转过程中，转子上的磁极以恒速 $n_1$ 切割定子的三相对称绕组，会在定子的三相对称绕组中产生三相对称电动势，外接三相负载时，同步电机就可向负载供电，成为同步发电机。同步发电机带上负载时，三相定子绕组就有三相电流流过，会产生旋转磁场，旋转磁场与转子磁场相互作用，企图阻止转子旋转，这样，同步发电机就把输入的机械能转换为电能供给负载。

同步电机无论作为发电机还是电动机运行，其转速与频率之间都保持严格不变的关系，即同步电机在恒定频率下的转速恒为同步速度，这是同步电机和异步电机的基本差别之一。

同步电机的工作原理与异步电机有何异同？

### 6.1.3 同步电机的额定值

在同步电机的铭牌上标明的额定数据有以下几个。

（1）额定功率（$P_N$，单位为 kW），对于同步电动机，指在额定运行时轴上输出的机械功率；对于同步发电机，指在额定运行时输出的电功率。

对于三相同步电动机，额定功率为
$$P_N = \sqrt{3}U_N I_N \cos\varphi_N \eta_N \times 10^{-3} \text{kW}$$
对于三相同步发电机，额定功率为
$$P_N = \sqrt{3}U_N I_N \cos\varphi_N \times 10^{-3} \text{kW}$$

（2）额定电压（$U_N$，单位为 V 或 kV），指允许加在三相定子绕组上的最大线电压。

（3）额定电流（$I_N$，单位为 A），在额定运行时流过定子绕组的线电流。

（4）额定转速（$n_N$，单位为 r/min），指电机额定运行时的转子转速，等于同步转速。

（5）额定效率（$\eta_N$），指电机在额定运行时的效率。

（6）额定功率因数（$\cos\varphi_N$），指电机在额定运行时的功率因数。

（7）额定频率（$f_N$，单位为 Hz），指电机在额定运行时规定的频率。

（8）额定励磁电压（$U_{fN}$，单位为 V），指电机在额定运行时励磁绕组所加的电压。

（9）额定励磁电流（$I_{fN}$，单位为 A），指电机在额定运行时的励磁电流。

此外，同步电机的铭牌上还会给出电机的绝缘等级、冷却方式、温升、防护等级、质量等。

同步电机的型号用大写的汉语拼音字母和阿拉伯数字表示。例如，T1300-40/3250 型电动机，含义是：这是一台定子铁心外径为 3250mm、功率为 1300kW 的 40 极大型同步电动机，如图 6-3（a）所示。又如，TT1250-12/1730 型发电机，含义是：这是一台定子铁心外径为 1730mm、功率为 1250kW 的 12 极大型同步发电机，如图 6-3（b）所示。

（a）同步电动机

（b）同步发电机

图 6-3 大型同步电机

## 6.2 同步电动机的电磁关系

### 6.2.1 同步电动机的磁动势

同步电动机稳态运行时，转子励磁绕组通入直流电流 $I_f$，定子的电枢绕组通入交流电流 $I_1$，因而存在两个磁动势，即转子的励磁磁动势 $\dot{F}_0$（也称主磁动势）和电枢磁动势 $\dot{F}_a$。$\dot{F}_0$ 是直流恒定磁动势，随转子以同步转速 $n_1$ 旋转，在气隙中产生的磁通称为主磁通；电枢电流产生的电枢磁动势 $\dot{F}_a$ 是旋转磁动势，也以同步转速 $n_1$ 相对于定子旋转，其转向与转子转向相同。这样，$\dot{F}_a$ 和 $\dot{F}_0$ 同方向、同转速旋转，没有相对运动，在电动机的主磁路

上有两个磁动势,相互叠加,形成合成磁场。可以利用叠加原理求得它们共同作用产生的气隙合成磁动势 $\dot{F}$ 为

$$\dot{F} = \dot{F}_0 + \dot{F}_a \tag{6-1}$$

当同步电动机空载时,$\dot{F}_a = 0$,$\dot{F} = \dot{F}_0$,这时的气隙磁场只有励磁磁动势产生的空载气隙磁场。当同步电动机带负载时,就有电枢磁动势 $\dot{F}_a$,这时的气隙磁场是 $\dot{F}_0$ 和 $\dot{F}_a$ 共同作用的结果,$\dot{F}_a$ 的存在改变了原来只由 $\dot{F}_0$ 产生的空载气隙磁场的大小和分布。电枢磁动势 $\dot{F}_a$ 对空载气隙磁场的影响称为电枢反应。

电枢反应的性质与电枢磁动势和转子磁动势在空间的相对位置有关,同时还与转子的结构形式(即凸极和隐极)有关。下面以凸极同步电动机为例,应用双反应理论和相量图分析电枢反应及影响。

### 6.2.2 凸极同步电动机的双反应理论

凸极同步电动机转子结构的特点是有明显的磁极,定、转子之间的气隙不均匀。在转子磁极轴线处气隙最小,磁阻最小,磁导最大;在其他位置气隙较大,磁阻较小,磁导较大,所以磁通所走的路径不同,所遇的磁阻不同,对应的电抗参数也就不同。这种气隙不均匀给分析凸极同步电动机内部电磁关系带来困难。为便于分析,在转子上设置垂直的两根轴,即 d 轴和 q 轴,取转子磁极轴线为 d 轴(直轴),取极间中心线为 q 轴(交轴),d 轴和 q 轴随转子以转速 $n_1$ 逆时针方向旋转,如图 6-4 所示。设置 d、q 轴后,凸极同步电动机的磁路沿 d 轴或 q 轴方向是对称的,便于分析计算。

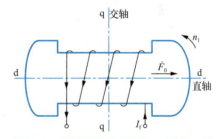

图 6-4 凸极同步电动机的 d 轴和 q 轴

对转子而言,励磁磁动势 $\dot{F}_0$ 作用在 d 轴上,没有 q 轴方向的分量,$\dot{F}_0$ 产生的主磁通 $\dot{\Phi}_0$ 也在 d 轴上,随转子一起旋转,经过的是沿 d 轴对称的磁路。

由于电枢磁动势 $\dot{F}_a$ 与励磁磁动势 $\dot{F}_0$ 同方向同转速旋转,相互之间没有相对运动,而 $\dot{F}_0$ 又在转子的 d 轴上,这样,就可以把 $\dot{F}_a$ 放在转子的 d-q 轴系中进行分析。

现在 $\dot{F}_a$ 和 $\dot{F}_0$ 都在 d-q 轴系中,首先将 $\dot{F}_a$ 进行分解,即把电枢磁动势 $\dot{F}_a$ 分解为直轴分量 $\dot{F}_{ad}$(也称直轴电枢磁动势)和交轴分量 $\dot{F}_{aq}$(也称交轴电枢磁动势),然后分别进行分析和计算,最后把它们的效果叠加起来,就是电枢反应。这种分析方法就是以叠加原理为基础的"双反应理论"。

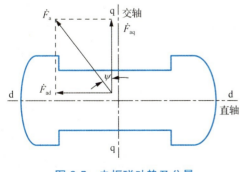

图 6-5 电枢磁动势及分量

如图 6-5 所示,将 $\dot{F}_a$ 分解后就得到

$$\dot{F}_a = \dot{F}_{ad} + \dot{F}_{aq} \tag{6-2}$$

也就得到

$$\begin{cases} F_{ad} = F_a \sin\psi \\ F_{aq} = F_a \cos\psi \end{cases} \quad (6-3)$$

式中，$\psi$ 为 $\dot{F}_a$ 与 q 轴的夹角。

### 6.2.3 凸极同步电动机的电磁关系

在凸极同步电动机中常按电动机惯例规定电磁量的参考方向（图6-6），对应的电压平衡方程式为

$$\dot{U}_1 = \dot{E}_1 + \dot{I}_1 Z_1$$

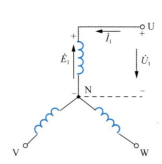

图6-6 凸极同步电动机中电磁量的参考方向

式中，$Z_1$ 为凸极同步电动机电枢绕组的漏阻抗。

如果不考虑铁损耗，在相量图中，电流 $\dot{I}_1$ 与电流 $\dot{I}_1$ 所产生的磁动势 $\dot{F}_a$ 和磁通 $\dot{\Phi}$，三者是同相位的。按照变压器和异步电动机的分析方法，在图6-6的电路中 $\dot{E}_1$ 则超前 $\dot{\Phi}$ 相位90°，当然 $\dot{\Phi}$ 也超前对应的磁动势 $\dot{F}_a$ 和电流 $\dot{I}_1$ 相位90°。

电枢磁动势 $\dot{F}_a$ 的大小为

$$F_a = 1.35 \times \frac{N_1 k_{N1}}{p} I_1 \quad (6-4)$$

式中，$I_1$ 为电枢相电流的有效值；$N_1$ 为电枢绕组一相串联的匝数；$k_{N1}$ 为绕组系数；$p$ 为电动机极对数。

利用双反应理论，将 $\dot{F}_a$ 分解为 $\dot{F}_{ad}$ 和 $\dot{F}_{aq}$，它们的大小为

$$\begin{cases} F_{ad} = F_a \sin\psi = 1.35 \times \frac{N_1 k_{N1}}{P} I_1 \sin\psi = 1.35 \times \frac{N_1 k_{N1}}{p} I_d \\ F_{aq} = F_a \cos\psi = 1.35 \times \frac{N_1 k_{N1}}{P} I_1 \cos\psi = 1.35 \times \frac{N_1 k_{N1}}{p} I_q \end{cases} \quad (6-5)$$

式中，$I_d = I_1 \sin\psi$ 为电枢电流的直轴分量；$I_q = I_1 \cos\psi$ 为电枢电流的交轴分量。

由式（6-5）可得电枢电流 $\dot{I}_1$ 的表达式为

$$\dot{I}_1 = \dot{I}_d + \dot{I}_q \quad (6-6)$$

即

$$\begin{cases} I_d = I_1 \sin\psi \\ I_q = I_1 \cos\psi \end{cases} \quad (6-7)$$

由 $\dot{F}_a$ 分解而来的分量 $\dot{F}_{ad}$ 和 $\dot{F}_{aq}$，连同励磁磁动势 $\dot{F}_0$ 都以同步转速 $n_1$ 旋转，它们所产生的磁通 $\dot{\Phi}_{ad}$、$\dot{\Phi}_{aq}$、$\dot{\Phi}_0$ 也以同步转速 $n_1$ 旋转，切割电枢绕组（定子绕组），分别在电枢绕组中产生感应电动势 $\dot{E}_{ad}$、$\dot{E}_{aq}$ 和 $\dot{E}_0$。另外，定子磁动势 $\dot{F}_a$ 产生的漏磁通 $\dot{\Phi}_\sigma$，在定子绕组

中产生感应漏电动势 $\dot{E}_\sigma$。根据图6-6给出的同步电动机电动势参考方向，可以写出电枢回路电压平衡方程式为

$$\dot{U} = \dot{E}_0 + \dot{E}_{ad} + \dot{E}_{aq} + \dot{E}_\sigma + \dot{I}_1 R_1 \tag{6-8}$$

式中，$R_1$ 为电枢绕组一相的电阻；$\dot{E}_{ad}$ 为直轴电枢反应电动势；$\dot{E}_{aq}$ 为交轴电枢反应电动势；$\dot{E}_0$ 为励磁电动势，也称空载电动势。

不考虑饱和情况，则磁路为线性，就有

$$\begin{cases} E_{ad} \propto \Phi_{ad} \propto F_{ad} \propto I_d \\ E_{aq} \propto \Phi_{aq} \propto F_{aq} \propto I_q \end{cases} \tag{6-9}$$

即 $E_{ad}$ 正比于 $I_d$，$E_{aq}$ 正比于 $I_q$。考虑相位关系时，$\dot{E}_{ad}$ 超前 $\dot{I}_d$ 相位 $90°$，$\dot{E}_{aq}$ 超前 $\dot{I}_q$ 相位 $90°$。

由于 $\dot{E}_{ad}$ 正比于 $\dot{I}_d$，且超前 $\dot{I}_d$ 相位 $90°$，于是可将 $\dot{E}_{ad}$ 表示为

$$\dot{E}_{ad} = j\dot{I}_d X_{ad} \tag{6-10}$$

式中，$X_{ad}$ 是比例常数，称为直轴电枢反应电抗。

同理，可将 $\dot{E}_{aq}$ 表示为

$$\dot{E}_{aq} = j\dot{I}_q X_{aq} \tag{6-11}$$

式中，$X_{aq}$ 也是比例常数，称为交轴电枢反应电抗。

因此，$\dot{E}_a$ 也可分解为两个分量，即

$$\dot{E}_a = \dot{E}_{ad} + \dot{E}_{aq} \tag{6-12}$$

另外，在定子绕组中感应漏电动势 $\dot{E}_\sigma$ 为

$$\dot{E}_\sigma = j\dot{I}_1 X_1 \tag{6-13}$$

式中，$X_1$ 为电枢绕组一相的漏电抗。

将式（6-10）、式（6-11）和式（6-13）代入式（6-8）中，可得

$$\dot{U}_1 = \dot{E}_0 + j\dot{I}_d X_{ad} + j\dot{I}_q X_{aq} + \dot{I}_1(R_1 + jX_1) \tag{6-14}$$

再将式（6-6）代入式（6-14），又得

$$\begin{aligned} \dot{U}_1 &= \dot{E}_0 + j\dot{I}_d X_{ad} + j\dot{I}_q X_{aq} + (\dot{I}_d + \dot{I}_q)(R_1 + jX_1) \\ &= \dot{E}_0 + j\dot{I}_d(X_{ad} + X_1) + j\dot{I}_q(X_{aq} + X_1) + \dot{I}_1 R_1 = \dot{E}_0 + j\dot{I}_d X_d + j\dot{I}_q X_q + \dot{I}_1 R_1 \end{aligned} \tag{6-15}$$

式中，$X_d = X_{ad} + X_1$，称为直轴同步电抗；$X_q = X_{aq} + X_1$，称为交轴同步电抗。

对同一台凸极同步电动机，$X_d$、$X_q$ 都是常数，可以用计算的方法或试验的方法求得。

综上所述，凸极同步电动机的电磁关系如图6-7所示。

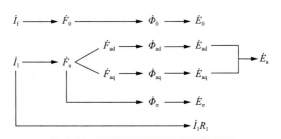

图6-7 凸极同步电动机的电磁关系

### 想一想

交轴同步电抗和直轴同步电抗的物理意义是什么？同步电抗与电枢反应电抗有什么关系？请分别分析当气隙加大、电枢绕组的匝数减少、铁心饱和程度增加、励磁绕组匝数减少时对同步电抗有何影响？

#### 6.2.4 凸极同步电动机的相量图

当凸极同步电动机容量较大时，一般情况下可忽略电阻 $R_1$，于是凸极同步电动机电压平衡方程式（6-15）可简化为

$$\dot{U}_1 = \dot{E}_0 + j\dot{I}_d X_d + j\dot{I}_q X_q \qquad (6-16)$$

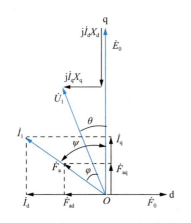

图 6-8 凸极同步电动机 $\varphi<0$ 时的简化相量图

凸极同步电动机运行于电动状态，在 $\varphi<0$（超前）时，画出的简化相量图如图 6-8 所示。图 6-8 中，$\dot{U}_1$ 与 $\dot{I}_1$ 之间的夹角 $\varphi$ 是功率因数角；$\dot{E}_0$ 与 $\dot{U}_1$ 之间的夹角 $\theta$ 与功率的大小有关，称为功率角，简称功角；$\dot{E}_0$ 与 $\dot{I}_1$ 之间的夹角是 $\psi$，$\psi$ 也是 $\dot{F}_a$ 与 q 轴的夹角。

$\psi$ 对电枢反应有重大影响，由 $\dot{F} = \dot{F}_0 + \dot{F}_a = \dot{F}_0 + (\dot{F}_{ad} + \dot{F}_{aq}) = (\dot{F}_0 + \dot{F}_{ad}) + \dot{F}_{aq}$ 可知，当 $\dot{I}_1$ 超前 $\dot{E}_0$ 时（图 6-8），$\dot{I}_d$ 所产生的直轴磁动势 $\dot{F}_{ad}$ 与励磁磁动势 $\dot{F}_0$ 反相，电枢反应起去磁作用；当 $\dot{I}_1$ 落后 $\dot{E}_0$ 时，$\dot{I}_d$ 所产生的直轴磁动势 $\dot{F}_{ad}$ 与励磁磁动势 $\dot{F}_0$ 同相，电枢反应起助磁作用；当 $\dot{I}_1$ 与 $\dot{E}_0$ 同相时，即 $\psi=0$，则 $\dot{I}_d=0$，没有直轴磁动势 $\dot{F}_{ad}$，只有交轴磁动势 $\dot{F}_{aq}$，电枢反应既不去磁，也不助磁，仅使气隙发生偏移。

### 想一想

三相同步电动机电枢反应的性质主要取决于哪些因素？电枢反应的去磁或是助磁出现在什么情况下？

#### 6.2.5 隐极同步电动机的相量图

凸极同步电动机的气隙是不均匀的，沿 d 轴和 q 轴的磁阻是不相等的，表现为直轴同步电抗 $X_d$ 和交轴同步电抗 $X_q$ 是不相等的。而隐极同步电动机的气隙是均匀的，表现为直轴、交轴同步电抗是相等的，即

$$X_d = X_q = X_c \qquad (6-17)$$

式中，$X_c$ 为隐极同步电动机的同步电抗。

对隐极同步电动机，电压平衡方程式（6-15）就变为

$$\begin{aligned}\dot{U}_1 &= \dot{E}_0 + j\dot{I}_d X_d + j\dot{I}_q X_q \\ &= \dot{E}_0 + j(\dot{I}_d + \dot{I}_q)X_c \\ &= \dot{E}_0 + j\dot{I}_1 X_c \end{aligned} \qquad (6\text{-}18)$$

图 6-9 为隐极同步电动机 $\varphi<0$（超前）时的简化相量图。

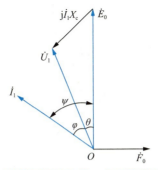

图 6-9 隐极同步电动机 $\varphi<0$ 时的简化相量图

## 6.3 同步电动机的功率关系和转矩关系

### 6.3.1 功率关系

同步电动机正常运行时，从电源输入的功率 $P_1$ 中减去所有损耗，就是轴上输出的机械功率 $P_2$，损耗包括定子绕组的铜损耗 $P_{Cu1}$、定子的铁损耗 $P_{Fe}$、机械损耗 $P_{mec}$ 和附加损耗 $P_{ad}$。于是得到同步电动机的功率平衡方程式为

$$P_1 = P_2 + P_{Cu1} + P_{Fe} + P_{mec} + P_{ad} \qquad (6\text{-}19)$$

其中，$P_{Fe}$、$P_{mec}$、$P_{ad}$ 是空载时就存在的损耗，与带不带负载没有关系，统称为空载损耗 $P_0$，即 $P_0 = P_{Fe} + P_{mec} + P_{ad}$。

同步电动机的电磁功率 $P_M$ 是输出功率 $P_2$ 与空载损耗 $P_0$ 之和，即

$$P_M = P_2 + P_0 = P_2 + P_{Fe} + P_{mec} + P_{ad} = P_1 - P_{Cu1} \qquad (6\text{-}20)$$

相应的同步电动机功率流程图如图 6-10 所示。

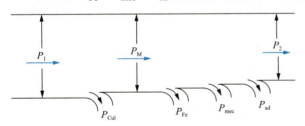

图 6-10 同步电动机功率流程图

### 6.3.2 转矩关系

将式（6-20）的两边同时除以同步角速度 $\Omega_1$，就得到转矩平衡方程式为

$$T = T_2 + T_0 \qquad (6\text{-}21)$$

式中，$T = P_M/\Omega_1$ 是电磁转矩；$T_2 = P_2/\Omega_1$ 是负载转矩；$T_0 = P_0/\Omega_1$ 是空载转矩；$\Omega_1 = 2\pi n_1/60$ 是机械同步角速度。

各转矩的计算公式为

$$\begin{cases} T = 9550 \times \dfrac{P_M}{n_1} \\ T_2 = 9550 \times \dfrac{P_2}{n_1} \\ T_0 = 9550 \times \dfrac{P_0}{n_1} \end{cases}$$

**【例 6-1】** 一台三相六极同步电动机,其额定数据为:额定功率 $P_N$=250kW,额定电压 $U_N$=380V,额定效率 $\eta_N$=89%,额定功率因数 $\cos\varphi_N$=0.83,定子绕组为 Y 接法,定子每相电阻 $R_1$=0.029Ω。电动机额定运行时,试求:

(1) 定子输入功率 $P_1$;

(2) 定子电流 $I_1$;

(3) 电磁功率 $P_M$;

(4) 额定电磁转矩 $T_N$;

(5) 输出转矩 $T_2$;

(6) 空载转矩 $T_0$。

解:(1) 定子输入功率 $P_1$ 为

$$P_1 = \frac{P_N}{\eta_N} = \frac{250 \times 10^3}{0.89} \approx 281\text{kW}$$

(2) 定子电流 $I_1$ 为

$$I_1 = \frac{P_1}{\sqrt{3}U_N \cos\varphi_N} = \frac{281 \times 10^3}{\sqrt{3} \times 380 \times 0.83} \approx 514.4\text{A}$$

(3) 电磁功率 $P_M$ 为

$$P_M = P_1 - 3I_1^2 R_1 = 281 - 3 \times 514.4^2 \times 0.029 \times 10^{-3} \approx 258\text{kW}$$

(4) 额定电磁转矩 $T_N$ 为

$$T_N = 9550 \times \frac{P_M}{n_1} = 9550 \times \frac{258}{1000} = 2463.9\text{N}\cdot\text{m}$$

(5) 输出转矩 $T_2$ 为

$$T_2 = 9550 \times \frac{P_N}{n_1} = 9550 \times \frac{250}{1000} = 2387.5\text{N}\cdot\text{m}$$

(6) 空载转矩 $T_0$ 为

$$T_0 = T_N - T_2 = 2463.9 - 2387.5 = 76.4\text{N}\cdot\text{m}$$

## 6.4 同步电动机的功角特性与矩角特性

在异步电动机中,电磁转矩 $T$ 随转差率 $s$(或转速 $n$)而变化,其变化规律称为机械特性 $T=f(s)$ 或 $T=f(n)$。而当同步电动机负载变化时,也会引起电磁转矩的变化,但转速是不变的,所以要表示同步电动机的电磁功率 $P_M$ 和电磁转矩 $T$ 随负载变化的规律时,常用功角 $\theta$ 作为参考量来表示,$\theta$ 是 $\dot{U}_1$ 与 $\dot{E}_0$ 之间的夹角,电磁功率 $P_M$ 和电磁转矩 $T$ 随功角 $\theta$ 的变化规律分别称为同步电动机的功角特性 $P_M=f(\theta)$ 与矩角特性 $T=f(\theta)$。

### 6.4.1 功角特性

若不计定子绕组电阻,可以用图 6-8 所示的凸极同步电动机简化相量图来推导其功角特性。由图 6-8 可知

$$\begin{cases} X_d I_d = E_0 - U_1 \cos\theta \\ X_q I_q = U_1 \sin\theta \end{cases} \tag{6-22}$$

于是有

$$\begin{cases} I_d = \dfrac{E_0 - U_1\cos\theta}{X_d} \\ I_q = \dfrac{U_1\sin\theta}{X_q} \end{cases} \quad (6\text{-}23)$$

由图 6-8 还可知 $\varphi = \psi - \theta$。

由于不计 $R_1$，因此 $P_{Cu1}=0$，就有

$$P_M = P_1 = 3U_1 I_1 \cos\varphi = 3U_1 I_1 \cos(\psi - \theta) \\ = 3U_1 I_1 \cos\psi \cos\theta + 3U_1 I_1 \sin\psi \sin\theta \quad (6\text{-}24)$$

将式（6-23）和 $I_d = I_1 \sin\psi$ 及 $I_q = I_1 \cos\psi$ 代入式（6-24），可得

$$\begin{aligned} P_M &= 3U_1 I_q \cos\theta + 3U_1 I_d \sin\theta = 3U_1 \cdot \frac{U_1\sin\theta}{X_q}\cos\theta + 3U_1 \cdot \frac{E_0 - U_1\cos\theta}{X_d}\sin\theta \\ &= \frac{3E_0 U_1}{X_d}\sin\theta + 3U_1^2 \left(\frac{1}{X_q} - \frac{1}{X_d}\right) \sin\theta \cos\theta \\ &= \frac{3E_0 U_1}{X_d}\sin\theta + \frac{3U_1^2}{2} \left(\frac{1}{X_q} - \frac{1}{X_d}\right) \sin 2\theta \\ &= P_{M1} + P_{M2} \end{aligned} \quad (6\text{-}25)$$

式（6-25）表示，当电源电压 $U_1$、励磁电动势 $E_0$ 为常数时，凸极同步电动机的电磁功率 $P_M$ 只随功角 $\theta$ 而变化，即 $P_M=f(\theta)$，这就是凸极同步电动机的功角特性。

可见电磁功率包括两部分。一部分与励磁电流 $I_f$ 产生的电动势 $E_0$ 成正比，称为基本电磁功率（或称励磁电磁功率）$P_{M1}$，可表示为

$$P_{M1} = \frac{3E_0 U_1}{X_d}\sin\theta \quad (6\text{-}26)$$

当 $U_1$ 和 $E_0$ 都是常数时，基本电磁功率 $P_{M1}$ 与功角 $\theta$ 成正弦关系，如图 6-11 中的曲线 1 所示。

另一部分与励磁电流大小无关，称为附加电磁功率（或称凸极电磁功率）$P_{M2}$，可表示为

$$P_{M2} = \frac{3U_1^2}{2}\left(\frac{1}{X_q} - \frac{1}{X_d}\right)\sin 2\theta \quad (6\text{-}27)$$

因为凸极同步电动机 $X_d \neq X_q$，所以附加电磁功率 $P_{M2}$ 与 $\theta$ 的关系如图 6-11 中的曲线 2 所示。

那么，式（6-25）所对应的凸极同步电动机的功角特性就如图 6-11 中的曲线 3 所示，为曲线 1 和曲线 2 的合成。

对于隐极同步电动机，由于气隙是均匀的，d、q 轴的同步电抗是相等的，即 $X_d = X_q = X_c$，这样式（6-25）中的第二项为零，即不存在附加电磁功率。所以隐极同步电动机的功角特性表达式为

$$P_M = \frac{3E_0 U_1}{X_c}\sin\theta \tag{6-28}$$

隐极同步电动机的功角特性曲线如图 6-12 所示。

当励磁电流为常数，在 $\theta = 90°$ 时，电磁功率 $P_M$ 达到最大值，即

$$P_{Mm} = \frac{3E_0 U_1}{X_c} \tag{6-29}$$

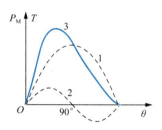

图 6-11 凸极同步电动机的功角特性曲线与矩角特性曲线

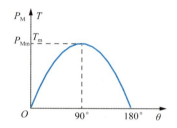

图 6-12 隐极同步电动机的功角特性曲线与矩角特性曲线

### 6.4.2 矩角特性

将凸极同步电动机功角特性表达式（6-25）两边同时除以同步角速度 $\Omega_1$，可得

$$T = \frac{P_M}{\Omega_1} = \frac{3E_0 U_1}{\Omega_1 X_d}\sin\theta + \frac{3U_1^2}{2\Omega_1}\left(\frac{1}{X_q} - \frac{1}{X_d}\right)\sin 2\theta \tag{6-30}$$

式（6-30）表示凸极同步电动机的电磁转矩 $T$ 与功角 $\theta$ 的关系，即凸极同步电动机的矩角特性 $T=f(\theta)$。矩角特性曲线的形状和功角特性曲线的形状是相同的，图 6-11 中的曲线 3 既表示功角特性，也表示矩角特性，它们仅仅是比例系数不同。

同理，由式（6-30）也可以知道，凸极同步电动机的电磁转矩也包含两个部分，即基本电磁转矩与附加电磁转矩，附加电磁转矩也是由于 d、q 轴的磁阻不等使 $X_d$ 不等于 $X_q$ 而引起的，又称磁阻转矩。

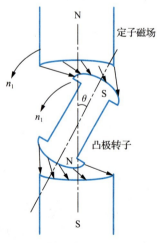

图 6-13 凸极同步电动机的磁阻转矩

磁阻不等能产生磁阻转矩，可以用图 6-13 来说明。由于凸极转子的影响，当凸极转子轴线与定子磁场的轴线错开一个角度时，定子绕组产生的磁通斜着通过气隙，就产生切线方向的磁拉力，也就产生了拖动转矩，这就是磁阻转矩。只要定子上有外接电压，即使转子没有励磁的凸极同步电动机也会产生磁阻转矩而运行于电动机状态，这种电机称为磁阻电机或反应式同步电动机。

对于隐极同步电动机，由于气隙是均匀的，d、q 轴的同步电抗是相等的，即 $X_d = X_q = X_c$，这样，式（6-30）的第二项均为零，即不存在附加电磁转矩。所以隐极同步电动机的矩角特性表达式为

$$T = \frac{3E_0 U_1}{\Omega_1 X_c} \sin\theta \qquad (6\text{-}31)$$

隐极同步电动机的矩角特性曲线如图 6-12 所示。当励磁电流为常数，在 $\theta = 90°$ 时，电磁转矩也达到最大值，即

$$T_m = \frac{3E_0 U_1}{\Omega_1 X_c} \qquad (6\text{-}32)$$

### 6.4.3 同步电动机的稳定运行

同所有旋转电机一样，同步电机也有电动机和发电机两种运行状态。对每一种运行状态，也都存在着稳定性问题，所有这一切都取决于功角 $\theta$。

现以隐极同步电动机为例，分析其稳定运行状态与功角 $\theta$ 的关系。

同步电动机带负载运行时，有由电枢电流 $\dot{I}_1$ 产生的电枢磁动势 $\dot{F}_a$ 和由励磁电流 $\dot{I}_f$ 产生的励磁磁动势 $\dot{F}_0$，其合成的气隙磁动势为 $\dot{F} = \dot{F}_0 + \dot{F}_a$，如图 6-14 所示。$\dot{F}_0$ 和 $\dot{F}_a$ 都以同步转速 $n_1$ 旋转，在定子绕组中产生感应电动势 $\dot{E}_0$ 和 $\dot{E}_a = j\dot{I}_1 X_c$。忽略定子电阻就得到式（6-18），即 $\dot{U}_1 = \dot{E}_0 + j\dot{I}_1 X_c = \dot{E}_0 + \dot{E}_a$。将磁动势和电动势的方程式组合在一起就有

$$\begin{cases} \dot{F} = \dot{F}_0 + \dot{F}_a \\ \dot{U}_1 = \dot{E}_0 + \dot{E}_a \end{cases} \qquad (6\text{-}33)$$

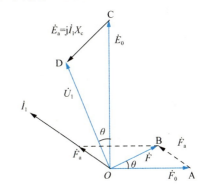

图 6-14 隐极同步电动机的磁动势和电动势相量图

**特别提示**

功角 $\theta$ 具有双重物理意义：从时间上看，表示 $\dot{U}_1$ 与 $\dot{E}_0$ 之间的夹角；从空间上看，表示合成磁动势 $\dot{F}$ 与励磁磁动势 $\dot{F}_0$ 之间的夹角。

当用 $\dot{F}_0$ 表示转子磁极轴线位置时，则 $\dot{F}$ 表示同步电动机等效磁极轴线（或合成的气隙磁极轴线）位置，这样，功角 $\theta$ 就是同步电动机等效磁极轴线与转子磁极轴线之间的夹角，如图 6-14 所示。

当等效磁极轴线领先转子磁极轴线时，等效磁极在前，转子磁极在后，表明等效磁极拖着转子磁极以同步转速 $n_1$ 旋转，同步电机运行在电动机状态，这时的功角 $\theta$ 为正，代入式（6-31）可知电磁转矩 $T$ 为正，是拖动性质转矩，同步电动机能带负载运行。反之，当转子磁极在前而等效磁极在后时，这时是转子磁极拖着等效磁极旋转。功角 $\theta$ 为负，电磁转矩 $T$ 为负，是制动性质转矩，只有由原动机拖动转子才能带动等效磁极旋转，同步电机运行在发电机状态。

总之，同步电机的运行状态由功角 $\theta$ 的符号决定，$\theta > 0$ 是电动机状态，$\theta < 0$ 是发电机状态。

#### 想一想

同步电机有几种运行状态？如何区分其运行状态？能否像直流电机一样，根据电枢感应电动势与端电压的相对大小来判断其运行状态？

功角 $\theta$ 也决定了同步电机运行的稳定性，现以隐极同步电动机为例，分析其稳定性问题。

（1）当同步电动机拖动负载在 $0°<\theta\leqslant 90°$ 区域内运行时，如图 6-15 所示。如果负载增加，则转子转速就降低，$\dot{F}_0$ 的转速就降低，而 $\dot{F}$ 的转速不变，使得功角 $\theta$ 增加，电磁转矩 $T$ 增加，直至增加到与负载转矩平衡时，转子转速又恢复到同步转速，反之亦然。这样，当负载变化时，通过自动调节功角 $\theta$，同步电动机总能自动地保持同步转速运行，所以 $0°<\theta\leqslant 90°$ 的区域为同步电动机的稳定运行区。

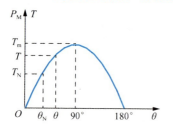

图 6-15　隐极同步电动机的功角特性曲线与矩角特性曲线

（2）当同步电动机拖动负载在 $90°<\theta\leqslant 180°$ 区域内运行时，如图 6-15 所示。如果负载增加，则转子转速就降低，$\theta$ 增加，由式（6-31）可知，$T$ 反而减少，转子还会减速，$\theta$ 更大，$T$ 更小，这样，电动机不再能恢复到同步转速运行，称为"失步"，所以 $90°<\theta\leqslant 180°$ 的区域为同步电动机的不稳定运行区。

由以上分析可知，电动机是否稳定运行，取决于由负载扰动使电动机的功角发生变化时，电磁转矩的导数是否大于零。即维持同步电动机稳定运行的条件是

$$\frac{dT}{d\theta}>0 \tag{6-34}$$

为表示同步电动机的过载能力，常以 $\theta=90°$ 时的最大电磁转矩 $T_m$ 与额定电磁转矩 $T_N$ 的比值 $\lambda_m$ 来表示，由式（6-31）和式（6-32）可知

$$\lambda_m=\frac{T_m}{T_N}=\frac{1}{\sin\theta_N} \tag{6-35}$$

式中，$\lambda_m$ 为过载倍数，一般为 2.0～3.0；$\theta_N$ 为运行的额定功角，隐极同步电动机的 $\theta_N$ 一般为 20°～30°，凸极同步电动机的额定功角则更小一些。

综上，可得出以下结论。

（1）隐极同步电动机的稳定运行范围是 $0°<\theta\leqslant 90°$。超出该范围，隐极同步电动机将不会稳定运行。为确保隐极同步电动机可靠运行，通常取 $0°<\theta\leqslant 75°$。

（2）增加转子直流励磁电流可以提高隐极同步电动机的过载能力，进而提高电力拖动系统的稳定性。

对于凸极同步电动机，由于存在附加电磁功率，使其最大电磁转矩比相同条件的隐极同步电动机稍高，并且特性曲线的稳定工作部分的斜率变大。所以，凸极同步电动机的过载能力增强了。当然，不论是凸极同步电动机还是隐极同步电动机，增加励磁电流使励磁电动势增大，都可以提高过载能力和静态稳定度。

## 想一想

一台同步电动机原在某稳定转速下工作,当机械负载增加时(在稳定运行范围内),其他条件不变。试分析稳定后同步电动机的转速 $n$、功角 $\theta$ 与电磁转矩 $T_\text{m}$ 是如何变化的?

【例 6-2】一台三相凸极同步电动机,其额定数据为:额定电压 $U_\text{N}$ =6000V,额定电流 $I_\text{N}$ =57.8A,$n_\text{N}$ =300r/min,额定功率因数 $\cos\varphi_\text{N}$ =0.8(超前),定子绕组为 Y 接法,$X_\text{d}$ =64.2Ω,$X_\text{q}$ =40.8Ω,忽略定子电阻。试求:

(1) 额定运行时的功角 $\theta_\text{N}$ 和空载电动势 $E_0$;
(2) 额定运行时的电磁功率 $P_\text{M}$、基本电磁功率 $P_\text{M1}$、附加电磁功率 $P_\text{M2}$ 和电磁转矩 $T$;
(3) 过载倍数 $\lambda_\text{m}$。

解:(1) 定子绕组为 Y 接法,相电压为

$$U_1 = \frac{U_\text{N}}{\sqrt{3}} = \frac{6000}{\sqrt{3}} \approx 3464.1\text{V}$$

因为 $\cos\varphi_\text{N}$ =0.8(超前),所以

$$\varphi_\text{N} \approx 36.86°$$

因为

$$\tan\psi = \frac{I_1 X_\text{q} + U_1 \sin\varphi_\text{N}}{U_1 \cos\varphi_\text{N}} = \frac{57.8 \times 40.8 + 3464.1 \times 0.6}{3464.1 \times 0.8} \approx 1.6$$

所以

$$\psi \approx 57.99°$$

功角 $\theta_\text{N}$ 为

$$\theta_\text{N} = \psi - \varphi_\text{N} = 57.99° - 36.86° = 21.13°$$

根据图 6-8 所示相量图的几何关系可得空载电动势 $E_0$ 为

$$E_0 = U_1 \cos\theta + I_\text{d} X_\text{d} \approx 6377.75\text{V}$$

(2) 在额定负载下的电磁功率为

$$P_\text{M} = \frac{3E_0 U_1}{X_\text{d}} \sin\theta + \frac{3U_1^2}{2}\left(\frac{1}{X_\text{q}} - \frac{1}{X_\text{d}}\right)\sin 2\theta \approx 480.3\text{kW}$$

基本电磁功率为

$$P_\text{M1} = \frac{3E_0 U_1}{X_\text{d}} \sin\theta \approx 372.16\text{kW}$$

附加电磁功率为

$$P_\text{M2} = \frac{3U_1^2}{2}\left(\frac{1}{X_\text{q}} - \frac{1}{X_\text{d}}\right)\sin 2\theta \approx 108.14\text{kW}$$

电磁转矩为

$$T = 9.55 \times \frac{P_\text{M}}{n_1} \approx 15289.6\text{N}\cdot\text{m}$$

(3)过载倍数 $\lambda_m$ 为

$$\lambda_m = \frac{1}{\sin\theta_N} \approx 1.67$$

## 6.5 同步电动机的励磁调节和 V 形曲线

### 6.5.1 同步电动机的工作特性

同步电动机的工作特性是指电网电压和频率恒定、保持励磁电流不变的情况下，转子转速 $n$、定子电流 $I_1$、电磁转矩 $T$、效率 $\eta$ 和功率因数 $\cos\varphi$ 与输出功率 $P_2$ 的关系，如图 6-16 所示。

同步电动机稳定运行时，转速不随负载的变化而变化，所以转速特性 $n=f(P_2)$ 为一条水平线。

由转矩平衡方程式得

$$T = T_2 + T_0 = 9550 \times \frac{P_2}{n_1} + T_0 \tag{6-36}$$

由此可见，转矩特性曲线是一条纵轴截距为空载转矩 $T_0$ 的直线。同步电动机的定子电流特性和效率特性与异步电动机的相似。同步电动机的功率因数特性与异步电动机的功率因数特性有很大差异。异步电动机从电网吸收滞后的无功电流作为励磁电流，所以功率因数是滞后的。而同步电动机转子的直流励磁电流是可调的，所以功率因数也可调，既可以超前，也可以滞后，这是同步电动机的最大优点。图 6-17 所示为不同励磁电流时，同步电动机的功率因数特性曲线。曲线 1 为空载时 $\cos\varphi=1$ 的情况；曲线 2 为增加励磁电流、半载时 $\cos\varphi=1$ 的情况；曲线 3 为增加励磁电流、满载时 $\cos\varphi=1$ 的情况。

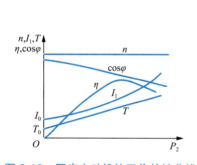

图 6-16 同步电动机的工作特性曲线

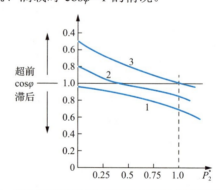

图 6-17 不同励磁电流时同步电动机的功率因数特性曲线

### 6.5.2 同步电动机的励磁调节

电力系统或工矿企业中的大部分用电设备（如变压器、异步电动机、电抗器和感应电炉等），都是感性负载，它们不仅从电网吸收有功功率，还要从电网吸收滞后的无功功率，进而降低电网的功率因数。在一定的视在功率下，功率因数越低，有功功率越小，于是，发电机容量、输电线路和电气设备容量就不能充分利用。如果负载一定，无功电流增加，则总电流增大，发电机及输电线路的电压降和损耗就增大。由此可见，提高电网功率因数，在经济上有着十分重大的意义。

提高电网的功率因数，除了可以在变电站并联电力电容器，还可以为动力设备配置同步电动机来代替异步电动机。因为同步电动机不仅可以输出有功功率，带动生产机械做功，还可以通过调节励磁电流使电动机处于过励状态，于是，同步电动机对电网呈容性，向电网提供无功功率，对其他设备所需无功功率进行补偿。

在同步电动机定子所加电压、频率和电动机输出的功率恒定的情况下，调节转子励磁电流，定子电流的大小和相位也随之发生变化，因此改变电动机在电网上的性质，可以提高和改善电网的功率因数。**功率因数可调是同步电动机独特的优点。**

现以隐极同步电动机在不同励磁电流下的电动势相量图来分析功率因数的变化，在分析中忽略同步电动机的各种损耗，分析所得到的结论完全适用于凸极同步电动机。

由于忽略空载转矩 $T_0$，并且认为负载转矩 $T_2$ 不变，因此电磁转矩 $T$ 就等于负载转矩 $T_2$，即

$$T = \frac{3E_0 U_1}{\Omega_1 X_c}\sin\theta = T_2 = 常数 \tag{6-37}$$

电源电压 $U_1$、电源频率 $f_1$ 及电动机的同步电抗 $X_c$ 都是常数，由式（6-37）可得

$$E_0 \sin\theta = 常数 \tag{6-38}$$

同理，可以认为同步电动机的输入功率 $P_1$ 等于输出功率 $P_2$，也是不变的，即

$$P_1 = 3U_1 I_1 \cos\varphi = P_2 = T_2\Omega_1 = 常数 \tag{6-39}$$

当电源电压不变时，由式（6-39）可得

$$I_1 \cos\varphi = 常数 \tag{6-40}$$

根据式（6-38）和式（6-40）可画出在不同励磁电流作用下产生的三个不相等的励磁电动势 $\dot{E}_0$、$\dot{E}_0'$、$\dot{E}_0''$ 的相量图，如图 6-18 所示。其中，$\dot{E}_0'' < \dot{E}_0 < \dot{E}_0'$，励磁电动势与励磁电流成正比，所以其对应的励磁电流的关系是 $\dot{I}_f'' < \dot{I}_f < \dot{I}_f'$。

从图 6-19 可以看出，改变励磁电流时，励磁电动势 $\dot{E}_0$ 及功角 $\theta$ 都是变化的，但无论 $\dot{E}_0$ 和 $\theta$ 怎样变化，它们必须满足式（6-38）（$E_0\sin\theta$=常数）的关系式，表现在相量图上就是相量 $\dot{E}_0$ 的端点总是在与电压 $\dot{U}_1$ 平行的虚线 AB 上移动，虚线 AB 与电压相量 $\dot{U}_1$ 的距离就等于 $E_0\sin\theta$=常数。$\dot{E}_0$ 变化

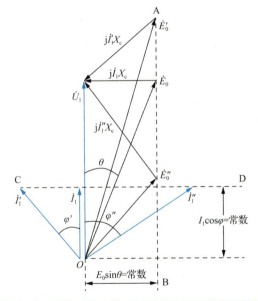

图 6-18 隐极同步电动机仅改变励磁电流的相量图

时，电枢电流 $\dot{I}_1$ 和功率因数角 $\varphi$ 也是变化的，无论 $\dot{I}_1$ 和 $\varphi$ 怎样变化，它们必须满足式（6-40）（$I_1\cos\varphi$=常数）的关系式，表现在相量图上就是相量 $\dot{I}_1$ 的端点也总是在与 $\dot{U}_1$ 垂直的虚线 CD

上移动。这样,改变励磁电流时,同步电动机功率因数就可改变,其变化规律如下。

(1) 当正常励磁时励磁电流为 $I_f$,使电枢电流 $\dot{I}_1$ 恰好与电源电压 $\dot{U}_1$ 同相位,功率因数 $\cos\varphi=1$,无功功率为零,说明同步电动机只消耗有功功率,不消耗无功功率。这时的同步电动机相当于一个纯电阻性负载。

(2) 励磁电流大于正常励磁的状态称为过励状态,即 $I_f' > I_f$。过励时,电枢电流 $\dot{I}_1'$ 超前电源电压 $\dot{U}_1$ 一个相位角 $\varphi'$,功率因数 $\cos\varphi>1$,此时同步电动机除从电网吸收有功功率外,同时也从电网吸收超前的无功功率。这时的同步电动机相当于一个容性负载,可以提高电网的功率因数。

(3) 励磁电流小于正常励磁的状态称为欠励状态,即 $I_f'' < I_f$。欠励时,电枢电流 $\dot{I}_1''$ 滞后电源电压 $\dot{U}_1$ 一个相位角 $\varphi''$,功率因数 $\cos\varphi<1$,此时同步电动机不仅消耗有功功率,同时还要从电网吸收滞后的无功功率。这时的同步电动机相当于一个感性负载,加重了电网的负担,电动机一般不运行在这种状态。

从以上分析可知,在保持有功功率不变的条件下,调节同步电动机的励磁电流,有三种励磁状态。正常励磁状态时,同步电动机没有无功功率输入(输出);过励状态时,同步电动机从电网吸收超前无功功率(或向电网发出感性无功功率);欠励状态时,同步电动机从电网吸收滞后无功功率(或向电网发出容性无功功率)。

改变同步电动机的励磁电流就能改变其功率因数,这是同步电动机独特的优点,是异步电动机无法比拟的。为了发挥这一优点,同步电动机拖动负载运行时,一般是运行在过励状态,至少运行在正常励磁状态,不会运行在欠励状态。

**特别提示**

在供电系统中,为补偿电网滞后的无功电流,稳定电网电压,常将空载的同步电动机投入电网运行,这种同步电动机称为同步补偿机。专用的同步补偿机不带机械负载,因此与一般同步电动机相比,其结构部件轻便,造价较低。

在同步电动机电枢电流滞后于电枢电压的情况下,若逐渐增大励磁电流,则同步电动机的功率因数将怎样变化?

### 6.5.3 同步电动机的 V 形曲线

在负载恒定的情况下,由式(6-40)($I_1\cos\varphi$=常数)可知,在正常励磁时,$\dot{U}_1$ 与 $\dot{I}_1$ 同相位,$\cos\varphi=1$ 为功率因数的最大值,电枢电流 $I_1$ 为最小值,无论是增加或减少励磁电流,功率因数都小于1,电枢电流都比正常励磁的要大。同步电动机电枢电流 $I_1$ 与励磁电流 $I_f$ 之间的关系曲线呈 V 形,故称 V 形曲线,如图 6-20 所示。当电动机带不同负载时,对应不同的 V 形曲线,消耗的有功功率越大,曲线越往上移,当电磁功率变化时,可得到一簇曲线,如图 6-20 中的 4 条 V 形曲线,对应于 4 种不同的电磁功率,曲线最底部对应的是正常励磁电流,电枢电流最小。当同步电动机带恒定负载时,由式(6-37)可知,减少励磁电流时,励磁电动势 $E_0$ 必然减少,则功角 $\theta$ 将大于 90°,同步电动机会进入不稳定区域,图 6-19 中的虚线表示同步电动机不稳定区的界限。

在 V 形曲线的右侧,同步电动机处于过励状态,功率因数超前,同步电动机从电网吸收超前的无功功率;在 V 形曲线的左侧,同步电动机处于欠励状态,功率因数滞后,同步电动机从电网吸取滞后的无功功率;在 V 形曲线的左上方是一处不稳定区,与过励相比,欠励更靠近不稳定区,因此同步电动机通常运行于过励状态。

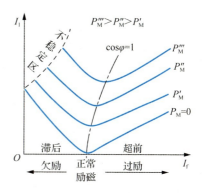

图 6-19 同步电动机的 V 形曲线

为了改善电网的功率因数,提高电动机的过载能力和运行性能,同步电动机都运行在过励状态,额定功率因数多设计为 0.8(超前)或 1.0,使电网吸收容性的无功功率,进而改善电网的功率因数,因而在不需要调速的大型设备,如矿井通风机、压缩机中都使用同步电动机作为拖动电动机。

不带机械负载运行在空载状态专门用来改善电网功率因数的同步电动机,称为同步调相机或同步补偿机。在长距离输电线路中,线路电压降随负载情况的不同而有所变化,如果在输电线路的受电端装一个同步调相机,在电网负载重时过励运行,则可以减少输电线路中滞后的无功电流分量,减少线路压降;在电网负载轻时欠励运行,则可以吸收滞后的无功电流分量,防止电网电压上升,从而维持电网基本恒定。

并联于电网上运行的某台同步电动机拖动一定的负载,当励磁电流从零到大增加时,说明定子侧的电枢电流、功率因数及功角各会发生怎样的变化?同步电动机将经过哪几种状态?

【例 6-3】某工厂变电所的变压器容量为 1000kV·A,该厂原有电力负载吸收有功功率为 400kW,无功功率为 400kvar,功率因数滞后。由于生产需要,新添加一台同步电动机来驱动有功功率为 500kW、转速为 370r/min 的生产机械。同步电动机的技术数据为 $P_N$=550kW, $U_N$=6000V, $I_N$=64A, $n_N$=375r/min, $\eta_N$=0.92,定子绕组为 Y 接法。假设同步电动机磁路不饱和,效率不变。调节励磁电流 $I_f$ 向电网提供感性无功功率,当调节定子电流为额定值时,试求:

（1）同步电动机输入的有功功率、无功功率和功率因数；

（2）此时电源变压器的有功功率、无功功率及视在功率。

解：（1）同步电动机正常工作时，输出的有功功率由负载决定，所以

$$P_N=550 \text{ kW}, \eta_N=0.92$$

当定子电流为额定值时，同步电动机从电网吸收的有功功率为

$$P_1 = \frac{P_2}{\eta_N} = \frac{500}{0.92} \approx 543.5 \text{kW}$$

调节 $I_f$，使 $I_1=I_N$，此时同步电动机的视在功率为

$$S_1 = \sqrt{3}U_N I_N = \sqrt{3} \times 6000 \times 64 \approx 665.1 \text{kV} \cdot \text{A}$$

同步电动机吸收的无功功率为

$$Q_1 = \sqrt{S_1^2 - P_1^2} = \sqrt{665.1^2 - 543.5^2} \approx 383.4 \text{kvar}（超前）$$

功率因数为

$$\cos\varphi = \frac{P_1}{S_1} = \frac{543.5}{665.1} \approx 0.817$$

（2）变压器输出的总有功功率为

$$P = 543.5+400=943.5 \text{kW}$$

变压器输出的无功功率为

$$Q = 400 - 383.4=16.6 \text{kvar}$$

变压器的视在功率为

$$S = \sqrt{P^2 + Q^2} = \sqrt{943.5^2 + 16.6^2} \approx 943.6 \text{kV} \cdot \text{A}$$

增加负载后，变压器仍然能正常工作。

【例 6-4】某工厂进线电压 $U_1=6000\text{V}$，所需消耗电功率 $P_1=1200\text{kW}$，总功率因数 $\cos\varphi_1=0.66$（滞后）。现扩大生产，需增设 $P_{2s}=300\text{kW}$ 的电动机拖动生产机械。为了提高全厂的功率因数，拟采用同步电动机拖动并使总功率因数提高到 $\cos\varphi_2=0.8$（滞后）。设同步电动机效率 $\eta=93.75\%$，试求新增同步电动机的容量和功率因数。

解：扩大生产前负载电流为

$$I_L = \frac{P_1}{\sqrt{3}U_1 \cos\varphi_1} = \frac{1200 \times 10^3}{\sqrt{3} \times 6000 \times 0.66} \approx 175\text{A}$$

因 $\cos\varphi_1=0.66$（滞后），故

$$\sin\varphi_1 = 0.75$$

无功电流为

$$I_{LQ} = I_L \sin\varphi_1 = 175 \times 0.75 \approx 131.3\text{A}$$

同步电动机所需输入功率为

$$P_{1s} = \frac{P_{2s}}{\eta} = \frac{300}{0.9375} = 320\text{kW}$$

增加同步电动机后工厂总消耗功率为
$$P_\Sigma = P_1 + P_{1s} = 1200 + 320 = 1520 \text{kW}$$
若使功率因数提高到 $\sin\varphi_2 = 0.8$（滞后），则
$$\sin\varphi_2 = 0.6$$
增加同步电动机后的负载总电流为
$$I_\Sigma = \frac{P_\Sigma}{\sqrt{3}U_1 \cos\varphi_2} \approx 182.8 \text{A}$$
此时无功电流为
$$I_{\Sigma Q} = I_\Sigma \sin\varphi_2 = 182.8 \times 0.6 \approx 109.7 \text{A}$$
同步电动机实际应吸收的无功电流（超前）为
$$I_{Qs} = I_{LQ} - I_{\Sigma Q} = 131.3 - 109.7 = 21.6 \text{A}$$
同步电动机的有功功率为
$$P_{1s} = 320 \text{kW}$$
同步电动机的无功功率为
$$Q_{1s} = \sqrt{3}U_1 I_{Qs} = \sqrt{3} \times 6000 \times 21.6 = 224.5 \text{kvar}$$
同步电动机的容量为
$$S_{1s} = \sqrt{P_{1s}^2 + Q_{1s}^2} = \sqrt{320^2 + 224.5^2} \approx 391 \text{kV} \cdot \text{A}$$
同步电动机的功率因数为
$$\cos\varphi_s = \frac{P_{1s}}{S_{1s}} = \frac{320}{391} \approx 0.82 \text{（超前）}$$

## 6.6 同步电动机的电力拖动

同步电动机电力拖动系统属于交流拖动系统的一种，具有效率高、功率因数可调等优点。同步电动机的电力拖动与异步电动机的电力拖动一样，包括启动、调速和制动三方面。

### 6.6.1 同步电动机的启动

同步电动机虽具有功率因数可以调节的优点，但应用场合却没有像异步电动机那样广泛，不仅因为同步电动机的结构复杂、价格昂贵，还因为它不能自行启动。同步电动机的电磁转矩是由定子旋转磁场和转子励磁磁场相互作用而产生的。只有两者相对静止时，才能产生稳定的电磁转矩。当同步电动机转子加上励磁，定子加上交流电压启动时，定子产生的高速旋转磁场扫过不动的转子，电磁转矩平均值为零。这是由于转子机械惯量很大，不可能像定子旋转磁场那样一瞬间加速到同步转速，定子旋转磁场的磁极迅速扫过转子交替布置不同极性的磁极，产生吸引力和排斥力，二者相互作用，使转子上的电磁转矩平均值为零。即同步电动机本身无启动转矩，不能自行启动，需借助其他方法来启动。

一般来说，同步电动机的启动方法大致有三种：异步启动法、变频启动法和辅助电动机启动法。

### 1. 异步启动法

在同步电动机的转子主磁极上设置类似异步电动机的鼠笼式绕组，即启动绕组，这样在接通电源时，定子和鼠笼式绕组构成了一台异步电动机。在启动时，先把转子励磁绕组断开，电枢绕组接额定电压，这时鼠笼式启动绕组中产生感应电流及转矩，电动机转子就运行起来了，这个过程称为异步启动。当转速上升接近同步转速时，将励磁电流通入转子绕组，依靠定子旋转磁场与转子磁极之间的吸引力，将同步电动机牵入同步速度运行，同步电动机就可以同步运转了，这个过程称为牵入同步。转子达到同步转速后，转子的启动绕组与电枢磁场之间就处于相对静止状态，启动绕组中的导体因没有感应电流而失去作用，启动过程随之结束。

同步电动机在异步启动时，需要限制启动电流，一般可采用定子串电抗或自耦变压器等启动方法。

## 安全小贴士

使用异步启动法时应注意以下两点。

（1）同步电动机启动时，直流励磁绕组不能开路，否则会因直流励磁绕组上高的感应电动势击穿绕组绝缘，威胁操作人员的人身安全。

（2）同步电动机启动时，直流励磁绕组也不能短路，否则会在励磁绕组上感应出很大的交流电流，影响启动过程。

异步启动法的优点是启动转矩大、设备少、操作简单、维护方便；缺点是要求电网容量大。所以，除大功率、高转速同步电动机外，一般情况下，同步电动机的启动大多采用异步启动法进行启动。

### 2. 变频启动法

变频启动法需有变频电源。启动同步电动机时，转子先加上励磁电流，定子绕组通入频率很低的三相交流电流，定子旋转磁场的转速很低，可带动转子开始旋转，电动机将逐渐启动并低速运转。启动过程中，逐渐增加供电变频器的输出频率，使定子旋转磁场和转子转速随之逐渐升高，直至转子转速达到同步转速，再切换至电网供电。

这是一种随变频技术的发展而出现的启动方法，实质是改变定子旋转磁场转速利用同步转矩来启动，其主要特点如下。

（1）启动电流小，是一种性能很好的启动方法。

（2）需要变频电源。如果电动机需要变频调速，启动时可采用变频调速的变频电源，如果不需要调速则采用专供变频电源。

（3）直流励磁机不能与同步电动机同轴，否则初始启动转速很低，励磁机无法产生所需要的励磁电压。

变频启动法性能虽好，但要求启动技术及设备复杂。所以，变频启动法适用于大功率、高转速的同步电动机。随着变频技术的发展，变频启动法将日趋完善。

### 3. 辅助电动机启动法

这种启动方法必须要有另外一台电动机作为启动的辅助电动机才能工作。辅助电动机一般采用与同步电动机极数相同且功率极小（其容量约为主机的10%~15%）的异步电动机。在启动时，辅助电动机首先开始运转，将同步电动机的转速拖到接近同步转速，再给同步电动机加入励磁并投入电网同步运行。

由于辅助电动机的功率一般较小，因此这种启动方法只适用于空载启动。如果主机的同轴上装有足够容量的直流励磁机，也可以把直流励磁机兼做辅助电动机。辅助电动机启动法需要一台辅助电动机，设备多，操作复杂，现在已经基本不采用了。

## 6.6.2 同步电动机的调速

同步电动机始终以同步转速进行运转，没有转差，也没有转差功率，而且同步电动机转子极对数又是固定的，不能采用变极调速，因此只能靠变频调速。20世纪80年代以来，电力电子技术的迅速发展，使得采用电力电子变频装置可以实现交流电源的电压与频率的协调控制，进而方便地对同步电动机进行速度控制。同步电动机变频调速的应用领域十分广泛，其功率覆盖面大，从数瓦级的无刷直流电动机到数千万瓦级的大型同步电动机都有应用。尽管同步电动机变频调速的基本原理和方法以及所用的变频装置和异步电动机变频调速大体相同，但是同步电动机的变频调速有其独特的优点，两者对比如下。

① 异步电动机总是存在转差的，而同步电动机的转速与电源的频率之间保持严格的同步关系，即只要精确地控制变频装置电源的频率就能准确地控制电动机的转速。

② 异步电动机由于励磁的需要，必须从电源吸收滞后的无功功率，因此空载时功率因数很低。而同步电动机可以通过调节转子的直流励磁来调节电动机的功率因数，可以滞后，也可以超前，这对于改善电网的功率因数有利。若同步电动机运行在 $\cos\varphi=1.0$ 的状态下，同步电动机的定子电流最小，可以节约变频器的容量。

③ 异步电动机是靠增大转差来提高转矩的，而同步电动机对负载转矩扰动具有较强的抗扰能力，这是因为只要同步电动机的功角作适当的变化就能改变电磁转矩，而转速始终维持在原同步转速不变。同时，转动部分的惯性不会影响同步电动机对转矩的快速响应。因此，同步电动机比较适合要求对负载转矩变化做出快速反应的交流调速系统中。

④ 异步电动机的磁场仅靠定子电源产生，而同步电动机能通过转子励磁以建立必要的磁场。因此，在同样的条件下，同步电动机的调速范围比较宽，在低频时也可运行。

在同步电动机的变频调速方法中，从控制的方式来看，可分为他控变频调速和自控变频调速。

### 1. 他控变频调速

使用独立的变频装置给同步电动机供电的调速系统称为他控变频调速系统。同步电动机的变频装置与异步电动机的变频装置相同，分为交-直-交和交-交变频两大类。

① 对于经常在高速运行的电力拖动场合，定子的变频方式常用交-直-交电流型变压器，同步电动机侧逆变器省去了强迫换流电路，是利用同步电动机定子感应电动势的波形实现换相，其结构比异步电动机供电时简单。

② 对于经常在低速运行的同步电动机电力拖动系统，如无齿轮传动的可逆轧机、水泥砖窑、矿井提升机等，其定子的变频方式常用交-交变频器（也称周波变换器），使用这样的调速方法可以省去庞大的齿轮传动装置。

对他控变频调速的调速方法而言，通过改变三相交流电的频率，定子磁场的转速是可以瞬时改变的，但是转子及整个拖动系统具有机械惯性，转子转速不能瞬时改变，两者之间能否同步，取决于外界条件。若频率变化较慢，且负载较轻，定、转子磁场的转速差较小，电磁转矩的自整步能力能带动转子及负载跟上定子磁场的变化且保持同步，变频调速成功。如果频率上升的速度很快，且负载较重，定、转子磁场的转速差较大，电磁转矩使转子转速的增加不能跟上定子磁场的增加而失步，变频调速失败。

### 2. 自控变频调速

自控变频调速是在同步电动机轴端装有一台转子位置检测器，是一种闭环调速系统，如图 6-20 所示。它利用检测装置，检测出转子磁极位置的信号，并用来控制变频装置的逆变器换相，从而改变同步电动机的供电频率，保证转子转速与供电频率同步，类似于直流电动机中电刷和换向器的作用，因此也称无换向器电动机调速，或无刷直流电动机调速。这样，同步电动机、变频器、转子位置检测器便组成了无换向器电动机变频调速系统。由

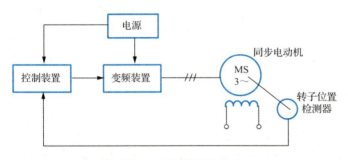

图 6-20　自控变频调速系统

于无换向器电动机中变频器的控制信号来自转子位置检测器，由转子转速来控制变频器的输出频率，因此称其为"自控式变频器"。

自控变频调速方法是通过调节同步电动机输入电压进行调速的，变频装置的输出频率直接受同步电动机自身转速的控制。即该方法是基于首先改变转子的转速，在转子转速变化的同时，改变电源电压的频率，由于频率是通过电子线路来实现的，瞬间就可完成，因此就可以瞬间改变定子磁场的转速而使两者同步，不会有失步困扰。所以这种变压变频调速系统被广泛应用到同步电动机的调速系统中。

与异步电动机相对应，对同步电动机拖动系统的控制，近年来也采用了矢量控制的方法，基于同步电动机的状态空间数学模型，运用现代控制理论、状态估计理论等先进的控制方法，对同步电动机的电力拖动系统进行有效控制，取得了很多成果。

近年来，由于电力电子技术的快速发展，变频调速装置的容量与性能日趋提高，价格不断下降，采用变频控制的方法可将同步电动机的启动、调速及励磁等诸多问题放在一起解决，显示了其独特的优越性，其性价比已能与异步电动机变频调速方案相竞争，因此，同步电动机将会得到更广泛的应用。

### 6.6.3　同步电动机的制动

在交流电动机的能耗制动、反接制动和回馈制动这三种制动方式中，同步电动机最常

用的制动方式是能耗制动。同步电动机在能耗制动时,将在转子励磁绕组中仍保持一定的励磁电流,而三相定子绕组从供电电源中断开,接到外接电阻或频敏变阻器上,可以通过改变转子直流励磁电流的大小改变制动转矩的大小,进而调整制动时间的长短。此时,同步电动机相当于一台变速运行的发电机,可通过外接电阻或频敏变阻器将由转子的机械能转化而来的电能消耗掉。

## 6.7 同步电机的应用

同步电机的特点是:稳态运行时,转子的转速和电网频率之间有不变的关系 $n=n_1=60f_1/p$,其中 $f_1$ 为电网频率,$p$ 为电机的极对数,$n_1$ 为同步转速。若电网的频率不变,则稳态运行时同步电机的转速恒为常数而与负载的大小无关。同步电机分为同步发电机和同步电动机。

### 6.7.1 同步电机与异步电机的区别

#### 1. 在设计上的区别

同步电机和异步电机最大的区别在于它们的转子速度与定子旋转磁场是否一致,电机的转子速度与定子旋转磁场相同,称为同步电机,反之,则称异步电机。

另外,同步电机与异步电机的定子绕组是相同的,区别在于电机的转子结构。异步电机的转子是短路的绕组,靠电磁感应产生电流。而同步电机的转子结构相对复杂,有直流励磁绕组,因此需要外加励磁电源,通过滑环引入电流。因此,同步电机的结构相对比较复杂,造价、维修费用也相对较高。

#### 2. 在无功方面的区别

相对于异步电机只能吸收无功功率,同步电机可以发出无功功率,也可以吸收无功功率。

#### 3. 在功能、用途上的区别

同步电机转速与旋转磁场转速同步,而异步电机的转速则低于旋转磁场转速,同步电机不论负载大小,只要不失步,转速就不会变化;异步电机的转速则时刻跟随负载大小的变化而变化。

同步电机的精度高,但制造复杂、造价高、维修相对困难,而异步电机虽然反应慢,但易于安装、使用,同时价格便宜。所以同步电机没有异步电机应用广泛。

同步电机多应用于大型发电机,而异步电机几乎应用于所有电机场合。

### 6.7.2 同步电动机的应用

作电动机运行的同步电机,可以通过调节励磁电流使它在超前功率因数下运行,有利于改善电网的功率因数,因此大型设备,如大型鼓风机、水泵、球磨机、压缩机、轧钢机等常用同步电动机驱动。低速的大型设备采用同步电动机时,这一优点尤为突出。此外,同步电动机的转速完全决定于电源频率。频率一定时,同步电动机的转速也就一定,它不随负载而变。这一特点在某些传动系统，特别是多机同步传动系统和精密调速稳速系统中具有重要意义。同步电动机的运行稳定性也比较高。同步电动机一般是在过励状态下运行，其过载能力比相应的异步电动机大。异步电动机的转矩与电压平方成正比，而同步电动机的转矩决定于电压和励磁电流所产生的内电动势的乘积，即仅与电压成比例。当电网电压突然下降到额定值的 80%左右时，异步电动机转矩往往下降为 64%左右，并因带不动负载而停止运转；而同步电动机的转矩却下降不多，还可以通过强行励磁来保证电动机的稳定运行。

### 6.7.3 同步发电机的应用

作发电机运行的同步电机，是一种最常用的交流发电机。在现代电力工业中，它广泛用于水力发电、火力发电、核能发电及柴油机发电。同步发电机按其转速分为高速和低（中）速两种。高速同步发电机多用于火力发电厂和核电站，与汽轮机联动，其转子多为隐极转子；低（中）速同步发电机多与低速水轮机或柴油机联动，其转子多为凸极转子。

（1）汽轮发电机。

汽轮发电机是同步发电机的一种，它是由汽轮机作原动机拖动转子旋转，利用电磁感应原理把机械能转换为电能的电气设备，主要用于火力发电厂或核电站。其转速通常为 3000r/min（频率为 50Hz）或 3600r/min（频率为 60Hz）。高速汽轮发电机为了减少因离心力而产生的机械应力及降低风磨耗，转子直径一般较小，长度较大（即细长转子）。火力发电厂或核电站的汽轮发电机皆采用卧式结构，发电机与汽轮机、励磁机等配套组成同轴运转的汽轮发电机组，如图 6-21 所示。汽轮发电机最基本的组成部件是定子、转子、励磁系统和冷却系统。

图 6-21 汽轮发电机组

我国攻克 20MW 船用汽轮发电机组的意义

20 世纪 80 年代，我国汽轮发电机工业以生产 300MW 机为主；20 世纪 90 年代，主力机组为 600MW。2003 年后，我国汽轮发电机工业迅猛发展，批量生产 1000MW 级常规汽轮发电机和核能汽轮发电机。同时，我国汽轮发电机生产能力和产量迅速提升。2008 年，我国汽轮发电机产量突破 1 亿 kW，创造了世界汽轮发电机工业史上的奇迹。随着"双碳"战略目标的积极推进，我国发电设备行业积极探索，主动适应绿色化需求。我国自主研制的 20MW 船用汽轮发电机组首次投入实际使用，标志着我国已掌握船用大功率、中压汽轮发电机组研制的核心技术。船用大功率汽轮发电机组的研制成功，不仅为推进系统提供了电力保障，更为未来船舶全电力化应用奠定了基础，具有重大的军事价值和社会效益。

（2）水轮发电机。

水轮发电机也是同步发电机的一种，是以水轮机为原动机将水能转换为电能的发电机。水流经过水轮机时，将水能转换为机械能，水轮机的转轴又带动发电机的转子，将机械能转换为电能输出。水轮发电机是水电站生产电能的主要动力设备。

水轮发电机由转子、定子、机架、集电环、电刷、冷却器等主要部件组成，如图 6-22 所示。定子主要由机座、铁心和绕组等部件组成。定子铁心用冷轧硅钢片叠成，按制造和运输条件可做成整体和分瓣结构。水轮发电机冷却方式一般采用密闭循环空气冷却。特大容量机组倾向于以水作为冷却介质，直接冷却定子。如同时冷却定子和转子则为双水内冷水轮发电机。

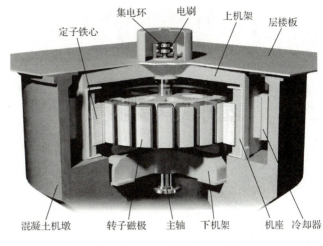

图 6-22 水轮发电机结构图

水轮发电机按轴线位置可分为立式与卧式两类。大中型机组一般采用立式布置，卧式布置通常用于小型机组和贯流式机组。

我国是世界发电量第一的国家，也是世界水力发电量第一的国家。2021 年，我国的发电量高达 8.11 万亿 kW·h，其中水力发电量约 1.18 万亿 kW·h，占总发电量的 14.6%，我国有举世闻名的三峡水电站，总装机容量和发电量都高居世界第一，白鹤滩水电站总装机容量位居世界第二，此外还有向家坝、溪洛渡水电站等世界级的大型水电站，都在源源不断地为我国的经济发展、社会生产、人民生活提供清洁电能。

白鹤滩水电站

知识延伸

### 三峡水电站和白鹤滩水电站

三峡水电站位于中国湖北省宜昌市境内的长江西陵峡段，与下游的葛洲坝水电站构成梯级电站。三峡工程是迄今为止世界上规模最大的水利枢纽工程和综合效益最广泛的水电工程，也是中国有史以来建设最大型的工程项目。该工程开工于 1994 年 12 月，2006 年 5 月 20 日全线修建成功，2020 年 11 月 1 日完成整体竣工验收全部程序。三峡工程建设任务全面完成，工程质量满足规程规范和设计要求，运行持续保持良好状态，防洪、发电、航运、水资源利用等综合效益全面发挥。

三峡水电站

三峡水电站的机组布置在大坝的后侧，共安装了 32 台 70 万 kW 水轮发电机组，其中左岸 14 台（图 6-23），右岸 12 台，地下 6 台，另外还有 2 台 5 万 kW 的电源机组，总装机容量 2250 万 kW。

三峡水电站右岸发电厂和地下厂房的 18 台 700MW 水轮发电机分别由东方电机厂、哈尔滨电机厂和法国阿尔斯迪公司供货，3 家公司分别提供 6 台机组。其中，哈尔滨电

图 6-23 三峡水电站左岸机组

机厂提供的 6 台水轮发电机采用全空冷方式；东方电机厂为地下厂房提供的两台 700MW 水轮发电机则采用蒸发冷却方式，如图 6-24 所示。

三峡水电站全年累计发电 988 亿 kW·h，相当于减少 4900 多万吨原煤消耗，减少近一亿吨二氧化碳排放。如果每千瓦时电能对 GDP 的贡献按 10 元计算，三峡水电站全年发出的清洁电能相当于为国家创造了近一万亿元的财富，这也为国家"稳增长、调结构、惠民生"注入了强大动力。

图 6-24 东方电机厂提供的 700MW 水轮发电机

白鹤滩水电站位于四川省宁南县和云南省巧家县交界处的金沙江干流河段，是金沙江下游干流河段梯级开发的第二个梯级电站，具有以发电为主，兼有防洪、拦沙、改善下游航运条件和发展库区通航等综合效益。

白鹤滩水电站地下厂房共安装 16 台我国自主研制的全球单机容量最大的百万千瓦水轮发电机组，总装机容量 1600 万 kW，2013 年主体工程正式开工，2021 年 6 月 28 日首批机组发电，2022 年 12 月 20 日，白鹤滩水电站 16 台百万千瓦水轮发电机组全部投产发电，标志着我国长江上全面建成世界最大清洁能源走廊。

白鹤滩水电站建成后，仅次于三峡水电站成为中国第二大水电站。

### 6.7.4 永磁同步电机

20 世纪中期，随着铝镍钴和铁氧体永磁的出现以及性能的不断提高，各种新型永磁电机不断出现，并得到了广泛运用。而随着钕铁硼永磁材料耐高温性能的提高和价格的降低，钕铁硼永磁同步电机在消防、工农业生产和人们日常生活等方面得到了越来越广泛的运用，永磁同步电机的品种和应用领域不断扩大。

# 第6章 同步电机

## 知识延伸

### 钕铁硼永磁材料

稀土永磁材料是现在已知的综合性能最高的一种永磁材料,它比以前使用的磁钢的磁性高 100 多倍,比铁氧体、铝镍钴性能优越得多,比昂贵的铂钴合金的磁性能还高一倍。由于稀土永磁材料的使用,不仅促进了永磁器件向小型化发展,提高了产品的性能,而且促使了某些特殊器件的产生。因此,稀土永磁材料一出现,立即引起人们的极大重视,发展极为迅速。我国研制生产的各种稀土永磁材料的性能已接近或达到国际先进水平。

稀土中国

钕铁硼永磁材料作为稀土材料重要的应用领域之一,是支撑现代电子信息产业的重要基础材料之一,与人们的生活息息相关。钕铁硼永磁材料是以金属间化合物 $Nd_2Fe_{14}B$ 为基础的永磁材料,主要成分为稀土元素钕(Nd)、铁(Fe)、硼(B)。其中稀土元素主要为钕,为了获得不同性能可用部分镝(Dy)、镨(Pr)等其他稀土元素替代,铁也可被钴(Co)、铝(Al)等其他金属元素替代,硼的含量较小,但却对形成四方晶体结构金属间化合物起着重要作用,使得化合物具有高饱和磁化强度,高的单轴各向异性和高的居里温度。

钕铁硼永磁材料具有优异的磁性能,广泛应用于电子、电力机械、医疗器械、五金机械、航空航天等领域,较常见的有永磁高速电机、特种电机、电动汽车电机、高压直流供电系统、快速充电系统等。

#### 1. 永磁同步电机的结构

永磁同步电机结构简单、体积小、质量轻、效率高、功率因数高,与传统电励磁同步电机特性类似,只是用永磁体取代其转子上的励磁系统,使电机结构更为简单,降低了加工和装配费用,且省去了容易出问题的集电环和电刷,提高了电机运行的可靠性;又因无须励磁电流,省去了励磁损耗,提高了电机的效率和功率密度。因而它是近年来研究得较多并在各个领域中得到广泛应用的一种电机。

永磁同步电机和异步电机的区别

永磁同步电机由定子、转子和端盖等部件构成,如图 6-25 所示。定子结构与异步电机基本相同,采用叠片结构以减小电机运行时的铁损耗,其中装有三相交流绕组。转子结构与异步电机的最大不同是在转子上放有高质量的永磁体磁极,根据在转子上安放永磁体的位置不同,永磁同步电机可分为表面式转子结构和内置式转子结构。

永磁体的放置方式对电机性能影响很大。表面式转子结构即永磁体位于转子铁心的外表面,这种转子结构简单,但产生的异步转矩很小,仅适合于启动要求不高

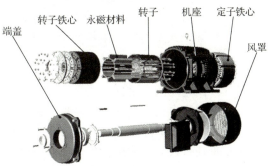

图 6-25 永磁同步电机的结构

的场合，很少应用。内置式转子结构即永磁体位于鼠笼导条和转轴之间的铁心中，启动性能好，绝大多数永磁同步电机都采用这种结构。

2. 永磁同步电机的工作原理

永磁同步电机的启动和运行是由定子绕组、转子鼠笼绕组和永磁体三者产生的磁场的相互作用形成的。电机静止时，给定子绕组通入三相对称电流，产生定子旋转磁场，定子旋转磁场相对于转子旋转在鼠笼型绕组内产生电流，形成转子旋转磁场，定子旋转磁场与转子旋转磁场相互作用产生的异步转矩使转子由静止开始加速转动。在这个过程中，转子永磁磁场与定子旋转磁场转速不同，会产生交变转矩。当转子加速到速度接近同步转速的时候，转子永磁磁场与定子旋转磁场的转速接近，定子旋转磁场速度稍大于转子永磁磁场，它们相互作用产生转矩将转子牵入同步运行状态。在同步运行状态下，转子绕组内不再产生电流。此时转子上只有永磁体产生磁场，它与定子旋转磁场相互作用，产生驱动转矩。由此可知，永磁同步电机是靠转子绕组的异步转矩实现启动的。启动完成后，转子绕组不再起作用，由永磁体和定子绕组产生的磁场相互作用产生驱动转矩。

3. 永磁同步电机的特点

永磁同步电机的优点如下。

（1）效率高、功率因数高。

（2）发热小，因此电机冷却系统结构简单、体积小、噪声小。

（3）系统采用全封闭结构，无传动齿轮磨损、无传动齿轮噪声、免润滑油、免维护。

（4）允许的过载电流大，可靠性显著提高。

（5）整个传动系统质量轻，单位质量的功率大。

（6）由于没有齿轮箱，可对转向架系统随意设计，电机尺寸和形状灵活多样。

（7）由于采用了永磁材料磁极，特别是采用了稀土金属永磁体（如钕铁硼等），其磁能积高，可得到较高的气隙磁通密度，因此在容量相同时，电机的体积小、质量轻。

（8）没有铜损耗和铁损耗，也没有集电环和电刷的摩擦损耗，运行效率高。

（9）转动惯量小，允许的脉冲转矩大，可获得较高的加速度，动态性能好，结构紧凑，运行可靠。

（10）大大减少对环境的污染。

永磁同步电机的缺点如下。

（1）永磁材料在受到振动、高温和过载电流作用时，其导磁性能可能会下降或发生退磁现象，有可能降低永磁同步电机的性能。

（2）稀土式永磁同步电机要用到稀土材料，制造成本不太稳定。

4. 永磁同步电机的应用

（1）在电动汽车上的应用。

永磁同步电机具有高控制精度、高转矩密度、良好的转矩平稳性及低噪声的特点，通过合理设计永磁磁路结构能获得较高的弱磁性能，提高电机的调速范围，因此在电动汽车驱动方面具有较高的应用价值，已经受到国内外电动汽车界的高度重视，是十分具有竞争力的电动汽车驱动电机系统之一。

对于纯电动汽车来说，电机、电控、电池是三大核心部件，其驱动电机系统如图 6-26

所示。目前纯电动汽车所使用的电机可分为两类，即以特斯拉为代表的交流感应电机和以比亚迪等自主品牌为代表的永磁同步电机。交流感应电机的特点为结构相对简单、成本较低、功率更大，但有尺寸较大、质量较大等缺点，代表车型有特斯拉 Model S/X 及蔚来 ES8。相比感应电机，永磁同步电机具有功率密度高、能量转换效率高（90%～95%）、能耗较低等优势，同等功率下永磁同步电机体积更小，效率

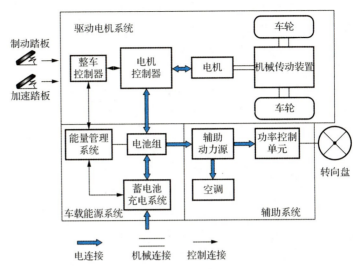

图 6-26　电动汽车驱动电机系统

更高，容易得到更多车企的青睐。虽然永磁体高温下有退磁风险，但一些车企已经解决了这个问题，如比亚迪通过优化直轴电感及凸极率，提升了永磁同步电机的抗退磁能力，代表车型有比亚迪汉。

比亚迪一直使用永磁同步电机，并且早在 2015 年的比亚迪唐电动汽车上就落地了双电机四驱结构，具有一定的前瞻性和先进性。

在纯电动平台方面，比亚迪最新的 E 平台 3.0 采用了前驱感应异步电机+后驱永磁同步电机的技术方案，二者互补，在日常行驶中以永磁同步电机为主，在加速工况下双电机最大输出。该平台落地了全球首个八合一动力总成（整车控制器、电机控制器、车载充电器、驱动电机、电池管理器、高压配电箱、直流变换器、减速器），高性能版本最大功率 270kW（E 平台 3.0 有前后两个八合一动力总成，后驱峰值功率 270kW，前驱峰值功率 150kW），系统综合效率达 89%。

目前包括特斯拉 Model 3 在内的高端电动车的动力系统，都选择了搭载双电机的动力解决方案，即"前永磁，后感应"的双电机配置。这样的混搭其实就直接表明了两种电机擅长的"技能点"不同：永磁电机能保证更长的续航能力，感应电机则能保证更强的性能表现。总体来看，特斯拉的驱动电机配置趋势是数量越来越多，性能越来越强，永磁同步电机的渗透率越来越高。

（2）在轨道交通上的应用。

世界轨道交通车辆牵引技术经历了直流系统、交流系统、永磁系统三个阶段。永磁同步电机具有结构简单、体积小、高效节能、绿色环保、功率因数高、故障率低等优点，是轨道列车牵引传动技术发展的新选择。从全球看，永磁同步牵引系统因其高效率、高功率密度等显著优势，成为新一代列车牵引系统的主流研制方向。

永磁牵引电机在列车的能耗、效率、控制性能、轻量化、小型化及可维护全寿命周期成本等方面具有明显优势，已经在我国高速动车组、地铁等领域得到应用。我国早在 2003 年就开展了永磁同步牵引系统的基础研究，当时永磁技术在国

中国轨道交通工业 140 周年

外尚处于起步阶段,技术完全保密,对外严格封锁技术转让,中国要想进行永磁技术研究,就只能从零开始。经过了无数次的地面试验,2011 年我国终于成功研制了首套轨道交通永磁同步牵引系统,并且该系统在沈阳地铁 2 号线列车上实现了装车试验,这也是永磁系统在国内轨道交通领域的首次应用。

永磁系统在地铁上的成功应用,让永磁高铁的研究有了底气。国家"863 计划"提出了高速动车组采用 600kW 永磁同步牵引系统的目标。2015 年 2 月,中国铁路总公司发布了《时速 350 公里基于永磁电机牵引动车组技术条件》。2014—2015 年,永磁高铁通过了设计方案评审,并下线了我国第一台永磁高铁样车。这台样车的永磁同步牵引系统包含牵引变流器、网络控制系统、永磁同步牵引电动机等。与前两代的直流系统、异步系统相比,具有转速稳、效率高、体积小、质量轻、噪声低、可靠性高等优势,节能可达 10%。其中,我国自主研发的 JD188 型大功率永磁同步牵引电机的额定功率达到 690kW,是目前国内轨道交通领域最大功率的永磁同步牵引电机,为我国轨道交通列车装备绿色发展、实现从"跟跑"到"领跑"做出了重要贡献。2017 年 6 月,永磁牵引高速动车组和异步牵引 CRH380A 型电力动车组在成渝线进行了能耗对比测试,其中长距离、大站停的工况,整车节能约 8.4%,停站次数比较多的工况,整车节能约 10%。

全球最快时速 400km 高铁永磁同步牵引电机

我国目前已形成完整的永磁动力产业链条,从前端材料到中段部件,到下游应用,汇集了一大批优秀的企业,技术研发实力处于世界领先水平。永磁动力替代传统动力系统,可满足"双碳"背景下,轨道交通装备、新能源汽车、海洋船舶、航空航天、发电、冶金等多个产业的发展需求。

# 本 章 小 结

本章主要介绍了同步电机的基本结构和工作原理,并以同步电动机为例介绍电磁关系、运行特性和电力拖动,主要知识点如下:

(1) 同步电机的转速与电网频率保持严格不变的关系,即 $n = n_1 = 60f_1/p$,转子转速与负载大小无关。其定子绕组中通入三相对称电流产生圆形旋转磁场,转子励磁绕组通入直流励磁电流产生恒定磁场,正常运行时,定子旋转磁场吸引转子磁场同步旋转;转子有隐极和凸极两种结构。

(2) 从运行状态看,同步电机具有可逆性,既可作电动机运行,也可作发电机运行。

(3) 同步电动机的功角特性反映电磁功率与功角 $\theta$ 之间的关系,反映了同步电动机电磁功率随负载变化的情况;矩角特性反映电磁转矩与功角 $\theta$ 之间的关系,反映了同步电动机输出转矩随负载变化的情况;同步电动机存在稳定运行区和不稳定运行区,判断同步电动机稳定运行的依据是 $\dfrac{dT}{d\theta} > 0$,同步电动机稳定运行的区域是矩角特性的上升段,一旦进入不稳定运行区,同步电动机将会失步。

(4) 调节转子直流励磁电流可以改变同步电动机无功功率的输出,从而调节功率因数。同步电动机保持有功功率不变时,定子电流与励磁电流的关系曲线称为 V 形曲线。过励时,电动机从电网吸收容性无功功率,发出感性无功功率;欠励时,从电网吸收感性无功功率,发出容性无功功率。同步电动机既可以向电网发出无功功率,也可以从电网吸收无功功率,通过改变电动机励磁电流可以改善电网的功率因数,这是同步电动机优于异步电动机之处。

(5)与其他电动机一样,同步电动机电力拖动系统也有启动、调速和制动问题。同步电动机本身无启动转矩,不能自行启动,需借助辅助方法来启动,启动方法有异步启动、辅助启动和变频启动;同步电动机常用变频调速控制方式;同步电动机常采用的制动方式是能耗制动。

## 习 题

1. 如果电源频率是可调的,当频率为 50 Hz 和 40 Hz 时,六极同步电动机的转速各是多少?

2. 如何从外形上区别同步电机是隐极转子还是凸极转子?为什么前者适用于高速,而后者适用于低速?

3. 同步电动机在正常运行时,转子励磁绕组中是否存在感应电动势?在启动过程中是否存在感应电动势?为什么?

4. 为什么异步电动机不能以同步转速运行,而同步电动机能以同步转速运行?

5. 为什么要把凸极同步电动机的电枢磁动势 $\dot{F}_\mathrm{a}$ 和电枢电流 $\dot{I}_1$ 分解为直轴和交轴两个分量?

6. 何谓直轴同步电抗 $X_\mathrm{d}$?何谓交轴同步电抗 $X_\mathrm{q}$? $X_\mathrm{d}$ 和 $X_\mathrm{q}$ 相比哪个大一些?

7. 何谓同步电机的功角?怎样用功角来描述同步电机是运行在电动机状态还是运行在发电机状态?

8. 什么是同步电动机的功角特性?同步电动机在什么功角范围内才能稳定运行?

9. 为什么同步电动机经常工作在过励状态?

10. 并联于电网上运行的某同步电动机拖动一定的负载,当励磁电流从零增加时,说明定子侧的电枢电流、功率因数及功角各会发生怎样的变化?同步电动机将经过哪几种状态?

11. 同步电动机为什么没有启动转矩?通常采用什么方法启动?

12. 同步电动机异步启动时,其励磁绕组为什么既不能开路,又不能短路?

13. 一台三相六极同步电动机的数据为:额定功率 $P_\mathrm{N}$=3000 kW,额定电压 $U_\mathrm{N}$=6000V,额定功率因数 $\cos\varphi_\mathrm{N}$ =0.8(超前),额定效率 $\eta_\mathrm{N}$ =96%,定子每相电阻 $R_1$=0.21Ω,定子绕组为 Y 接法。试求电动机额定运行时:

(1)定子输入功率 $P_1$;

(2)定子电流 $I_1$;

(3)电磁功率 $P_\mathrm{M}$;

(4)额定电磁转矩 $T_\mathrm{N}$;

(5)输出转矩 $T_2$;

(6)空载转矩 $T_0$。

14. 已知一台隐极同步电动机的数据为:额定电压 $U_\mathrm{N}$ =6000V,额定电流 $I_\mathrm{N}$ =72A,额定功率因数 $\cos\varphi_\mathrm{N}$ =0.8(超前),定子绕组为 Y 接法,同步电抗 $X_\mathrm{c}$ =50Ω,忽略定子电阻。当这台电动机在额定状态下运行时,试求:

(1)画出相量图;

（2）空载电动势 $E_0$；

（3）功角 $\theta_N$；

（4）电磁功率 $P_M$；

（5）过载倍数 $\lambda_m$。

15．一台三相隐极同步电动机，定子绕组为 Y 接法，额定电压为 380V，已知电磁功率 $P_M$=15kW 时对应的 $E_0$=250V（相值），同步电抗 $X_c$=5.1Ω，忽略定子电阻。试求：

（1）功角 $\theta$ 的大小；

（2）最大电磁功率 $P_{Mm}$。

16．一台三相凸极同步电动机，定子绕组为 Y 接法，额定电压为 380V，直轴同步电抗 $X_d$=6.06Ω，交轴同步电抗 $X_q$=3.43Ω，运行时电动势 $E_0$=250V（相值），$\theta$=28°（超前）。试求电磁功率 $P_M$。

17．一工厂总耗电功率为 1200kW，进线电压为 6000V，$\cos\varphi$=0.65（滞后）。该厂另需要 320kW 电动机来拖动新增设备，欲使用同步电动机，要将功率因数提高到 0.8（滞后）。现假定同步电动机效率为 100%，试求：

（1）选用的同步电动机功率；

（2）同步电动机的功率因数。

18．一工厂变电所变压器容量为 2000kV·A，该厂电力设备平均负载为 1200kW、$\cos\varphi_{1N}$=0.65（滞后），现欲添一台额定功率为 500kW、$\cos\varphi_{2N}$=0.8（超前）、$\eta$=95%的同步电动机。试求当电动机满载时：

（1）全厂总功率因数；

（2）变压器是否过载。

# 第7章 控制电机

## 教学要求

1. 熟练掌握单相异步电动机的结构、工作原理、启动方法、调速方法，了解其应用情况。

2. 掌握交、直流伺服电动机的结构、工作原理、特性及控制方式，了解其应用情况和发展趋势。

3. 掌握测速发电机的工作原理，了解测速发电机产生输出误差的原因，掌握减小输出误差的方法。

4. 理解步进电动机的结构、工作原理，以及动、静态特性。

5. 理解自整角机、旋转变压器、开关磁阻电动机、无刷直流电动机、超声波电动机、盘式电动机、直线电动机的基本结构、工作原理和特点，了解实际应用情况。

## 推荐阅读资料

1. 孙冠群，于少娟，2011. 控制电机与特种电机及其控制系统[M]. 北京：北京大学出版社.
2. 程明，2022. 微特电机及系统[M]. 3版. 北京：中国电力出版社.
3. 王志新，罗文广，2020. 电机控制技术[M]. 2版. 北京：机械工业出版社.

第7章思维导图

电机与拖动基础

知识链接

  控制电机的发展史上,在同步传输系统中使用的自整角机可称得上控制电机的鼻祖。早在 19 世纪 80 年代,俄国及其他国家的许多学者创造出许多军事用同步联络系统,并把自整角机用于这些系统中。随着科学技术的进步和自动控制技术的发展,出现了旋转变压器、感应移相器、测速发电机等控制电机,20 世纪 50 年代相继形成系列,20 世纪 60 至 70 年代得到迅速发展。西方各国在第二次世界大战结束到 1966 年期间,针对第二次世界大战中武器装备系统及机电元件在实践中所获得的经验和教训,进行了大量的分析和研究,在设计、工艺、选材、试验等方面取得了突破性的进展。这期间的研究文章极为丰富,到 1966 年基本完成了以信号电机为主的微特电机的定型、系列化。

  我国在经历了仿制、自行设计、充实提高、稳步发展四个阶段后,逐步形成了微电机工业体系,自整角机、旋转变压器、感应移相器、测速发电机等信号电机伴随着微电机工业的发展不断壮大。

  前面介绍的普通电机是作动力使用的,用于能量转换,对普通电机的要求是提高能量转换效率,经济有效地产生最大动力。而控制电机用于信号检测和变换,对控制电机的要求是快速响应、高精度及高灵敏度。

  控制电机主要应用在自动控制系统中,用于信号的检测、变换和传输,用作测量、计算元件或执行元件。由于检测、变换和传输的是控制信号,因此控制电机功率小、体积小、质量轻,被称为微特电机。随着科学技术的不断发展,控制电机已经成为现代工业自动化、武器装备、办公自动化和家庭生活自动化等领域必不可少的重要元件。

  作为自动控制系统的重要元件,控制电机性能优劣对系统影响极大。现代自动控制系统要求控制电机体积小、质量轻、耗电少,还要求具有高可靠性、高精度和快速响应性能。

  本章主要介绍单相异步电动机、伺服电动机、测速发电机、步进电动机等的结构、工作原理、运行特性和应用。

## 7.1 单相异步电动机

  单相异步电动机是由单相交流电源供电的一种小容量交流电动机。因为其功率较小,常制成小型电动机,具有结构简单、成本低廉、运行可靠、维修方便的特点,被广泛用于办公场所、家用电器(如电风扇、电冰箱、洗衣机、空调等)、医疗器械和自动化仪表方面;在工、农业生产及其他领域,单相异步电动机的应用也越来越广泛,如小型鼓风机、小型车床、电动工具(如手电钻)等。

单相异步电动机的结构

### 7.1.1 单相异步电动机的结构

  从结构上看,单相异步电动机与三相鼠笼式异步电动机相似,主要是由定子和转子组成,如图 7-1 所示。

### 1. 定子

单相异步电动机的定子包括定子铁心和定子绕组。定子铁心由薄硅钢片叠压而成,定子绕组一般采用漆包线绕制。定子绕组为一个单相工作绕组,但通常因为启动的需要,定子还设有产生启动转矩的启动绕组,一般只是在启动时接入,当转速接近同步转速时,由离心开关将其从电源自动切除,所以正常运行时只有工作绕组接在电源上。也有一些电容或电阻电动机,在运行时启动绕组仍然接在电源上,这实质上是一台两相电动机,但由于它接在单相电源上,故仍称为单相电动机。

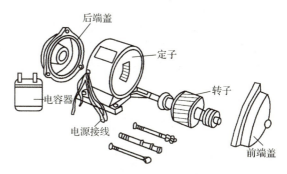

图 7-1 单相异步电动机的结构

### 2. 转子

单相异步电动机的转子包括转子铁心、转子绕组和转轴。转子铁心由薄硅钢片叠压而成,转子绕组常为铸铝笼型。转子的作用与三相异步电动机相似,是将电能转换为机械能。

### 3. 其他部分

单相异步电动机的其他部分有机壳、前后端盖、风叶等,其主要作用是支撑、固定和冷却电动机。

## 7.1.2 单相异步电动机的磁场

### 1. 单相绕组的脉动磁场

在单相定子绕组中通入单相交流电流,假设在交流电流的正半周,电流从单相定子绕组的左半侧流入,右半侧流出,则由电流产生的磁场如图 7-2(a)所示,该磁场的大小随电流的变化而变化,方向则保持不变。当电流为零时,磁场也为零。当电流为负半周时,产生的磁场方向也随之发生变化,如图 7-2(b)所示。

(a)电流正半周产生的磁场　　(b)电流负半周产生的磁场

图 7-2 单相绕组脉动磁场的产生

由此可见,向单相定子绕组通入单相交流电流后,产生的磁场大小及方向在不断变化(按正弦规律变化),但磁场的轴线却固定不动,这种磁场空间位置固定,只是幅值和方向随时间变化,即只脉动而不旋转,称为脉动磁场。

脉动磁场可分解为两个大小相等、方向相反的旋转磁场,而这两个磁场在任一时刻所产生的合成电磁转矩为零,所以单相异步电动机如果原来静止不动,在脉动磁场的作用下,由于转子导体与磁场之间没有相对运动,不会产生磁场力的作用,转子仍然静止不动,即单相异步电动机没有启动转矩,不能自行启动(当转速 $n=0$ 时,合成转矩 $T=0$),这是单相异步电动机的一个缺点。

**特别提示**

若用外力去拨动电动机的转子,则转子导体就切割定子脉动磁场,产生电流,从而受到电磁力的作用,转子将顺着拨动的方向转动起来(当转速 $n\neq0$ 时,合成转矩 $T\neq0$),电动机正反向都可转动,方向由所加外力方向决定。因此,必须解决单相异步电动机的启动问题。

### 2. 两相绕组的旋转磁场

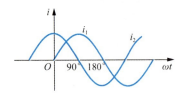

图 7-3 两相对称电流

具有相位相差 90°的两个电流通入空间位置相差 90°的两相绕组时,产生的合成磁场为旋转磁场。两相对称电流如图 7-3 所示,分别为 $i_1 = \sqrt{2}I_1\sin\omega t$ 和 $i_2 = \sqrt{2}I_2\sin(\omega t+90°)$。图 7-4 所示分别为 $\omega t=0°$、45°、90°时合成磁场的方向。由此可见,该磁场随时间的增长沿顺时针方向旋转。

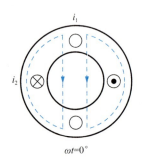
$\omega t=0°$

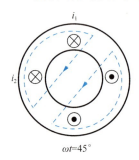
$\omega t=45°$

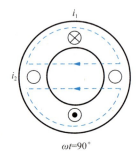
$\omega t=90°$

图 7-4 旋转磁场

由此可知,在单相异步电动机定子上放置两相空间位置相差 90°的定子绕组,向绕组中分别通入一定相位差的两相交流电流,就可以产生沿定子和转子空间气隙旋转的旋转磁场,从而解决单相异步电动机的启动问题。

**想一想**

三相异步电动机启动时,如果电源一相断线,这时电动机能否启动?如果绕组一相断线,这时电动机能否启动?Y 连接和 △ 连接情况是否一样?如果运行中电源或绕组一相断线,能否继续旋转?有何不良后果?

### 7.1.3 单相异步电动机的机械特性

由前面的分析可知,若单相异步电动机只有一个工作绕组,向单相异步电动机工作绕组通入单相交流电流后,会产生幅值和方向随时间变化的脉动磁场。该脉动磁场可以分解为两个大小相等、方向相反的旋转磁场。这两个磁场在转子中分别产生正向和反向的电磁

转矩 $T^+$、$T^-$，它们试图使转子分别正转和反转，这两个转矩叠加起来就是使电动机转动的合成转矩 $T$。不论是正向转矩还是反向转矩，它们的大小与转差率的关系和三相异步电动机的情况都是一样的。单相异步电动机的转矩特性曲线如图 7-5 所示。

由图 7-5 可见，单相异步电动机具有以下特点。

（1）单相异步电动机无启动转矩，不能自行启动。启动瞬间，$n=0$，$s=1$，由于正、反方向的电磁转矩大小相等、方向相反，合成转矩 $T = T^+ + T^- = 0$，如不采取其他措施，电动机不能启动。由此可知，三相异步电动机一相断线时，相当于一台单相异步电动机，不能自行启动。

（2）在 $s=1$ 的两边，合成转矩曲线是对称的，因此，单相异步电动机没有固定的旋转方向。当外力驱动电动机正向旋转时，合成转矩为正，该转矩能维持电动机继续正向旋转；反之，当外力驱动电

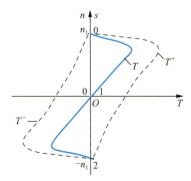

图 7-5 单相异步电动机的转矩特性曲线

动机反向旋转时，合成转矩为负，该转矩能维持电动机继续反向旋转。因此，单相异步电动机虽无启动转矩，但一经启动，便可达到某一稳定转速工作，旋转方向取决于启动瞬间外力矩的方向。

（3）由于反向转矩的存在，使合成转矩减小，最大转矩也随之减小，致使单相异步电动机的过载能力降低。

（4）反向旋转磁场在转子中引起的感应电流，增加了转子铜损耗，降低了电动机的效率。单相异步电动机的效率为同容量三相异步电动机的 75%～90%。

### 7.1.4　单相异步电动机的启动

为了使单相异步电动机能够产生启动转矩，通常的解决方法是在其定子铁心内放置两个有空间角度差的工作绕组和启动绕组，并使这两个绕组中流过的电流不同相位（分相），这样就可以在电动机气隙内产生一个旋转磁场，单相异步电动机就可以启动运行了。在工程实践中，单相异步电动机常采用分相式和罩极式两种启动方法。

1. 分相式电动机

分相式电动机包括电容启动电动机、电容运转电动机、电容启动运转电动机、电阻启动电动机。分相式电动机如图 7-6 所示。

图 7-6　分相式电动机

（1）电容启动电动机。

定子铁心上嵌放有两个绕组：一个称为工作绕组（或称主绕组），用 1 表示；另一个称为启动绕组（或称副绕组），用 2 表示。两个绕组在空间相差 90°，在启动绕组回路中串接启动电容 $C$ 作电流分相用，并通过离心开关 S 与工作绕组并联在同一单相电源上，如图 7-7（a）所示。因工作绕组呈感性，$i_1$ 滞

后于 $\dot{U}$，若适当选择电容 $C$，使流过启动绕组的电流 $\dot{I}_{st}$ 超前 $\dot{I}_1$ 的角度为 90°，如图 7-7（b）所示。这就相当于在时间相位上互差 90° 的两相电流流入在空间上相差 90° 的两相绕组中，便在气隙中产生旋转磁场，并在该磁场作用下产生电磁转矩使电动机转动。

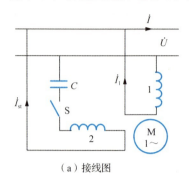
（a）接线图

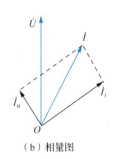
（b）相量图

图 7-7 电容启动电动机的工作原理

电容启动电动机的启动绕组是按短时工作制设计的，当离心开关 S 的两组触点在弹簧的压力下处于接通位置，S 处于闭合位置，工作绕组和启动绕组一起接在单相电源上，电动机获得启动转矩开始启动。当电动机转速达额定转速的 70%～85% 时，离心开关 S 中的重球产生的离心力大于弹簧的弹力，使两组触点断开，即启动绕组和启动电容就在 S 的作用下自动退出工作，这时电动机就在工作绕组单独作用下拖动负载运行。

## 特别提示

要改变电容启动电动机的转向，只需将工作绕组或启动绕组的两个出线端对调，也就是改变启动时旋转磁场的方向即可。

单相异步电动机具有较大的启动转矩（一般为额定转矩的 1.5～3.5 倍），但相应的启动电流也较大，而且价格较贵，主要应用于重载启动的设备，如空调、洗衣机、压缩机、小型水泵等。

（2）电容运转电动机。

在启动绕组中串入电容后，不仅能产生较大的启动转矩，而且运行时还能改善电动机的功率因数和提高过载能力。为了改善单相异步电动机的运行性能，电动机启动后，可不切除串有电容的启动绕组，这种电动机称为电容运转电动机，其接线图如图 7-8 所示。

电容运转电动机实质上是一台两相异步电动机，因此启动绕组应按长期工作方式设计。此类电动机结构简单，无启动装置，使用维护方便，价格低，效率和功率因数高，但是启动转矩较小，主要应用于电风扇、排气扇、洗衣机、复印机、吸尘器等。

（3）电容启动运转电动机。

电容运转电动机虽然能改善单相异步电动机的运行性能，但电容运转电动机工作时比启动时所需的电容量小。为了进一步提高电动机的功率因数、效率、过载能力，常采用如图 7-9 所示的电容启动运转电动机接线方式，在电动机启动结束后，必须利用开关 S 把启动电容切除，而工作电容仍串在启动绕组中。

电容启动运转电动机启动电流及启动转矩均较大，功率因数高，但价格较贵，主要应用于电冰箱、洗衣机、水泵、小型机床等。

（4）电阻启动电动机。

电阻启动电动机的启动绕组的电流不用串联电容而用串联电阻的方法来分相，但由于

此时 $\dot{I}_1$ 与 $\dot{I}_{st}$ 之间的相位差较小，因此启动转矩较小，只适用于空载或轻载启动的场合。

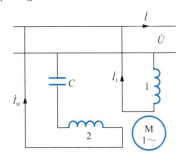

图 7-8　电容运转电动机接线图

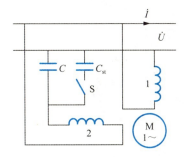

图 7-9　电容启动运转电动机接线图

电阻启动电动机启动电流大，但启动转矩不大，价格较低，主要应用于搅拌机、小型鼓风机、研磨机等。

### 2. 罩极式电动机

罩极式电动机是单相异步电动机中最简单的一种，根据定子结构，可分为凸极和隐极两种，其中凸极结构最常见。

图 7-10 所示的罩极式电动机的定子采用凸极结构，定子铁心由 0.5mm 厚的硅钢片叠压而成，工作绕组集中绕制，套在定子磁极上，必须正确连接，为了使其上、下刚好产生一对磁极。在极靴表面的 1/3 处开有一个小槽，在极柱上套上铜制的短路环，并用短路环把这部分磁极罩起来，故称罩极式电动机。短路环有启动绕组的作用，称为启动绕组。罩极式电动机的转子采用笼型斜槽铸铝转子，它是将冲有齿槽的转子冲片经叠装并压入转轴后，在转子的每个槽内铸入铝或铝合金制成，铸入转子槽内和端部压模内的铝导体形成一个笼型的短路绕组。

罩极式电动机绕组接线图如图 7-11（a）所示。当工作绕组通入单相交流电流后，将产生脉动磁通，其中一部分磁通 $\dot{\Phi}_1$ 不穿过短路铜环，另一部分磁通 $\dot{\Phi}_2$ 穿过短路铜环。由于 $\dot{\Phi}_1$ 与 $\dot{\Phi}_2$ 都由工作绕组中的电流产生，故 $\dot{\Phi}_1$ 与 $\dot{\Phi}_2$ 同相位且 $\Phi_1 > \Phi_2$。磁通 $\dot{\Phi}_2$ 在短路铜环中产生感应电动势 $\dot{E}_2$，它滞后 $\dot{\Phi}_2$ 相位 90°。由于短路铜环闭合，在短路铜环中产生滞后 $\dot{E}_2$ 为 $\varphi$ 角的电流 $\dot{I}_2$。该电流又产生与其同相的磁通 $\dot{\Phi}'_2$，它也穿过短路铜环，因此罩极部分穿过的总磁通为 $\dot{\Phi}_3 = \dot{\Phi}_2 + \dot{\Phi}'_2$，如图 7-11（b）所示。由此可见，未罩极部分磁通 $\dot{\Phi}_1$ 与罩极部分磁通 $\dot{\Phi}_3$，不仅在空间上而且在时间上均有相位差，因此它们的合成磁场是一个由超前相转向滞后相的旋转磁场，由此产生电磁转矩，其方向也是未罩极部分转向罩极部分，好似旋转磁场一样，从而使笼型转子获得启动转矩，并且也决定了电动机的转向是由未罩极部分向罩极部分旋转。由此可见，其转向是由定子的内部结构决定的，改变电源接线不能改变电动机的转向。

罩极式电动机结构简单、制造方便、成本低、工作可靠、运行时噪声小，但启动转矩较小，效率和功率因数都较低，方向不能改变。其主要应用于小功率空载启动的场合，如小型风扇（如排气扇、各种仪表风扇、计算机的散热风扇等）、仪器仪表、电唱机、空气清新器、加湿器、暖风机等。

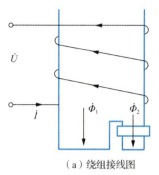

（a）绕组接线图　　　　　　　　　　（b）相量图

图 7-10　采用凸极结构的罩极式电动机　　　　　图 7-11　罩极式电动机的工作原理

### 7.1.5　单相异步电动机的调速

电风扇是利用电动机带动风叶旋转来加速空气流动的一种常用的电动器具，应用广泛，主要用于清凉解暑和空气流通。它主要由扇头、风叶、网罩和控制装置等部件组成。扇头包括电动机、前后端盖和摇头送风机构等。在常用单相交流风扇中，一般使用单相罩极式电动机和电容运转电动机。这是因为电动机在电风扇中的基本作用是驱动风叶旋转，因此它的功率要求和主要尺寸取决于风叶的功率消耗。一般风叶的功率消耗与转速的三次方成比例关系，所以启动时功率要求较低，随着转速的增加，功率消耗迅速增加，而以上两种电动机较适宜拖动此类负载。现代家用风扇按结构可分为吊扇（吊扇电动机如图 7-12 所示）、台扇、换气扇、转页扇、空调扇（冷风扇）等。许多电风扇还应用了电子技术和微电脑技术，可以遥控，但其主要驱动原理都是相同的。

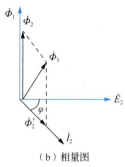

吊扇电机绕组制造过程

电风扇一般都要求能调速，单相异步电动机的调速方法有变频调速、降压调速和变极调速。常用的降压调速又分为串电抗器调速、绕组抽头调速、串电容调速、自耦变压器调速和晶闸管调压调速等。下面以电风扇调速为例简单介绍单相异步电动机的几种降压调速方法。

**1. 串电抗器调速**

这种调速方法是将电抗器与电动机的定子绕组串联，如图 7-13 所示，所串的电抗器又称调速线圈。通电时，利用在电抗器上产生的电压降使加到电动机定子绕组上的电压低于电源电压，从而达到降压调速的目的。因此用串电抗器调速时，电动机的转速只能由额定转速向低速调速。

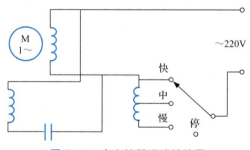

图 7-12　吊扇电动机　　　　　　　图 7-13　串电抗器调速接线图

串入电动机绕组的电抗器线圈匝数越少,电动机转速就越快;反之,就越慢。这种调速方法的优点是线路简单、操作方便;缺点是电压降低后,电动机的输出转矩和功率明显降低,因此只适用于转矩及功率都允许随转速降低而降低的场合。

#### 2. 绕组抽头调速

电容运转电动机在调速范围不大时,普遍采用绕组抽头调速。这种调速方法是在定子铁心上再放一个调速绕组(又称中间绕组)$D_1D_2$,它与工作绕组及启动绕组连接后引出几个抽头,通过改变调速绕组与工作绕组、启动绕组的连接方式,调节气隙磁场大小及椭圆度来实现调速目的。这种调速方法通常有 L 形接法和 T 形接法,如图 7-14 所示。

这种调速方法的优点是省去了调速电抗铁心,不需要任何附加设备,降低了产品成本,节约了电抗器的能耗;缺点是使电动机嵌线比较困难,引出线头多,接线复杂。

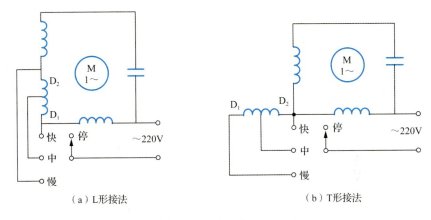

图 7-14　绕组抽头调速接线图

#### 3. 串电容调速

将不同容量的电容串入单相异步电动机的电路中,也可调节电动机的转速。电容容抗与电容量成反比,故电容量越小,容抗就越大,相应的电压降也就越大,电动机转速就越低;反之,电容量越大,容抗就越小,相应的电压降也就越小,电动机转速就越高。

这种调速方法由于电容具有两端电压不能突变的特点,因此启动瞬间,调速电容两端的电压为零,即电动机的电压为电源电压,电动机启动性能好。正常运行时,电容上无功率损耗,效率较高。

#### 4. 自耦变压器调速

通过调节自耦变压器来调节加在单相异步电动机上的电压,从而实现电动机的调速,其接线图如图 7-15 所示。图 7-15(a)所示是在调速

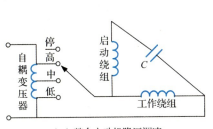

(a)整台电动机降压调速

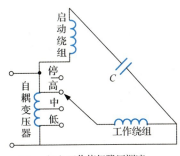

(b)工作绕组降压调速

图 7-15　自耦变压器调速接线图

时使整台电动机降压运行,因此低速挡时启动性能较差。图 7-15(b)所示是在调速时仅使工作绕组降压运行,因此低速挡时启动性能较好,但接线较复杂。

5. 晶闸管调压调速

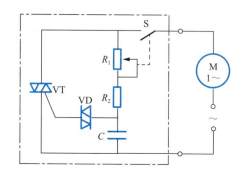

图 7-16 吊扇晶闸管调压调速电路图

前面介绍的各种调速方法都是有级调速,目前采用晶闸管调压的无级调速越来越多。吊扇晶闸管调压调速电路图如图 7-16 所示。整个电路只用了双向晶闸管、双向二极管、带电源开关的电位器、电容和电阻五个元件,在调速过程中,通过改变晶闸管的触发角,来改变加在单相异步电动机上的交流电压,实现调节电动机转速的目的。

这种调速方法可以实现无级调速,电路结构简单,节能效果好,但会产生一些电磁干扰。

### 7.1.6 单相异步电动机的反转

下面通过洗衣机用电动机(图 7-17)来分析单相异步电动机的反转。

洗衣机是利用电能产生机械能来洗涤衣物的清洁电器,主要有滚筒式、搅拌式和波轮式三种。波轮式洗衣机的洗衣桶为立轴,底部波轮高速转动带动衣服和水流在洗涤桶内旋转,由此使桶内的水形成螺旋涡流,并带动衣物转动,上下翻滚,使衣服与水流和桶壁产生摩擦,以及衣服相互拧搅产生摩擦,在洗涤剂的作用下使衣服上的污垢脱落。对洗衣机用电动机的主要要求是力矩大、启动好、耗电少、温升低、噪声小、绝缘性能好、成本低等。

图 7-17 洗衣机用电动机

洗衣机工作时要求电动机在定时器的控制下正反交替运转。改变单相电容运转电动机转向的方法有两种:一是在电动机与电源断开时,将主绕组或副绕组中任何一组的首尾两端换接以改变旋转磁场的方向,从而改变电动机的转向;二是在电动机运转时,将副绕组上的电容串接于主绕组上,即主副绕组对调,从而改变旋转磁场和转子的转向。洗衣机采用的大多是后一种方法,因为洗衣机在正反转工作时情况完全一样,所以两相绕组可轮流充当主副绕组,因而在设计时,主副绕组应具有相同的线径、匝数、节距及绕组分布形式。

波轮式洗衣机脱水用电动机也是采用电容运转电动机,它的原理和结构与一般单相电容运转电动机相同。由于脱水时一般不需要正反转,因此脱水用电动机按一般单相电容运转异步电动机接线,即主绕组直接接电源,副绕组和分相电容串联后再接入电源。由于脱水用电动机只要求单方向运转,因此主副绕组可采用不同的线径和匝数绕制。

目前,被各大洗衣机厂商广泛宣传的"直驱电机",是一种新技术,指电动机在驱动负载时,使用磁悬浮技术直接驱动,代替传统皮带驱动,电动机直接作用于内筒,省去皮带和皮带轮等部件,减少摩擦和振动,从而实现运行更加平稳安静。

### 7.1.7 单相异步电动机的应用

单相异步电动机与同容量的三相异步电动机相比,其体积大,效率及功率因数较低,过载能力也较差。因此,单相异步电动机通常做成微型的,功率一般小于 750W;小型的功率一般在 550W 至 3700W 之间。单相异步电动机广泛应用于家用电器、医疗器械及轻工设备中,如电冰箱、空调、吹风机、吸尘器等家用电器,手电钻、电刨、电锯等电动工具,医用牙钻等医疗器械,工矿企业中的电动仪表、电力设备等操动机构等。

电容启动电动机和电容运转电动机的启动转矩比较大,功率可以做到几十瓦到几百瓦,常用于电风扇、空气压缩机、电冰箱和空调设备中。罩极式电动机结构简单、制造方便、经济耐用,但启动转矩小,多用于小型电风扇和电动机模型中,功率一般在 40W 以下。

## 7.2 伺服电动机

伺服电动机能把输入的控制电压信号转换成转轴上的机械角位移或角速度输出,改变输入电压的大小和方向就可以改变转轴的转速和转向,在自动控制系统中作为执行元件,故又称执行电动机,其广泛应用于雷达天线、高炮炮台、导弹、潜艇、卫星、工业自动生产线、家用音像设备和制动调压稳压器等方面。

伺服电动机的显著特点是:在无信号时,转子静止不动;在有信号时,转子立即转动;当信号消失时,转子立即自行停转。

电力拖动系统对伺服电动机的基本要求如下。
① 调速范围大,机械特性曲线和调节特性曲线均为线性,转速稳定。
② 快速响应性能好,即机电时间常数小。
③ 灵敏度高,即在很小的控制电压信号作用下,伺服电动机就能启动运转。
④ 无自转现象。自转现象就是转动中的伺服电动机在控制电压为零时还继续转动的现象;无自转现象就是控制电压降到零时,伺服电动机立即自行停转的现象。
⑤ 控制功率小,空载始动电压低。

根据使用电源的性质不同,伺服电动机有直流和交流之分。直流伺服电动机的输出功率通常为 1~600W,用于功率较大的控制系统。交流伺服电动机的输出功率一般为 0.1~100W,电源频率为 50Hz、400Hz 等多种,用于功率较小的控制系统。

20 世纪 70 年代是直流伺服电动机全盛发展的时代,在工业及相关领域获得了广泛的应用,伺服系统的位置控制由开环控制发展成为闭环控制。20 世纪 80 年代以来,随着电机技术、现代电力电子技术、微电子技术和计算机控制技术的快速发展,交流伺服系统性能日渐提高。进入 21 世纪,交流伺服系统越来越成熟,市场呈现快速多元化发展。目前,交流伺服系统已成为工业自动化的支撑性技术之一。

作为工业自动化设备的核心,我国伺服电动机一直处于缓慢发展状态。为了鼓励我国工业企业强化工业基础能力,切实解决工业基础产品和工艺应用难题,提升产品竞争力,打好我国工业发展基础,共同促进我国工业发展,2019 年初,工业和信息化部正式发布了《2018 年工业强基工程重点产品、工艺"一条龙"应用计划示范企业和示范项目名单》,从六大应用方向开展相关工作,包括"控制器""高精密减速器""伺服电机""发动机电喷系统""高速动车组轴承及地铁车辆轴承""存储器"。随着新兴产业的发展，国家及企业对伺服电动机技术的研究日渐重视，相信未来将铸就具有国际影响力的国产伺服电动机品牌。

### 7.2.1 直流伺服电动机

**1. 直流伺服电动机的结构和工作原理**

从结构和原理上看，直流伺服电动机（图 7-18）就是低惯量的微型他励直流电动机。按定子磁极种类分，直流伺服电动机可分为永磁式和电磁式。永磁式的磁极是永久磁铁，电磁式的磁极是电磁铁，磁极外面套着励磁绕组，一般采用他励方式励磁。

按控制方式分，直流伺服电动机可分为电枢控制方式和磁场控制方式两种。

采用电枢控制方式时，励磁绕组接在电压恒定的励磁电源上，产生额定磁通，电枢绕组接控制电压，如图 7-19 所示。当控制电压的大小和方向改变时，电动机的转速和转向就随之改变。

图 7-18　直流伺服电动机

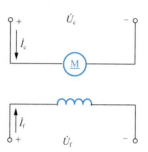
图 7-19　直流伺服电动机的电枢控制方式接线图

采用磁场控制方式时，电枢绕组接在电压恒定的电源上，而励磁绕组接控制电压。当控制电压消失时，电枢停止转动，电枢中仍有电流，而且电流很大，相当于普通直流电动机的直接启动电流，功率损耗很大，容易烧坏电刷和换向器，而且电动机的机械特性曲线为非线性，所以磁场控制方式性能较差。

因此，在电力拖动系统中，一般采用电枢控制方式，所以本节分析的是电枢控制方式的直流伺服电动机。

为了提高直流伺服电动机的快速响应能力，就必须减少转动惯量，所以直流伺服电动机的电枢或做成圆盘的形式，或做成空心杯的形式，分别称为盘形电枢直流伺服电动机和空心杯永磁式直流伺服电动机。它们在结构上的明显特点是转子轻、转动惯量小。

电枢控制方式的直流伺服电动机的工作原理与普通直流电动机相似。当励磁绕组接在电压恒定的励磁电源上时，就有励磁电流 $I_f$ 流过，会在气隙中产生主磁通 $\Phi$；当有控制电压 $U_c$ 作用在电枢绕组上时，就有电枢电流 $I_c$ 流过，电枢电流 $I_c$ 与主磁通 $\Phi$ 相互作用，产生电磁转矩 $T$ 来带动负载运行。当控制信号消失时，$U_c=0$，$I_c=0$，$T=0$，电动机自行停转，不会出现自转现象。

**2. 直流伺服电动机的运行特性**

直流伺服电动机的主要运行特性是机械特性和调节特性。

（1）机械特性。

机械特性是指控制电压恒定时，直流伺服电动机的转速随转矩变化的规律，即 $U_c=$ 常

数时的 $n=f(T)$。直流伺服电动机的机械特性与普通直流电动机的机械特性相似。

在第 1 章中已经分析过直流电动机的机械特性,表达式为

$$n = \frac{U}{C_e \Phi} - \frac{R}{C_e C_T \Phi^2} T \quad (7\text{-}1)$$

式中,$U$、$R$、$C_e$、$C_T$ 分别是电枢电压、电枢回路总电阻、电动势常数、转矩常数。

在电枢控制方式的直流伺服电动机中,控制电压 $U_c$ 加在电枢绕组上,即 $U=U_c$,代入式(7-1),就得到直流伺服电动机的机械特性表达式为

$$n = \frac{U_c}{C_e \Phi} - \frac{R}{C_e C_T \Phi^2} T = n_0 - \beta T \quad (7\text{-}2)$$

式中,$n_0 = \dfrac{U_c}{C_e \Phi}$ 为理想空载转速;$\beta = \dfrac{R}{C_e C_T \Phi^2}$ 为斜率。

如图 7-20 所示,当控制电压 $U_c$ 一定时,随着转矩 $T$ 的增加,转速 $n$ 成正比下降,机械特性曲线为向下倾斜的直线,所以直流伺服电动机机械特性曲线的线性度很好。由于斜率 $\beta$ 不变,当 $U_c$ 不同时,机械特性曲线为一组平行线,随着 $U_c$ 的降低,机械特性曲线平行地向下移动。

从图 7-20 可以看出,负载转矩一定,即电动机的电磁转矩一定时,控制电压升高,电动机的转速也升高;控制电压降低,电动机的转速也降低。当控制电压反向时,电动机的电磁转矩和转速也反向。

(2) 调节特性。

调节特性是指转矩恒定时,电动机的转速随控制电压变化的规律,即 $T$=常数时 $n=f(U_c)$。调节特性也称控制特性。

机械特性与调节特性都对应式(7-2)。在式(7-2)中,令 $U_c$ 为常数,$T$ 为变量,$n=f(T)$ 是机械特性;若令 $T$ 为常数,$U_c$ 为变量,$n=f(U_c)$ 是调节特性。如图 7-21 所示,直流伺服电动机的调节特性曲线也是一组平行直线,所以调节特性曲线的线性度也很好。

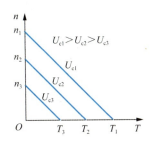
图 7-20 直流伺服电动机的机械特性曲线

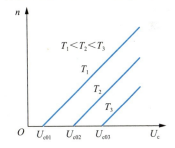
图 7-21 直流伺服电动机的调节特性曲线

从图 7-21 可以看出,在电磁转矩一定时,控制电压越高,转速也越高。启动时,不同负载转矩 $T_L$ 需要的控制电压 $U_c$ 也是不同的。调节特性曲线与横坐标的交点($n=0$),就表示在一定负载转矩下电动机的始动电压。只有控制电压大于始动电压,电动机才能启动运转。在式(7-2)中,令 $n=0$ 可方便地计算出始动电压 $U_{c0}$ 为

$$U_{c0} = \frac{RT}{C_T \Phi} \quad (7\text{-}3)$$

一般把调节特性曲线上横坐标从零到始动电压这一范围称为失灵区或死区。在失灵

区，即使电枢有外加电压，电动机也转不起来。由此可见，负载转矩 $T_L$ 不同，始动电压 $U_{c0}$ 也不同，即失灵区的大小与负载转矩成正比，负载转矩大，失灵区也大。

 想 一 想

若直流伺服电动机的励磁电压下降，对电动机的机械特性和调节特性有何影响？电枢控制时的始动电压是多少？它与负载转矩大小有什么关系？

直流伺服电动机的优点是启动转矩大、机械特性曲线和调节特性曲线的线性度好、调速范围大；缺点是电刷和换向器之间的火花会产生无线电干扰信号，维护比较困难。

### 7.2.2 交流伺服电动机

#### 1. 交流伺服电动机的结构

交流伺服电动机（图 7-22）是两相异步电动机，其定子和转子的结构与其他一般电动机相似。定子铁心用带槽的硅钢片叠压而成，定子铁心上嵌放着在空间位置相差 90° 电角度的两相分布绕组，一相为励磁绕组，接在电压为 $\dot{U}_f$ 的交流电源上，另一相为控制绕组，接输入控制电压 $\dot{U}_c$，$\dot{U}_f$ 与 $\dot{U}_c$ 为同频率的交流，如图 7-23 所示。

图 7-22 交流伺服电动机

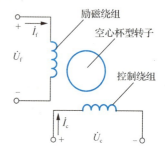

图 7-23 交流伺服电动机接线图

交流伺服电动机的转子主要有以下两种结构。

（1）高电阻率导条的鼠笼型转子。

这种鼠笼型转子和普通三相异步电动机的鼠笼型转子相同，但为了提高其快速响应的动态性能，鼠笼型转子做得又细又长，以减小转子的转动惯量。另外，鼠笼型转子的导条可采用高电阻率的导电材料制造，如青铜、黄铜，也可采用铸铝转子。

（2）空心杯型转子。

空心杯型转子交流伺服电动机有两个定子，即外定子和内定子。外定子铁心槽内安放有励磁绕组和控制绕组，内定子一般不放绕组，仅作为磁路的一部分。空心杯型转子位于内外绕组之间，通常是用高电阻率的导电材料（如铜、铝或铝合金）制成的一个薄壁圆筒，空心杯底固定在转轴上，杯壁厚度一般在 0.3mm 左右，轻而薄。在电动机磁场作用下，空心杯型转子内产生涡流，涡流与主磁场作用产生电磁转矩，使转子转动起来。空心杯型转子交流伺服电动机的优点是具有较大的转子电阻和很小的转动惯量，电动机快速响应性能好，运转平稳，无抖动现象，噪声小；缺点是由于使用内外定子，气隙较大，故励磁电流较大，体积较大。

## 2. 交流伺服电动机的工作原理

当交流伺服电动机控制电压为零时，相当于定子单相通电，只有励磁电流产生的脉动磁场，无启动转矩，转子不能转动。有控制电压时，励磁绕组和控制绕组中的电流共同产生一个合成的旋转磁场，使转子产生合成转矩，带动转子旋转。当电动机旋转时，若控制电压为零，则转子会立即停下来。但由于此时 $\dot{U}_\mathrm{f}$ 加在励磁绕组上不变，相当于单相异步电动机，若电动机参数选择不合理，则电动机会继续旋转，不能按要求停转，这样电动机就失去了控制。这种控制电压为零，电动机仍自行旋转的失控现象就是交流伺服电动机的自转现象。

**特别提示**

在自动控制系统中，是不允许交流伺服电动机出现这种不符合可控制要求的自转现象的。消除自转的一个可行的办法是增大转子电阻。

当控制绕组电流为零时，定子磁场完全由励磁电流产生，它是一个单相脉动磁场。脉动磁场可以分解为幅值相等、转速相同、转向相反的两个圆形旋转磁场，分别产生正向电磁转矩和反向电磁转矩。从前面的分析可知，电动机的最大电磁转矩与转子电阻大小无关。下面讨论转子电阻的大小对交流伺服电动机单相运行时机械特性曲线的影响及产生自转的原因。

当转子电阻 $R_2$ 较小，临界转差率 $s_\mathrm{m}$ 很小时，其机械特性曲线如图 7-24 所示。在电动机运行范围（$0<s<1$）内，合成转矩 $T$ 绝大部分是正的。当交流伺服电动机突然撤去控制电压信号，即 $U_\mathrm{c}=0$ 时，只要阻转矩小于单相运行时的最大电磁转矩，电动机就将继续旋转，产生自转现象，变得失控。

当转子电阻 $R_2$ 增大到使临界转差率较大时，合成转矩曲线与横轴相交仅有一点（$s=1$），如图 7-25 所示。在电动机运行范围（$0<s<1$）内，合成转矩为负值，成为制动转矩。因此当电动机控制电压 $U_\mathrm{c}=0$ 成为单相运行时，立刻产生制动转矩，与负载转矩一起促使电动机迅速停转，这样就不会产生自转现象。

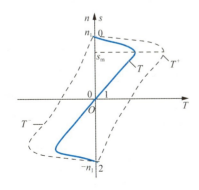

图 7-24　$R_2$ 较小时的机械特性曲线

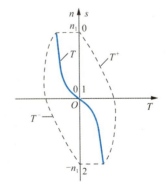

图 7-25　$R_2$ 较大时的机械特性曲线

增加交流伺服电动机的转子电阻，既可以防止自转，又可以扩大调速范围，同时使机械特性曲线更接近线性。常用的增大转子电阻的办法是将笼型导条和端环用高电阻率的材料（如黄铜或青铜）制造，同时将转子做得细而长，这样，转子电阻很大，而转动惯量又很小。

当然增大转子电阻也有明显的缺点，即机械特性明显变软，使动态稳定性和调速指标变差。所以，现在高精度交流伺服电动机都不采用增大转子电阻的方法，而是采用变频或串级调速，使机械特性尽可能硬，进一步满足自动控制系统对交流伺服电动机各方面的要求。

什么是自转现象？对于交流伺服电动机，应该采取哪些措施来克服自转现象？为了实现无自转现象，单相供电时应具有怎样的机械特性？

### 3. 交流伺服电动机的控制方式

交流伺服电动机若在其定子对称的两相交流绕组中通以两相对称交流电，产生的气隙旋转磁场是圆形的；若通以不对称电流，即两相电流幅值不同或相位差不是 90°电角度，则气隙旋转磁场是椭圆形的。改变控制电压的大小或相位，或者同时改变这两个值，都能使旋转磁场的大小和椭圆度发生改变，从而引起电磁转矩的变化，达到改变电动机转速和转向的目的。

改变控制电压 $\dot{U}_c$ 的大小和相位实现对交流伺服电动机转速控制的方式有三种：幅值控制、相位控制和幅值-相位控制。

（1）幅值控制。

始终保持控制电压 $\dot{U}_c$ 和励磁电压 $\dot{U}_f$ 之间的相位差为 90°，仅仅改变控制电压 $\dot{U}_c$ 的幅值来改变交流伺服电动机转速的控制方式，称为幅值控制。励磁绕组接交流电源，控制绕组通过电压移相器接至同一电源，使 $\dot{U}_c$ 与 $\dot{U}_f$ 始终有 90°的相位差，且 $\dot{U}_c$ 的大小可调，改变 $\dot{U}_c$ 的幅值就改变了电动机的转速。当控制电压 $U_c=0$ 时，电动机停转；当控制电压反向时，电动机反转。

令 $\alpha=U_c/U_f=U_c/U_N$ 为幅值控制时的信号系数，$U_N$ 为电源电压的额定值，显而易见，$0 \leqslant \alpha \leqslant 1$。

（2）相位控制。

保持控制电压 $\dot{U}_c$ 的幅值不变，通过改变控制电压 $\dot{U}_c$ 与励磁电压 $\dot{U}_f$ 的相位差来改变交流伺服电动机转速的控制方式，称为相位控制。控制绕组通过移相器与励磁绕组一起接至同一电源，$\dot{U}_c$ 的幅值不变，但调节移相器可以使 $\dot{U}_c$ 与 $\dot{U}_f$ 的相位差在 0°～90°之间变化，$\dot{U}_c$ 与 $\dot{U}_f$ 的相位差发生变化时，交流伺服电动机的转速就发生变化。

$\dot{U}_c$ 与 $\dot{U}_f$ 的相位差 $\beta$ 在 0°～90°范围变化时，信号系数 $\alpha$ 为

$$\alpha = \frac{U_c \sin\beta}{U_f} = \frac{U_N \sin\beta}{U_N} = \sin\beta \tag{7-4}$$

因此称 $\sin\beta$ 为相位控制时的信号系数。

当 $\dot{U}_c$ 和 $\dot{U}_f$ 同相位，即 $\beta=0°$ 时，电动机内合成磁场为脉动磁场，电动机的转速 $n=0$；

当 $\dot{U}_c$ 和 $\dot{U}_f$ 的相位差 $\beta=90°$ 时，合成磁场为圆形旋转磁场，$n=n_{max}$；当 $\dot{U}_c$ 和 $\dot{U}_f$ 的相位差 $\beta$ 在 $0°\sim 90°$ 时，合成磁场由脉动磁场变为椭圆形旋转磁场，最终变为圆形旋转磁场，转速由低到高变化。

（3）幅值-相位控制。

幅值-相位控制（简称幅相控制）是通过同时改变控制电压 $\dot{U}_c$ 的幅值及 $\dot{U}_c$ 与 $\dot{U}_f$ 之间的相位差来控制电动机的转速的。其具体方法是，励磁绕组串入移相电容后接交流电源，控制绕组通过电位器接至同一电源，控制电压 $\dot{U}_c$ 与电源同频率、同相位，但其大小可以通过电位器 $R_p$ 来调节，当改变 $\dot{U}_c$ 的大小时，由于耦合作用，励磁绕组中的电流会发生变化，其电压 $\dot{U}_f$ 也会发生变化。这样，$\dot{U}_c$ 与 $\dot{U}_f$ 的大小和相位都会发生变化，电动机的转速也会发生变化，所以称这种控制方式为幅值-相位控制。

三种控制方式中，幅值控制和相位控制都需要复杂的移相装置；而幅值-相位控制只需要电容器和电位器，不需要移相装置，设备简单，使用方便，在自动控制系统中是三种控制方式中最常用的一种。

想一想

交流伺服电动机的理想空载转速为何总是低于同步转速？控制电压变化时，电动机的转速为何能发生变化？

4. 交流伺服电动机的运行特性

交流伺服电动机的运行特性主要是指机械特性和调节特性，是反映交流伺服电动机在自动控制系统中工作的主要指标，是选择交流伺服电动机的重要依据。

三种控制方式的机械特性和调节特性基本相似，现以幅值控制为例进行分析说明。为了使特性具有普遍意义，转速、转矩和控制电压都采用标幺值。以同步转速 $n_1$ 作为转速的基值；以圆形旋转磁场产生的启动转矩 $T_{st0}$ 作为转矩的基值；以电源额定电压 $U_N$ 作为控制电压的基值。即

$$n^* = n/n_1, \quad T^* = T/T_{st0}, \quad U_c^* = U_c/U_N = \alpha$$

其中，信号系数 $\alpha$ 即为控制电压的标幺值。

（1）机械特性。

幅值控制的机械特性，即 $\alpha$ 一定时 $T^* = f(n^*)$，其机械特性曲线如图 7-26 所示。当 $\alpha=1$，即 $U_c=U_N$，控制电压 $\dot{U}_c$ 的幅值达到最大值，$U_c=U_f=U_N$，且 $\dot{U}_c$ 与 $\dot{U}_f$ 的相位差为 $90°$，所以气隙磁场为圆形旋转磁场，电磁转矩最大。随着控制电压 $\dot{U}_c$ 的变小（$\alpha$ 值变小），磁场变为椭圆形旋转磁场，电磁转矩减小，机械特性曲线随 $\alpha$ 的减小向小转矩、低转速方向移动。

（2）调节特性。

幅值控制的调节特性，即 $T^*$ 一定时 $n^* = f(\alpha)$，其特性曲线如图 7-27 所示。调节特性曲线是非线性的，只有在相对转速 $n^*$ 和信号系数 $\alpha$ 都较小时才近似为直线。在自动控制系统中，一般要求交流伺服电动机的调节特性曲线为线性，所以交流伺服电动机应在小信号

系数和相对低的转速下运行。为了不使调速范围太小，可将交流伺服电动机的电源频率提高到 400Hz，这样同步转速 $n_1$ 也成比例提高，电动机的运行转速 $n = n^* n_1$，尽管 $n^*$ 较小，但 $n_1$ 很大，所以 $n$ 也大，就扩大了调速范围。

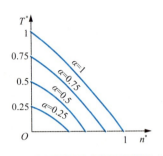
图 7-26　幅值控制时的机械特性曲线

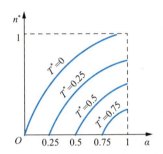
图 7-27　幅值控制时的调节特性曲线

### 7.2.3　直流伺服电动机和交流伺服电动机性能比较

将直流伺服电动机和交流伺服电动机做一对比：直流伺服电动机的机械特性曲线是线性的，机械特性硬，控制精度高，稳定性好，无自转现象；交流伺服电动机的机械特性曲线是非线性的，机械特性软，控制精度要差一些。交流伺服电动机转子电阻大，损耗大，效率低，只适用于小功率系统，功率大的控制系统宜选直流伺服电动机。

直流伺服电动机和交流伺服电动机的比较如表 7-1 所示。

表 7-1　直流伺服电动机和交流伺服电动机的比较

| 项目 | 直流伺服电动机 | 交流伺服电动机 |
| --- | --- | --- |
| 结构 | 有电刷和换向器，结构工艺复杂，维护不便 | 无电刷和换向器，结构简单，维护方便 |
| 体积、质量 | 功率较大、相对体积小、质量小 | 功率较小、相对体积大、质量较大 |
| 效率 | 效率较高 | 效率较低 |
| 运行的可靠性和对系统的干扰 | 运行可靠性差，换向火花会产生电磁波干扰，摩擦力矩较大 | 无电火花引起的电磁波干扰，摩擦力矩小 |
| 运行特性 | 机械特性硬，线性度好，不同控制电压下特性曲线平行，调速范围大，堵转力矩大，过载能力强 | 机械特性软，线性度差，不同控制电压下特性曲线斜率不同，调速范围大，堵转力矩小，过载能力相对弱 |
| 伺服放大器 | 直流伺服放大器有零点漂移现象，精度低，体积和质量大 | 交流伺服放大器结构简单，体积和质量小 |

综上，交流伺服电动机同直流伺服电动机相比具有以下主要优点。

（1）无电刷和换向器，因此工作可靠，对维护和保养要求低。

（2）定子绕组散热比较方便。

（3）惯量小，易于提高系统的快速性。

（4）适应于高速大力矩工作状态。

（5）同功率下有较小的体积和质量。

**想一想**

交流测速发电机工作原理中,哪些与直流测速发电机相同,哪些与变压器相同?

### 7.2.4 伺服电动机的应用

伺服系统是用在精确地跟随或复现某个过程的反馈控制系统,指被控制量是机械位移或位移速度、加速度的反馈控制系统,其作用是使输出的机械位移(或转角)准确地跟踪输入的位移(或转角)。

伺服系统最初用于船舶的自动驾驶、火炮控制和指挥仪中,后来逐渐被推广到很多领域,特别是自动车床、雷达天线位置控制、导弹和飞船的制导等。伺服系统的主要应用如下。

(1)以小功率指令信号去控制大功率负载,如火炮控制和船舵控制等。
(2)在没有机械连接时,由输入轴控制位于远处的输出轴,实现远距离同步传动。
(3)使输出机械位移精确地跟踪输入信号,如记录和指示仪表等。

在伺服系统中,使用较多的是速度控制和位置控制。雷达天线的工作原理如图 7-28 所示,它是一个典型的位置控制随动系统。在该系统中,直流伺服电动机作为主传动电动机拖动电线转动,被跟踪目标的位置经雷达天线系统检测并发出位置误差信号,此信号经放大后作为伺服电动机的控制信号,伺服电动机驱动雷达天线跟踪目标。

交流数字伺服系统是发展比较快的伺服系统。它具有可靠性高、稳定性好、控制精度高、设计周期短和成本低的特点,能更好地适应更高的生产效率,满足现代化智能制造的各种应用需求。图 7-29 是应用了数字伺服控制器的数控机床伺服系统,系统中的数字伺服控制器接收上位控制器发出的数字控制信号,经数字伺服控制器的运算处理、位置检测、控制信号形成、功率放大等,驱动伺服电动机完成控制任务。

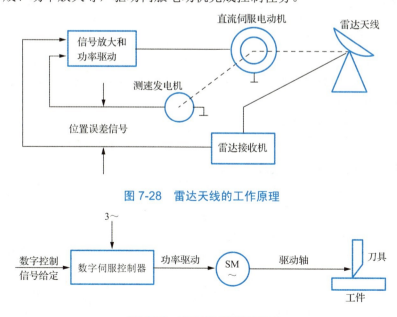

图 7-28 雷达天线的工作原理

图 7-29 数控机床伺服系统

直流伺服电动机存在机械结构复杂，维修工作量大的缺点，使其成为直流伺服驱动技术发展的瓶颈。随着微处理技术、大功率电力电子技术的成熟和电机永磁材料的发展和成本降低，交流伺服系统得到长足发展并将逐步取代直流伺服系统。

### 7.2.5 伺服电动机的发展趋势

我国伺服产品真正普及应用的时间仅有十余年，尚处于成长阶段，由于伺服电动机在精度、矩频、过载等性能上的优势，使其在机床工具、纺织机械、印刷机械和包装机械等领域得到了广泛应用。同时近几年工业机器人、电子制造设备等产业的迅速扩张，使得伺服电动机在新兴产业的应用规模增长迅速，整体市场规模增长空间较大。

#### 1. 伺服电动机行业竞争激烈，不同派系品牌各有特色

目前，伺服电动机市场竞争激烈，品牌众多，性能各异。

相比欧系品牌，安川、三菱、松下等日系品牌性能虽低，但可靠性和稳定性强，性价比高，适合国内客户需求；西门子、伦茨、博世力士乐等欧系品牌的过载能力、动态响应、驱动器开放性好，但价格昂贵。

近年来，国产品牌在技术方面有了较大的突破。汇川技术在国内厂商中处于领先地位，自主研发的 23 位编码器已达到国际水平，其产品进口替代的步伐正逐步加快。华中数控、埃斯顿等研发的车床伺服系统，达到了国际中端水平。

#### 2. 伺服电动机行业下游应用广泛，机床应用占比最高

在下游应用方面，我国伺服电动机应用广泛，其中应用最多的领域是机床（尤其是数控机床），占比达 20.4%，其次是电子制造设备、包装机械、纺织机械、工业机器人、塑料机械等行业，占比分别为 16.5%、12.6%、12.1%、8.7%、8.2%。

用于数控机床的伺服系统分为两种，一是进给伺服系统，二是主轴伺服系统。两者作用不同，前者用于驱动机床的工作台，后者用于驱动机床的主轴；前者要求伺服系统的速降小、刚度大，具备快速响应的特点，后者要求系统有足够的输出功率和一定的速度精度。对于数控机床，两类伺服系统都非常重要。

基于数控机床的重要地位，同时也为了加快国产数控机床的发展步伐，《中国制造 2025》将数控机床列为加快突破的战略必争领域，提出要加强前瞻部署和关键技术突破，以提高国际分工层次及话语权；还明确提出到 2025 年我国关键工序数控化率水平要从当前的 33% 提升至 64%，数字化研发设计工具普及率要实现 84%。

未来，随着机床行业产业结构的不断调整，伺服电动机装置制造行业也将有所发展。

#### 3. 伺服电动机行业发展前景较好

发展工业自动化是促进大中型企业快速发展的有效手段之一。伺服系统作为工业自动化的明珠，不仅具有投资少、见效快、节能好的优点，更是体现一个国家工业技术水平发展的重要指标之一。国家电力、钢铁、炼油、石化、化工、造纸等工业部门，都拥有一百套以上的集散控制系统。如果能在集散控制系统的基础上，配上上位机进行过程优化，就可以大幅提高企业的技术水平和管理水平。

发展工业自动化还是扩大国内需求的有效手段之一，可以拉动电子元器件、各类接插件、各类金属加工件、集成电路等一大批产业。

因此，无论是从客观需求，还是从其巨大作用来看，伺服系统都拥有广阔的发展前景，其市场规模将持续扩大。基于伺服电动机较好的发展前景，对伺服市场的中长期前景预测如下：从长期来看，随着《中国制造 2025》的发布，汽车、钢铁、化工等行业将继续大力推进产业结构调整，部分行业投资过热、产能过剩的现象将得到缓解；在主要下游行业增速放缓的情况下，伺服电动机制造行业销售增速也将在保持较高水平的前提下缓慢回落，年均增速将维持在 7.58%左右，据测算，到 2026 年，行业市场规模将达到 225 亿元左右。

## 7.3 测速发电机

测速发电机是一种检测机械转速的电磁装置，能把转速转换成与之成正比的电压信号。在自动控制系统中对测速发电机有以下要求。

① 输出电压与转速保持良好的线性关系，且不受外界条件（如温度）的影响。
② 测速发电机的摩擦转矩和转动惯量要小，以保证响应迅速。
③ 输出特性曲线斜率要大。
④ 灵敏度高，即输出电压对转速的变化反应灵敏。

除此之外，还要求电磁干扰小、噪声小、结构简单、工作可靠、体积小、质量轻等。对于不同的工作环境和工作对象还有一些特殊的要求。

测速发电机有直流和交流两种。直流测速发电机有永磁式和电磁式之分；交流测速发电机分为交流同步测速发电机和交流异步测速发电机。

### 7.3.1 直流测速发电机

#### 1. 基本结构

直流测速发电机（图 7-30）就是微型直流发电机，其作用是把拖动系统的旋转角速度转换为电压信号，广泛应用于自动控制系统、测量技术和计算技术中。直流测速发电机的结构与直流伺服电动机基本相同。按励磁方式的不同，直流测速发电机可分为永磁式和电磁式两种。永磁式直流测速发电机的磁极为永久磁铁，结构简单，使用方便。

#### 2. 工作原理

电磁式直流测速发电机由他励方式励磁，其接线图如图 7-31 所示。

图 7-30 直流测速发电机

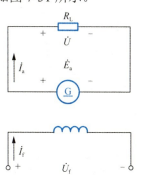

图 7-31 电磁式直流测速发电机接线图

电磁式直流测速发电机的工作原理与一般直流发电机相同，第 1 章中已经分析过，当定子每极磁通 $\Phi$ 为常数时，发电机的电枢电动势为

$$E_a = C_e \Phi n$$

式中，$C_e$ 为电动势常数。

当励磁磁通 $\Phi$ 和负载电阻 $R_L$ 都为常数时，电磁式直流测速发电机的输出电压 $U$ 随转子转速 $n$ 的变化规律，这一特性称为电磁式直流测速发电机的输出特性，即 $U=f(n)$。

当电枢回路电阻为 $R_a$，直流测速发电机接负载电阻 $R_L$ 时，输出电压为

$$U = E_a - R_a I_a = E_a - \frac{U}{R_L} R_a$$

也就是

$$U = \frac{E_a}{1 + \frac{R_a}{R_L}} = \frac{C_e \Phi}{1 + \frac{R_a}{R_L}} n = Cn \tag{7-5}$$

式中，$C = \dfrac{C_e \Phi}{1 + \dfrac{R_a}{R_L}}$ 为常数，是直流测速发电机的输出特性曲线斜率。

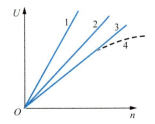

图 7-32　不同负载电阻时的输出特性曲线

由式（7-5）可知，输出电压 $U$ 与转速 $n$ 成正比，因此输出特性曲线为直线。当负载电阻 $R_L$ 不同时，直流测速发电机输出特性曲线的斜率也不同，随着负载电阻 $R_L$ 的减小而减小，理想的输出特性曲线是一组直线。直流测速发电机对应不同负载电阻得到不同的输出特性曲线，如图 7-32 所示。

在图 7-32 中，曲线 1 是空载时的输出特性曲线，曲线 2 和曲线 3 是带某一负载电阻 $R_{L2}$ 和 $R_{L3}$ 时的输出特性曲线，这里 $R_{L2} > R_{L3}$。

3. 减少误差提高精度的方法

在自动控制系统中，要求直流测速发电机输出特性曲线是线性的；输出特性曲线斜率大，灵敏度高；输出特性受温度影响小；输出电压平稳，波动小。然而，直流测速发电机在实际运行中，其输出电压与转速之间不能严格保持正比关系，实际输出电压与理想输出电压之间产生了误差。下面讨论产生误差的原因及减小误差的方法。

（1）电枢反应的影响。

由于电枢反应的作用，使得主磁通发生变化。负载电阻越小或转速越高，电枢电流就越大，电枢反应的去磁作用越强，气隙磁通减小得越多，输出电压下降越显著，致使输出特性曲线向下弯曲，如图 7-32 中的虚线 4 所示。

为了减小电枢反应的影响，改善输出特性，应尽量使电动机的气隙磁场保持不变，可采取的措施如下。

① 可在定子磁极上安装补偿绕组。

② 结构上适当加大气隙。

③ 使用时，转速不能超过最大工作转速，所带的负载电阻不能太小。

（2）电刷接触电阻的影响。

电刷接触电阻是非线性的，它随负载电流而变。当转速较高、电枢电流较大时，电刷的接触压降可认为是常数；当转速较低、电枢电流较小时，电刷的接触电阻较大，这时虽有输入转速信号，但输出电压很小，输出特性曲线在此区域内，对转速反应很不灵敏，这个区域称为不灵敏区。

为了减小电刷接触电阻的影响，可采用接触电阻较小的银-石墨电刷或含银的金属电刷；在高精度的直流测速发电机中还要采用铜电刷，并在电刷和换向器相接触的表面镀有银层；另外使用时还可对低电压输出进行非线性补偿。

（3）温度的影响。

直流测速发电机周围环境温度的变化，使励磁绕组电阻变化。当温度升高时，励磁绕组电阻增大，励磁电流和主磁通减小，导致输出电压降低；当温度下降时，输出电压又会升高。

为减小温度变化对输出特性的影响，可采取以下措施。

① 设计直流测速发电机时，总是把磁路设计得比较饱和，使励磁电流的变化所引起的磁通变化较小。

② 可在励磁回路中串联一个比励磁绕组电阻大几倍且温度系数较低的附加电阻（如锰镍铜合金或镍铜合金），或选用具有负温度系数的电阻，这样，在温度变化时，励磁电流变化不大，甚至不变。

③ 要求测速精度更高时，可采用恒流源励磁。

（4）纹波的影响。

直流测速发电机输出电压并不是稳定的直流电压，而是带有微弱的脉动，这种脉动称为纹波。引起纹波的因素很多，主要是由直流测速发电机本身的固有结构及加工误差引起的。

纹波电压的存在，在高精度系统中是不允许的。为了消除纹波影响，可在电压输出电路中加入滤波电路。

### 7.3.2 交流异步测速发电机

#### 1. 基本结构

交流测速发电机分为交流同步测速发电机和交流异步测速发电机。交流同步测速发电机分为永磁式、感应子式和脉冲式。永磁式交流同步测速发电机的感应电动势随转速变化的同时，频率也在改变，致使负载阻抗和发电机本身阻抗均随转速而变化，因此不适宜在自动控制系统中使用，而多作指示计式转速计。感应子式交流同步测速发电机，常经桥式整流后输出直流电压作为速度信号而用于自动控制系统。脉冲式交流同步测速发电机以脉冲频率作为输出信号，其速度分辨率较高，故适用于速度较低的调节系统，特别适用于鉴频锁相稳速系统。

目前，应用较广的是交流异步测速发电机。交流异步测速发电机按其结构可分为鼠笼型转子和空心杯型转子两种。鼠笼型转子交流异步测速发电机的结构与单相异步电动机相似，其线性度差，相位差较大，剩余电压较高，多用于对精度要求不高的系统中。空心杯型转子交流异步测速发电机与空心杯型交流伺服电动机相似。

空心杯型转子交流异步测速发电机由外定子、空心杯转子、内定子三部分组成。外定子放置励磁绕组，接交流电源；内定子放置输出绕组，这两套绕组在空间相隔90°电角度。空心杯转子用高电阻率非磁性材料制成，杯子的底部固定在转轴上。这样的转子结构，转动惯量小，电阻大，漏电抗小，输出特性线性度良好，因而得到了广泛地应用。

### 2. 工作原理

空心杯型转子交流异步测速发电机的工作原理如图 7-33 所示。工作时励磁绕组接单相交流电压 $\dot{U}_1$，输出绕组接负载阻抗 $Z$，让要测量转速的装置拖动发电机旋转，在输出绕组两端就有与转速成正比的输出电压 $U_2$。

为了方便分析，选励磁绕组轴线为纵轴 d 轴，则输出绕组轴线为横轴 q 轴。

交流异步测速发电机工作时，在空心杯型转子上会产生两种电动势，即变压器电动势和切割电动势。

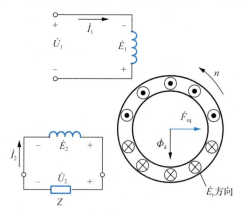

图 7-33 空心杯型转子交流异步测速发电机的工作原理

当励磁绕组接单相电源而转子静止不动时，由励磁电流产生的沿 d 轴方向的交变磁通 $\dot{\Phi}_d$，会在空心杯型转子中产生感应电动势，这就是变压器电动势。可以把空心杯型转子看成由无数根导条并联组成的笼型绕组，在变压器电动势作用下会有感应电流流过。根据楞次定律，感应电流所产生的磁场力图阻碍原来磁场的变化，由于原磁通 $\dot{\Phi}_d$ 是在 d 轴上，因此感应电流所产生的磁通也一定在 d 轴方向上。这时只有 d 轴方向的交变磁通，没有 q 轴方向的交变磁通，d 轴方向的交变磁通与轴线在 q 轴上的输出绕组不交链，因而输出绕组感应电动势为零，输出电压 $U_2$ 为零。

当转子以转速 $n$ 旋转时，在转子中除了产生变压器电动势，还有转子切割 $\dot{\Phi}_d$ 而产生的切割电动势 $\dot{E}_r$，其方向如图 7-33 所示，其大小与转速 $n$ 成正比，即

$$E_r \propto \Phi_d n \tag{7-6}$$

由于转子用高电阻率的材料制成，电阻值大，而漏电抗值很小，因此可认为转子为纯电阻电路，切割电动势 $\dot{E}_r$ 在转子中产生的电流 $\dot{I}_r$ 与 $\dot{E}_r$ 是同相位的。用右手定则可知，由 $\dot{I}_r$ 产生的磁动势 $\dot{F}_{rq}$ 作用在 q 轴上，$F_{rq}$ 与 $I_r$ 成正比，也与 $E_r$ 成正比，即

$$F_{rq} \propto I_r \propto E_r \propto \Phi_d n \tag{7-7}$$

$\dot{F}_{rq}$ 产生 q 轴方向的磁通 $\dot{\Phi}_q$，交链着 q 轴上的输出绕组，在输出绕组中产生感应电动势 $\dot{E}_2$，其大小与 $F_{rq}$ 成正比，即

$$E_2 \propto F_{rq} \propto \Phi_q n \tag{7-8}$$

空载时输出电压 $U_2 = E_2$，是与转子转速成正比的，这样，交流异步测速发电机就把转速转换成与之成正比的电压信号。输出电压 $U_2$ 的频率与励磁电源的频率相同。

### 第 7 章 控制电机

想一想

转子不动时，交流感应测速发电机为何没有电压输出？转子转动时，为何输出电压与转速成正比，但频率却与转速无关？交流、直流伺服电动机是怎样实现改变控制信号而反转的？

#### 3. 输出特性

交流异步测速发电机的输出特性是指输出电压 $U_2$ 随转子转速 $n$ 的变化规律，即 $U_2=f(n)$。

当忽略励磁绕组的漏阻抗时，只要电源电压 $U_1$ 恒定，则 $\Phi_d$ 为常数。由式（7-8）可知，输出绕组的感应电动势 $E_2$ 及空载输出电压 $U_2$ 都与 $n$ 成正比，理想空载输出特性曲线为直线，如图 7-34 中的曲线 1 所示。

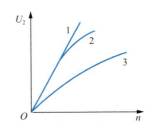

图 7-34 交流异步测速发电机的输出特性曲线

交流异步测速发电机实际运行时，转子在转动中也切割 q 轴上的磁动势 $\dot{F}_{rq}$ 产生切割电动势，也会在转子中产生对应的转子电流，从而产生磁动势 $\dot{F}_{rd}$。由图 7-33 可知，转子切割 $\dot{\Phi}_d$ 时产生磁动势 $\dot{F}_{rq}$，$\dot{F}_{rq}$ 的方向是顺着转子的转向在 $\dot{\Phi}_d$ 向前转动 90°的方向上，即 q 轴上，同样的道理，转子切割磁动势 $\dot{F}_{rq}$ 而产生磁动势 $\dot{F}_{rd}$，其方向在 $\dot{F}_{rq}$ 向前转 90°的方向上，即 d 轴上。而且 $\dot{F}_{rd}$ 与 $\dot{\Phi}_d$ 方向相反，起去磁作用，使合成后 d 轴上总的磁通减少，输出绕组感应电动势 $E_2$ 减少，因而输出电压 $U_2$ 降低，实际的空载输出特性曲线如图 7-34 中的曲线 2 所示。

当交流异步测速发电机的输出绕组接上负载阻抗 $Z$ 时，由于输出绕组本身有漏阻抗 $Z_2$，会产生漏阻抗压降，因此使输出电压降低，这时输出电压为

$$U_2 = E_2 - I_2 Z_2 = I_2 Z = \frac{E_2}{Z+Z_2}Z = \frac{E_2}{1+\frac{Z_2}{Z}} \quad (7\text{-}9)$$

式（7-9）说明，带负载运行时，输出电压 $U_2$ 不仅与输出绕组的感应电动势 $E_2$ 有关，而且与负载的大小和性质有关。带负载运行时的输出特性曲线如图 7-34 中的曲线 3 所示。

实际生产中，交流异步测速发电机的制造工艺、材料等都会影响输出电压与转速之间的线性关系。为了减小误差，常采用减小定子漏阻抗和增大转子电阻的方法，还可采用提高同步转速的方法。关于增大转子电阻的方法，可用高电阻率的材料制作空心杯型转子；为了提高同步转速，国产 CK 系列的交流异步测速发电机大多采用 400Hz 的中频励磁电源。

#### 4. 剩余电压

交流异步测速发电机的剩余电压是指励磁电压已经供给，转子转速为零时，输出绕组产生的电压。在理想状态下，当转速为零时，输出电压也应为零。但是实际上，交流异步测速发电机当转速为零时，却有一个很小的剩余电压。剩余电压的存在，使转子不转时也有电压，虽然不大，只有几十毫伏，但会造成发电机的失控；转子旋转时，它叠加在输出电压上，使输出电压的大小及相位发生变化，造成误差。

产生剩余电压的原因很多,其中之一是励磁绕组与输出绕组在空间上不是严格地相差90°电角度,这时两个绕组之间就有电磁耦合,当励磁绕组接电源,即使转子不转,电磁耦合也会使输出绕组产生感应电动势,从而产生剩余电压。减小剩余电压误差的方法如下。

(1)选择高质量各方向一致的磁性材料。

(2)在加工和装配过程中提高机械精度。

(3)通过装配补偿绕组的方法加以补偿。

### 7.3.3 交流同步测速发电机

交流同步测速发电机的转子为永磁式,即用永久磁铁做磁极,定子上嵌放着单相输出绕组。当转子旋转时,输出绕组产生单相的交变电动势,其有效值为

$$E = 4.44 f N k_N \Phi = 4.44 \times \frac{np}{60} N k_N \Phi = Cn \tag{7-10}$$

式中,$N$、$k_N$、$\Phi$、$p$ 分别为绕组串联的匝数、绕组系数、每极磁通量、极对数,$C = 4.44 \times \dfrac{pNk_N\Phi}{60}$。

其交变电动势的频率为

$$f = np/60$$

输出绕组产生的感应电动势 $E$,其大小与转速成正比,但是其交变的频率也与转速成正比则带来了麻烦。因为当输出绕组接负载时,负载的阻抗会随频率而变,也就会随转速而变,不会是一个定值,使输出特性不能保持线性关系。由于存在这样的缺陷,交流同步测速发电机就不像交流异步测速发电机那样得到广泛应用。如果用整流器将交流同步测速发电机输出的交流电压整流为直流电压输出,就可以消除频率随转速而变带来的缺陷,使输出的直流电压与转速成正比,这时交流同步测速发电机的输出特性就有较好的线性度。

### 7.3.4 测速发电机的应用

本节介绍的直流测速发电机和交流测速发电机,在自动控制系统中的应用很普遍,其性能比较如表 7-2 所示。测速发电机可将机械速度转换为电气信号,常用作测速元件、校正元件、解算元件(包括积分元件和微分元件),与伺服电动机配合,广泛应用于速度控制或位置控制系统中。例如,在稳速控制系统中,测速发电机将机械速度转换为电压信号作为速度反馈信号,可达到较高的稳定性和精度。

表 7-2 直流测速发电机和交流测速发电机的性能比较

| 直流测速发电机 | 交流测速发电机 |
| --- | --- |
| 1. 有电刷和换向器,维护不便,摩擦力矩大 | 1. 结构简单,维护方便,惯量小,摩擦力矩小 |
| 2. 可进行温度补偿 | 2. 输出电压有误差 |
| 3. 输出电压有纹波 | 3. 输出电压线性度好 |
| 4. 输出电压陡度大 | 4. 输出电压陡度小 |
| 5. 转速为零时,无剩余电压 | 5. 有剩余电压 |
| 6. 存在失灵区,正反转输出特性不对称 | 6. 正反转输出特性对称,负载阻抗要求大 |

自动控制系统对测速发电机的要求如下。
(1) 输出特性成正比关系，且不随外界条件的变化而改变。
(2) 转子转动惯量要小，以保证快速响应。
(3) 灵敏度要高，即要求输出特性曲线斜率大。
(4) 电磁干扰小、噪声小、结构简单、工作可靠、体积小、质量轻等。

各种测速发电机的性能特点和应用场合如表 7-3 所示。

表 7-3 各种测速发电机的性能特点和应用场合

| 发电机类型 | 性能特点 | 应用场合 |
| --- | --- | --- |
| 空心杯型转子异步测速发电机 | 惯量小，能快速动作，输出电压的频率不随转速的变化而改变，输出特性线性度好，精度高，运行可靠，无无线电干扰等 | 在反馈稳速系统中作为阻尼元件，达到使系统稳定运行的目的；在计算、解算装置中作为微分、积分元件等 |
| 永磁式直流测速发电机 | 励磁采用永久磁钢，无须励磁电源。使用方便、效率高；它是一种速度检测元件，能将机械转速转换为电气信号，其输出的直流电压大小与转速成正比 | 在自动控制系统中作为测速元件、阻尼元件和解算元件等 |
| 带温度补偿的永磁式直流测速发电机 | 与一般直流测速发电机相比，在提供一定的功率情况下，具有较高的精度 | 可用于数控装置的速度控制，控制系统中阻尼及普通的速度指示等 |
| 高灵敏度直流测速发电机 | 电机直径大、轴向尺寸小，灵敏度高，结构简单、紧凑，分辨力高，输出特性曲线斜率大、反应快，线性误差小，低速精确度高，可靠性好，使用寿命长等 | 广泛应用于惯性导航的稳定平台、雷达天线驱动系统、陀螺仪实验台的稳定与跟踪系统及单晶炉直接驱动低速伺服系统 |
| 电磁式直流测速发电机 | 线性误差小，运行可靠，尺寸小，质量轻等 | 在自动控制系统及计算、解算装置中作为测速、反馈元件等 |

## 知识延伸

编码器（图 7-35）是将信号或数据编制、转换为可用以通信、传输和存储的信号形式的设备。编码器把角位移或直线位移转换成电信号，前者称为码盘，后者称为码尺。

### 1. 编码器的分类

根据检测原理，编码器可分为光学式、磁式、感应式和电容式四种；根据刻度方法及信号输出形式，编码器可分为增量式、绝对式和混合式三种。

(1) 增量式编码器。增量式编码器是直接利用光电转换原理输出三组方波脉冲 A、B、Z 相。A、B 两相脉冲相位差 90°，可通过比较 A 相在前还是 B 相在前，以判断编码器是正转还是反转；编码器每旋转一周发一个脉冲，即 Z 相脉冲（又称零位脉

图 7-35 编码器

冲或标识脉冲）,Z相脉冲决定零位置或标识位置。它的优点是构造简单,机械平均寿命可在几万小时以上,抗干扰能力强,可靠性高,适合于长距离传输;其缺点是无法输出轴转动的绝对位置信息。

（2）绝对式编码器。绝对式编码器是直接输出数字的传感器。在它的圆形码盘上沿径向有若干同心码盘,每条道上有透光和不透光的扇形区相间组成,相邻码道的扇区数目是双倍关系,码盘上的码道数是它的二进制数码的位数。在码盘的一侧是光源,另一侧对应每一码道有一光敏元件,当码盘处于不同位置时,各光敏元件根据受光照与否转换出相应的电平信号,形成二进制数。这种编码器的特点是不要计数器,在转轴的任意位置都可读出一个固定的与位置相对应的数字码。

（3）混合式编码器。混合式编码器输出两组信息：一组信息用于检测磁极位置,带有绝对信息功能；另一组则完全同增量式编码器的输出信息一样。

### 2. 编码器的应用

（1）角度测量。

汽车驾驶模拟器,对方向盘旋转角度的测量选用光电编码器作为传感器；重力测量仪,采用光电编码器,把转轴与重力测量仪中的补偿旋钮轴相连；扭转角度仪,利用编码器测量扭转角度变化；摆锤冲击实验机,利用编码器计算冲击时的摆角变化。

（2）长度测量。

计米器,利用滚轮周长来测量物体的长度和距离；拉线位移传感器,利用收卷轮周长测量物体的长度和距离；联轴直测,与驱动直线位移的动力装置的主轴联轴,通过输出脉冲数计量；介质检测,通过直齿条、转动链条的链轮、同步带轮等来传递直线位移信息。

（3）速度测量。

线速度,通过跟仪表连接,测量生产线的线速度；角速度,通过编码器测量电机、转轴等的角速度。

（4）位置测量。

机床方面,记忆机床各个坐标点的坐标位置,如钻床等；自动化控制方面,控制在某个位置进行指定动作,如电梯、提升机等。

（5）同步控制。

通过角速度或线速度,对传动环节进行同步控制,以达到张力控制。

### 3. 编码器的发展趋势

尽管国内外编码器品牌在产品制造、市场认可度、行业推广等层面仍旧存在差距,但经过多年的奋起直追,国内品牌已在产品的开发上取得了长足的进步,加速了编码器行业的国产化替代进程。随着《中国制造2025》的推进,编码器市场迎来了市场拐点,普通增量式编码器正在逐渐被绝对式编码器替代,互联互通的需求越来越明显,可以"交流"的编码器将成为未来的主导。而面对当前我国市场产业化程度严重不均衡的现状,未来编码器行业既需要开发面向成熟工业化、可以实现互联互通的编码器,也要开发面向较低工业化程度的经济、改善型编码器。

## 7.4 步进电动机

步进电动机能将输入的电脉冲信号转换成转角位移。每输入一个脉冲，电动机就转动一定角度或前进一步，所以又被称为脉冲电动机。前进一步转动的角度称为步距角。步进电动机的角位移量与脉冲数成正比，转速与输入的脉冲频率成正比，控制输入的脉冲频率就能准确地控制步进电动机的转速。并可以在宽广的范围内精确地调速，其转速和转向与各相绕组的通电方式有关。

步进电动机广泛适用于数字控制系统，如数控机床、数模转换装置、计算机外围设备、自动记录仪、钟表等，另外在工业自动化生产线、印刷设备、办公自动化设备等也有应用。

步进电动机的种类繁多，按其运动方式可分为旋转式和直线式两大类；按其励磁方式可分为反应式、永磁式和混合式三大类。

从生产工艺过程看，控制系统对步进电动机的要求如下。

（1）动态性能好，要求步进电动机对启动、停止及正、反转反应迅速。

（2）加工精度高，要求步进电动机的步距角小，步距精度高，对一个输入脉冲对应的输出位移量小，且要均匀、准确。这就要求步进电动机步距角小、步距精度高、不丢步或越步。

（3）调速范围宽，尽量提高最高转速以提高劳动生产率。

（4）输出转矩大，可直接带动负载。

由于反应式步进电动机具有频率响应快，步进频率高，结构简单，使用寿命长等特点而获得广泛的应用，因此本节着重分析反应式步进电动机的结构、工作原理、特性及应用。

### 7.4.1 反应式步进电动机的结构与工作原理

#### 1. 结构

三相反应式步进电动机（图7-36）的结构分为定子和转子两大部分。定、转子铁心由硅钢片叠压而成，定子磁极为凸极式，磁极的极面上开有小齿。定子上有三套控制绕组，每一套有两个串联的集中控制绕组分别绕在径向相对的两个磁极上。每套绕组称为一相，三相绕组接成星形，所以定子磁极数通常为相数的两倍，即 $2p=2m$（$p$ 为极对数，$m$ 为相数）。转子上没有绕组，沿圆周有均匀的小齿，其齿距和定子磁极上的小齿的齿距必须相等，而且转子的齿数有一定的限制。这种结构形式的步进电动机结构简单，精度易于保证，步距角可以做得较小，容易得到较高的启动和运行频率。

图7-36 三相反应式步进电动机

#### 2. 工作原理

三相反应式步进电动机的定子铁心为凸极式，共有三对磁极，每两个相对的磁极上绕有控制绕组,组成一相。转子用软磁材料制成,也有凸极结构,只有四个齿,齿宽等于定子的极靴宽,没有绕组。

(1) 三相单三拍通电方式。

当 U 相控制绕组通电,其余两相不通电,电动机内部建立起以定子 U 相为轴线的磁场。由于磁通具有走磁阻最小路径的特点,使转子齿 1、3 的轴线与定子 U 相轴线对齐,如图 7-37(a)所示。若 U 相控制绕组断电、V 相控制绕组通电时,转子在反应转矩的作用下,逆时针方向转过 30°,使转子齿 2、4 的轴线与定子 V 相轴线对齐,即转子走了一步,如图 7-37(b)所示。若再断开 V 相,使 W 相控制绕组通电,转子又逆时针转过 30°,使转子齿 1、3 的轴线与定子 W 相轴线对齐,如图 7-37(c)所示。电动机的转向取决于各相控制绕组通电的顺序。若按照 U-V-W-U 的顺序通电,转子就会一步一步地按逆时针方向转动;若按 U-W-V-U 的顺序通电,则电动机反向转动,即顺时针方向转动。

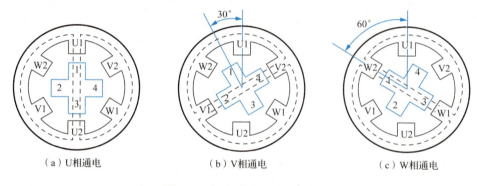

图 7-37 三相单三拍通电方式

上述通电方式称为三相单三拍。"三相"是指步进电动机定子有三相绕组;"单"是指每次只有一相控制绕组通电;控制绕组每改变一次通电方式,称为一拍,"三拍"是指经过三次改变控制绕组的通电方式为一个循环。步进电动机每一拍转子转过的角度称为步距角,用 $\theta_s$ 表示。三相单三拍运行时的步距角 $\theta_s=30°$。

(2) 三相双三拍通电方式。

三相双三拍通电方式为 UV-VW-WU-UV 或 UW-WV-VU-UW,每拍同时有两相绕组通电,三拍为一个循环。图 7-38(a)为 UV 相通电时的情况,图 7-38(b)为 VW 相通电时的情况,步距角 $\theta_s=30°$,步距角与三相单三拍通电方式相同,与其不同的是,在三相双三拍通电方式下,每拍使电动机从一个状态转变为另一个状态时,总有一相绕组持续通电。例如,由 UV 相通电变为 VW 相通电,V 相保持持续通电,W 相磁极力图使转子逆时针转动,而

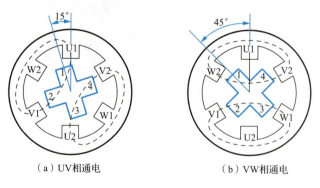

图 7-38 三相双三拍通电方式

V相磁极却起阻止转子继续转动的作用，即电磁阻尼作用，所以电动机工作比较平稳。采用三相单三拍通电方式时，没有这种阻尼作用，所以转子达到新的平衡位置时会产生振荡，稳定性不如三相双三拍运行方式。

（3）三相单双六拍通电方式。

三相单双六拍通电方式为 U-UV-V-VW-W-WU-U 或 U-UW-W-WV-V-VU-U，步距角 $\theta_s=15°$，该通电方式总有一相持续通电，也具有电磁阻尼作用，可使电动机工作平稳。

以上讨论的步进电动机的步距角较大，若应用于精度要求很高的数控机床等控制系统，会严重影响加工工件的精度，不能满足生产实际的需要。这种结构只在分析原理时采用，实际使用的步进电动机都是小步距角的。如图 7-39 所示的结构是最常见的一种小步距角的三相反应式步进电动机。

步进电动机的步距角 $\theta_s$ 可通过式（7-11）计算

$$\theta_s = \frac{360°}{mZ_r C} \quad (7-11)$$

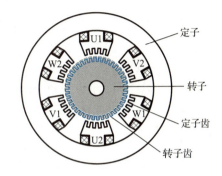

图 7-39 小步距角的三相反应式步进电动机结构

式中，$m$ 为步进电动机的相数；$Z_r$ 为步进电动机转子的齿数；$C$ 为通电状态系数，当采用单三拍或双三拍方式时 $C=1$，单双混合方式时 $C=2$。

由此可见，步进电动机的相数越多，步距角越小。

步进电动机的转速为

$$n = \frac{60f}{mZ_r C} \quad (7-12)$$

式中，$f$ 为步进电动机的通电脉冲频率（拍/s 或脉冲数/s）

由此可见，可以通过改变脉冲频率来改变步进电动机的转速，实现无级调速。

 想 一 想

步进电动机技术数据中的步距角一般都给出两个值，如 1.5°/3°，为什么？

### 7.4.2 反应式步进电动机的特性

**1. 静态特性**

（1）距角特性。

步进电动机不改变它的通电状态，这时转子将固定于某一个平衡位置，称为静止状态，简称静态。在空载情况下，转子的平衡位置称为步进电动机的初始平衡位置。此时的反应转矩称为静转矩，在理想空载时静转矩为零。当有扰动作用时，转子偏离初始平衡位置，偏离的电角度 $\theta$ 称为失调角。在反应式步进电动机中，转子的一个齿距所对应的电角度为 $2\pi$。

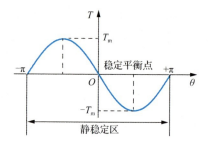

图 7-40 步进电动机的距角特性曲线

步进电动机的距角特性是指在不改变通电状态的条件下，步进电动机的静转矩与失调角之间的关系，以 $T=f(\theta)$ 表示。距角特性可通过下式计算

$$T = -kI^2\sin\theta \tag{7-13}$$

式中，$k$ 为转矩常数；$I$ 为控制绕组电流。

由式（7-13）可以看出，当控制绕组电流 $I$ 一定时，其距角特性曲线为一正弦曲线，如图 7-40 所示。

由图 7-40 可知，如果步进电动机空载，则稳定平衡点是坐标原点，如果在外力矩的作用下使转子离开这个平衡点，那么失调角在 $-\pi < \theta < +\pi$ 范围内变化，则去掉外力矩后，在电磁转矩作用下，转子仍能回到原来的平衡位置。所以坐标原点 $\theta = 0$ 处为步进电动机的稳定平衡点，$\theta = \pm\pi$ 为不稳定平衡点。两个不平衡点之间的区域（即 $-\pi < \theta < +\pi$）为步进电动机的静态稳定区域。

（2）最大静转矩。

在距角特性中，静转矩的最大值称为最大静转矩。当 $\theta = \pm\dfrac{\pi}{2}$ 时，$T$ 有最大值 $T_m$，最大静转矩 $T_m = kI^2$。

2. 动态特性

步进电动机的动态特性是指步进电动机从一种通电状态转换到另一种通电状态所表现出的性质。

（1）动稳定区。

步进电动机的动稳定区是指使步进电动机从一种通电状态转换到另一种通电状态而不失步的区域，如图 7-41 所示。设步进电动机初始状态的距角特性曲线为图 7-41 中的曲线 1，稳定点为 A 点，通电状态改变后的距角特性曲线为曲线 2，稳定点为 B 点。由距角特性可知，起始位置只有在 ab 点之间时，才能到达新的稳定点 B，ab 区间称为步进电动机的动稳定区。用失调角表示的区间为

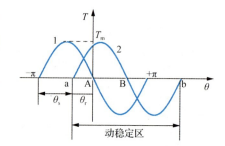

图 7-41 步进电动机的动稳定区

$$-\pi+\theta_s < \theta < \pi+\theta_s \tag{7-14}$$

由式（7-14）可知，步距角越小，动稳定区就越接近静稳定区。

从稳定区的边界点 a 到初始稳定平衡点 A 的角度，用 $\theta_r$ 表示，称为稳定裕量角。稳定裕量角与步距角之间的关系为

$$\theta_r = \pi - \theta_s = \dfrac{\pi}{mZ_rC}(mZ_rC - 2) \tag{7-15}$$

稳定裕量角越大，步进电动机运行越稳定。当稳定裕量角趋于零时，电动机不能稳定工作。步距角越大，裕量角就越小。

(2) 启动转矩。

步进电动机能带动的最大负载转矩值称为步进电动机的启动转矩。步进电动机的最大启动转矩与最大静转矩之间的关系为

$$T_{stm}=T_m\cos\frac{\pi}{mZ_rC} \qquad (7-16)$$

式中，$T_{stm}$ 为最大启动转矩。

当负载转矩大于最大启动转矩时，步进电动机将不能启动。

(3) 启动频率。

在步进电动机的技术指标中，运行频率主要指启动频率和连续运行频率。步进电动机的启动频率是指在一定负载条件下，电动机能够不失步启动的脉冲最高频率。启动频率比连续运行频率要低得多，所以启动频率是衡量步进电动机快速性能的重要指标。若步进电动机原来静止于某一相的平衡位置，则当一定频率的控制脉冲送入时，电动机开始转动，其速度经过一个过渡过程逐渐上升，最后达到稳定值，这就是启动过程。

影响最高启动频率的因素主要有以下几个。

① 步距角越小，启动频率越高。

② 最大静转矩越大，启动频率越高。

③ 转子齿数越多、启动频率越高。

④ 电路时间常数越大，启动频率越低。

 **特别提示**

在实际使用时，要增大启动频率，可增大启动电流或减小电路的时间常数。但是步进电动机的启动频率不能过高，当启动频率过高时，过高的启动频率会使转子的转速跟不上输入脉冲控制要求的转速，从而导致转子转动落后于定子磁场的转速，这种情况称为失步。失步现象包括丢步和越步两种。丢步时转子运行的步数小于脉冲数；越步时转子运行的步数大于脉冲数。失步可能导致步进电动机不能启动或堵转。

(4) 距频特性。

步进电动机的距频特性是指步进电动机的输出转矩与脉冲频率之间的关系。典型的步进电动机距频特性曲线如图 7-42 所示。从图 7-42 中可以看出，随着定子脉冲频率逐渐提高，电动机转速逐步上升，步进电动机所能带动的最大负载转矩随频率的增大而减小。

定子绕组中电感的存在是使脉冲频率升高后，步进电动机负载能力下降的主要原因。除此之外，步进电动机的距频特性曲线还和其他因素有关，这些因素包括步进电动机的转子直径、内部磁路、绕组的绕线方式、转子铁心的有效长度、转子的齿数和齿形、定转子间的气隙、控制线路的电压等。很明显，其中有的因素是步进电动机在制造时已确定的，是不能改变的，有些因素是可以改变的，如控制方式、绕组工作电压、电路时间常数等。

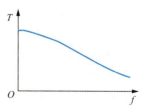

图 7-42 步进电动机的距频特性曲线

为了使高频时步进电动机的动态转矩尽可能大一些，就必须设法减小定子绕组中的电气时间常数，为此尽量减小电感值，相应的定子绕组的匝数也要减少，因此步进电动机定子绕组的电流一般都比较大。有时在定子绕组的回路中再串接一个较大的附加电阻，以降低回路的时间常数，但是增加了附加电阻就会增加功率损耗，使步进电动机的效率降低。

目前，采用双电源供电是一种有效的方法，即在定子绕组电流的上升段由高压电源供电，以缩短达到预定的稳定电流值的时间，然后改用低电压电源供电以维持电流值。这样，就大大缩短了高频时的最大动态转矩。

### 7.4.3 反应式步进电动机的驱动器

图 7-43 步进电动机的驱动器

步进电动机的控制绕组需要一系列、一定规律的电脉冲信号，从而使电动机按照生产要求运行。这个产生电脉冲信号的电源称为驱动器（图 7-43）。步进电动机及其驱动器是一个相互联系的整体，步进电动机的运行性能是由电动机和驱动器相配合反映出来的，因此驱动器在步进电动机中占有相当重要的地位。

#### 1. 对驱动器的要求

（1）驱动器的相数、通电方式、电压和电流都要满足步进电动机的要求。

（2）驱动器要满足步进电动机启动频率和运行频率的要求。

（3）能最大限度地抑制步进电动机的振荡。

（4）工作可靠，抗干扰能力强，成本低，效率高，安装维修方便。

#### 2. 驱动器的组成

步进电动机的驱动器一般由脉冲信号发生器、脉冲分配器和脉冲放大器（也称功率放大器）三部分组成，如图 7-44 所示。脉冲信号发生器产生基准频率信号供给脉冲分配器；脉冲分配器完成步进电动机控制的各相脉冲信号；脉冲放大器对脉冲分配器输出的脉冲信号进行放大，驱动步进电动机的各相绕组，使其转动。

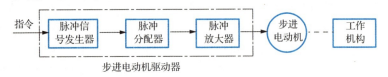

图 7-44 步进电动机驱动器的组成

根据输出电压的极性不同，驱动电路可分为两大类：一类是单极性驱动电路，它适用于电磁转矩与电流极性无关的反应式步进电动机；另一类是双极性驱动电路，它适用于电磁转矩与电流极性有关的永磁式或混合式步进电动机。

常见的驱动电路有单极性驱动电路、双极性驱动电路、高低压驱动电路、斩波恒流驱动电路、双绕组电动机的驱动电路、调频调压型驱动电路、细分控制电路等。

### 7.4.4 步进电动机的应用

由于步进电动机能直接接受数字信号的控制,电力电子技术和微电子技术的发展为步进电动机的应用开辟了广阔的前景,特别适宜采用 PLC(可编程逻辑控制器,Programmable Logic Controller)和微机等进行控制,便于与其他数字控制系统进行配套,因此步进电动机的应用十分广泛,如应用于办公自动化、工厂自动化、医疗器械、计量仪器、银行 ATM、汽车、娱乐设备、通信设备、舞台灯光等。新兴行业的崛起,如 3D 打印、太阳能发电、汽车电动机应用等为步进电动机创造了新的市场空间。它主要用于工作难度大、要求速度快、控制精度高的场合。下面举例说明步进电动机在数控机床中的应用。

如图 7-45 所示为数控机床工作台定位系统原理框图。步进电动机在数控机床工作台定位系统中作为执行元件,由脉冲指令控制,用于驱动机床工作台。运算控制电路将机床工作台需要移动到某一位置的信息进行判断和运算后,转换为脉冲指令,脉冲分配器将脉冲指令按通电方式进行分配后输入脉冲放大器,经脉冲放大器放大到足够的功率后驱动步进电动机转过一个步距角,从而带动机床工作台移动一定距离。这种系统结构简单,可靠性高,成本低,易于调整和维护,已获得广泛的应用。

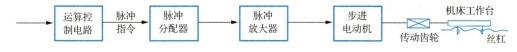

图 7-45　数控机床工作台定位系统原理框图

目前,对步进电动机的研究主要集中在两大方面:一是改善动态性能,进一步提高步距精度;二是增加输出容量,扩大带负载能力。

## 7.5　其他微控电机

### 7.5.1　自整角机

自整角机是一种能对角位移或角速度的偏差自动整步的感应式微特电机。自整角机在应用时需成对使用或多台组合使用,使机械上互不相连的两根或多根机械轴能够保持相同的转角变化或同步的旋转变化。产生信号的自整角机称为发送机,与指令轴连接,它将轴上的转角转换为电信号;接收信号的自整角机称为接收机,与执行轴连接,它将发送机发送的电信号转换为转轴的转角,从而实现角度的传输、变换和接收。自整角机广泛应用于指示装置和伺服随动系统中。

**1. 自整角机的基本结构**

自整角机(图 7-46)的结构与一般小型同步电动机类似,定子铁心上放置一套三相对称绕组,称为整步绕组。转子为凸极式或隐极式,放置单相励磁绕组。为了能使气隙磁场正弦分布,凸极式转子一般制成不均匀的结构。

## 2. 自整角机的工作原理

自整角机根据原理分为力矩式和控制式两种。力矩式自整角机的输出是转角，它主要用于带动指针、刻度盘等轻负载，实现角度的传输；控制式自整角机主要在传输系统中作为检测元件，实现角度信号到电压信号的转换。为了增大输出转矩，力矩式自整角机的转子多为凸极式结构；控制式自整角机的转子多为隐极式结构，以提高精度。

（1）控制式自整角机的工作原理。

控制式自整角机接线图如图 7-47 所示，其中一台作为发送机，它的励磁绕组接到单相交流电源上，另一台作为接收机，用来接收转角信号并将转角信号转换成励磁绕组中的感应电动势输出。其整步绕组均接成星形，两台电动机的结构、参数完全一致。

图 7-46　自整角机

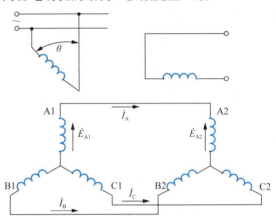

图 7-47　控制式自整角机接线图

在发送机的励磁绕组中通入电流时，产生脉振磁场，使发送机整步绕组的各相绕组产生感应电动势，最大值为 $E_m$。发送机 A1 相与励磁绕组轴线的夹角为 $\theta$，接收机 A2 相与励磁绕组轴线的夹角为 90°，则发送机各相绕组的感应电动势有效值为

$$\begin{cases} E_{A1} = E\cos\theta \\ E_{B1} = E\cos(\theta - 120°) \\ E_{C1} = E\cos(\theta - 240°) \end{cases} \tag{7-17}$$

由于发送机和接收机的整步绕组是按相序对应连接的，因此在接收机的各相绕组中也感应相应的电动势。$\theta$ 称为失调角，当 $\theta \neq 0$ 时，整步绕组中均出现均衡电流，从而在接收机励磁绕组即输出绕组中感应出电动势，其合成电动势 $E_2$ 为

$$E_2 = E_{2m}\sin\theta \tag{7-18}$$

接收机转子不能转动。由此可见，当 $\theta = 0$ 时，输出电压为 0，只有当存在 $\theta$ 时，自整角机才有输出电压，同时，$\theta$ 的正负反映了输出电压的正负。所以控制式自整角机输出电压的大小反映了发送机转子的偏转角度，输出电动势的极性反映了发送机转子的偏转方向，从而实现了将转角转换成电信号。

（2）力矩式自整角机的工作原理。

力矩式自整角机的结构和控制式自整角机相似，也是用两台结构和参数均相同的自整角机构成自整角机组，一台为发送机，另一台为接收机，只是接收机不同。力矩式自整角机接收机的励磁绕组和发送机的励磁绕组接到同一单相交流电源上，它直接驱动机械负载，而不是输出电压信号。力矩式自整角机接线图如图 7-48 所示。

在发送机和接收机的励磁绕组中通入单相交流电流时，就产生脉动磁场，使发送机和接收机的整步绕组的各相绕组同时产生感应电动势，其大小与各绕组的位置有关，与励磁绕组轴线重合时，产生的电动势为最大。设发送机 A1 相与励磁绕组轴线的夹角为 $\theta_1$，接收机 A2 相与励磁绕组轴线的夹角为 $\theta_2$，设 $\theta=\theta_1-\theta_2$，$\theta$ 称为失调角，各相阻抗为 $Z$，则各相绕组的感应电动势有效值为

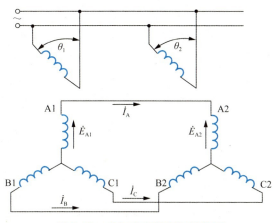

图 7-48　力矩式自整角机接线图

$$\begin{cases} E_{A1} = E\cos\theta_1 \\ E_{B1} = E\cos(\theta_1 - 120°) \\ E_{C1} = E\cos(\theta_1 - 240°) \\ E_{A2} = E\cos\theta_2 \\ E_{B2} = E\cos(\theta_2 - 120°) \\ E_{C2} = E\cos(\theta_2 - 240°) \end{cases} \quad (7\text{-}19)$$

各相绕组中总电动势和电流为

$$\begin{cases} E_A = E_{A1} - E_{A2} = 2E\sin\dfrac{\theta_1+\theta_2}{2}\sin\dfrac{\theta}{2} \\ E_B = E_{B1} - E_{B2} = 2E\sin(\dfrac{\theta_1+\theta_2}{2}-120°)\sin\dfrac{\theta}{2} \\ E_C = E_{C1} - E_{C2} = 2E\sin(\dfrac{\theta_1+\theta_2}{2}-240°)\sin\dfrac{\theta}{2} \\ I_A = \dfrac{E_A}{2Z} = I\sin\dfrac{\theta_1+\theta_2}{2}\sin\dfrac{\theta}{2} \\ I_B = \dfrac{E_B}{2Z} = I\sin(\dfrac{\theta_1+\theta_2}{2}-120°)\sin\dfrac{\theta}{2} \\ I_C = \dfrac{E_C}{2Z} = I\sin(\dfrac{\theta_1+\theta_2}{2}-240°)\sin\dfrac{\theta}{2} \end{cases} \quad (7\text{-}20)$$

由此可见，当 $\theta=0$ 时，各相电动势为 0，产生的电流为 0，整步绕组不会产生电磁转矩，即接收机转子不会转动；当 $\theta\neq 0$ 时，各相电动势不为 0，在整步绕组中会产生电流，该电流使整步绕组产生电磁转矩，使得接收机转子转动，当转动到 $\theta=0$ 时，接收机停止转动。

想 一 想

如果一对自整角机定子整步绕组的三根连线中有一根断线或接触不良，试问能不能同步转动？

### 3. 自整角机的应用

控制式和力矩式自整角机各具不同的特点，两种自整角机的性能比较如表 7-4 所示。应根据实际需要合理选用自整角机，同时应注意以下几个问题。

表 7-4 控制式和力矩式自整角机的性能比较

| 性能 | 控制式自整角机 | 力矩式自整角机 |
| --- | --- | --- |
| 结构 | 复杂，需要有伺服装置和减速齿轮结构 | 简单，可以直接连接负载装置 |
| 精度 | 较高 | 较低 |
| 带负载能力 | 负载时，接收机输出信号，受伺服电动机、伺服放大器功率限制 | 接收机仅能带动指针、刻度盘等轻负载，受整步转矩限制 |
| 适用场合 | 负载较大的伺服系统 | 指示系统 |

① 自整角机的励磁电压和频率必须与使用的电源符合。若电源可任意选择，应选用电压较高、频率为 400Hz 的自整角机，其性能较好，体积较小。

② 相互连接使用的自整角机，其对应绕组的额定电压和频率必须相同。

③ 在电源容量允许的情况下，应选用输入阻抗较低的发送机，以便获得较大的负载能力。

④ 选用自整角机变压器时，应选用输入阻抗较高的产品，以减轻发送机的负载。

控制式自整角机适用于精度较高、负载较大的伺服系统，如雷达高低角自动显示系统等。力矩式自整角机适用于精度较低的指示系统，如液面的高低、核反应堆控制棒位置的指示等。

（1）控制式自整角机的应用。

图 7-49 所示为雷达高低角自动显示系统原理图。其中自整角发送机转轴直接与雷达天线的高低角 α（即俯仰角）耦合，因此雷达天线的高低角 α 就是自整角发送机的转角。控制式自整角接收机转轴与由交流伺服电动机驱动的系统负载（刻度盘或火炮等负载）的轴相连，其转角用 β 表示。接收机转子绕组输出电动势 $E_2$ 与两轴的转角差 γ（即 α−β）近似成正比，即

$$E_2 \approx k(\alpha-\beta) = k\gamma$$

式中，k 为常数。

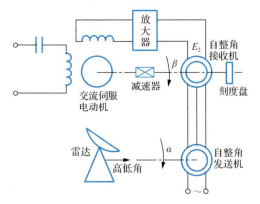

图 7-49 雷达高低角自动显示系统原理图

$E_2$ 经放大器放大后送至交流伺服电动机的控制绕组，使交流伺服电动机转动。由此可见，只要 α≠β，即 γ≠0，就有 $E_2$≠0，伺服电动机便会转动，使 γ 减小，直至 γ=0。如果 α 不断变化，系统就会使 β 跟着 α 变化，以保持 γ=0，这样就达到了转角自动跟踪的目的。只要系统的功率足够大，接收机上便可带动如火炮等阻力矩很大的负载。发送机和接收机之间只需三根连线，便实现了远距离显示和操纵的功能。

（2）力矩式自整角机的应用。

图 7-50 所示为液面位置指示器原理图，该指示器是采用力矩式自整角机实现的。其中浮子随着液面的升降而上下移动，通过绳子、滑轮和平衡锤使自整角发送机转子转动，将液面的位置转换成发送机转子的转角。把接收机和发送机用导线远距离连接起来，接收机转子就带动指针准确地跟随发送机转子的转角变化而同步偏转，从而实现远距离的位置指示。

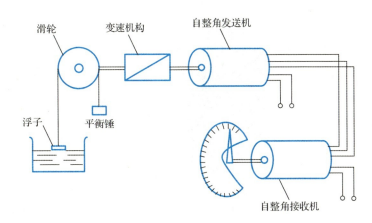

图 7-50 液面位置指示器原理图

## 7.5.2 旋转变压器

旋转变压器是二次侧能旋转的变压器，由于它的一、二次绕组之间的相对位置因二次侧旋转而改变，其耦合情况随二次侧旋转而改变。因此，在一次绕组通以一定频率的交流电压励磁时，二次侧输出电压随转子转角而变化。旋转变压器是自动控制系统中的一类精密控制微电机，它既可以单机运行，也可以像自整角机那样成对或多机组合使用。

旋转变压器若按应用场合，可分为用于解算装置的旋转变压器和用于随动系统的旋转变压器。用于解算装置的旋转变压器按其输出电压与转子转角的函数关系，可分为正余弦旋转变压器、线性旋转变压器和比例式旋转变压器三种。用于随动系统的旋转变压器按其在系统中的具体用途，可分为旋变发送机、旋变差动发送机和旋变变压器三种。

1. 基本结构

旋转变压器的结构与绕线式异步电动机相似，由定子和转子两部分构成，如图 7-51 所示。定、转子铁心采用高磁导率的铁镍软磁合金片或硅钢片经冲制、绝缘、叠装而成。为了使旋转变压器的导磁性能沿气隙圆周各处均匀一致，在定、转子铁心叠片时采用每片错开一齿槽的旋转叠片方法。在定子铁心的内圆周和转子铁心的外圆周上都冲有均匀齿槽，里面各放置两相空间轴线互相垂直的绕组，绕组通常采用高精度的正弦绕组。

2. 工作原理

下面以正余弦旋转变压器为例介绍其工作原理。

正余弦旋转变压器通常为两极结构，定子和转子分别安装两套相互垂直的正弦绕组，如图 7-52 所示。定子绕组为一次绕组，其中 D1D2 称为励磁绕组，D3D4 称为交轴绕组（或补偿绕组）。转子上两套完全相同的绕组都为输出绕组。Z1Z2 称为正弦绕组，Z3Z4 称为余弦绕组。定、转子间的气隙是均匀的。

旋转变压器线圈绕线生产

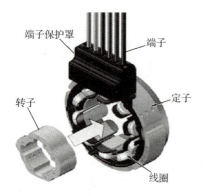

图 7-51 旋转变压器的结构

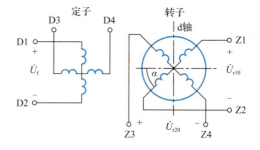

图 7-52 正余弦旋转变压器接线图

定子励磁绕组加交流电压 $\dot{U}_f$，并定义励磁绕组的轴线方向为 d 轴（直轴），此时在气隙中产生 d 轴方向的脉动磁通 $\dot{\Phi}_d$。励磁绕组中的感应电动势为

$$E_f = 4.44 f N_s k_{Ns} \Phi_d \tag{7-21}$$

当忽略励磁绕组中的漏阻抗的影响，则可认为当励磁电压恒定时，d 轴方向的脉动磁通 $\dot{\Phi}_d$ 的幅值为常数，且空间分布为正弦波形。

当正余弦旋转变压器空载运行时（图 7-52）。设转子正弦绕组 Z1Z2 的轴线与交轴之间的夹角为 α。当转子开路时，将 d 轴方向的脉动磁通 $\dot{\Phi}_d$ 分解成与正弦绕组轴线方向一致的磁通 $\dot{\Phi}_{r1}$ 和与正弦绕组轴线方向垂直的磁通 $\dot{\Phi}_{r2}$，磁通分量幅值的大小为

$$\begin{cases} \Phi_{r1} = \Phi_d \sin \alpha \\ \Phi_{r2} = \Phi_d \cos \alpha \end{cases} \tag{7-22}$$

转子正弦绕组和余弦绕组的开路输出电压分别为

$$\begin{cases} U_{r10} = E_{r1} = 4.44 f N_r k_{Nr} \Phi_{r1} = 4.44 f N_r k_{Nr} \Phi_d \sin \alpha = \dfrac{4.44 f N_r k_{Nr}}{4.44 f N_s k_{Ns}} E_f \sin \alpha = k_u U_f \sin \alpha \\ U_{r20} = E_{r2} = 4.44 f N_r k_{Nr} \Phi_{r2} = 4.44 f N_r k_{Nr} \Phi_d \cos \alpha = \dfrac{4.44 f N_r k_{Nr}}{4.44 f N_s k_{Ns}} E_f \cos \alpha = k_u U_f \cos \alpha \end{cases} \tag{7-23}$$

式中，$k_u$ 为转子绕组和定子绕组的电动势之比，可近似等于转子匝数和定子匝数之比。当输出绕组空载时，正弦绕组输出电压是转子转角 α 的正弦函数，余弦绕组输出电压是转子转角 α 的余弦函数。

当转子输出绕组 Z1Z2 接上负载后，转子绕组中就有电流流过。该电流的存在，使输出电压与转子转角之间不再保持严格的正余弦函数关系，存在一定的偏差，这种现象称为旋转变压器的输出特性畸变。负载越大，输出特性畸变越大。

### 想一想

正余弦旋转变压器负载时输出电压为什么会发生畸变？

## 特别提示

为了消除输出特性畸变，必须在负载运行时对交轴磁动势进行补偿，消除其影响。通常采用的补偿方法有一次侧补偿、二次侧补偿，以及一、二次侧同时补偿。

**3. 旋转变压器的应用**

旋转变压器是一种精度高、工艺要求十分严格和精细的控制微电机，而且价格便宜，使用方便，应用广泛。目前，正余弦旋转变压器主要用于三角运算、坐标变换、移相器、角度数据传输和角度数据转换等方面。线性旋转变压器主要用于机械角度与电信号之间的线性变换。

图 7-53 所示为利用正余弦旋转变压器进行矢量运算的原理图。在正余弦旋转变压器的励磁绕组上施加正比于矢量模值的励磁电压，交轴绕组短接，转子从电气零位转过一个等于矢量相角 $\alpha$ 的转角。设旋转变压器的变比为 1，这时转子正弦绕组和余弦绕组的输出电压正比于该矢量的两个正交分量，即

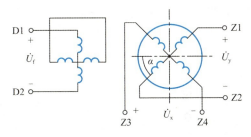

图 7-53　正余弦旋转变压器进行矢量运算的原理图

$$\begin{cases} U_x = U_f \sin\alpha \\ U_y = U_f \cos\alpha \end{cases}$$

旋转变压器采用无刷设计，所以维护方便、使用可靠、寿命长、对机械和电气噪声不敏感，被广泛应用于航空、航天、雷达、坦克和地炮火控等军事装备，也可用于民用伺服系统和机器人系统、机械工具、汽车、电力、冶金、纺织、印刷等领域。

（1）在伺服系统中，往往需要实时地检测出电动机转子的位置，同时还需检测出电动机的速度，以实现对电动机的转矩、速度及其驱动的机构的位置的高精度控制。在电动机转子位置的检测中，旋转变压器能够提供高精度的位置信息，用户甚至不用计算就可以直接从旋转变压器获得速度信息。

（2）在纺织行业中，由于环境因素，容易产生严重的静电，普通编码器很容易在此类环境中损坏，而旋转变压器由于本身的结构特点，而具有很强的抵抗静电的能力。因此如果采用旋转变压器则可以很好地解决这个问题。

（3）在其他各行各业，旋转变压器都可代替编码器而获得广泛应用，如在冶金、水利水电、自动化设备、印刷、电梯中等都可以应用。

### 7.5.3 开关磁阻电动机

开关磁阻电动机调速系统是 20 世纪 80 年代迅猛发展起来的一种新型调速电动机驱动系统，兼具直流、交流两类调速系统的优点，是继变频调速系统、无刷直流电动机调速系统之后发展起来的新一代无级调速系统，是集现代微电子技术、数字技术、电力电子技术、电磁理论、设计和制造技术为一体的机电一体化高新技术。

1. 基本结构

开关磁阻电动机系统由开关磁阻电动机、功率变换器、控制器和位置检测器四部分组成，其结构框图如图 7-54 所示。

开关磁阻电动机是实现机电能量转换的部件，其结构和工作原理与反应式步进电动机一样，都是遵循磁通总是要沿磁阻最小的路径闭合的原理，因磁场扭曲而产生切向磁拉力并形成转矩。

功率变换器是开关磁阻电动机运行时所需能量的供给者，是连接电源和电动机绕组的功率部件。

控制器是开关磁阻电动机系统的决策和指挥中心，能综合外部输入指令，位置检测器和电流检测器提供的电动机转子位置、速度、电流等反馈信息，通过分析、处理、决策，向功率变换器发出指令，控制开关磁阻电动机运行。

位置检测器是向控制器提供转子位置及速度等信号的器件，使控制器能正确地决定绕组的导通和关断时刻。通常采用光电器件、霍尔元件或电磁线圈进行位置检测，采用无位置传感器的位置检测方法是开关磁阻电动机系统的发展方向。

2. 工作原理

开关磁阻电动机（图 7-55）是双凸极可变磁阻电动机，其定、转子的凸极均由普通硅钢片叠压而成。开关磁阻电动机可以设计成多种不同相数结构，且定、转子的极数有多种不同的搭配。相数多、步距角小，有利于减少转矩脉动，但结构复杂，且主开关器件多，成本高，目前应用较多的是四相 8/6 结构和三相 6/4 结构。

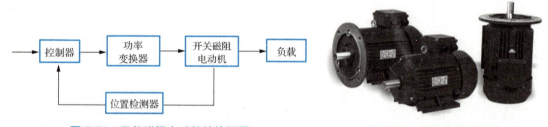

图 7-54　开关磁阻电动机结构框图　　　　图 7-55　开关磁阻电动机

图 7-56 给出了四相 8/6 极开关磁阻电动机定、转子结构示意图。定子上均匀分布 8 个磁极，转子上沿圆周均匀分布 6 个磁极，定、转子均为凸极式结构，定、转子间有很小的气隙。当控制器接收到位置检测器提供的电动机内定、转子磁极相对的位置信息，如图 7-56 (a) 所示位置，控制器向功率变换器发出指令，使 U 相绕组通电，而 V、W 和 R 三相绕组不通电。电动机建立起一个以 U1U2 为轴线的磁场，磁通经过定子轭、定子磁极、气隙、转子磁极和转子铁心等处闭合，通过气隙的磁力线是弯曲的，此时，磁路的磁阻大于定子磁极轴线 U1U2 和转子磁极轴线 11′重合时的磁阻，转子受到气隙中弯曲磁力线的拉力所产生的转矩作用，使转子逆时针转动，使转子磁极轴线 11′向定子磁极轴线 U1U2 趋近。当轴线 U1U2 与 11′重合时，断开 U 相，使 V 相通电，转子达到稳定平衡位置，切向电磁力消失，转子不再转动，如图 7-56 (b) 所示。此时，V1V2 与 22′的相对位置关系与图 7-56 (a) 中 U1U2 与 11′的相对位置相同。控制器根据位置检测器的位置信息，命令断开 V 相，使 W 相通电，建立起以 V1V2 为轴线的磁场，使 V1V2 与 22′轴线对齐，如图 7-56 (c) 所示。

控制器又根据位置检测器的位置信息，命令断开 W 相，使 R 相通电，建立起以 W1W2 为轴线的磁场，使 W1W2 与 33′轴线对齐，如图 7-56（d）所示。以此类推，定子绕组按 U-V-W-R-U 的顺序通电时，转子会沿逆时针方向转动；反之，定子绕组按 V-U-R-W-V 的顺序通电时，转子会沿顺时针方向转动。

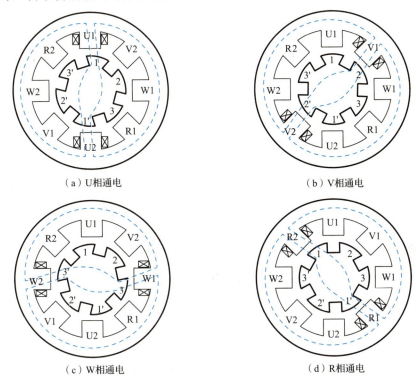

图 7-56　四相 8/6 极开关磁阻电动机定、转子结构示意图

3. 特点

开关磁阻电动机与反应式步进电动机的主要区别如下。

（1）开关磁阻电动机利用转子位置反馈信号运行于自同步状态，相绕组电流导通时刻与转子位置有严格的对应关系。而反应式步进电动机无转子位置反馈，通常运行于开环状态。

（2）开关磁阻电动机多用于功率驱动系统，对效率要求很高，可运行于发电状态。而反应式步进电动机多用于伺服系统，对步距精度要求很高，对效率要求不高，只运行于电动状态。

开关磁阻电动机的主要优点如下。

（1）结构简单、坚固，制造工艺简单，成本低，转子上没有任何形式的绕组，可工作于极高转速（如每分钟几万转）；定子线圈为集中绕组，嵌线容易，端部短而牢固，绝缘结构简单，工作可靠，能适用于各种恶劣环境，如高温甚至强振动环境。

（2）损耗主要产生于定子，易于冷却；转子无永磁体，允许有较高的温升。

（3）转矩方向与相电流方向无关，可减少功率变换器的开关器件数，降低系统成本。

（4）启动电流小，启动转矩大，适用于需要重载启动、频繁启停及正反转的场合。

(5) 调速范围宽，控制灵活，易于实现各种特殊要求的转矩转速特性。

(6) 四象限运行，具有较强的再生制动能力。

开关磁阻电动机的主要缺点如下。

(1) 转矩脉动大，转矩和转速的稳定性稍差。由于开关磁阻电动机由脉冲电流供电，在转子上产生的转矩是一系列脉冲转矩叠加而成的，且由于双凸极结构和磁路饱和的非线性影响，合成转矩不是一个恒定转矩，而有较大的谐波分量，这将影响低速运行的性能。

(2) 开关磁阻电动机系统的噪声和振动比一般电动机大，容量越大，噪声越严重。

### 4. 应用

现代开关磁阻电动机诞生于 20 世纪 80 年代的英国，之后之所以发展迅速，首先得益于它的结构。电动机转子上没有滑环、绕组和永磁体等，定子上有集中绕组，没有相间跨接线，因而电动机结构比较简单，维护容易，转速运行范围较宽，制造成本低、效率高、可靠性高，很容易就能达到 15000r/min。当然开关磁阻电动机的缺点也同样明显，由于双凸极结构，不可避免地存在转矩脉动和噪声，这是开关磁阻电动机难以克服的障碍。

随着电力电子技术和微电子技术的快速发展，开关磁阻电动机技术取得了显著的进步，但由于发展时间短，开关磁阻电动机行业还属小众行业。国内开关磁阻电动机主要应用于以下方面。

(1) 锻压机械。锻压机械目前是开关磁阻电机应用最成功的场合，具有短时间过载、频繁正反转、调速范围宽、节能等优势。

(2) 纺织机械。开关磁阻电动机在剑杆织机、毛巾织机等领域占有一席之地，具有节能、启动迅速（电动机转动 3 圈就能够从零转速达到额定转速）等优势，对振动和噪声无要求。

(3) 油田、煤矿。能源和环保一直是国家战略布局所在，抽油机、煤矿输送带等场合使用开关磁阻电动机能节能 30%以上。

(4) 小家电。吸尘器、料理机、破壁机、洗衣机等都已大量应用开关磁阻电动机，能使性能获得明显提升。

### 7.5.4 无刷直流电动机

有刷直流电动机的主要优点是调速和启动性能好，堵转转矩大，因而被广泛应用于各种驱动装置和伺服系统中。但是，有刷直流电动机由于结构中的电刷和换向器形成的机械接触严重地影响了电动机的准确度、性能和可靠性，所产生的火花会引起无线电干扰，缩短电动机寿命，换向器和电刷装置又使直流电动机结构复杂、噪声大、维护困难，因此长期以来人们都在寻求可以不用电刷和换向器装置的直流电动机。

无刷电动机

随着电力电子技术的迅速发展，各种功率电子器件的广泛使用，出现了无刷直流电动机。无刷直流电动机采用功率电子开关和位置传感器来代替电刷和换向器，使这种电动机既具有直流电动机的特性，又具有交流电动机结构简单、运行可靠、维护方便等优点。它的转速不受机械换向的限制，若采用高速轴承，可以在高达每分钟几十万转的转速中运行。

### 1. 基本结构

无刷直流电动机由电动机本体、转子位置传感器和功率电子开关（逆变器）三部分组成，其结构框图如图 7-57 所示。直流电源通过功率电子开关向电动机定子绕组供电，电动机转子位置由转子位置传感器检测并提供信号去驱动功率电子开关的功率器件使之导通或关断，从而控制电动机的转动。

电动机本体是一台反装式的普通无刷直流电动机（图 7-58），它的电枢放置在定子上，永磁磁极位于转子，结构与永磁式同步电动机相似。定子铁心中安放对称的三相绕组，绕组可以是分布式或集中式，接成星形或封闭形，各相绕组分别与功率电子开关中的相应功率管连接。转子多用铁氧体或钕铁硼等永磁材料制成，无启动绕组，主要有凸极式和内嵌式两种结构。

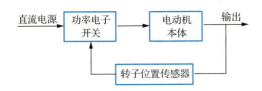

图 7-57 无刷直流电动机结构框图

图 7-58 无刷直流电动机

功率电子开关主电路有桥式和非桥式两种。在电枢绕组与功率电子开关的多种连接方式中，以三相星形六状态和三相星形三状态使用最为广泛。

转子位置传感器是无刷直流电动机的重要组成部分，它的作用是检测转子磁场相对于定子绕组的位置，决定功率电子开关器件的导电顺序。转子位置传感器有光电式、电磁式和霍尔元件式等。

### 2. 工作原理

图 7-59 所示为一台两极三相三状态无刷直流电动机原理图。三只光电传感器 H1、H2、H3 在空间上互差 120°对称分布，遮光圆盘与电动机转子同轴安装，调整圆盘缺口与转子磁极的相对位置，使缺口边沿位置与转子磁极的空间位置相对应。

设缺口位置使光电传感器 H1 受光而输出高电平，功率开关管 VT1 导通，电流流入 U 相绕组，形成位于 U 相绕组轴线上的电枢磁动势 $F_U$。$F_U$ 顺时针方向超前于转子磁动势 $F_f$ 电角度150°，如图 7-60（a）所示。电枢磁动势 $F_U$ 与转子磁动势 $F_f$ 相互作用，拖动转子顺时针方向旋转。电流流通路径为：电源正

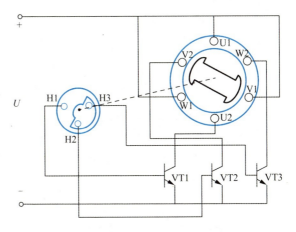

图 7-59 两极三相三状态无刷直流电动机原理图

极→U 相绕组→VT1 管→电源负极。当转子转过电角度 120°至图 7-60（b）所示位置时，与转子同轴安装的圆盘转到使光电传感器 H2 受光、H1 遮光，功率开关管 VT1 关断，VT2 导通，U 相绕组断开，电流流入 V 相绕组，电流换相。电枢磁动势变为 $F_V$，$F_V$ 在顺时针方向继续领先转子磁动势 $F_f$ 电角度 150°，两者相互作用，又驱动转子顺时针方向旋转，电流流通路径为：电源正极→V 相绕组→VT2 管→电源负极。当转子磁极转到图 7-60（c）所示位置时，电枢电流从 V 相换流到 W 相，产生的电磁转矩继续使电动机旋转，直至重新回到如图 7-60（a）所示的起始位置，完成一个循环。

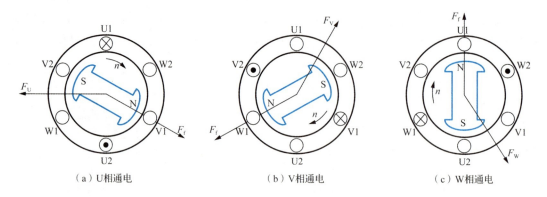

（a）U 相通电　　　　　　（b）V 相通电　　　　　　（c）W 相通电

图 7-60　无刷直流电动机通电顺序和磁动势位置图

 想 一 想

为什么说在无刷直流电动机中，转子位置检测器和功率电子开关起到了电子换向器的作用？

3. 运行特性

（1）机械特性。

无刷直流电动机的机械特性为

$$n = \frac{U - 2\Delta U}{C_e \Phi} - \frac{2R_a}{C_e C_T \Phi^2} T \qquad (7\text{-}24)$$

式中，$U$ 为电源电压；$\Delta U$ 为一个开关管饱和压降；$R_a$ 为每相电枢绕组电阻。

其机械特性曲线如图 7-61 所示。

（2）调节特性。

无刷直流电动机调节特性的始动电压 $U_0$ 和斜率 $k$ 为

$$U_0 = \frac{2R_a T}{C_e \Phi} + 2\Delta U, \quad k = \frac{1}{C_e \Phi} \qquad (7\text{-}25)$$

其调节特性曲线如图 7-62 所示。

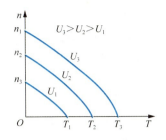

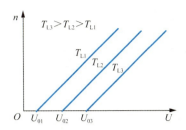

图 7-61　无刷直流电动机的机械特性曲线　　图 7-62　无刷直流电动机的调节特性曲线

从机械特性和调节特性可见,无刷直流电动机具有与有刷直流电动机一样良好的控制性能,可以通过改变电源电压实现无级调速。

 想 一 想

为什么说无刷直流电动机既可以看成直流电动机,又可以看成一种自控变频同步电动机系统?

### 4. 特点

(1) 无刷直流电动机是一种自控式调速系统,它无须像普通同步电动机那样要有启动绕组,在负载突变时,不会产生振荡和失步。转动惯量小,允许脉冲转矩大,可获得较高的加速度,动态性能好。

(2) 转子没有铜损耗和铁损耗,又没有滑环和电刷的摩擦损耗,运行效率高,一般比同容量的异步电动机效率高 5%～12%。

(3) 无刷直流电动机无须从电网吸取励磁电流,故功率因数高,接近于 1。

(4) 由于采用了永磁材料磁极,因此无刷直流电动机的体积小,质量轻,结构紧凑,运行可靠。

### 5. 应用

无刷直流电动机具有调速性能好、控制方便、无换向火花和励磁损耗、使用寿命长等优点,加之近年来永磁材料性能不断提高及价格不断下降、电力电子技术日新月异的发展和各使用领域对电动机性能的要求越来越高,促进了无刷直流电动机的应用范围迅速扩大。目前,无刷直流电动机的应用范围包括计算机系统、家用电器、办公自动化、汽车、医疗仪器、军事装备控制、数控机床、机器人伺服控制等。

### 7.5.5　超声波电动机

#### 1. 工作原理

人耳能感知的声音频率为 50～20kHz,超声波为 20kHz 以上频率的音波或机械振动。超声波电动机的工作原理与传统电动机不同,传统电动机是通过电场和磁场相互作用产生电磁力的电磁作用原理工作的,以此实现电能与机械能的相互转换。超声波电动机是将振动学、波动学、摩擦学、动态设计、电力电子、自动控制、新材料和新工艺等学科结合的新技术产物。其工作原理是利用压电陶瓷的逆压电(把电信号变成机械压力)效应直接把电能转换为机械能。当超声波电压

中国超声波电动机奠基人赵淳生

（电压频率大于 20kHz）加到定子上时，定子产生高频振动，借助定、转子之间的摩擦把定子双向的机械振动转变为单一方向的旋转运动。超声波电动机这个名称来源于其定子高频振动的频率为超声波频率（大于 20kHz）。由于超声波电动机的机械振动是通过压电陶瓷产生的，因此又称压电马达。

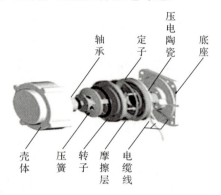

图 7-63  超声波电动机的结构

超声波电动机靠定子环背面所粘贴的压电陶瓷起振而带动定子环一起振动，再通过定、转子之间的摩擦力来驱动转子旋转，即利用压电陶瓷的逆压电效应直接把电能转换为机械能，其结构如图 7-63 所示。

2. 分类

超声波电动机按产生转子运动的机理，可分为驻波型和行波型。驻波型超声波电动机是利用作固定椭圆运动的定子来推动转子，属于间断驱动方式；行波型超声波电动机是利用定子中产生的行走的椭圆运动来推动转子，属于连续驱动方式。

按超声波电动机移动体表面力传递的接触方式，可分为接触式和非接触式。

按超声波电动机转子的运动方式，可分为旋转型和直线型。

3. 特点

（1）低速大转矩、效率高。超声波电动机的转速一般很低，每分钟只有十几转到几百转，而转矩却很大。与传统电动机在高速时转换效率较高、低速时转换效率较低相比，超声波电动机在低速时能够表现出较高的转换效率。

（2）控制性能好、反应迅速。超声波电动机是靠摩擦力驱动，移动体的质量较轻，惯性小，通电时快速响应，失电后立即停机，启动和停止时间为毫秒级。因此，它可以实现高精度的速度控制和位置控制。

（3）形式灵活，设计自由度大。

（4）不会产生电磁干扰。超声波电动机没有磁极，因此不受电磁感应的影响。同时，它对外界也不产生电磁干扰，特别适合强磁场的工作环境。

（5）结构简单。超声波电动机不用线圈，也没有磁铁，结构相对简单。与普通电动机相比，在输出转矩相同的情况下，可以做得更小、更轻、更薄。

（6）震动小、噪声低。

4. 应用

超声波电动机具有低速大转矩、微型轻量、运行稳定、可控性好、精度高及结构简单等优点，这些优点能适应当前对电动机"短、薄、小"的要求。因此超声波电动机具有良好的应用前景，被称为"21 世纪的绿色驱动器"。其主要应用领域如下。

（1）机械领域。机构主动式控制、振动的抑制与产生、工具的精密定位压电夹具、机器人、计算机和医疗设备等。

（2）光学领域。透镜精密定位、光纤维位置校正、照相机镜头自定聚焦系统和隧道扫描显微镜等。

（3）流体领域。液体测量、液泵、液阀和注射器等。

（4）电子领域。电子断路器、焊接工具的定位系统等。

### 7.5.6 盘式电动机

盘式电动机（图 7-64）的外形扁平，轴向尺寸短，特别适用于安装空间有严格限制的场合。盘式电动机的气隙是平面的，气隙磁场是轴向的，又称轴向磁场电动机。目前，常用的盘式电动机有盘式直流电动机和盘式同步电动机。

盘式直流电动机一般指盘式永磁直流电动机，其特点如下：

（1）轴向尺寸短，适用于严格要求薄型安装的场合。

（2）采用无铁心电枢结构，不存在普通圆柱式电动机由于齿槽引起的脉动转矩，转矩输出平稳。

（3）不存在磁滞和涡流损耗，可达到较高的效率。

图 7-64 盘式电动机

（4）电枢绕组电感小，具有良好的换向性能。

（5）电枢绕组两端面直接与气隙接触，有利于电枢绕组散热，可取较大的电负荷，有利于减小电动机的体积。

（6）转动部分只是电枢绕组，转动惯量小，具有优良的快速反应性能，可用于频繁启动和制动的场合。

盘式永磁直流电动机优良的性能，已被广泛应用于机器人、计算机外围设备、汽车空调器、办公自动化用品和家用电器等。

盘式同步电动机一般指盘式永磁同步电动机，其特点如下：

（1）轴向尺寸短、质量轻、体积小、结构紧凑，励磁系统无损耗，电动机运行效率高。

（2）定子绕组散热好，可以获得很高的功率密度。

（3）转子的转动惯量小，机电时间常数小，堵转转矩高，低速运行平稳。

盘式永磁同步电动机在伺服系统中可作为执行元件，具有不用齿轮、精度高、响应快、加速度大、转矩波动小、过载能力强等优点，常应用于数控机床、机器人、雷达跟踪等高精度系统中。

### 7.5.7 直线电动机

直线电动机（图 7-65）又称线性电动机、线性马达、直线马达、推杆马达，是一种将电能直接转换为直线运动机械能，而不需要任何中间转换机构的传动装置。

直线电动机

#### 1. 基本结构

直线电动机可以认为是旋转电动机在结构方面的变形，它可以看成一台旋转电动机沿径向剖开,并展开成平面而成的,其结构如图 7-66 所示。由定子演变而来的一侧称为初级,由转子演变而来的一侧称为次级。初级中通以交流电,次级就在电磁力的作用下沿着初级作直线运动。

在实际应用时,将初级和次级制造成不同的长度,以保证在所需行程范围内初级与次级之间的耦合保持不变。直线电动机可以是短初级长次级,也可是长初级短次级;既可以初级固定、次级移动,也可以次级固定、初级移动。考虑到制造成本、运行费用,目前一般均采用短初级长次级。

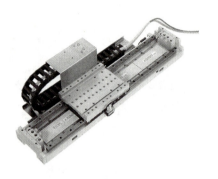

图 7-65 直线电动机

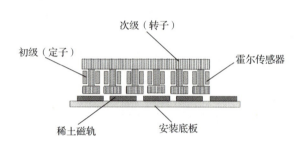

图 7-66 直线电动机的结构

2. 工作原理

直线电动机的工作原理与旋转电动机相似。当初级绕组通入交流电流时,根据楞次定律,便在气隙中产生行波磁场,次级在行波磁场切割下,将感应出电动势并产生电流,该电流与气隙中的磁场相互作用就产生电磁推力。如果初级固定,则次级在推力作用下作直线运动;反之,则初级作直线运动。

3. 特点

(1) 高速响应。由于系统中直接取消了一些响应时间常数较大的机械传动件(如丝杠等),使整个闭环控制系统动态响应性能大大提高,反应异常灵敏快捷。

(2) 位精度高。直线驱动系统取消了由于丝杠等机械机构引起的传动误差,从而减少了插补时因传动系统滞后带来的跟踪误差。通过直线位置检测反馈控制,可大大提高机床的定位精度。

(3) 传动刚度好。传动环节的弹性变形、摩擦磨损和反向间隙造成了运动滞后现象,同时提高了其传动刚度。

(4) 速度快。加减速过程短,且行程长度不受限制,在导轨上通过串联直线电动机,就可以无限延长其行程长度。

(5) 震动小,噪声低。由于取消了传动丝杠等部件的机械摩擦,且导轨又可采用滚动导轨或磁垫悬浮导轨(无机械接触),其运动时震动和噪声将大大降低。

(6) 效率高。由于无中间传动环节,消除了机械摩擦时的能量损耗。

### 4. 应用

直线电动机主要应用于三个方面：一是应用于自动控制系统，这类应用场合比较多；二是作为长期连续运行的驱动电动机；三是应用于需要短时间、短距离内提供巨大的直线运动能的装置中。

（1）磁悬浮列车。

磁悬浮列车是一种全新的列车。磁悬浮列车是将列车用磁力悬浮起来，使列车与导轨脱离接触，以减小摩擦，提高车速。磁悬浮列车由直线电动机牵引。直线电动机的一个极固定于地面，跟导轨一起延伸到远处；另一个极安装在列车上。初级通以交流电，列车就沿导轨前进。磁悬浮列车上装有磁体（有的就是兼用直线电动机的线圈），磁体随列车运动时，使设在地面上的线圈（或金属板）中产生感应电流，感应电流的磁场和列车上的磁体（或线圈）之间的电磁力把列车悬浮起来。

磁悬浮列车

磁悬浮列车的优点是运行平稳，没有颠簸，噪声小，所需的牵引力很小，只要几千千瓦的功率就能使磁悬浮列车的速度达到 550km/h。磁悬浮列车减速的时候，磁场的变化减小，感应电流也减小，磁场减弱，造成悬浮力下降。磁悬浮列车也配备了车轮装置，它的车轮像飞机一样，在行进时能及时收入列车，停靠时可以放下来，支撑列车。要使质量巨大的列车靠磁力悬浮起来，需要很强的磁场，实际中需要用高温超导线圈产生这样强大的磁场。磁悬浮列车是直线电动机实际应用的最典型的例子。

（2）直线电动机驱动的电梯。

世界上第一台使用直线电动机驱动的电梯 1990 年 4 月安装于日本东京都关岛区万世大楼，该电梯载重 600kg，速度为 105m/min，提升高度为 22.9m。由于直线电动机驱动的电梯没有曳引机组，因此建筑物顶的机房可省略。如果建筑物的高度增至 1000m，就必须使用无钢丝绳电梯，这种电梯采用高温超导技术的直线电动机驱动，线圈装在井道中，轿厢外装有高性能永磁材料，如磁悬浮列车一样，采用无线电波或光控技术控制。

（3）超高速电动机。

在旋转超过某一极限时，采用动轴承的电动机就会产生烧结损坏现象。为此，近年来出现了一种直线悬浮电动机（电磁轴承），采用悬浮技术使电动机的转子悬浮在空中，消除了转子和定子之间的机械接触和摩擦阻力，其转速可达 25000~100000/min 以上，因而在高速电动机和高速主轴部件上得到了广泛应用。例如，日本安川公司研制的多工序自动数控车床，用五轴可控式电磁高速主轴，采用两个径向电磁轴承和一个轴向推力电磁轴承，可在任意方向上承受机床的负载。在轴的中间，除配有高速电动机以外，还配有与多工序自动数控车床相适应的工具自动交换机构。

在"中国制造2025"进程中，在超高速领域直线电动机替代传统旋转电机已是必然，但其能否在行业中做到稳中求精，这是很重要的。在迈入冲刺跑道时，直线电动机企业更要时刻警醒，只有技术立本、质量立身，才能创造直驱行业的辉煌。

（4）在数控机床上的应用。

随着工业的发展，对数控机床的精密度和高速加工需求不断提高，机床的发展逐渐趋向于高精密、高速、复合、智能、环保。于是，出现了"直接传动"的概念。随着电动机及其驱动控制技术的发展，并且日益成熟，使"直接传动"逐渐变为现实，直线电动机及其驱动控制技术在机床进给驱动上的应用，使机床的传动结构出现了重大变化，并且让机床性能有了新的飞跃。例如，美国 CINCINNATI MILACRON 公司为航空工业生产了一台 HyperMach 大型高速加工中心，直线进给采用了直线电动机，其轴行程长达 46m，工作台快速行程为 100m/min，加速度达 2g（1g=9.8m/s$^2$）。在这种机床上加工一个大型薄壁飞机零件只需 30min；而同样的零件在一般高速铣床上加工费时 3h，在普通数控铣床上加工则需 8h，优势相当明显。

随着中国制造业的转型升级，直线电动机及其驱动控制技术在工业领域的应用也在不断与时俱进，技术上日趋成熟。并且，具有传统传动装置无法比拟的优越性能。直线电动机及其驱动控制技术在机床上的应用解决了传统机床行业的精度低、速度慢，难防护等问题，而且为其性能拓展和安全性提供了保证。高速度高加速度的传动已在加工中心、数控铣床、车床、磨床、复合加工机床、激光加工机床及重型机床上得到广泛应用，这类机床在航空、汽车、模具、能源、通用机械等领域发挥着特殊的作用。在重型机床上采用直线电动机驱动数吨重的运动部件已不成问题。这些都表明直线电动机及其驱动控制技术在机床上的应用已逐渐成熟，并在不断向前发展。未来直线电动机及其驱动控制技术将在机床行业及传动领域给人们带来更多的惊喜，助力中国制造业向"智造业"进阶。

## 本 章 小 结

本章主要介绍了各种控制和驱动用微型电机的基本工作原理、运行特性和应用场合，主要知识点如下。

（1）单相异步电动机。

单相异步电动机无启动转矩，不能自行启动，但一经推动，却可连续运转。为了解决启动问题，通常在定子上安装启动绕组，根据所采取的启动方法不同，分为分相式电动机和罩极式电动机。单相异步电动机广泛应用于家用电器、电动工具和医疗器械中。

（2）伺服电动机。

伺服电动机在自动控制系统中作为执行元件使用，是一种将控制信号转换为角位移或角速度的电动机。伺服电动机分交流和直流两类。

直流伺服电动机实质上是一台他励直流电动机，它有两种控制方式，即电枢控制和磁场控制。直流伺服电动机多采用电枢控制，即电枢绕组作为控制绕组，励磁绕组提供电动机的直流励磁电流，在电枢控制时具有良好的机械特性和调节特性。直流伺服电动机的输出功率较大。

交流伺服电动机相当于一台双绕组的单相异步电动机。其中一相绕组为励磁绕组，另一相用与励磁绕组空间上相互垂直的绕组作为控制绕组。与一般单相异步电动机不同的是，交流伺服电动机的转子电阻比较大，能防止自转现象。它有幅值控制、相位控制和幅值相位控制三种控制方式，其中相位控制特性最好，幅值—相位控制线路最简单。交流伺服电动机的机械特性和调节特性比直流伺服电动机的要差。交流伺服电动机的输出功率较小。

（3）测速发电机。

测速发电机在自动控制系统中作为检测元件使用，它能把转速转换为电压信号输出，根据测速发电机发出的电压性质不同，可分为直流和交流两大类。

直流测速发电机的工作原理与他励直流发电机相同。一般情况下，直流测速发电机的输出电压正比于转速。但高速时由于电枢反应造成输出电压降低，引起一定的测量误差。直流测速发电机在应用时，为了使其输出特性有良好的线性度，都规定其最高正常运行转速和最小负载电阻。

交流测速发电机普遍采用空心杯型转子结构，其工作原理与交流伺服电动机相同，但励磁绕组通以交流励磁电流且转子旋转时，测量绕组中就会产生感应电动势，感应电动势的大小与转速成正比。交流测速发电机在转速相对较低时，具有良好的线性输出特性。交流测速发电机比直流测速发电机应用更广泛。

（4）步进电动机。

步进电动机是一种将电脉冲信号转换为角位移或直线位移的一种微特电机。每输入一个电脉冲，步进电动机就前进一步，转子步进或连续运行的快慢取决于定子绕组的通电频率。步进电动机具有启动、制动特性好，反转控制方便，工作不失步，步距精度高等特点，常在数字控制系统中作为执行元件。

（5）其他微控电机。

自整角机是一种对角位移或角速度能自动整步的电磁元件，必须成对或成组使用，一个作为发送机，另一个作为接收机。根据用途的不同，自整角机有力矩式和控制式两种。力矩式自整角机输出力矩大，可直接驱动负载，一般用于控制精度不高的指示仪表系统；控制式自整角机转轴不能直接带动负载，但能组成包括功率放大器的闭环控制系统，其整步精度高，主要用于随动系统。

旋转变压器是一种精密微控电机，在自动控制系统中主要用来测量或传输转角信号，也可作为解算元件用于坐标变换和三角函数运算等。

开关磁阻电动机系统是一种新型的调速电动机驱动系统，具有结构简单、成本低、效率高的优点，可用于高速运转，且启动电流小，启动转矩大的场合，具有广泛的应用前景。

永磁无刷直流电动机从电动机本身看，是一台同步电动机。它使用位置传感器及功率电子开关代替传统直流电动机中的电刷和换向器，具有普通直流电动机的控制特性，可以通过改变电源电压实现无级调速，又具有交流电动机结构简单、运行可靠、维护方便等优点。

超声波电动机是新技术的产物，其优异的性能引起了广泛关注。

盘式电动机的外形扁平，轴向尺寸短，适用于安装空间有严格限制的场合。

直线电动机是一种能直接产生直线运动的电动机，是由旋转电动机演变而来的。由于省去了由旋转运动变直线运动的转换装置，因此其结构简单、运行可靠、效率高。

## 习 题

1. 单相异步电动机主要分为哪几种类型？
2. 单相异步电动机为什么不能自行启动？解决启动的主要途径是什么？
3. 什么是直流伺服电动机的电枢控制方式？什么是磁场控制方式？
4. 为什么直流伺服电动机常采用电枢控制方式而不采用磁场控制方式？
5. 直流伺服电动机电枢控制时的始动电压是什么？它与负载转矩大小有什么关系？
6. 交、直流伺服电动机是如何改变控制信号而反转的？
7. 常用哪些控制方式对交流伺服电动机的转速进行控制？
8. 何谓交流伺服电动机的自转现象？怎样消除自转现象？直流伺服电动机有自转现象吗？
9. 幅值控制和相位控制的交流伺服电动机，什么条件下电动机气隙磁动势为圆形旋转磁场？
10. 为什么交流伺服电动机常采用幅值—相位控制方式？
11. 直流测速发电机按励磁方式分为哪几种？
12. 直流测速发电机的输出特性曲线在什么条件下是线性的？
13. 直流测速发电机产生误差的原因和改进方法有哪些？
14. 为什么直流测速发电机的转速不宜超过规定的最高转速？为什么所接负载电阻不宜低于规定值？
15. 交流异步测速发电机输出特性存在线性误差的主要原因有哪些？
16. 为什么交流异步测速发电机转子采用非磁性空心杯型结构而不采用笼型结构？
17. 步进电动机的三相单三拍通电方式的含义是什么？三相单双六拍通电方式的含义是什么？它们的步距角有怎样的关系？
18. 简述三相单三拍步进电动机的工作原理。
19. 什么是步进电动机的静态运行状态？什么是步进运行状态？什么是连续运行状态？
20. 步进电动机的转速由哪些因素确定？与负载转矩大小有关系吗？
21. 自整角机有哪两类？各有什么特点？
22. 简述控制式自整角机的原理。
23. 简述力矩式自整角机的原理。
24. 简述旋转变压器的工作原理。
25. 简述开关磁阻电动机的工作原理。
26. 当负载转矩较大时，永磁无刷直流电动机的机械特性曲线为什么会向下弯曲？
27. 查阅相关资料，说明盘式电动机的应用场合。
28. 超声波电动机主要有哪些类型？
29. 直线电动机和旋转电动机三绕组在空间排列上有什么不同？为什么？
30. 直线电动机和旋转电动机的定子三相绕组通三相交流电时为什么直线电动机产生直线方向的电磁力而旋转电动机产生电磁转矩？

# 第 8 章 电力拖动系统方案与电动机的选择

## 教学要求

1. 了解电动机种类、结构形式、额定电压、额定转速选择的基本理论。
2. 理解电动机发热过程、冷却过程和工作制。
3. 掌握电力拖动系统中电动机容量选择的工程方法。

## 推荐阅读资料

1. 陈亚爱,周京华,2011. 电机与拖动基础及 MATLAB 仿真[M]. 北京:机械工业出版社.
2. 邵群涛,2008. 电机及拖动基础[M]. 2 版. 北京:机械工业出版社.

第 8 章思维导图

电机与拖动基础

### 知识链接

电机制造业是传统行业,距今已有一百多年的历史,电机作为动力之源,在国民经济各领域发挥着重要作用。我国电机产业经过多年的发展,特别是改革开放以来,取得了长足进步。目前,我国电机行业已经形成了一整套完整的业务体系,产品的品种、规格、性能和产量都已满足我国国民经济的发展需要。

我国的电动机产品种类繁多,应用领域广泛,中小型电动机约有 300 多个系列,近 1480 个品种,被大量应用于风机、泵类、压缩机、纺织机、轧钢机、空调及电动车辆等需要电动机作为动力源的装置中,其耗电量占全国总发电量的 70%。我国已经成为世界上最大的中小型电动机生产、使用和出口大国。

由于我国交流系统的发展,目前交流电动机已成为我国最常用的电动机种类。2020 年,我国一般交流电动机在工业电动机市场中占比最多,达 35.74%;其次为一般直流电动机,占比为 9.67%。近年来,随着我国积极推进产业结构转型,制造业向绿色、可持续发展的方向转变。预计到 2025 年,工业产业结构、生产方式绿色低碳转型取得显著成效,绿色低碳技术装备广泛应用,能源资源利用效率大幅提高,绿色制造水平全面提升,为 2030 年工业领域碳达峰奠定坚实基础。

在电力拖动系统中,电动机的选择是一项重要的内容。正确地选择电动机的容量是电力拖动系统安全运行的基础。若选择的电动机容量过大,则会降低系统的运行效率,增加运行费用;若选择的电动机容量过小,则会经常出现过载运行,使电动机的绝缘烧坏。只有恰到好处地选择电动机的容量,电力拖动系统才能安全而经济地运行。本章在介绍电动机选择的原则和内容的基础上,介绍电动机的发热和冷却规律,以及电动机的工作制,最后分析电动机额定功率的选择。

## 8.1 电动机的一般选择

### 8.1.1 种类的选择

电力拖动系统中拖动生产机械运行的原动机即驱动电机,包括直流电动机和交流电动机两种,交流电动机又有异步电动机和同步电动机两种。电动机的主要种类和性能特点如表 8-1 所示。

表 8-1 电动机的主要种类和性能特点

| 电动机的种类 | | | 性能特点 | 典型生产机械 |
|---|---|---|---|---|
| 交流电动机 | 三相异步电动机 | 鼠笼式 普通 | 机械特性硬,启动转矩不大,调速时需调速设备 | 调试性能要求不高的各种机床、水泵、通风机等 |
| | | 鼠笼式 高启动转矩 | 启动转矩大 | 带冲击性负载的机械,如剪床、冲床、锻压机等;静止负载或惯性负载较大的机械,如压缩机、粉碎机、小型起重机等 |

续表

| 电动机的种类 | | | 性能特点 | 典型生产机械 |
|---|---|---|---|---|
| 交流电动机 | 三相异步电动机 | 鼠笼式 多速 | 有多档转速（2~4档） | 要求有级调速的机床、电梯冷却塔等 |
| | | 绕线式 | 机械特性线性段硬，启动转矩大，调速方式多，调速性能及启动性能较好 | 要求有一定调速范围、调速性能较好的生产机械，如桥式起重机等；启动、制动频繁且对启动、制动转矩要求高的生产机械，如起重机、矿井提升机、压缩机、不可逆轧钢机等 |
| | 同步电动机 | | 转速不随负载变化，功率因数可调节 | 转速恒定的大功率生产机械，如中、大型鼓风机及排风机，连续式轧钢机，球磨机等 |
| 直流电动机 | 他励、并励 | | 机械特性硬，启动转矩大，调速范围宽、平滑性好 | 调速性能要求高的生产机械，如大型机床（车、铣、刨、磨、镗）、高精度车床、可逆轧钢机、造纸机、印刷机等 |
| | 串励 | | 机械特性软，启动转矩大，过载能力强，调速方便 | 要求启动转矩大、机械特性软的机械，如电车、电气机车、起重机、吊车、卷扬机、电梯等 |
| | 复励 | | 机械特性适中，启动转矩大，调速方便 | |

电动机具有的特点（如性能、维修方便与否、价格高低等）是选择电动机种类的基本条件。同时，生产机械工艺特点是选择电动机的先决条件。这两个方面只有都了解才能为特定的生产机械选择合适的电动机。除此之外，还应考虑以下内容。

1. 电源

电动机的供电电源可分为两大类，即直流电源和交流电源。交流电源包括早期的旋转变流机组电源、交流工频 50Hz 电源和电力电子变流器电源。

独立旋转变流机组电源在 20 世纪 60 年代以前就得到了广泛的应用，但该系统至少包含两台与调速电动机容量相当的旋转电动机和一台励磁发电机，因此设备多、体积大、费用高、效率低、噪声大、维护不方便。随着电力电子技术的发展，这种电源逐渐被静止式的电力电子变流器所取代。电力电子变流器主要包括由电力电子器件组成的整流器（直流电源）、变频器、交流调压器（交流电源）及各式各样的逆变器等。静止式的电力电子变流器克服了旋转变流机组的缺点，缩短了响应时间。

交流工频 50Hz 电源可以直接从电网获得，交流电动机价格较低、维护方便、运行可靠，因此应尽量选用交流电动机。

直流电源则一般需要有整流设备，而且直流电动机价格较高、维护不便、可靠性较低，因此只在要求调速性能好和启、制动快的场合采用。随着现代交流调速技术的发展，交流电动机已经获得越来越广泛的应用，在满足性能的前提下应优先采用交流电动机。

### 2. 电动机的机械特性

不同的生产机械具有不同的负载特性，要求电动机的机械特性与之相匹配。例如，负载变化时要求转速恒定不变，就应选择同步电动机；要求启动转矩大及机械特性软（如电车、电气机车等），就应选择串励或复励直流电动机。

### 3. 电动机的调速性能

电动机的机械特性决定了拖动系统的调速方式，而且每一种调速方式又对应着不同的调速性质。电动机的调速特性应与负载的转矩特性相一致，才能使电动机的功率得到充分利用。否则，电动机会经常工作在轻载状态，造成不必要的电能浪费。

他励直流电动机共有三种调速方式：电枢回路串电阻调速、电枢调压调速和弱磁调速。从调速性质来看，电枢回路串电阻调速与电枢调压调速属于恒转矩调速性质，因而适宜带恒转矩负载；弱磁调速属于恒功率调速性质，因而适宜带恒功率负载。

同步电动机只能在同步转速运行，要实现调速只能改变同步电动机的供电频率。为确保电动机内部磁通及最大电磁转矩不变，一般要求在改变定子频率的同时改变定子电压。一旦供电频率超过基频，则保持供电电压为额定值不变。从调速性质来看：基频以下属于恒转矩调速，适宜带恒转矩负载；基频以上属于恒功率调速，适宜带恒功率负载。

异步电动机的调速方式分为三大类：变频调速、变极调速和变转差率调速。其中，转差率的改变可以通过改变定子电压、转子电阻、在转子绕组上施加转差频率的外加电压（如双馈调速或串级调速）等方法来实现。从调速性质来看，变频调速与Y/YY变极调速都属于恒转矩调速，适宜带恒转矩负载；△/YY变极调速则属于恒功率调速，适宜带恒功率负载；变转差率调速则视转差率改变方式不同而不同，其中，改变定子电压的调速既非恒转矩也非恒功率调速，转子回路串电阻调速属于恒转矩调速，而双馈调速（串级调速）则属于恒转矩调速。

电动机的调速性能包括调速范围、调速的平滑性、调速系统的经济性（设备成本、运行效率等）等，都应满足生产机械的要求。例如，对调速性能要求不高的各种机床、水泵、通风机多选用普通三相鼠笼式异步电动机；功率不大、有级调速的电梯及某些机床可选用多速电动机；而调速范围较大、调速要求平滑的龙门刨床、高精度车床、可逆轧钢机等多选用他励直流电动机和三相绕线式异步电动机。

### 4. 电动机的启动、制动、反转性能

电动机的过渡过程发生在启、制动，正、反转，加、减速，以及负载变化等过程中，它决定了系统的快速性、生产效率的提高、损耗的降低和系统的可靠性。尤其是对于需要频繁启、制动和正、反转的四象限运行负载和转矩急剧变化的负载尤为重要。

（1）启动。

电力拖动系统对电动机启动过程的基本要求是：电动机的启动转矩必须大于负载转矩；启动电流要有一定限制，以免影响周围设备的正常运行。

一般情况下，三相鼠笼式异步电动机的启动性能较差，容量越大、启动转矩倍数越低，启动越困难。若普通三相鼠笼式异步电动机不能满足启动要求，则可考虑采用深槽转子或双鼠笼转子异步电动机，并根据要求检验启动能力。若仍不能满足要求，则应选择功率较大的电动机。

直流电动机与绕线式异步电动机的启动转矩和启动电流是可调的，仅需考虑启动过程的快速性。而同步电动机的启动和牵入同步则较为复杂，通常仅适用于功率较大的机械负载。

（2）制动。

对电动机制动方法的选择主要应从制动时间、制动实现的难易程度及经济性等几个方面来考虑。

对于直流电动机（串励直流电动机除外），均可考虑采用反接、能耗和回馈三种制动方案。反接制动的特点是制动转矩大，制动强烈，但能量损耗也大，并且要求转速降至零时应及时切断电源；能耗制动的制动过程平稳，能够准确停车，但随着转速下降制动转矩减小较快；回馈制动无须改接线路，电能便回馈至电网，因而是一种比较经济的制动方法，但需在位能性负载下放场合中或降压降速过程中进行，而且转速不可能降为零。

三相异步电动机同样也可以采用上述三种制动方案。其反接制动是通过改变相序来实现的，相当于直流电动机电枢回路外加电源的反接；能耗制动需在定子绕组中通以直流电流，略显复杂；回馈制动仅发生在位能性负载下放或同步转速能够改变的场合，如变极、降频降速过程中。

（3）反转。

电力拖动系统对电动机反转的要求是：不仅能够实现反转，而且正、反转之间的切换应当平稳、连续。一般来说，通过回馈制动容易达到上述目的，但需具有回馈制动的场合；而反接制动虽然能够实现正、反转的过渡，但切换过程较为剧烈。从这一角度看，直流电动机比交流电动机优越。但随着电力电子变流技术的发展，交流电动机包括无刷直流电动机、开关磁阻电动机等均可实现正、反转之间的平滑切换。

电动机的启、制动性能应满足生产机械的要求，对启动转矩要求不高的设备，可以选用普通三相鼠笼式异步电动机，如机床等；对启、制动频繁，且启、制动转矩要求比较高的设备，可以选用三相绕线式异步电动机，如矿井提升机、起重机、不可逆轧钢机、压缩机等。

5. 经济性

在满足了生产机械对电动机启动、调速、各种运行状态、运行性能等方面要求的前提下，还应考虑电动机及相关的启动设备、调速设备的经济性。经济性指标主要是指一次性投资与运行费用，而运行费用则取决于能耗，即效率指标。尤其在当前能源危机的情况下，节能具有重要的现实意义。从这一角度出发，在电动机的选择过程中，应考虑以下几个方面。

（1）调速节能。

采用变频调速或使用多台电动机协调运行，根据负载变化情况，适当选择运行频率或使用台数是确保系统节能运行的有效途径。此外，若供电电压低于额定电压，则电动机的电流增加，于是定、转子绕组铜损耗增加，使电动机的效率降低。因此，电动机的容量和供电电压均需合理选择。

不同的调速方式具有不同的运行效率。就直流电动机拖动系统来讲,晶闸管变流器供电的直流调速与自关断器件的斩波器调速的效率比电枢回路串电阻调速的效率高得多。位能性负载下降(或下坡)时采用回馈制动可以回收能量,达到节能的目的。

对于交流电动机拖动系统,可采用的调速方案有转子回路串电阻调速、调压调速、滑差电机调速、双馈电机调速(包括串级调速)、变频调速等。前三种调速方式耗能较大,后两种调速方式效率较高,目前在电力拖动领域中已占主导地位。

(2) 电网功率因数的改善。

对于异步电动机,最大功率因数几乎发生在满载附近。一旦负载率低于75%,则功率因数迅速下降,特别是当电动机轻载或空载时。若供电电压超过额定电压,则励磁电流增加,功率因数降低。在电力拖动系统的设计过程中,一旦功率因数偏低,则应考虑在供电变压器上增加并联电容,通过电容器组的投切实现无功补偿;也可在不需调速的生产机械中采用转子直流励磁的同步电动机,并使其工作在过励状态,以发出滞后无功功率。通过上述方法改善电网的功率因数,降低线路损耗。

(3) 电网污染。

由于晶闸管变流器供电的直流调速系统及变频器供电的交流调速系统的广泛采用,电动机的运行效率大大提高。但考虑到变流器中所采用的器件工作在开关状态,因而带来大量的谐波,引起所谓的"电网污染"问题。这些谐波不仅会增加其他用电设备的损耗,而且有可能造成周围设备的不稳定运行。因此,在电力拖动系统的设计过程中必须对这一问题加以考虑,以确保实现"绿色"电能的转换。

为了减少电网污染,可采取在供电变压器的二次侧额外增加有源滤波器或在变流器内部采用由自关断器件组成的PWM变流器的措施。通过这些措施不仅可以解决谐波污染的问题,还可以提高功率因数。

一般来说,应优先选用结构简单、价格低廉、运行可靠、维护方便、效率高、节能的电动机。在这方面交流电动机优于直流电动机,鼠笼式异步电动机优于绕线式异步电动机。除电动机本身外,都应考虑经济性。

目前,各种形式的电动机在我国应用广泛,在选用电动机时,以上几方面都应考虑并进行综合分析,以确定最终方案。

### 8.1.2 结构形式的选择

(1) 根据安装方式的不同,电动机有立式结构和卧式结构之分。

卧式安装时电动机的转轴处于水平位置,立式安装时电动机的转轴则处于垂直地面的位置。考虑到立式结构的电动机价格偏高,因此,一般情况下电力拖动系统多采用卧式结构的电动机,往往在不得已的情况下或为了简化传动装置时才采用立式结构的电动机,如立式深井泵及钻床。

(2) 根据轴伸情况的不同,电动机有单轴伸端和双轴伸端之分。

大多数情况下采用单轴伸端电动机,特殊情况下才需要双轴伸端电动机,如需同时拖动两台生产机械或安装测速装置等。

(3) 根据防护方式的不同,电动机有开启式、防护式、封闭式和防爆式之分。

开启式电动机的定子两侧与端盖上均开有较大的通风口,其散热性好,价格便宜,但容易进入灰尘、水滴、铁屑等杂物,通常只在清洁、干燥的环境下使用。

防护式电动机的机座下面开有通风口，其散热性好，可以防止水滴、铁屑等从上方落入电动机内部，但不能防止潮气及灰尘的侵入。这类电动机一般仅适用于干燥、少尘、防雨、无腐蚀性和爆炸性气体的场合。

封闭式电动机的外壳是完全封闭的，其机座和端盖上均无通风孔。它有自冷扇式、他冷扇式及密封式之分。前两种形式的电动机可在潮湿、灰尘多、有腐蚀性气体、易受风雨侵蚀、易引起火灾等恶劣环境下运行；后一种形式的电动机能防止外部的气体或液体进入其内部，可浸在液体中使用，如潜水电泵等。

防爆式电动机是在封闭式结构基础上制作成隔爆形式，其机壳有足够的强度，适用于有易燃、易爆性气体的工作环境，如有瓦斯的矿井、油库、燃气站等。

### 8.1.3 额定电压的选择

电动机的电压等级、相数、频率都要和供电电源一致。电动机的额定电压应根据其运行场所的供电电网的电压等级来确定。

我国的交流供电电源，低压通常是380V，高压通常是3kV、6kV或10kV。中等功率（约200 kW）以下的交流电动机，额定电压一般为380V；大功率的交流电动机，额定电压一般为3kV或6kV；额定功率为1000kW以上的电动机，额定电压可以是10kV。需要注意的是，鼠笼式异步电动机在采用Y-△降压启动时，应该选用额定电压为380V、△连接的电动机。

直流电动机的额定电压一般为110V、220V、440V及600~1000V。当不采用整流变压器而直接将晶闸管相控变流器接至电网为直流电动机供电时，可采用新改型的直流电动机，如160V（配合单相全波整流）、440V（配合三相桥式整流）等级电压。此外，国外还专门为大功率晶闸管变流装置设计了额定电压为1200V的直流电动机。

### 8.1.4 额定转速的选择

对电动机本身来说，额定功率相同的电动机，额定转速越高，体积越小，造价就越低，效率也越高。电动机的用料和成本都与体积有关，额定转速越高，用料越少，成本越低。转速越高的异步电动机，其功率因数也越高，因此选用额定转速较高的电动机，从电动机角度来看是合理的。

但是，大多数生产机械的转速都低于电动机的额定转速，如果生产机械要求的转速较低，那么选用较高转速的电动机时，就需要增加一套体积较大的减速传动装置。但电动机额定转速越高，传动比越大，结构越复杂，而且传动损耗也越大，通常电动机额定转速不低于500r/min。

因此，在选择电动机的额定转速时，应综合考虑电动机和生产机械两方面的因素，应根据生产机械的具体要求确定，具体应考虑以下几个方面。

（1）对不需要调速的中、高速生产机械（如泵、鼓风机、压缩机），可选择相应额定转速的电动机，从而省去减速传动装置。

（2）对不需要调速的低速生产机械（如球磨机、粉碎机、某些化工机械等），可选相应的低速电动机或传动比较小的减速传动装置。

（3）对经常启、制动的生产机械，选择额定转速时应主要考虑缩短启、制动时间，以提高生产效率。启、制动时间的长短主要取决于电动机的飞轮矩和额定转速，应选择较小的飞轮矩和额定转速。

（4）对调速性能要求不高的生产机械，可选择多速电动机或选择额定转速稍高于生产机械的电动机配以减速装置，也可采用电气调速的电力拖动系统。在可能的情况下，应优先选用电气调速方案。

（5）对调速性能要求较高的生产机械，应使电动机的最高转速与生产机械的最高转速相适应，直接采用电气调速。

## 8.2 电动机的发热与冷却

电动机作为一个能量转换装置，在能量转换过程中必有能量的损耗，损耗的能量会转换为热能。电动机的热源来自内部，主要有绕组的铜损耗和铁心内的铁损耗，还有轴承摩擦产生的机械损耗和附加损耗。由于电动机内部热量不断产生，电动机本身的温度就不断升高，最终超过周围的环境温度。电动机温度比环境温度高出的数值，称为电动机的温升。一旦有了温升，电动机就要向周围散热，温度越高，散热越快，当电动机在单位时间内产生的热量等于散出去的热量时，电动机的温度将不再增加，而保持一个稳定不变的温升值，称为稳定温升，此时，电动机处于散热与发热的动平衡状态。

在研究电动机发热时，特作以下假设。

（1）假设电动机各部分的温度相同，并具有恒定的散热系数和热容量。

（2）电动机长期运行，负载不变，总损耗不变。

（3）周围环境温度不变。

### 8.2.1 电动机的发热过程

根据能量守恒定律，电动机产生的热量，应该等于电动机本身温度升高所需要的热量和散发到周围介质中的热量之和。如果用 $Q$ 表示电动机在单位时间产生的热量，则 $Q\mathrm{d}t$ 就表示在 $\mathrm{d}t$ 时间内电动机产生的总热量；用 $\tau$ 表示电动机的温升，则 $\mathrm{d}\tau$ 就是在 $\mathrm{d}t$ 时间内温升的增量；用 $C$ 表示电动机温度升高 1℃所需要的热量，称为电动机的热容量，则 $C\mathrm{d}\tau$ 表示在 $\mathrm{d}t$ 时间内电动机温升 $\mathrm{d}\tau$ 所需要的热量；用 $A$ 表示电动机温升 1℃时，每秒散发到周围介质中的热量，称为电动机的散热系数，则 $A\tau\mathrm{d}t$ 表示在 $\mathrm{d}t$ 时间内散发到周围介质中的热量。这样根据能量守恒定律，电动机的热平衡方程式为

$$Q\mathrm{d}t = C\mathrm{d}\tau + A\tau\mathrm{d}t \tag{8-1}$$

将式（8-1）的两边同时除以 $A\mathrm{d}t$，移项整理后可得

$$\tau + \frac{C}{A} \cdot \frac{\mathrm{d}\tau}{\mathrm{d}t} = \frac{Q}{A} \tag{8-2}$$

令 $Q/A = \tau_\mathrm{W}$ 为稳定温升，$C/A = T$ 为发热时间常数，则热平衡方程式变为

$$T \cdot \frac{\mathrm{d}\tau}{\mathrm{d}t} + \tau = \tau_\mathrm{W} \tag{8-3}$$

式（8-3）为一阶常系数非齐次线性微分方程，其通解等于对应的齐次方程的通解加它

的特解,特解即是 $\tau_W$,对应的齐次方程的通解为 $be^{-t/T}$,$b$ 为任意常数。所以式(8-3)的通解为

$$\tau = be^{-t/T} + \tau_W \tag{8-4}$$

根据初始条件,求任意常数 $b$。设在 $t=0$ 时的初始温升为 $\tau_Q$,代入式(8-4)就有 $\tau_Q=b+\tau_W$,就可以得到 $b=\tau_Q-\tau_W$,再代入式(8-4),就得到温升的表达式为

$$\tau = \tau_W(1-e^{-t/T}) + \tau_Q e^{-t/T} \tag{8-5}$$

如果在 $t=0$ 时,初始温升 $\tau_Q=0$,则式(8-5)变为

$$\tau = \tau_W(1-e^{-t/T}) \tag{8-6}$$

由式(8-5)绘出的 $\tau_Q \neq 0$ 的温升曲线如图 8-1 中的曲线 1 所示,由式(8-6)绘出的 $\tau_Q=0$ 的温升曲线如图 8-1 中的曲线 2 所示。

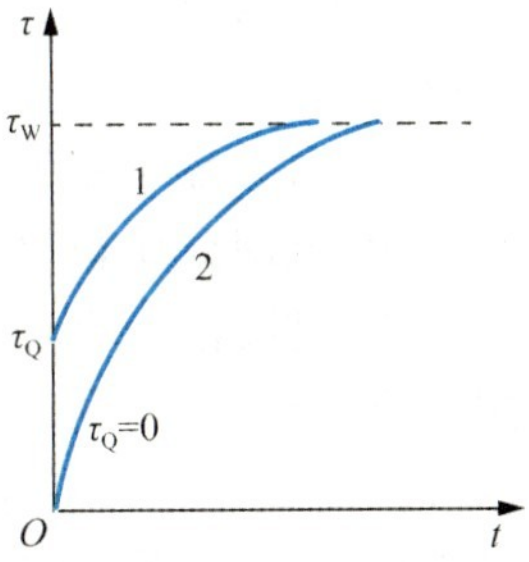

由图 8-1 可以看出,温升是按指数规律变化的,最终趋于稳定温升 $\tau_W$。

电动机在发热过程中,当 $t \to \infty$ 时,由式(8-5)可知

$$\tau = \tau_W = \frac{Q}{A} \tag{8-7}$$

图 8-1 电动机发热过程的温升曲线

即电动机温升无限趋近 $\tau_W$ 时,温升不再升高,$d\tau=0$,代入式(8-1)可得

$$Qdt = A\tau_W dt \tag{8-8}$$

显然电动机在时间 $dt$ 内产生的热量 $Qdt$ 全部发散到周围介质中了,电动机不再吸收热量,当然温度不再升高。设电动机带额定负载长期运行时所达到的稳态温升为 $\tau_{WN}$,选择绝缘材料,使 $\tau_{WN}$ 等于绝缘材料允许的最高温升 $\tau_m$,即 $\tau_{WN}=\tau_m$,电动机连续长时间满负荷工作也不会过热。因为电动机正常长期工作时的负载不允许大于额定负载,所以其正常的稳态温升 $\tau_W$ 不会大于 $\tau_{WN}$,即 $\tau_W \leq \tau_{WN}=\tau_m$,这样电动机可以安全地长期工作也不会过热。

从以上分析可知以下两点。

(1)在达到热稳定状态之前,温升的高低取决于负载大小和时间长短。时间很短的大负载不一定引起很高的温升,时间很长的小负载却可能引起较高的温升。

(2)稳态温升与负载大小有关,负载越大,稳态温升越高。

### 8.2.2 电动机的冷却过程

一台带负载运行的电动机,在温升稳定后,如果负载减小,则电动机损耗及单位时间的发热量都将随之减少,电动机的温度就会下降,温升降低。降温过程中,随着温升减小,单位时间散热量也减少。当重新达到发热等于散热时,电动机不再继续降温,而稳定在新的温升。这个温升下降的过程称为冷却过程。

电动机冷却过程的微分方程与发热过程一样,只不过在发热过程中 $\tau_W > \tau_Q$,而在冷却过程中 $\tau_W < \tau_Q$。电动机的冷却过程有两种情况。

(1)电动机负载减少,电动机损耗功率 $\Delta P$ 下降。

(2)电动机与电网断开,不再工作,电动机的 $\Delta P$ 或 $Q$ 均变为零。

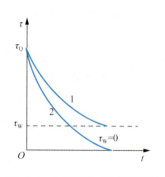

图 8-2 电动机冷却过程曲线

在负载减少后电动机冷却过程的温升规律与式（8-5）相同，其中 $\tau_Q$ 为冷却开始时的温升，而 $\tau_W$ 为负载减少后的稳定温升。由于 $\tau_Q > \tau_W$，因此温升曲线按指数规律下降，如图 8-2 中的曲线 1 所示。

当电动机断电停车时，$\Delta P=0$，$Q=0$，则 $\tau_W=0$，对应的温升由式（8-5）可得

$$\tau = \tau_Q e^{-t/T'} \tag{8-9}$$

其温升曲线如图 8-2 中的曲线 2 所示。式（8-9）中的 $T'$ 为电动机冷却时间常数，与电动机通电发热的时间常数 $T$ 不同。这是因为，当电动机停车后，在采用风扇冷却的电动机上，风扇系数下降为 $A'$，使时间常数增加为 $T'=C/A'$，$T'=(2\sim3)T$。

电动机的冷却介质直接影响电动机的冷却情况。冷却介质指能够直接或间接地把电动机热量带走的物质，如空气、水、油、氢气、氮气和二氧化碳等。按冷却介质的不同，一般电动机的冷却可分为两类：气体冷却和液体冷却。中小型电动机一般都利用空气进行通风冷却，大型电动机可用液体冷却方式。

在构成电动机的各种材料中，耐热最差的是绕组中的绝缘材料。因此，电动机的温度受到绕组绝缘材料耐热性能的限制。不同等级的绝缘材料，其最高允许温度是不同的，所以其最高允许温升也是不同的。电动机中常用的绝缘材料分为 A 级、E 级、B 级、F 级和 H 级共五个等级，如表 8-2 所示。它们的最高允许温度依次为 105℃、120℃、130℃、155℃、180℃，假设环境温度为 40℃，则它们的最高允许温升分别为 65℃、80℃、90℃、115℃、140℃。

表 8-2 绝缘材料的绝缘等级

| 绝缘等级 | 绝缘材料 | 最高允许温度/℃ | 最高允许温升/℃ |
|---|---|---|---|
| A | 经过浸渍处理的棉、丝、纸板、木材等，普通绝缘漆 | 105 | 65 |
| E | 环氧树脂，聚酯薄膜，青壳纸，三醋酸纤维薄膜，高强度绝缘漆 | 120 | 80 |
| B | 用提高了耐热性能的有机漆作黏合剂的云母、石棉和玻璃纤维组合物 | 130 | 90 |
| F | 用耐热优良的环氧树脂黏合或浸渍的云母、石棉和玻璃纤维组合物 | 155 | 115 |
| H | 用硅有机树脂黏合或浸渍的云母、石棉和玻璃纤维组合物，硅有机橡胶 | 180 | 140 |

目前我国生产的电动机大多采用 E 级和 B 级绝缘，发展趋势是采用 F 级和 H 级绝缘，这样可以在一定的输出功率下，减轻电动机的质量、缩小电动机的体积。

特别提示

电动机的使用寿命主要是由它的绝缘材料决定的，当电动机的工作温度不超过其绝缘材料的最高允许温度时，绝缘材料的使用寿命可达 20 年左右，若超过最高允许温度，则绝缘材料的使用寿命将大大缩短，一般是每超过 8℃，寿命就减少一半。

由此可见，绝缘材料的最高允许温度是一台电动机带负载能力的限度，而电动机的额定功率正是这个限度的具体体现。事实上，电动机的额定功率是指在环境温度为40℃、电动机长期连续工作、其温度不超过绝缘材料最高允许温度时的最大输出功率，也称电动机的容量。

上述环境温度 40℃是我国标准规定的环境温度。如果实际环境温度低于 40℃，则电动机可以在稍大于额定功率下运行；反之，电动机必须在小于额定功率下运行。总之，要保证电动机的工作温度不超过其绝缘材料的极限温度。

## 8.3 电动机的工作制

电动机的温升不仅取决于电动机的发热和冷却情况，而且还与负载持续工作时间的长短有关。而电动机的工作情况有多种，可在恒定负载下长时间工作，可在周期性变动负载下长时间工作，可短时间工作，也可短时间工作与短时间停止相互交替。同一台电动机，如果工作时间长短不同，则它的温升也不同，或者说它能够承担负载功率的大小也不同。为了适应不同负载的需要，国家标准《旋转电机　定额和性能》（GB/T 755—2019/IEC 60034-1：2017）把电动机的工作制分为连续、短时、周期性和非周期性几种类型。

### 8.3.1 连续工作制（S1）

连续工作制是指电动机连续工作时间 $t_g$ 很长，即 $t_g>(3\sim4)T$，长达几小时、几昼夜，甚至更长。电动机的温升可以达到稳定温升。铭牌上对工作制没有特别标注的电动机都属于连续工作制。连续工作制电动机的负载图 $P=f(t)$ 和温升曲线 $\tau=f(t)$ 如图 8-3 所示。

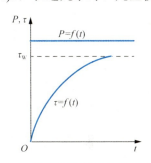

图 8-3　连续工作制电动机的负载图和温升曲线

通风机、水泵、造纸机和纺织机等连续工作制的生产机械都应使用连续工作制的电动机。例如，JR-114-4 型三相绕线式异步电动机的额定功率为 115kW，额定转速为 1465r/min，工作方式为连续工作制，说明这台电动机在标准环境温度下允许长时间连续输出的最大功率是 115kW，额定运行时稳态温升等于绕组绝缘的最高温升。

### 8.3.2 短时工作制（S2）

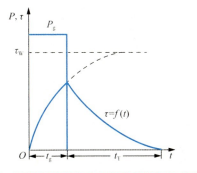

图 8-4　短时工作制电动机的负载图和温升曲线

短时工作制是指电动机的工作时间 $t_g$ 较短，即 $t_g<(3\sim4)T$，运行时的温升达不到稳定值，而停车时间 $t_T$ 却很长，$t_T>(3\sim4)T'$，足以使电动机完全冷却到周围环境温度，即温升为零。短时工作制电动机的负载图 $P=f(t)$ 和温升曲线 $\tau=f(t)$ 如图 8-4 所示。我国规定的短时工作制的标准时间有 15min、30min、60min、90min 四种。

如果把短时工作制的电动机带负载 $P_g$ 在 $t_g$ 结束时的温升作为绝缘材料允许的最高温升,则电动机在拖动同样负载 $P_g$ 而连续工作时,其稳定温升将大大超过绝缘材料允许的最高温升,从而将电动机烧坏,所以这类电动机只能带额定负载作短期运行,不能带额定负载作长期连续运行。

水闸闸门启闭机、机床辅助机构吊床、车床的夹紧装置等应该使用短时工作制的电动机。例如,JTD-430 型三相鼠笼式异步电动机的额定功率为 6.4kW,额定转速为 800r/min,工作方式为 30min 短时工作制,说明这台电动机按照 30min 短时工作允许的最大输出功率为 6.4kW。

### 8.3.3 断续周期工作制(S3)

在断续周期工作制中,电动机的工作时间 $t_g$ 和停歇时间 $t_T$ 相互交替,并呈周期性变化,两段时间都比较短,即 $t_g<(3\sim4)T$,$t_T<(3\sim4)T'$。在 $t_g$ 期间,电动机温升来不及达到稳定值;在 $t_T$ 期间,电动机温度也降不到零。这样,经过第一个周期时间$(t_g+t_T)$,温升有所上升,经过若干个周期后,电动机温升将在某一段范围内上下波动,其负载图和温升曲线如图 8-5 所示。图 8-5 中,虚线表示电动机拖动同样大小的负载连续工作时的温升曲线。这类电动机只能带额定负载作周期性断续运行,不能带额定负载作连续运行,否则电动机也会因过热而烧坏。

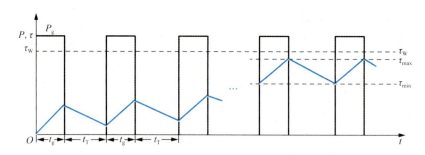

图 8-5 断续周期工作制电动机的负载图和温升曲线

断续周期工作制的电动机适用于要求频繁启、制动的场合,属于这类工作的生产机械有起重机、电梯、轧钢辅助机械等。

### 8.3.4 其他工作制

根据电动机运行状态不同,其他七种工作制如下。
① 包括启动的断续周期工作制(S4)。
② 包括电制动的断续周期工作制(S5)。
③ 连续周期工作制(S6)。
④ 包括电制动的连续周期工作制(S7)。
⑤ 包括负载-转速相应变化的连续周期工作制(S8)。
⑥ 包括负载和转速作非周期变化的工作制(S9)。

⑦ 离散恒定负载和转速工作制（S10）。

在工作周期中，负载工作时间与整个周期的时间之比，称为负载持续率FC%（也称暂载率），即

$$FC\% = \frac{t_g}{t_g + t_T} \times 100\% \tag{8-10}$$

我国规定的标准（GB/T 755—2019/IEC 60034-1：2017）负载持续率有 15%、25%、40%、60%四种，一个周期的时间规定小于10min。

## 8.4 电动机过载能力的选择

前面分析的是根据发热情况来确定电动机的容量，仅仅是这样还不够。因为电动机带的负载是变化的，有时甚至是冲击性负载，这种短时间的冲击性负载对电动机发热情况影响不大，但对应的负载转矩有可能达到甚至超过电动机的最大电磁转矩。所以在选择电动机的时候还要考虑过载能力是否足够，即电动机的过载倍数λ应满足下列条件

$$\lambda \geqslant \frac{T_{Lm}}{T_N} \tag{8-11}$$

式中，$T_{Lm}$为最大负载转矩。

当实际的过载倍数小于或等于电动机允许的过载倍数λ时，电动机的过载能力才是足够的。

对于异步电动机，有$\lambda_m = \frac{T_m}{T_N}$，$\lambda_m$是临界转矩$T_m$（最大转矩）与额定转矩$T_N$的比值，这时取

$$\lambda \text{ 为}(0.8 \sim 0.85)\lambda_m \tag{8-12}$$

式中，系数0.8～0.85是考虑电网下降引起$T_m$及$\lambda_m$变小的因素。

对于直流电动机，λ为1.5～2；对于同步电动机，λ为2.0～3.0。

如果λ没有满足式（8-11），则过载能力校验没有通过，必须另选过载能力较大或功率较大的电动机。

对于异步电动机，除了发热与过载能力，有时还必须校验启动能力。

总之，选择的电动机对拖动系统而言，应启得动（启动转矩大于启动时的负载转矩），转得了（最大转矩大于负载最大转矩），不过热。

## 8.5 电动机额定功率的选择

电动机额定功率的选择原则是所选额定功率要能满足生产机械在电力拖动的各个环节(启动、制动、调速等)对功率和转矩的要求,并在此基础上使电动机得到充分利用。

电动机额定功率的选择方法是根据生产机械工作时负载(转矩、功率、电流)大小变化特点,预选电动机的额定功率,再根据所选电动机额定功率校验过载能力和启动能力。

电动机额定功率大小是根据电动机工作发热时温升不超过绝缘材料的允许温升来确定的,其温升变化规律是与工作特点有关的,同一台电动机在不同工作状态时的额定功率大小也是不同的。

选择电动机额定功率时,必须同时满足以下两个条件。

(1) 发热条件,即电动机运行时的最高温度应等于或稍低于绝缘材料允许的最高温度,以保证绕组绝缘材料的使用寿命。

(2) 过载条件,即电动机短时过电流或短时过载转矩都不超过最大值。

对于带负载启动的鼠笼式异步电动机,还应考虑启动转矩是否够用。即使发热条件和过载条件都满足要求,但是启动转矩却很小,此时也必须另选额定功率较大的电动机。

### 8.5.1 连续工作制电动机额定功率的选择

连续工作制的负载,按其大小是否变化可分为常值负载和变化负载。

#### 1. 常值负载下电动机额定功率的选择

若长期连续工作的电动机拖动的负载,其大小是恒定的或基本恒定的,在计算出负载功率 $P_L$ 后,选择额定功率 $P_N$ 等于或略大于 $P_L$ 的电动机即可,即

$$P_N \geq P_L \tag{8-13}$$

由于是常值负载,不需要进行发热校验,也不必进行过载能力校验。

#### 2. 变化负载下电动机额定功率的选择

当电动机拖动这类生产机械工作时,因为负载周期性变化,所以电动机的温升也必然呈周期性波动。温升波动的最大值将低于最大负载时的稳定温升,而高于最小负载时的稳定温升。这样如按最大负载功率选择电动机的容量,则电动机就不能得到充分利用;而按最小负载功率选择电动机容量,则电动机必然过载,其温升将超过允许值。因此,电动机的容量应选在最大负载与最小负载之间。如果选择合适,既可使电动机得到充分利用,又可使电动机的温升不超过允许值。实际应用时通常采用等效法进行选择。

(1) 等效电流法。

等效电流法的思路是用一个不变的电流 $I_{eq}$ 来等效实际上变化的负载电流,要求在同一个周期内,等效电流 $I_{eq}$ 与实际变化的负载电流所产生的损耗相等。假定电动机的铁损耗与

绕组电阻不变，则铜损耗只与电流的平方成正比，只要一个周期内的平均铜损耗不超过所选电动机的额定铜损耗，电动机的总损耗便不会超过电动机的额定总损耗，由此可得到等效电流为

$$I_{eq} = \sqrt{\frac{I_1^2 t_1 + I_2^2 t_2 + \cdots + I_n^2 t_n}{t_1 + t_2 + \cdots + t_n}} \tag{8-14}$$

式中，$t_n$ 为对应负载电流时 $I_n$ 的工作时间。

求出 $I_{eq}$ 后，则选用电动机的额定电流 $I_N \geq I_{eq}$。采用等效电流法时，必须先求出用电流表示的负载图。

需要注意的是，深槽和双鼠笼式异步电动机因不变损耗和电阻在启、制动期间不是常数，故不能采用等效电流法。

（2）等效转矩法。

如果电动机在运行时，其转矩与电流成正比（如他励直流电动机的励磁保持不变、异步电动机的功率因数和气隙磁通保持不变时），则式（8-14）可改写为等效转矩公式

$$T_{eq} = \sqrt{\frac{T_1^2 t_1 + T_2^2 t_2 + \cdots + T_n^2 t_n}{t_1 + t_2 + \cdots + t_n}} \tag{8-15}$$

此时，选用电动机的额定转矩 $T_N \geq T_{eq}$，当然，这时应先求出用转矩表示的负载图。

需要注意的是，串励和复励直流电动机因负载变化时的主磁通不是常数，故不能用等效转矩法；经常启、制动的异步电动机因启、制动时的功率因数不是常数，故也不能用等效转矩法。

（3）等效功率法。

如果电动机运行时，其转速保持不变，则功率与转矩成正比，于是由式（8-15）可得到等效功率为

$$P_{eq} = \sqrt{\frac{P_1^2 t_1 + P_2^2 t_2 + \cdots + P_n^2 t_n}{t_1 + t_2 + \cdots + t_n}} \tag{8-16}$$

此时，选用电动机的功率 $P_N \geq P_{eq}$ 即可。

必须注意的是，用等效法选择电动机的容量时，要根据最大负载来校验电动机的过载能力是否符合要求，如果过载能力不能满足，应当按过载能力来选择较大容量的电动机。

### 8.5.2 短时工作制电动机额定功率的选择

#### 1. 直接选用短时工作制的电动机

我国电机制造行业专门设计制造了一种专供短时工作制使用的电动机，其工作时间分为 15min、30min、60min、90min 四种，每一种又有不同的功率和转速，因此可以按生产机械的功率、工作时间及转速的要求，由产品目录中直接选用不同规格的电动机。

如果短时负载是变动的，也可采用等效法选择电动机，此时等效电流为

$$I_{eq} = \sqrt{\frac{I_1^2 t_1 + I_2^2 t_2 + \cdots + I_n^2 t_n}{\alpha t_1 + \alpha t_2 + \cdots + \alpha t_n + \beta t_T}} \quad (8-17)$$

式中，$I_1$、$t_1$ 为启动电流和启动时间；$I_n$、$t_n$ 为制动电流和制动时间；$t_T$ 为停转时间；$\alpha$、$\beta$ 为考虑对自扇冷电动机在启动、制动和停转期间因散热条件变坏而采用的系数，对于直流电动机，$\alpha=0.75$，$\beta=0.5$，对于异步电动机，$\alpha=0.5$，$\beta=0.25$。

**2. 选用断续周期工作制的电动机**

在没有合适的短时工作制的电动机时，也可采用断续周期工作制的电动机来代替。短时工作制电动机的工作时间 $t_g$ 与断续周期工作制电动机的负载持续率 FC% 之间的对应关系如表 8-3 所示。

表 8-3 $t_g$ 与 FC% 的对应关系

| $t_g$/min | 30 | 60 | 90 |
|---|---|---|---|
| FC% | 15% | 25% | 40% |

### 8.5.3 断续周期工作制电动机额定功率的选择

可以根据生产机械的负载持续率、功率及转速，从产品目录中直接选择合适的断续周期工作制的电动机。但是国家标准规定该种电动机的负载持续率 FC% 只有四种，因此常常会出现生产机械的负载持续率 $FC_x$% 与标准负载持续率 FC% 相差较大的情况。在这种情况下，应当把实际负载功率 $P_x$ 按式（8-18）换算成相邻的标准负载持续率 FC% 下的功率，即

$$P = P_x \sqrt{\frac{FC_x\%}{FC\%}} \quad (8-18)$$

根据式（8-18）中的标准负载持续率 FC% 和功率 $P$ 即可选择合适的电动机。

当 $FC_x$%<10% 时，可按短时工作制选择合适的电动机；当 $FC_x$%>70% 时，可按连续工作制选择合适的电动机。

# 本 章 小 结

本章简要介绍了电动机选择的基本原则和方法，主要知识点如下。

（1）根据生产机械对电动机的技术要求和工作环境、安装方式、供电条件等，来确定电动机的种类、形式、额定电压、额定转速等。

（2）不同工作制的负载，应选择相应工作制的电动机。

（3）电动机容量的选择，要根据电动机的发热情况来决定。电动机发热限度由电动机使用的绝缘材料决定；电动机发热程度由负载大小和工作时间长短决定。体积相同的

电动机，其绝缘等级越高，允许输出的容量越大；负载越大、工作时间越长，电动机的发热量越多。因此，电动机容量的选择要根据负载的大小、性质和工作制综合考虑。

## 习 题

1．电力拖动系统中电动机的选择包括哪些具体内容？

2．电动机稳定运行时的稳定温升取决于什么？在相同的尺寸下，提高电动机的额定功率有哪些措施？

3．电动机的额定温升和实际稳定温升分别由什么因素决定？电动机的温度、温升及环境温度三者之间有什么关系？

4．电动机的发热和冷却各按什么规律变化？

5．若使用 B 级绝缘材料时电动机的额定功率为 $P_N$，则改用 F 级绝缘材料时该电动机的额定功率将怎样变化？

6．电动机的工作制是如何划分的？简述各种工作制电动机的发热特点及其温升的变化规律。

7．为什么选择电动机的额定功率时要着重考虑电动机的发热和温升？

8．为什么短时工作制电动机不能带额定负载长期连续运行？

9．如果电动机周期性地工作 15min、停机 85min，或工作 5min、停机 5min，这两种情况是否都属于断续周期工作方式？

10．电动机的允许输出功率等于额定功率有什么条件？环境温度和海拔是怎样影响电动机允许输出功率的？

11．简述电动机额定功率选择的基本步骤。

12．将一台额定功率为 $P_N$ 的短时工作制电动机改为连续运行，其允许输出功率是否有变化？为什么？

13．一台 33kW 连续工作制的电动机若分别按 25%和 60%的负载持续率运行，其允许输出的功率怎样变化？哪种负载持续率的允许输出功率大？

14．试比较等效电流法、等效转矩法及等效功率法的共同点和不同点。它们各适用于何种情况？

15．一台电动机周期性地工作 15min、停机 85min，其负载持续率 FC%=15%，对吗？

16．一台电动机的 FC%=15%，$P_N$=30kW；另一台电动机的 FC%=40%，$P_N$=20kW。比较这两台断续工作制电动机，哪一台的容量大一些？

17．断续周期工作制的三相异步电动机，在不同的负载持续率 FC%下，实际过载倍数 $T_m/T_N$ 是否为常数？为什么？

# 参 考 文 献

戴庆忠，2016．电机史话[M]．北京：清华大学出版社．
本书编写组，2011．中国电机工业发展史：百年回顾与展望[M]．北京：机械工业出版社．
李志杰，房立民，2018．钟兆琳传[M]．西安：西安交通大学出版社．
许晓峰，2019．电机与拖动[M]．2版．北京：高等教育出版社．
吕宗枢，2014．电机学[M]．北京：高等教育出版社．
汤蕴璆，2014．电机学[M]．5版．北京：机械工业出版社．
刘锦波，张承慧，2015．电机与拖动[M]．2版．北京：清华大学出版社．
唐介，2011．电机拖动及应用[M]．北京：高等教育出版社．
王秀和，2019．电机学[M]．3版．北京：机械工业出版社．
张晓江，顾绳谷，2016．电机及拖动基础：下册[M]．5版．北京：机械工业出版社．
李发海，朱东起，2019．电机学[M]．6版．北京：科学出版社．
马志敏，2017．电机与控制[M]．北京：北京大学出版社．
赵莉华，曾成碧，苗虹，2014．电机学[M]．2版．北京：机械工业出版社．
李光中，周定颐，2013．电机及电力拖动[M]．4版．北京：机械工业出版社．
胡敏强，黄学良，黄允凯，等，2014．电机学[M]．3版．北京：中国电力出版社．
周顺荣，2007．电机学[M]．2版．北京：科学出版社．
刘爱民，2011．电机与拖动技术[M]．大连：大连理工大学出版社．
孙冠群，于少娟，2011．控制电机与特种电机及其控制系统[M]．北京：北京大学出版社．
程明，2022．微特电机及系统[M]．3版．北京：中国电力出版社．
王志新，罗文广，2020．电机控制技术[M]．2版．北京：机械工业出版社．
陈亚爱，周京华，2011．电机与拖动基础及MATLAB仿真[M]．北京：机械工业出版社．
邵群涛，2008．电机及拖动基础[M]．2版．北京：机械工业出版社．